行水云课数字教材

河南省"十四五"普通高等教育规划教材

高等院校通识课程系列教材
普通高等教育"十四五"新形态系列教材
河南省"十四五"普通高等教育规划教材

物理化学

（简明教程）

主　编　王海荣

中国水利水电出版社
www.waterpub.com.cn
·北京·

内 容 提 要

本教材是“十四五”普通高等教育省级规划教材，普通高等教育“十四五”新形态系列教材，也是高等院校通识课程系列教材。

本教材是按照相关工科专业对《物理化学》的基本要求，结合有关学科和专业的特点编写而成。本书主要内容包括热力学第一定律、热力学第二定律、多组分系统热力学、化学平衡、相平衡、化学动力学、电化学、界面化学和胶体化学。同时融入了省级精品在线开放课程和课程思政样板课程的研究成果。

本教材适用于高等院校市政类、环境类、材料类、制药类、土木类、农林类等工科专业作为教材使用，亦可供有关科研和工程技术人员参考使用。

图书在版编目（CIP）数据

物理化学：简明教程 / 王海荣主编. -- 北京：中国水利水电出版社，2022.6

高等院校通识课程系列教材 普通高等教育“十四五”新形态系列教材 河南省“十四五”普通高等教育规划教材

ISBN 978-7-5226-0710-8

Ⅰ. ①物… Ⅱ. ①王… Ⅲ. ①物理化学－高等学校－教材 Ⅳ. ①O64

中国版本图书馆CIP数据核字(2022)第084798号

书　　名	高等院校通识课程系列教材 普通高等教育“十四五”新形态系列教材 河南省“十四五”普通高等教育规划教材 **物理化学（简明教程）** WULI HUAXUE (JIANMING JIAOCHENG)
作　　者	主编　王海荣
出版发行	中国水利水电出版社 （北京市海淀区玉渊潭南路 1 号 D 座　100038） 网址：www. waterpub. com. cn E-mail：sales@mwr. gov. cn 电话：(010) 68545888（营销中心）
经　　售	北京科水图书销售有限公司 电话：(010) 68545874、63202643 全国各地新华书店和相关出版物销售网点
排　　版	中国水利水电出版社微机排版中心
印　　刷	清淞永业（天津）印刷有限公司
规　　格	184mm×260mm　16 开本　18.25 印张　444 千字
版　　次	2022 年 6 月第 1 版　2022 年 6 月第 1 次印刷
印　　数	0001—2000 册
定　　价	**52.00** 元

前言

本教材的编写按照有关工科专业指导委员会对物理化学的基本要求，根据物理化学的知识体系，结合有关学科和专业的特点，同时参考了近年物理化学在环境保护领域的一些研究发展。本教材适用于高等院校给排水科学与工程、环境工程、材料工程、能源与动力工程等专业，以及农林类、师范类理工科专业院校作为教材使用，亦可供有关科技人员参考使用。

物理化学是化学的一个重要分支学科，是有关理工科专业的必修课程。目前，各出版社《物理化学》教材众多，很多版本内容丰富，逻辑性强，内容比较深而广，编写水平很高。但是，绝大部分都是适用于多学时的，并且理论性太强。而很多非化学化工的工科专业专业性强、应用性强，并且学时少，适合于此类专业的《物理化学》教材极少。特别是随着科技的进步，多种媒体形式的出现，学习形式也多样化，新形态教材的出现也是必然趋势。

本教材编者从事高校物理化学教学工作二十余年，对于物理化学知识体系有着深入理解，并且对于相关专业研究方向和后续课程体系有所了解。特别是2020年5月教育部发布《高等学校课程思政建设指导纲要》，提出“课程思政”，加强教学的教育性，因此，本书编写团队结合完成的“河南省课程思政样板课程”建设成果，将思政元素融入相关知识点，在提高读者科学素养的同时，进行更为直观的教育。同时，书中还将团队完成的河南省精品在线开放课程的视频资源和相关拓展内容以二维码的形式呈现出来，以便读者深入地、系统地学习。

本教材主要涵盖工科专业所必需的物理化学基本知识，包括化学热力学、化学动力学基础、电化学、界面化学和胶体化学，并在设置例题和习题时注意与相关专业的关联。本教材还融合了近年教学和科研中的有关成果，以使学生充分了解相关专业方向的发展状况，培养科学的思维和自主创新能力。为适应不同专业的学习需求，正文中用“*”号标设出了选讲内容。

本教材由华北水利水电大学应用化学系物理化学教学团队的老师们共同编写。其中，王海荣老师编写了绪论部分、第二章、第三章和第六章；杨光瑞老师编写了第一章和附录部分；张芳老师编写了第四章、第五章和第九章，曹永老师编写了第七章，刘崇老师编写了第八章，于书淳老师编写了第十章，高如琴老师整理了有关拓展资料和名人简介。最后由王海荣老师统稿、定稿、审校。

本教材编写过程中，参考了大量文献资料，在此向所引用文献的作者致以诚挚的感谢！

本教材的出版得到华北水利水电大学新形态教材项目资助，并获得河南省“十四五”规划教材立项，一并表示衷心的感谢。

由于编写人员水平有限，书中难免有疏漏之处、理解有偏颇之处，敬请读者反馈意见并批评指正，编者将不胜感激。

编　者

于华北水利水电大学

2022 年 3 月

数 字 资 源 清 单

序号	资 源 名 称	资源类型
0.1	物理化学课程介绍	视频
0.2	绪论：认识物理化学	视频
0.3	《物理化学》绪论中的辩证唯物主义	拓展资料
0.4	奥斯特瓦尔德	拓展资料
0.5	范特霍夫	拓展资料
0.6	《物理化学》课程思政的研究与实践	拓展资料
0.7	质能守恒定律与可持续发展观教育	拓展资料
1.1	理想气体	视频
1.2	波义耳	拓展资料
1.3	盖·吕萨克	拓展资料
1.4	阿伏伽德罗	拓展资料
1.5	道尔顿	拓展资料
1.6	真实气体	视频
1.7	范德华	拓展资料
2.1	热力学概论	视频
2.2	化学热力学发展简史	拓展资料
2.3	热力学基本概念与术语（一）	视频
2.4	热力学基本概念与术语（二）	视频
2.5	热力学第一定律	视频
2.6	焦耳	拓展资料
2.7	克劳修斯	拓展资料
2.8	焓和 Hess 定律	视频
2.9	热容	视频
2.10	相变热	视频
2.11	标准摩尔反应焓变	视频
2.12	标准摩尔反应焓变的计算	视频
2.13	标准摩尔反应焓变的计算——基希霍夫公式	视频

续表

序号	资　源　名　称	资源类型
2.14	可逆过程	视频
2.15	化学中的量变、质变与公序良俗的形成	拓展资料
3.1	热力学第二定律	视频
3.2	开尔文	拓展资料
3.3	卡诺循环和卡诺定理	视频
3.4	卡诺	拓展资料
3.5	熵和熵增原理	视频
3.6	热力学第二定律中的社会发展观教育	拓展资料
3.7	熵变的计算	视频
3.8	亥姆霍兹函数和吉布斯函数	视频
3.9	亥姆霍兹	拓展资料
3.10	吉布斯	拓展资料
3.11	吉布斯函数变的计算	视频
4.1	多组分系统及偏摩尔量	视频
4.2	化学势及其应用	视频
4.3	气体组分的化学势	视频
4.4	稀溶液的两个经验定律	视频
4.5	液体的化学势与活度	视频
4.6	稀溶液的依数性	视频
5.1	化学平衡研究史	拓展资料
5.2	化学平衡与标准平衡常数	视频
5.3	平衡常数及平衡组成的计算	视频
5.4	影响化学平衡的因素	视频
6.1	多相平衡系统及相律	视频
6.2	单组分系统的物态方程	视频
6.3	克拉佩龙	拓展资料
6.4	单组分系统的相图	视频
6.5	黄子卿	拓展资料
6.6	水化学与水哲学	拓展资料
6.7	二组分液态完全互溶系统的气液相平衡	视频

续表

序号	资　源　名　称	资源类型
6.8	二组分液态部分互溶和完全不互溶系统的相平衡	视频
6.9	二组分固态完全不互溶系统的液-固平衡相图	视频
6.10	二组分生成化合物和固溶体系统的液-固平衡相图	视频
7.1	化学动力学概论	视频
7.2	化学动力学发展简史	拓展资料
7.3	化学反应速率理论——基元反应的速率方程	视频
7.4	具有简单级数反应的特征	视频
7.5	反应速率的影响因素——温度和催化剂	视频
8.1	电化学概论	视频
8.2	电化学发展简史	拓展资料
8.3	法拉第定律	视频
8.4	法拉第	拓展资料
8.5	电解质溶液的导电能力	视频
8.6	电解质溶液理论简介	视频
8.7	可逆电池	视频
8.8	可逆电池的电动势	视频
8.9	可逆电池的热力学	视频
8.10	能斯特	拓展资料
8.11	原电池设计及应用	视频
8.12	不可逆电极过程	视频
9.1	界面化学概论	视频
9.2	表面张力	视频
9.3	弯曲表面的附加压力	视频
9.4	弯曲表面的蒸气压	视频
9.5	液固界面	视频
9.6	溶液表面吸附	视频
9.7	固体表面的吸附	视频
9.8	吸附等温式	视频
10.1	胶体化学概论	视频

续表

序号	资　源　名　称	资源类型
10.2	胶体化学发展简史	拓展资料
10.3	溶胶的结构	视频
10.4	溶胶的光学性质	视频
10.5	胶体的电学性质	视频
10.6	溶胶的聚沉	视频

目　录

绪 论

物理化学是化学的一个重要分支。

化学是研究物质的组成、性质和变化的科学，依照所研究的分子类别和研究手段、目的、任务的不同，派生出不同层次的分支学科。化学传统地分为无机化学、有机化学、分析化学和物理化学四个分支，20 世纪 20 年代后，科技突飞猛进地发展，化学与有关学科相互渗透，逐渐形成了一些重要的分支及边缘学科，如生物化学、高分子化学、核化学、地球化学、海洋化学、大气化学、环境化学、宇宙化学、星际化学等。

物理化学课程介绍

同时，化学作为一门自然科学，研究对象是自然界中的一切物质及其运动规律，其研究过程和方法也遵循自然科学的一般思维和方法。

绪论：认识物理化学

一、物理化学的本质

“物理化学”一词最早是在 18 世纪中叶由俄国科学家罗蒙诺索夫（M. B. Lomonosov，1711—1765）提出，到 1887 年，德国科学家奥斯特瓦尔德（W. Ostwald，1853—1932）和荷兰科学家范特霍夫（J. H. Van’t Hof，1852—1911）合办了第一本《国际物理化学与化学研究》（德文），标志着物理化学学科的建立。

《物理化学》绪论中的辩证唯物主义

“物理”，本质含义就是物质运行的基本规律、基本法则。从学科角度讲，物理学就是研究物质运动最基本的结构、性质及运动规律的科学，主要研究宇观、宏观、微观等各个层次物质的各种运动形式。“化学”，最早称物质学或质理学，意思就是“物质的性质或者物质的变化”，是关于变化、改造、创新的学问。近期有人认为，化学主要是研究物质的分子转变规律的科学。根本上说，化学就是以数学和物理为基础，从分子、原子尺度上研究物质变化的基本规律，研究“量变质变”“矛盾统一”的特征，并且利用这些规律和特征去创造新物质，去揭示自然的本质。物质的变化及其变化规律，都离不开对热、力、声、光、电、磁等物理性质的描述，而这些物理运动形式到达一定限度，就会引起分子性质的“质变”，发生化学变化。恩格斯曾指出：“当作用于各种物体并且对每一物体来说都各不相同的每个力在量上增长到一定程度时，就出现化学变化，于是我们就进入化学领域。”因此，他认为“化学可以称为研究物质由于量的构成的变化而发生质变的科学”。

奥斯特瓦尔德

范特霍夫

也就是说，光、电、热、磁等物理因素的改变会使系统发生化学变化或影响系统中化学反应的进行。同时，任何一个化学过程本质上都是原子、分子或原子团之间的组合或分离，总有物理变化伴随，如温度、压力、体积、热、功等的变化。因此，物理变化和化学变化是密不可分的，这就促使人们用物理学的原理、实验方法等去研究化学，物理化学便应运而生。

总之，物理化学是指从研究物理现象和化学现象的联系入手，采用物理学中的仪器和方法，探求化学变化、相变化以及简单 p、V、T 变化中具有普遍性的基本规律，了解物质微观结构与宏观性质的关系。物理化学主要是为了解决生产实际和科学实验中向化学提出的理论问题，揭示化学变化的本质，以便于更好地驾驭化学，使之为生产实际服务。

进入 20 世纪，新测试手段和新的数据处理方法不断涌现，物理化学逐渐形成了许多新的分支学科，如热化学、化学热力学、电化学、溶液化学、胶体化学、表面化学、化学动力学、催化化学、量子化学和结构化学等。

二、物理化学的研究内容

物理化学的研究内容与物质的物理运动及其规律紧密相关，如热力学、动力学、电化学、表面与胶体化学等。在具体研究中，主要考察物质在不同条件下物理变化、化学变化和相变化等运动过程中的物理量（如热力学能 U、焓 H、熵 S、吉布斯函数 G 等）的变化情况，从而解决生产实际问题（如热效应、变化方向、反应历程等）。研究方法也采用运动的、变化的行为来进行，如观察与实验、归纳与演绎、比较与类比、实践与假说及假借、理想化方法，等等。

物理化学的研究内容主要分为三个部分：化学热力学、化学动力学和结构化学。一般，结构化学独立研究。本书主要介绍化学热力学和化学动力学的基本原理及其在电化学、表面化学和胶体化学中的应用。

化学热力学主要研究化学变化的方向和限度及与其相关的问题。它以热机效率研究为主线，以热力学第一定律和第二定律为基础，引入五个重要的热力学函数，即热力学能 U、焓 H、熵 S、亥姆霍兹函数 A 和吉布斯函数 G，解决系统简单 p、V、T 变化以及化学变化和相变化中的能量问题、方向和限度的判断问题。如，一个系统在一定条件下能否朝着预定的方向变化？如果能够进行，它将达到什么限度（即平衡）？平衡时系统将处于什么状态？系统的组成是什么样的？如何提高反应物的转化率或产物的收率？外界的条件（如温度、压力和物质浓度等）会对平衡系统产生什么影响？在变化过程中能量如何变化？多相平衡系统如何研究？多组分系统相态随条件的变化情况，等等，都属于化学热力学研究的范畴。

化学动力学主要研究反应的速率和机理及与其相关的问题。一定条件下，化学反应如何随时间变化、变化的具体途径如何、外界条件如何影响反应、如何控制条件使反应朝向预期产物进行等，都属于化学动力学研究的范畴。本书主要介绍宏观动力学的一些基本概念，外界条件对反应速率的影响状况以及反应机理，以便于更好地掌握化学反应的基本规律和本质。

在掌握了化学热力学和化学动力学的基础上，还要学习其在电化学和表面化学、胶体化学中的应用。通过掌握有关基本理论和研究方法，了解物理化学在有关专业中的应用，为专业知识学习打下坚实的理论基础，并使学生比较牢固地掌握专业所必需的物理化学基本概念、计算方法及基本实验技术，同时还得到一般科学方法的训练和逻辑思维能力的培养，具有终身学习的意识和能力，适应社会发展的需要。

《物理化学》课程思政的研究与实践

三、物理化学在环境保护工作中的重要性

环境保护是涉及许多学科的综合问题，其中很多与化学有关。化学在科技进步与

环境保护中起着非常重要的作用，日益与人类生存的自然环境状况紧密地联系在一起。从环境污染物的组成上看，有约70%属于化学物质。同时，绝大多数的环境污染的治理也要依靠化学知识、使用化学方法。目前人们最关注的一些环境问题，如大气污染、臭氧层空洞、温室效应、酸雨、雾霾、海洋污染、淡水缺乏、土地沙漠化、植被减少、生物种群灭绝、有毒化学品等，绝大多数与化学有直接或间接的关系。因此，要解决这些污染问题，消除或减少这些污染物的危害，更需要化学知识、利用化学方法。

目前，我国面临水资源短缺的严重现实，水污染防治、保护水环境的思想已深入人心。在水污染防治领域中，化学处理方法占有重要的位置。如，在工业废水处理中，采用中和法处理酸性或碱性废水，化学沉淀法处理金属离子，药剂氧化法处理含氰废水，药剂还原法处理含铬废水，臭氧或氯气氧化处理有机物，电解法处理含铬、含氰废水，其他如混凝法、气浮法、离子交换法、吸附法、电渗析、反渗透、超滤等，都与物理化学紧密关联。所以，环境专业、给水排水专业以及其他与环境有关的专业，都有必要深入学习化学知识，特别是物理化学，充分理解和掌握相关基本原理，拥有扎实的化学基础，才能够更快更牢固地掌握本专业相关知识，更好地服务于环保工作。

同时，在充分掌握基本理论知识的基础上，认识自然规律，遵守自然法则，建立科学的思维方法。比如，在热力学部分深入理解热力学第一定律和热力学第二定律，通过分析能量转化与守恒定律和熵增原理，可以使学生充分认识到“可持续发展战略”的必要性，强化建设“人类命运共同体”的理念。

质能守恒定律与可持续发展观教育

四、物理化学课程的学习方法

物理化学是研究物质性质及其变化规律的基础理论课程，且与生产生活实践紧密关联。通过物理化学的学习，培养学生利用化学基本原理和方法解决生产实践及生活中与化学有关问题的能力，培养科学的思维方式和独立分析问题、解决问题的能力。

(1) 建立系统化、整体化的理念，把握知识点间的逻辑关系。物理化学所涉及的基本理论系统性强，结构严谨，逻辑性强，是一个整体，而不仅仅是一个个点。因此，学习过程中，要了解整个知识体系及其中的关系，由点到面，再由面到点，充分利用观察、分析、归纳、演绎等方法，建立科学的思维方法。比如，整个热力学部分是一个整体，热力学第一定律和热力学第二定律虽然各自不同，但内在息息相关，都是从第一次工业革命研究蒸汽机开始，为了解决热功交换问题、提高热功交换效率而归纳总结出来的。在解决不同变化过程的具体问题时，面对具体条件，两个定律又有着不同的使用方式。

(2) 巧用理想化模型方法，简化处理过程。物理化学与实际生产生活结合比较紧密，而实际问题的处理往往比较复杂，因此，在探索一般规律和问题解决方法时，往往会采用理想化模型方法，抓住主要矛盾，忽略次要因素，使问题最简化。最常见的就是理想气体、理想溶液等常常被用作具体问题的解决中，作为假定研究对象。

(3) 注重公式使用方法和条件，充分理解数学公式的物理意义。物理化学中用到较多的数学与物理知识，学习时要注意各物理量间的函数关系，以及有关公式间的逻辑关系，重视不同公式的适用条件。同时，不要死记硬背，而要着重理解数学表达方式中蕴含的物理意义。对于工科专业学生，学习时可以淡化，但要理解推导过程，着重训练对问题的解决、方法的建立。

（4）理解是学习的最重要方式，融会贯通，善于应用才是最终目的。在学习新课之前，一定要预习，这样对所学内容有所了解，对其中的重点和难点有个初步的印象。课堂上有重点地听老师的讲解，重在理解，做好笔记，课后及时复习，做习题。还要重视物理化学实验，物理化学基本理论和规律来自于经验总结和理论分析，因此，要如实做好实验记录，认真处理实验报告。根据实验现象总结和验证有关规律，当现象与理论不一致时，要慎重查找原因，分析和解决问题，并富有创新精神。

（5）建立“生活无处不化学”的理念，处处留心皆学问。物理化学是与生产和生活实际结合比较紧密的一门学科，要善于应用物理化学的理论和方法来看待分析日常生活中所有与化学有关的现象，融会贯通，勤于思考，活学活用，则学习可以收到事半功倍的效果。

五、物理量的表示和运算

物理化学中涉及很多物理量及其运算。

物理量包括数值和单位符号。书写时，物理量的符号常用单个斜体的拉丁字母或希腊字母表示，见表 0-0-1。

表 0-0-1　物理量的符号

符号	p	V	T	U	S	m
物理量	压力	体积	温度	热力学能	熵	质量
符号	η	ρ	μ	ε	ξ	γ
物理量	黏度	密度	化学势	能量	反应进度	表面张力

物理量的计量单位一般用小写正体的拉丁字母表示，见表 0-0-2。

表 0-0-2　物理量的计量单位

单位符号	m	s	kg	mol	dm^3	m^3
单位名称	米	秒	千克	摩尔	立方分米	立方米

如果单位来自人名，则第一个字母用大写，见表 0-0-3。

表 0-0-3　来自人名的单位

单位符号	K	J	V	Pa
人名	Kelvin	Joule	Volt	Pascal

在用表格表达物理量时，表的名称在表上方居中，表中物理量只写出数值，表头用物理量/单位表示，见表 0-0-4。

表 0-0-4　表格形式表达示例

实 验 编 号	p/kPa	V/dm^3
1	100	22.7
2	50	45.4

物理量之间可以通过一定的方程进行运算，运算时，必须代入完整的物理量数值和单位，如

$$
\begin{aligned}
V &= \frac{nRT}{p} \\
&= \frac{1\text{mol} \times 8.314\text{J}/(\text{mol} \cdot \text{K}) \times 298\text{K}}{100\text{kPa}} \\
&\approx 0.0248\text{m}^3
\end{aligned}
$$

或

$$
\begin{aligned}
V &= \frac{nRT}{p} \\
&= \frac{1 \times 8.314 \times 298}{100 \times 10^3}\text{m}^3 \\
&\approx 0.0248\text{m}^3
\end{aligned}
$$

需要注意的是，运算过程中，一定要严格使用国际单位制规定的单位。

第一章

气　体

一切学科的研究对象都是物质。运动是物质的存在方式、是物质的固有属性。运动是绝对的，静止是相对的，是相对于某一参照系的。

自然界中的一切物质都是由原子、分子组成的，分子（原子）间有一定间隙，总在不停地做着无规则的热运动，并且存在着相互作用。因为分子（原子）间的相互作用不同，宏观上物质通常以不同的聚集状态存在，常见的有气态、液态和固态，此外还有等离子体和液晶等。其中，气态和液态具有流动性，常称为“流体”；液态和固态通常称为“凝聚态”。在一定温度和压力下，物质可以在不同状态间相互转化。无论物质处于哪种状态，都有许多基本的宏观物理性质可用来描述，如压力 p、体积 V、热力学温度 T、密度 ρ 等。其中，气体模型比较简单，p、V、T 关系比较简单，故对它研究得最多，也最为透彻。

气体的基本特征是它的扩散性和可压缩性，同时也表现出无限膨胀性和无限掺混性，其根本原因就是气体分子之间的距离较大并且可以变化。气体没有固定的体积和形状，将一定量的气体引入任何容器中，气体分子随即向各个方向扩散，并均匀充满整个容器的空间；不同种的气体能以任意比例相互均匀混合，空气就是各种气体的混合物。气体总是由气压高的地方向气压低的地方扩散，风就是这样形成的。

第一节　理　想　气　体

理想气体

很多基本理论都是以气体集合体为研究对象，只考虑气体分子热运动的宏观特征，不考虑分子自身性质。所以，为了抓住主要矛盾，常常建立理想化的模型进行简化处理，这样易于找到变化的规律，并为实物的研究提供一个比较的标准。理想气体就是这种情况下提出来的。

气体分子运动论认为：气体分子可看作是没有体积的质点或硬球；气体分子在无规则热运动过程中，除了相互碰撞的瞬间没有相互作用；气体分子之间以及气体分子和器壁之间的碰撞是弹性碰撞；气体的压强就是气体分子对器壁碰撞的结果。因为在化学研究中只研究气体的宏观表现及与环境的相互作用，不考虑面积，所以在化学中压强 p 常常会读作“压力”。

这样，当忽略掉气体分子自身体积和分子间相互作用后，这种气体称为理想气体。事实上，真正的理想气体是不存在的，理想气体只是一种气体模型。该模型的基础是放弃气体分子的个性（其质量除外），忽略分子之间、分子与器壁之间的作用力，只考虑分子之间的距离，将复杂的问题简单化，形成一种规律，在此基础上，结合实际情况再加以修正，进而解决实际问题。

当计算精度要求不高时，低压高温条件下的气体均可以近似被看作是理想气体。

一、理想气体状态方程

对理想气体的研究，可追溯到17世纪中叶。1662年，英国科学家波义耳（Robert Boyle，1627—1691）发现，当物质的量 n 和热力学温度 T 恒定时，气体的体积 V 与压力 p 成反比。即

波义耳

$$pV=\text{常数}\quad (n、T\ \text{一定})$$

1808年，法国科学家盖·吕萨克（Gay-Lussac，1778—1850）研究发现，当物质的量 n 和压力 p 恒定时，气体的体积 V 与热力学温度 T 成正比。即

盖·吕萨克

$$V/T=\text{常数}\quad (n、p\ \text{一定})$$

1869年，意大利科学家阿伏伽德罗（Avogadro，1776—1856）提出，在相同的热力学温度和压力下，气体的体积 V 与物质的量 n 成正比。即

阿伏伽德罗

$$V/n=\text{常数}\quad (T、p\ \text{一定})$$

后来，法国科学家克拉佩龙（Klapyron，1799—1864）综合以上四人成果，得到低压下气体的状态方程：

$$pV=nRT \tag{1-1-1}$$

式（1-1-1）为理想气体的状态方程。按照国际单位制，式中，压力 p 的单位为Pa，体积 V 的单位为 m^3，热力学温度 T 的单位为K，物质的量 n 的单位为mol；R 为气体摩尔常数，适用于任何理想气体一般计算中，$R=8.314\text{J}/(\text{K}\cdot\text{mol})$。

因为气体的摩尔体积 $V_m=\dfrac{V}{n}$，所以，理想气体的状态方程又可以化为

$$pV_m=RT \tag{1-1-2}$$

在273.15K、101.325kPa下，可以求得理想气体的摩尔体积 V_m 约为22.4L，与实验测得值一致。

例1-1-1：一抽成真空的球形容器，质量为25.0000g，充以4℃水之后，总质量为125.0000g。若改充以25℃、13.33kPa的某碳氢化合物气体，则总质量为25.0163g。试估算该气体的摩尔质量。水的密度按 1g/cm^3 计算。

解：球形容器的体积为 $V=(125.0000-25.0000)\text{g}/(1\text{g/cm}^3)=100\text{cm}^3$

将某碳氢化合物看成理想气体，则

$$pV-nRT-mRT/M$$

可得

$$\begin{aligned}M&=mRT/(pV)\\&=(25.0163-25.0000)\times 8.314\times 298.15/(13.33\times 10^3\times 100\times 10^{-6})\\&\approx 30.31(\text{g/mol})\end{aligned}$$

二、道尔顿（Dalton）分压定律

1801年，英国化学家道尔顿（Dalton）指出，在一定温度下，混合气体的总压力等于组成混合气体的各组分气体的分压力之和，称为道尔顿（Dalton）分压定律。

道尔顿

比如，某一理想气体混合物系统中含有 i 种理想气体，系统总压为

$$p_{总}=p_1+p_2+p_3+\cdots+p_i=\sum_{i=1}^{n}p_i \tag{1-1-3}$$

整个理想气体混合物中如果没有化学反应发生，根据理想气体状态方程，有

$$p_{总}=n_{总}\frac{RT}{V}=(n_1+n_2+n_3+\cdots+n_i)\frac{RT}{V}$$

因为任一种理想气体都服从理想气体状态方程：

$$p_1V=n_1RT,p_2V=n_2RT,\cdots,p_iV=n_iRT$$

所以有：
$$\frac{p_1}{p_{总}}=\frac{n_1}{n_{总}},\frac{p_2}{p_{总}}=\frac{n_2}{n_{总}},\cdots,\frac{p_i}{p_{总}}=\frac{n_i}{n_{总}}$$

令$\frac{n_i}{n_{总}}=x_i$，x_i 称为 i 组分的物质的量分数，亦称摩尔分数。显然，所有组分的摩尔分数之和为 1。则任意组分 i 的分压力为

$$p_i=p_{总}\,x_i \tag{1-1-4}$$

式（1-1-4）表示混合气体中任意组分 i 的分压力等于总压力乘以该气体的摩尔分数，这是 Dalton 分压定律的另外一种表示形式。

例 1-1-2：在 298.15K、101.325kPa 下制氢气，用排水集气法收集气体 10mol，并将该气体进行干燥。求（1）收集到的氢气的物质的量；（2）所用容器的体积。已知 298.15K 时水的饱和蒸汽压为 3.167kPa，气体均看作理想气体。

解：（1）已知所收集的气体包含氢气和水蒸气：

$$p_{总}=p_{H_2}+p_{H_2O}=101.325\text{kPa}$$

则对氢气来说，$T=298.15\text{K}$ 时：

$$p_{H_2}=101.325\text{kPa}-3.17\text{kPa}=98.155\text{kPa}$$

由道尔顿分压定律知，
$$p_{H_2}=p_{总}\times x_{H_2}$$

即
$$p_{H_2}=p_{总}\times\frac{n_{H_2}}{n_{总}}$$

所以
$$n_{H_2}=p_{H_2}\times\frac{n_{总}}{p_{总}}=\frac{98.155\text{kPa}\times10\text{mol}}{101.325\text{kPa}}\approx9.687\text{mol}$$

（2）由理想气体状态方程 $pV=nRT$

$$V=\frac{n_{总}RT}{p_{总}}=\frac{10\text{mol}\times8.314\text{J}/(\text{mol}\cdot\text{K})\times298.15\text{K}}{101.325\text{kPa}}\approx244.6\text{L}$$

或
$$V=\frac{n_{H_2}RT}{p_{H_2}}=\frac{9.687\text{mol}\times8.314\text{J}/(\text{mol}\cdot\text{K})\times298.15\text{K}}{98.155\text{kPa}}\approx244.6\text{L}$$

即，容器体积约为 244.6L。

三、阿马加分体积定律*

1880 年，阿马加在研究低压气体性质时发现，混合气体的总体积等于混合气体中各组分气体在同样温度压力下的分体积之和。设某一理想气体混合物系统中含有 i 种理想气体，在同样温度、与混合气体相同压强（p_t）时，任一纯组分气体 i 所具有

的体积称为该组分气体 B 的分体积，用 V_i^* 表示。那么根据理想气体状态方程可知：

$$V_i^* = \frac{n_i RT}{p_t}$$

则

$$V_t = V_1^* + V_2^* + V_3^* + \cdots = \frac{n_1 RT}{p_t} + \frac{n_2 RT}{p_t} + \frac{n_3 RT}{p_t} + \cdots$$

$$= (n_1 + n_2 + n_3 + \cdots)\frac{RT}{p_t} \tag{1-1-5}$$

那么

$$\frac{V_i^*}{V_t} = \frac{n_i}{n_{总}} = x_i \quad 或 \quad V_i^* = V_t x_i \tag{1-1-6}$$

式（1－1－5）和式（1－1－6）都可以称作阿马加分体积定律，表明混合理想气体的体积具有加和性，等于任意组分在相同温度和压力下的分体积之和。任意组分在相同温度和压力下的分体积等于总体积与其摩尔分数的乘积。

阿马加分体积定律严格来说只适用于理想气体。对于真实气体，各组分体积之和与混合后的总体积会有差异，这时候会引入偏摩尔体积的概念，详见第四章。

第二节　真　实　气　体

常温常压下，尽管有些气体如 He、H_2、N_2、O_2 等能较好地适用于理想气体的状态方程，但对另一些气体如 H_2O、CO_2、NH_3 等将产生较大的偏差。产生偏差的主要原因是理想气体的分子只有位置而不占有体积，是一个具有质量的几何点，而实际气体分子式具有一定体积，且分子之间有相互吸引力和排斥力，分子与分子之间以及分子与器壁之间的碰撞具有动能的损失。理想气体的压力 p 仅仅指气体分子对容器器壁的撞击，而不存在分子相互之间的内压力；气体的体积 V 也仅仅指分子活动的自由空间。真实气体必须要考虑分子自身的体积以及相互之间的作用力。真实气体在撞击器壁时还要克服内部分子对它的吸引力，从而使得宏观表现出来的净压力要比作为理想气体时的压力小。同时，由于分子自身体积的存在，也使得整个集合体宏观表现的体积 V 包含了分子自身的体积，而不仅仅是分子自由活动空间，所以体积相比理想气体要大。

真实气体

一、范德华（Vander Waals）方程

理想气体的状态方程虽然是实验中总结出来的规律方程，但由于忽略了气体分子自身的体积和分子的相互作用力，应用于真实气体时必然会受到一定的限制，特别是在温度较低、压力较高的情况下，将理想气体状态方程用于真实气体将产生偏差。1873 年，荷兰科学家范德华从真实气体与理想气体的差别出发，对理想气体的状态方程进行了如下修正：

范德华

首先，由于真实气体分子自身具有一定的体积，分子运动的空间将不再是整个容器，而是比容器的体积小，所以真实气体分子自身的体积不能忽略。假设单位物质的量的某气体分子的自身体积为 b，则 $V-nb$ 就等于气体分子运动的自由空间。在忽略了气体分子间的相互吸引力的情况下，状态方程被修正为

$$p(V-nb) = nRT \tag{1-2-1}$$

另外，真实气体在温度较低、压力较高的情况下，分子间的相互吸引力不能忽视。气体的压力是分子对器壁的弹性碰撞产生的，而真实气体分子由于受到内层分子的吸引，所以碰撞器壁所产生的压力比理想状态要小，因此考虑分子间的吸引力时将式（1－2－1）修正为

$$(p+p_{内})(V-nb)=nRT \tag{1-2-2}$$

$p_{内}$是由于分子间的相互吸引而减小压力的修正值，它与内、外两层分子的密度成正比，即

$$p_{内}=a\left(\frac{n}{V}\right)^2$$

或

$$\left(p+\frac{a}{V_m^2}\right)(V_m-b)=RT$$

因此，在考虑了气体分子自身的体积和分子的相互吸引力的情况下，实际气体的状态方程式为

$$\left(p+a\cdot\frac{n^2}{V^2}\right)(V-nb)=nRT \tag{1-2-3}$$

式（1－2－3）就是著名的范德华方程。式中，a 和 b 统称为范德华常数。范德华认为，a 和 b 是与温度无关只与气体种类有关的特性常数。a 的单位 $Pa\cdot m^6/mol^2$，一般来说分子间引力越大，a 值越大。b 的单位是 m^3/mol，表示每摩尔真实气体因分子本身占有体积而使分子自由活动空间减小的数值。范德华方程是一种被简化了的真实气体的数学模型，人们常常把任何温度、压力条件下服从范德华方程的气体称为范德华气体，各种真实气体的 a 和 b 均可由实验测定的 p、V、T 数据拟合得出，也可以通过气体的临界参数求取。精确测定表明 a、b 除了与气体种类有关以外，还与气体的温度有关，甚至不同的拟合方法也会得到不同的数值。

例 1－2－1：温度为 273.15K，在容积分别为 $22.4dm^3$、$0.200dm^3$、$0.050dm^3$ 的容器中，分别加入 1.00mol CO_2 气体，试分别用理想气体状态方程和范德华方程计算其压力。CO_2 气体的 a 和 b 分别为 $0.3658Pa\cdot m^6/mol^2$ 和 $0.428\times10^{-4}m^3/mol$。

解：（1）按理想气体状态方程

$$p=\frac{RT}{V_m}=\frac{8.314J/(mol\cdot K)\times273.15K}{22.4\times10^{-3}m^3/mol}\approx101.4kPa$$

由范德华方程可得

$$p=\frac{RT}{V_m-b}-\frac{a}{V_m^2}$$

$$=\frac{8.314J/(mol\cdot K)\times273.15K}{(22.4\times10^{-3}-0.428\times10^{-4})m^3/mol}-\frac{0.3658Pa\cdot m^6/mol^2}{(22.4\times10^{-3}m^3/mol)^2}\approx100.8kPa$$

结果表明，在较大容器中，气体分子间引力较小，压力较低，真实气体可以看作理想气体处理。

（2）按理想气体状态方程

$$p=\frac{RT}{V_m}=\frac{8.314J/(mol\cdot K)\times273.15K}{0.200\times10^{-3}m^3/mol}\approx1.13\times10^4kPa$$

由范德华方程可得

$$p=\frac{RT}{V_m-b}-\frac{a}{V_m^2}$$
$$=\frac{8.314\mathrm{J/(mol\cdot K)}\times 273.15\mathrm{K}}{(0.200\times 10^{-3}-0.428\times 10^{-4})\mathrm{m^3/mol}}-\frac{0.3658\mathrm{Pa\cdot m^6/mol^2}}{(0.200\times 10^{-3}\mathrm{m^3/mol})^2}$$
$$\approx 5.29\times 10^3\mathrm{kPa}$$

相较于（1）的结果表明，随着体积变小，分子间的引力增强，对器壁的碰撞减弱，所以用范德华方程计算出的压力要小于用理想气体方程计算出的压力。

（3）按理想气体状态方程

$$p=\frac{RT}{V_m}=\frac{8.314\mathrm{J/(mol\cdot K)}\times 273.15\mathrm{K}}{0.050\times 10^{-3}\mathrm{m^3/mol}}\approx 4.54\times 10^4\mathrm{kPa}$$

由范德华方程可得

$$p=\frac{RT}{V_m-b}-\frac{a}{V_m^2}$$
$$=\frac{8.314\mathrm{J/(mol\cdot K)}\times 273.15\mathrm{K}}{(0.050\times 10^{-3}-0.428\times 10^{-4})\mathrm{m^3/mol}}-\frac{0.3658\mathrm{Pa\cdot m^6/mol^2}}{(0.050\times 10^{-3}\mathrm{m^3/mol})^2}$$
$$\approx 1.37\times 10^5\mathrm{kPa}$$

与（2）的计算结果相反，用范德华方程计算出的压力，反而大于用理想气体方程计算的结果。这是因为随着容器容积继续减小，分子间作用力以斥力为主，增强了对器壁的压力。

二、真实气体的液化

理想气体因为分子间没有相互作用力，所以无论压力、温度如何变化都不能被液化，只能以气态存在。真实气体不同，当降温或加压时，分子间距离变小，吸引力增强，然后距离接近到一定程度又会产生排斥，直到吸引和排斥达到平衡时，表现出液体的性质，这一过程称作气体的液化。分子间作用力与距离的关系如图 1－2－1 所示。

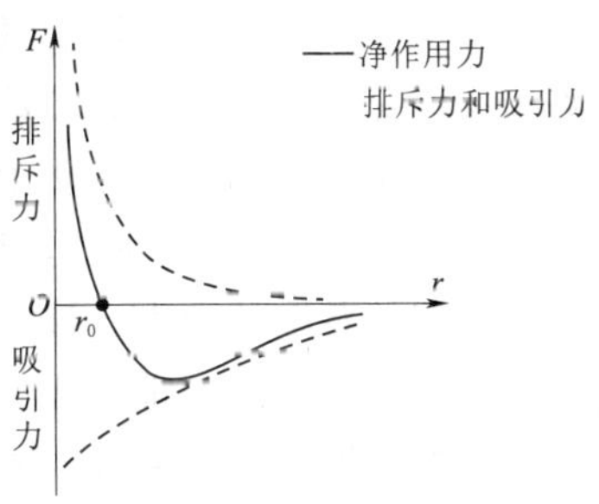

图 1－2－1　分子间作用力与距离的关系

为了研究问题方便，从反向来看，在一定温度下，在密闭容器中装一定量纯液体，比如水，然后将容器上方抽真空，表面层水分子在剧烈热运动过程中会脱离其他水分子的吸引而逸出，成为气体分子，这个过程称为“蒸发”。同时，气相中的分子在热运动过程中也会接触液体表面而被吸引，进入液相，这个过程称为“凝聚”。蒸发、凝聚示意图如图 1－2－2 所示。在相同时间内，当蒸发为气态的分子数目与凝聚成液态的分子数目相等，即蒸发速率和凝聚速率相等时，在表面存在着一个蒸发与凝聚的动态平衡，此时的蒸气称为“饱和蒸气”，液体为“饱和液体”。饱和蒸气的压力为“饱和蒸气压”，简称“蒸气压”。

（3）SO_2 的沸点在 25～157℃。

（4）25℃时，SO_2 钢瓶内 SO_2 的压强为 5atm。

8. 若 CH_4 在 203K、2533.1kPa 条件下服从范德华方程，试求其摩尔体积。

（$5.59\times10^{-4}m^3/mol$）

9. 两个容积均为 V 的玻璃球泡之间用细管连接，泡内密封着标准状态下的空气。若将其中的一个球加热到 100℃，另一个球则维持 0℃，忽略连接细管中气体体积，试求该容器内空气的压力。（117kPa）

10. 1mol CO_2 气体在 40℃时体积为 $0.381dm^3$，分别用理想气体状态方程和范德华方程计算气体的压力（实验测得气体压力为 5.07×10^6Pa）。

（6.84×10^6Pa，5.18×10^6Pa）

第二章 热力学第一定律

热力学（Thermodynamics）建立在人类长期实践总结出来的经验定律的基础上，是关于能量流动及其变化规律的科学。在 19 世纪初工业革命时，热力学主要研究热能和机械能的转化规律，随着科学技术的不断发展，热力学业已超出其原来的范畴，发展迅猛。

热力学概论

把热力学中的最基本原理用来研究化学现象以及和化学有关的物理现象，称为化学热力学。化学热力学的发展可以追溯到古人学会取火用火，从区分温度和热量的本质开始，直到 18 世纪伴随着第一次工业革命，人们充分利用化石燃料把化学能转变为热能、机械能、电能等，但伴随而来的还有全球变暖、温室效应、环境等问题。如何提高燃料的利用率、减少环境污染问题，科学家在对能量转化和提高利用率的研究过程中，提出了“热功当量”“能量守恒”“卡诺定理”等理论，形成了化学热力学的理论基础——四个基本定律，化学热力学理论体系得到了完善。

化学热力学发展简史

热力学第零定律是对温度的定义以及温标的确定。热力学第零定律指出，处在同一热平衡状态的所有热力学系统都具有一个共同的宏观特征，在热力学系统中每种物质都具有共同的物理量，反映这一特征的函数或物理量被定义为温度。在热力学中常用开氏温标，和通常的摄氏温标之间关系为 $T(\mathrm{K})=273.15+t(℃)$。第零定律的意义就在于，它指出温度相等是系统处于平衡态的必要条件。

热力学第一定律，也就是能的转化与守恒定律，指出一个热力学系统在变化过程中能量相互转化所遵守的准则，表明系统不可能失去能量，也不会凭空获得能量。所以燃烧了多少燃料，就应该获得相应多的机械能或者电能，换句话说，汽车燃烧的汽油得到的热可以完全用来推动车轮前行才对，尾气不应该有那么高的温度。

热力学第二定律，主要解决变化的方向和限度问题。在没有其他因素影响的情况下，物质或系统总是趋向于更加混乱无序，使得能量增加。那么对于汽车如何保证能量守恒呢？如何使你的汽车百公里油耗很低很低，热利用率很高很高呢？要想使一个系统朝向既定方向进行，应该确定什么条件呢？

热力学第三定律指出了低温下的熵值，在绝对 0K 时，物质都处于绝对静止状态，能量才可以最低，能量才会守恒。事实上，目前绝对 0K 是不可能达到的。所以汽车燃烧汽油释放的热不可能完全用于推动汽车运动做功，总会有余热释放浪费掉。

简言之，自然界中的一切变化都遵守这四个定律，绕开任何一个都不行。热力学第一定律指出能量转化守恒，热可以变为功，功也可以转化为热，热功转化效率可以达到 100%。但是同时，热力学第二定律和热力学第三定律又指出，想要使得能量转化效率达到 100%，必须在绝对 0K 才可以，而事实上绝对 0K 是不可能达到的！那也就是说转化效率不可能达到100%。既然不能达到100%，最高可以达到多少呢？这也正是热力学要解决的最终问题。

所以，当在研究热力学的时候，一定要注意条件。相应地，在定义一些概念、研究一些理论、解决一些问题的时候，都必须注意适用条件。

综上所述，化学热力学主要解决两大问题：

(1) 化学过程中的能量衡算。例如，一定量的某种燃料燃烧时，能释放多少能量？燃烧时的最高温度是多少？要保证生产顺利地进行，必须计算出每生产一定数量的产物时，应该移去多少反应热，或者补充多少能量，才能控制反应器的温度。所有这些，都涉及能量衡算。

(2) 判断化学反应进行的方向和限度。例如，为了治理汽车尾气中的NO，首先需要判断根据所建议的某条反应路线能否得到无毒无害的N_2和O_2，即在理论上判断所设计的反应能否发生；只有在确知存在发生反应的可能性时，才能去考虑反应的速率、选用何种催化剂以及实施的一系列具体问题。

本书只研究经典热力学，其研究对象是大数量分子的集合体，是宏观系统以及系统从一个平衡态到另一个平衡态的净变化结果，在一定条件下判断变化能否发生以及进行到什么程度，而不考虑系统中物质的微观运动以及变化具体细节，不考虑变化所需要的时间，不必了解反应的机理和速率，不确定物质的微观结构，只讲可能性不讲现实性。在这个前提下，研究过程就变得简单多了。

热力学的研究常常采用归纳演绎的方法。归纳的基本推理过程是"由个别到一般，由事实到概括"，演绎是"由一般到个别"。19世纪人们在研究热机的科学实验基础上，归纳得出了热力学定律，构成了热化学的演绎基础。例如，根据热力学第一定律演绎推导出了热化学方程式、赫斯定律、基希霍夫定律等，形成了整个化学热力学体系的骨架。理想方法在化学热力学中也有着重要的作用，如隔离系统、绝热过程、理想溶液、可逆过程等用到了理想模型；卡诺循环、范霍夫平衡箱、范霍夫渗透压等使用了理想实验。通过抓主要矛盾，简化了研究过程，为基本定律和演绎推理提供了理论基础，也为实际过程中实际问题的解决提供了方法和科学预见。

第一节　热力学基本概念与术语

一、系统（system）和环境（surroundings）

热力学基本概念与术语（一）

进行热力学研究时，需要确定研究对象，通常把这个研究对象称作系统（system）或体系。系统之外与系统密切相关、影响所能及的部分称作环境（surroundings）。系统和环境之间可以有有形的真实存在的边界，也可以是无形的边界。例如，研究一杯水，则杯中水为系统，水面上空气、杯子以及杯子周围的空间称作环境。此时系统和环境之间以杯子内壁和水面为界。再如，要研究室内氧气，则氧气为系统，空气中其他成分以及室内的人及各种物品均为环境，可知此系统和环境间没有实际界限。

系统与环境之间的关联，有两个方面：物质交换和能量交换。按照系统和环境之间物质交换和能量交换的情况，可以把系统分为敞开系统（open system）、封闭系统（close system）和隔离系统（isolated system）。

（1）敞开系统（open system）系统与环境间既有物质交换，又有能量交换。如敞口水杯内的热水，水分子在蒸发，同时又向环境散热。这类系统比较复杂，物质的数量在改变，能量也在变化，因此，通常研究不多。

（2）封闭系统（close system）系统与环境间没有物质交换，只有能量交换。如放在普通密闭杯子中的热水，水分子不能进入环境，但是可以向环境散热。封闭系统是热力学中研究最多的系统，以后若不特别说明一般均指封闭系统。

（3）隔离系统（isolated system）又称孤立系统，系统与环境间既无物质交换，也无能量交换。如封闭于保温性能良好的保温杯中的水。

敞开系统是绝对存在的，而隔离系统和封闭系统只是一个相对的概念，是在一定条件下、根据研究目的人为划分的。因为没有任何系统可以和外界不发生任何联系，即便是保温杯也不能绝对隔绝热传递，即使是地球也会和外太空有能量交换。有时候，封闭系统和环境可以合在一起看作隔离系统来处理。比如，通常把地球看作一个隔离系统去研究人类的行为，而不考虑重力的影响。

在物理化学中，研究对象常常是封闭系统，只考虑系统与环境的能量交换，主要研究系统在一定条件下如何从一个平衡态变为另一个平衡态的过程，以及其中的能量变化。

二、热力学平衡态（thermodynamic equilibrium）

当系统不受环境影响时，描述系统的宏观变量不随时间和空间的改变而改变，可以称系统达到了平衡。经典热力学研究的是处于热力学平衡态的系统，只有同时满足以下平衡条件的系统才处于热力学平衡态。

热力学基本概念与术语（二）

（1）热平衡：系统内部各部分的温度相等。如果是非绝热系统，系统温度还应等于环境温度。

（2）力平衡：系统内部各处的力相等。这里的力是广义的，包括压力、表面张力和电势等。如果系统与环境间没有刚性壁存在，系统受力还应与环境压力相等。

（3）相平衡：系统内物理性质和化学性质完全相同的部分为一相。若系统内不止一相，系统达到相平衡时，各相的组成和数量不随时间而改变，同一物质在各相中的化学势相等。

（4）化学平衡：当各物质之间有化学反应时，达到平衡后，正反应和逆反应速率相等。从宏观上看，无论是反应物还是产物，其组成和数量不随时间而改变。

如果上述条件有一个得不到满足，则该体系就不处于热力学平衡态，其状态就不能用简单的方法描述出来。

在经典热力学中，如果没有特别说明，只研究处于热力学平衡态的系统。

三、系统的性质（properties of the system）

当系统处于平衡态的时候，可以用一些量去描述它的特征。这些宏观可测的物理量，如温度、压力、体积、密度等，可称作系统的性质。根据性质的特点，可以分为两类：

（1）广延性质（又称广度量）：当将系统分割成若干部分时，系统的广延性质等于各部分该性质之和，即广延性质数值与系统中物质数量成正比，是反映系统量的性质，具有加和性。质量、物质的量、体积、熵、焓和热力学能等都是广延性质。

（2）强度性质（又称强度量）：此类性质不具有加和性，其数值与系统中物质的数量多少无关，仅决定于系统本身的特性，反映系统质的性质。温度、密度、黏度等均是强度性质。

很明显，系统的两种广延性质相除，其商均为强度性质，如密度、摩尔质量、摩尔体积等。

四、状态（state）

状态是系统所有宏观可测性质（如温度、压力、体积、密度等）的综合表现。要描述系统的一个平衡态，并不需要把它的所有特征都罗列出来，只需要给出常见的宏观变量就可以了。比如，常温常压下，有200g 液态水，可以写作：H_2O，l，25℃，101.325kPa，200g。

系统的状态确定，则所有性质应确定；任一性质发生变化，则状态发生变化。反之，如果状态改变，则一定有某一种性质发生了变化。

某些性质的改变量只取决于系统所处的始态和终态，而与变化所经历的具体途径无关；系统无论经历多复杂的变化，只要恢复到初始状态，则所有的性质都能够复原。这些物理量的变化值仅取决于系统的始态和终态，而与变化的具体途径和历史无关。热力学中将这一类性质称作状态函数。例如，理想气体状态方程 $pV=nRT$ 中的 p、V、T 是用来描述系统所处状态的物理量，与系统所处的状态有关，都是状态函数。

状态函数的特性：

（1）单值性。即确定状态下，状态函数的值唯一确定。

（2）殊途同归，值变相等；周而复始，数值还原。即变化值仅取决于系统的始态和终态，而与变化的途径无关。

（3）状态函数在数学上具有全微分的性质。如状态函数 $Z=f(x，y)$，表示 Z 是 x、y 的函数，x、y 的变化会引起 Z 的改变，即

$$dZ=\left(\frac{\partial Z}{\partial x}\right)_y dx+\left(\frac{\partial Z}{\partial y}\right)_x dy \qquad (2-1-1)$$

式（2-1-1）的物理意义是：当系统状态变化时，状态函数 Z 的改变量由两部分组成：保持 y 不变时 x 改变所引起的 Z 的变化，和保持 x 不变时 y 改变所引起的 Z 的变化，两者加和就是状态函数 Z 总的改变量。

在化学热力学中，我们将重点学习几个广延性质的状态函数：热力学能 U、焓 H、熵 S、亥姆霍兹函数 A 和吉布斯函数 G，利用它们作为状态函数的性质可以求算不同条件下的改变量，然后去解决变化的能量或者方向问题。

五、过程（process）

在一定条件下，系统状态发生了变化称其进行了一个过程。例如气体的压缩和膨

胀、硝酸钾的溶解、燃料的燃烧等都是不同的过程。

根据过程发生的特征，通常可将过程分别称为：

（1）恒温过程（isothermal process）：变化过程中系统的初态温度与终态温度相同，并等于环境温度。

（2）恒压过程（isobaric process）：系统的初态压力与终态压力相同，并等于环境压力。

（3）恒容过程（isochoric process）：系统的体积不发生变化的过程。

（4）绝热过程（adiabatic process）：系统与环境之间没有热交换，即 $Q=0$。

（5）循环过程（cyclic process）：系统由某一状态出发，经过一系列的变化又回到原来的状态。在循环过程中，状态函数的改变量为零。

完成某一过程的具体路线、步骤称为途径（path）。状态函数的变化与系统的始态和终态有关，而与变化具体途径无关，因此，只要具有相同的始态和终态，无论经过什么途径，状态函数的改变量都相同。对于非状态函数，其变化值要与具体的途径相关联，即使具有相同的始态和终态，由于变化途径不同，其改变量也不同。这一点在以后的热力学函数计算中尤其要注意。

第二节　热力学第一定律

热力学第一定律又称能量转化与守恒定律，是 19 世纪人类最伟大的科学发现之一。热力学第一定律指出："自然界的一切物质都具有能量，能量有各种不同形式，能量只能从一种形式转化为另一种形式，或者从一个物体转移到另一个物体，在转化过程中能量的总值不变。"这是自然界最普遍、最重要的基本定律之一。大到宇宙天体，小到原子核内部，只要有能量转化，就一定服从这个定律。能量转化与守恒定律是人们认识自然和利用自然的有力武器，人类对煤、石油等燃料以及水能、风能、核能等的利用，都是通过能量转化来实现的。

热力学第一定律

热力学第一定律的出现伴随着科学技术的发展。1475 年，意大利人列奥纳多·达·芬奇（1452—1519）致力于研究永动机很多年之后，在大量实验事实面前承认了失败："第一类永动机是不可能造成的"。第一类永动机就是不消耗能量就能不断做功的机器。19 世纪第一次工业革命蒸汽机出现后，1842 年，英国物理学家焦耳（1818—1889）研究发现了功和热之间的联系，指出 1cal＝4.1840J，即"热功当量"，奠定了能量守恒定律的理论基础；同时德国物理学家迈尔（1814—1878）在"力的守恒"基础上提出了"能量守恒"的观点。1853 年，焦耳和英国物理学家汤姆逊（1856—1940）把能量守恒定律具体表述明确下来，成为全部自然科学的基石。1850 年，德国物理学家和数学家克劳修斯（1822—1888）结合当时的有关理论发展和实验结论，通过数学分析导入一个新的函数内能 U，并导出热 Q、功 W 和内能 U 之间的关系，即热力学第一定律的数学解析式；到 20 世纪初，热 Q、功 W 和内能 U 的定义确定下来后，热力学第一定律即能量转化与守恒定律才算真正得到完善。

焦耳

克劳修斯

一、热（heat）

热是系统与环境之间由于存在温度差而交换的能量。通常用符号 Q 表示，单位是 J（焦耳）。热力学中常用 Q 的正负号来表明热传递的方向，习惯上规定系统从环境吸收热量，Q 为正值；系统向环境释放热量，Q 为负值。例如，系统向环境放热 50J，则记作系统和环境交换热－50J。

热是系统内分子无序运动的宏观表现。温度越高，处于高能级的分子数目越多，分子热运动越剧烈。通常热总是由高温物体向低温物体传递。因为热是在系统与环境间传递的能量，所以，热是与具体途径相联系的，不是系统的性质，不是状态函数，不能说系统含有多少热，只能说系统在某一变化过程中吸收或放出多少热。一般，不同过程的热常冠以不同的名字，如反应热、溶解热、熔化热、恒压热、恒容热等。

二、功（work）

在化学研究中，系统与环境之间交换的除热以外的其他形式的能量都称为功，用符号 W 表示，单位是 J（焦耳）。功是系统中物质有序运动的宏观表现。按照国际纯粹与应用化学联合会（IUPAC）的建议，把环境对系统做功（或称系统得功）定为正值，即 $W>0$；而把系统对环境做功定为负值，即 $W<0$。

和热一样，功是与具体途径相联系的量，所以功也不是状态函数。

物理化学中，功可分为体积功（volume work）和非体积功（non - volume work）两大类。

由于系统体积变化而与环境交换的能量称为体积功（也称膨胀功）。在化学热力学中，主要研究的是体积功。体积功本质上是机械功，可用力和在力方向上的位移的乘积来计算。

设有一气缸，如图 2-2-1 所示，一面积为 A 的活塞，内部封闭一定量的气体，活塞与气缸壁间无摩擦力，且活塞自身质量忽略不计。若施加于活塞上的压力 p_e（外压）比气缸内气体的压力 p 小，活塞在此压差的推动下发生位移 dl，则气体的体积膨胀 $dV=A\,dl$。环境作用在活塞上的力为 $f=p_eA$，则系统对环境的作用力为 $F=-f=-p_eA$，系统对环境所做的功 δW 为

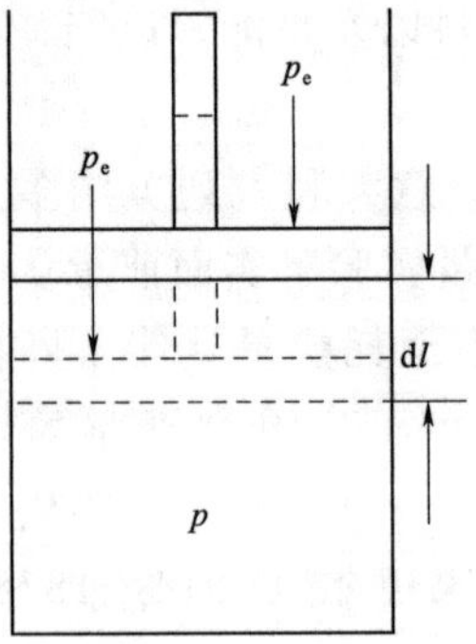

图 2-2-1 体积功示意

$$\delta W=-f\,dl=-p_eA\,dl=-p_e dV \qquad (2-2-1)$$

或

$$W=-p_e\Delta V \qquad (2-2-2)$$

当系统的状态发生变化时，体积从 V_1 缓慢变化到 V_2，系统所做功为

$$W=-\int_{V_1}^{V_2} p_e dV \qquad (2-2-3)$$

在恒容过程中，系统从始态变到终态，由于过程中体积保持恒定，即每一步微小变化的 $dV=0$，所以：

$$W=-\int_{V_1}^{V_2} p_e dV=0 \qquad (2-2-4)$$

即恒容过程中，$W=0$。

当系统向真空膨胀时，环境压力 $p_e=0$，则做功 $W=0$。

非体积功是指除体积功外的其他功，如电功、表面功等，常用 W' 表示。在本书中一般如无特指，只研究体积功，即 $W'=0$。

三、热力学能（thermodynamic energy）

热力学能又叫内能，用符号 U 表示，单位是 J（焦耳）。它是系统内所包含所有形式能量的总和，如平动能、转动能、振动能、分子间势能、原子间键能、电子运动能、核内基本粒子所具有能量以及分子与分子间相互作用的位能等。由于人们对物质内部结构的认识在不断深入，更深层次的微观粒子不断被发现，因此不可能知道物质内部所有运动形式的能量值，也就无法确定一个系统热力学能的确切数值。因此，在学习中只关心它随着状态改变的变化量 ΔU，即系统状态变化过程中，热力学能增加多少、减少多少。

由上可知，系统的热力学能具有如下特点。

（1）与系统内所含物质的数量有关。系统所含的物质越多，它具有的热力学能越大。例如，相同温度和压力下，2kg 水的热力学能是 1kg 水热力学能的 2 倍。所以热力学能具有加和性，是一种广延性质。

（2）与系统所含物质的种类有关。例如，同样温度和压力下，1mol 水的热力学能和 1mol 苯的热力学能是不同的，因为这两种物质的内部粒子及粒子间的相互作用都不相同。

（3）同一系统处于不同状态时，所具有的热力学能不同。例如，100kPa 下，1kg 80℃的水所具有的热力学能就比 1kg 20℃水的热力学能高。

（4）热力学能是状态函数，具有全微分的性质。对于封闭系统，当系统种类和数量确定后，热力学能是温度和体积的函数，即 $U=f(T, V)$，则

$$dU=\left(\frac{\partial U}{\partial T}\right)_V dT+\left(\frac{\partial U}{\partial V}\right)_T dV \tag{2-2-5}$$

（5）实验证明，对于理想气体，系统的热力学能只与温度有关，$U=f(T)$，即理想气体的恒温过程中，$\Delta U=0$。

四、热力学第一定律（first law of thermodynamics）的数学形式

热力学第一定律是能量转化与守恒定律的数学解析，反映热、功和热力学能之间的相互转化情况。

对于一个不做非体积功的封闭系统，设其起始热力学能为 U_1，末态热力学能为 U_2。在变化过程中，系统从环境吸收热量为 Q，环境对系统做功为 W，则系统与环境热功交换的结果体现为系统热力学能的变化，即

$$U_2-U_1=\Delta U=Q+W \tag{2-2-6}$$

对于微小的变化，则有

$$dU=\delta Q+\delta W \tag{2-2-7}$$

式（2-2-6）和式（2-2-7）是封闭系统热力学第一定律的数学表达式，表明

变化过程中系统热力学能的改变量等于系统与环境热功交换的总和。由于热力学能是状态函数，其微小变化可以用全微分 dU 表示，而热和功不是状态函数，不能用全微分来表示，分别用 δW 和 δQ 表示，以示与状态函数的区别。

如果在封闭系统中的气体发生一个绝热过程，同时向真空膨胀，不考虑非体积功时，$Q=0$，$W=0$，所以 $\Delta U=0$；如果这里的气体是理想气体，当热力学能不变，那么系统的温度也不变。这就是很有名的焦耳实验：理想气体在绝热条件下向真空膨胀过程是恒温的。

热力学第一定律既说明了热力学能、热和功可以互相转化，又表述了它们转化时的定量关系，所以这个定律是能量守恒与转化定律在热现象领域内所具有的特殊形式。

第三节 焓和 Hess 定律

焓和 Hess 定律

一、常见热效应与焓

（一）恒容热

封闭系统在恒容过程中所产生的热效应称为恒容热，用 Q_V 表示，下角标字母 V 表示恒容过程。

在恒容、无非体积功的条件下，$W=0$，根据热力学第一定律，有

$$\Delta U=Q_V \tag{2-3-1}$$

式（2-3-1）表明，封闭系统在无非体积功时，恒容过程中的热效应全部用于热力学能的改变。恒容热可以用氧弹式量热计进行测量。

氧弹式量热计（图 2-3-1）是一个绝热容器，常用来测燃烧反应热。测恒容反应热时，将已知精确质量的样品放入钢弹内，充入足够的氧气，密封后将钢弹放在一个绝热容器中。容器中加入足够的已知质量的水，将钢弹淹没在水中，精确测定整个系统的起始温度 T_1，然后引燃样品。由于整个系统绝热，所以氧弹式量热计中发生氧化反应所释放的热用于整个系统温度的升高，用温度计测得系统最高温度 T_2。整个系统的平均比热容可以测出来，设为 C，那么比热容 C 乘以温度的改变量可以得到系统吸收的热，其来自于钢弹内的化学反应释放热，所以得到化学反应的恒容热效应，为

$$Q_V=\Delta_r U=-C(T_2-T_1)$$

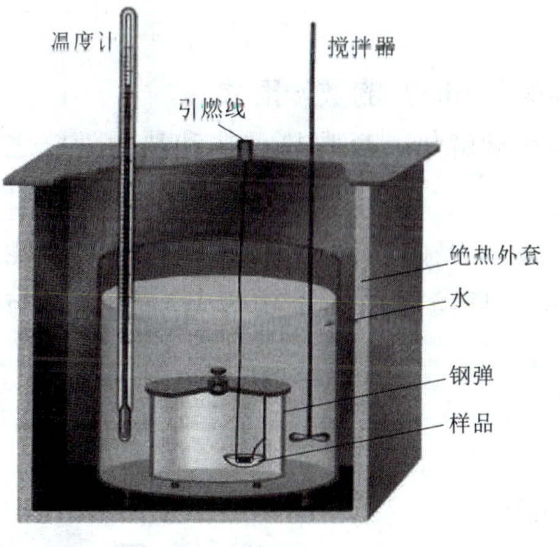

图 2-3-1 氧弹式量热计

（二）恒压热和焓

封闭系统在恒压过程中所产生的热效应称为恒压热。用 Q_p 表示，下角标字母 p 表示等压过程。在生产实际中很多化学反应都是在恒压条件下进行的，比如，我们通常在实验室中进行的滴定反应，都是敞

口在恒定的大气压力下进行的，所以研究恒压热效应具有更重要的意义。

设一封闭系统由始态 p_1、V_1、T_1 变化到终态 p_2、V_2、T_2，在无非体积功的条件下，恒压过程中，$p_1=p_2=p_e$，则

$$W=-p_e\Delta V=-p_e(V_2-V_1)=-(p_2V_2-p_1V_1)$$

按热力学第一定律

$$\Delta U=U_2-U_1=Q_p+W$$
$$=Q_p-(p_2V_2-p_1V_1)$$

则
$$Q_p=(U_2+p_2V_2)-(U_1+p_1V_1)$$

定义焓
$$H\overset{\text{def}}{=}U+pV \tag{2-3-2}$$

$$Q_p=H_2-H_1=\Delta H \tag{2-3-3}$$

对于微小的变化，则有

$$\delta Q_p=\mathrm{d}H \tag{2-3-4}$$

式（2-3-3）和式（2-3-4）表明，封闭系统无非体积功时，在恒压过程中的热效应全部用于焓的改变。

按照焓的定义，$H\overset{\text{def}}{=}U+pV$，单位是 J（焦耳）。对于焓的理解，要注意以下几点：

（1）H 是状态函数，广延性质，具有加和性。

（2）焓虽然具有能量的单位，但是一个导出量，不遵守能量守恒定律。

（3）任何过程只要有状态的变化就都有焓变。虽然焓是在恒压过程中推导出来的，焓变在数值上等于恒压过程的热效应，但是不能说只有恒压过程才有焓变。

（4）对理想气体，焓仅仅是温度的函数，与气体的压力 p 和体积 V 无关，$H=f(T)$，即理想气体的恒温过程中，$\Delta H=0$。

每一个公式都有它的适用条件，离开这个条件，该公式可能就不再成立。对于 $Q_p=\Delta H$，其适用条件是封闭系统、恒压且不做非体积功；对于 $\Delta U=Q_V$，其适用条件是封闭系统、恒容且不做非体积功。

（三）恒容热和恒压热的关系

由 $H\overset{\text{def}}{=}U+pV$ 可以推知

$$\Delta H=\Delta U+\Delta(pV)$$

对于凝聚系统，可以忽略压力和体积的变化，所以

$$\Delta H\approx\Delta U$$

对于含有气体的系统，且气体可看作理想气体，则

$$\Delta H=\Delta U+\Delta n_gRT \tag{2-3-5}$$

或
$$Q_p=Q_V+\Delta n_gRT \tag{2-3-6}$$

那么，对于恒温条件下进行的化学反应有

$$\Delta_rH=\Delta_rU+\Delta n_gRT \tag{2-3-7}$$

式中：Δn_g 为产物和反应物中气体物质的物质的量之差。

若反应按照方程式的计量关系进行，式（2-3-7）可变为

$$\Delta_r H = \Delta_r U + \sum_B \nu_{B(g)} RT \tag{2-3-8}$$

式中：$\nu_{B(g)}$ 为参与反应的任意气体物质 B 的计量系数，反应物取负值，产物取正值。

需要说明的是，热虽然不是状态函数，但是在限定了某些条件之后，热会具有状态函数的特点，只与过程的始态和终态有关。如 $\Delta U = Q_V$ 和 $Q_p = \Delta H$。但是，并不能改变其本质属性。热本质上是与具体变化途径有关联的，是运动变化的结果，不是状态函数；热力学能和焓本质上是与系统所处状态直接关联，是状态函数。同时，我们可以利用它们之间的关系，根据热 Q 的可测性解决过程的热力学能变 ΔU 和焓变 ΔH 问题，也可以通过热力学能和焓这两个状态函数与状态有关、与途径无关的特性，去求解一些比较复杂过程的热效应。

二、Hess 定律

19 世纪 40 年代，在热力学定律建立之前，俄籍瑞士化学家盖斯从大量实践中总结出一条经验定律——Hess 定律。这一定律指出，不管化学反应是一步完成还是分几步完成，过程中的热效应总是相同的。对于进行得太慢的或反应程度不易控制的化学反应，可以用 Hess 定律，利用容易测定的反应热来计算不容易测定的反应热。

例如，C 和 O_2 反应生成 CO_2 非常容易，CO 和 O_2 反应生成 CO_2 也非常容易。但是 C 和 O_2 反应只生成 CO 而不生成 CO_2 却很难控制，所以反应 C（石墨，s）$+\frac{1}{2}O_2(g) = CO(g)$ 的热效应很难直接测定，C 和 O_2 反应生成 CO_2 的反应热以及 CO 和 O_2 反应生成 CO_2 的反应热很容易直接测定，如图 2-3-2 所示。若以 C（石墨，s）$+O_2(g)$ 为始态，而以 $CO(g)+\frac{1}{2}O_2(g)$ 为中间态，由状态函数的性质，可得出

$$\Delta H_1 = \Delta H_2 + \Delta H_3$$

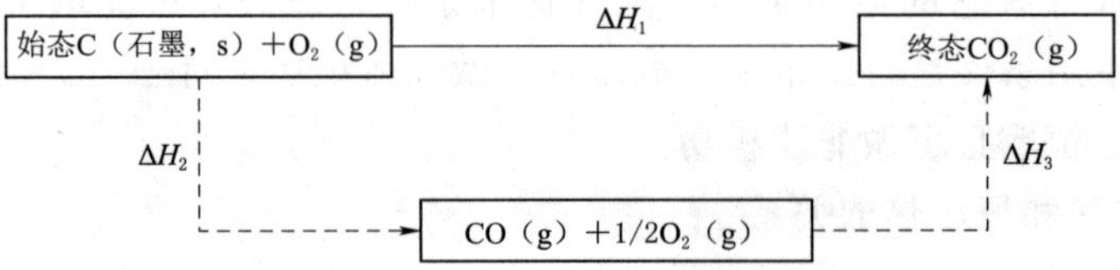

图 2-3-2　Hess 定律示意

Hess 在具体应用中可以看作一个化学反应是几个化学反应的代数和，那么其热效应也是几个化学反应热效应的代数和。

Hess 定律是能量守恒的先驱，也是化学热力学的基础，是焓作为状态函数这一性质的必然结论。其意义在于，利用热化学方程式的线性组合，可由已知反应的反应热，求得实验上难于测量的反应的反应热。

使用 Hess 定律必须注意以下几点：

（1）各分步反应的反应条件要与总反应的反应条件一致。

（2）不做非体积功、且恒温或恒压条件。因为热本身是一个过程量，与途径有关，只有在不做非体积功的恒压或恒容条件下，它才与 ΔH、ΔU 直接联系。

（3）Hess 定律适用于任何广延性质的状态函数。

例 2-3-1：试求以下反应在 298.15K、100kPa 条件下工业制氢反应的反应热。

（1）$CO(g)+H_2O(g)=CO_2(g)+H_2(g)$

已知下列反应在 298.15K、100kPa 时的 $\Delta_r H_m^\ominus$ 为

（2）$C(石墨，s)+\frac{1}{2}O_2(g)=CO(g)$　　$\Delta_r H_{m,2}^\ominus=-110.5kJ/mol$

（3）$H_2(g)+\frac{1}{2}O_2(g)=H_2O(g)$　　$\Delta_r H_{m,3}^\ominus=-242kJ/mol$

（4）$C(石墨，s)+O_2(g)=CO_2(g)$　　$\Delta_r H_{m,4}^\ominus=-393.5kJ/mol$

解：由上述四个反应可知，（1）=（4）-（3）-（2），代入有关数据，则

$$\Delta_r H_{m,1}^\ominus=\Delta_r H_{m,4}^\ominus-\Delta_r H_{m,3}^\ominus-\Delta_r H_{m,2}^\ominus=-41kJ/mol$$

例 2-3-2：已知下列化学反应在相同条件下进行：

（1）$Fe_2O_3(s)+3CO(g)=2Fe(s)+3CO_2(g)$　　$\Delta_r H_{m(1)}=-27.6kJ/mol$

（2）$3Fe_2O_3(s)+CO(g)=2Fe_3O_4(s)+CO_2(g)$　　$\Delta_r H_{m(2)}=-58.6kJ/mol$

（3）$Fe_3O_4(s)+CO(g)=3FeO(s)+CO_2(g)$　　$\Delta_r H_{m(3)}=38.1kJ/mol$

求相同条件下下列反应的

（4）$FeO(s)+CO(g)=Fe(s)+CO_2(g)$　　$\Delta_r H_{m(4)}$

解：根据给定化学反应的关系，得

$$(4)=\frac{(1)\times3-(2)-(3)\times2}{6}$$

则

$$\Delta_r H_{m(4)}=\frac{\Delta_r H_{m(1)}\times3-\Delta_r H_{m(2)}-\Delta_r H_{m(3)}\times2}{6}$$

$$=\frac{-27.6\times3-(-58.6)-38.1\times2}{6}kJ/mol\approx-16.7kJ/mol$$

第四节　热　　容

一、平均热容

热容

一个封闭系统，不考虑非体积功，在不发生相变和化学变化的条件下受热后，系统温度的升高 ΔT 和吸收的热量 Q 成正比，取比例系数 $\overline{C}$，定义为系统的平均热容（mean heat capacity），表示在 ΔT 温度区间内，系统每升高 1K 所需吸收的热量，单位 J/K，即

$$\overline{C}=\frac{Q}{\Delta T} \tag{2-4-1}$$

热容与物质的温度有关，在不同温度区间，系统同样升高单位热力学温度所需吸收的热不同，因此欲求在某温度时系统的热容，必须将温度区间缩至很小，在极限情况下，为

$$C=\frac{\delta Q}{dT} \tag{2-4-2}$$

式中：C 为物质在某一温度时的真实热容。

二、摩尔热容

热容反映了系统蓄热能力。热容是广延性质，与系统的物质的量有关。对于封闭系统的简单 pVT 变化（无相变无化学变化），不考虑非体积功，单位质量物质的热容为质量热容或比热容，用 c 表示，单位为 J/(K·kg)。

若系统中物质的数量为 1mol，此时的热容称摩尔热容，用 C_m 表示，单位为 J/(mol·K)。比热容和摩尔热容均为强度性质。

热容是物质的特性，与物质本性有关，不同物质在相同条件下热容不同。如常温常压下，CO_2(g) 摩尔热容为 37.11J/(mol·K)，水蒸气摩尔热容为 33.6J/(mol·K)。

热容还与物质的聚集状态有关，同一物质不同聚集状态热容不同，不同晶型热容也不同。如常温常压下，水蒸气摩尔热容为 33.6J/(mol·K)，液态水摩尔热容为 75.2J/(mol·K)。

由于热不是状态函数，故热容也不是状态函数，热容与途径有关。在物理化学中最常用到的热容有两种形式，即恒容热容和恒压热容。

摩尔恒容热容 $C_{V,m}$ 指规定物质的数量为 1mol 的系统在恒容过程中的热容。因为在恒容过程中，$\Delta U=Q_V$，因此

$$C_{V,m}=\frac{\delta Q_V}{\mathrm{d}T}=\left(\frac{\partial \Delta U}{\partial T}\right)_{V,m} \qquad (2-4-3)$$

摩尔恒压热容 $C_{p,m}$ 指规定物质的数量为 1mol 的系统在恒压过程中的热容。在恒压过程中，$\Delta H=Q_p$，因此

$$C_{p,m}=\frac{\delta Q_p}{\mathrm{d}T}=\left(\frac{\partial \Delta H}{\partial T}\right)_{p,m} \qquad (2-4-4)$$

有关物质在 298.15K 时的 $C_{p,m}$ 值见附录Ⅵ。

将式（2-4-3）、式（2-4-4）分离变量并进行定积分，可以用来计算恒容或恒压条件下物质温度自 T_1 升至 T_2 时所吸收的热量，相应求出过程中系统焓或内能的改变量。对于一个封闭系统，物质的数量为 $n$mol，当只有简单 pVT 变化，无化学变化和相变化，且不考虑非体积功时，有

$$\Delta U=\int_{T_1}^{T_2} nC_{V,m}\,\mathrm{d}T \qquad (2-4-5)$$

$$\Delta H=\int_{T_1}^{T_2} nC_{p,m}\,\mathrm{d}T \qquad (2-4-6)$$

需要说明的是，上述两式虽然分别从恒容热容和恒压热容推导出来，但是，由于焓 H 和热力学能 U 都是状态函数，并且理想气体的焓 H 和热力学能 U 只与温度有关，所以对于理想气体，无论过程是否恒容或恒压，只要有温度变化，都可以用上式计算焓变 ΔH 和热力学能变 ΔU。

同样道理，对凝聚态物质，在单纯 p、V、T 变化中，因为体积变化不大，压力对系统状态影响不大，故

$$\Delta H=\Delta U+\Delta(pV)\approx\Delta U=\int_{T_1}^{T_2}nC_{p,m}\,\mathrm{d}T \tag{2-4-7}$$

例 2-4-1：已知 2mol 某理想气体的 $C_{p,m}=3.5R$，由始态 100kPa，50dm^3，先恒容加热使压力升高到 200kPa，再恒压冷却使体积缩小至 25dm^3。求整个过程的 W、Q、ΔU 和 ΔH。

解：过程图示如下：

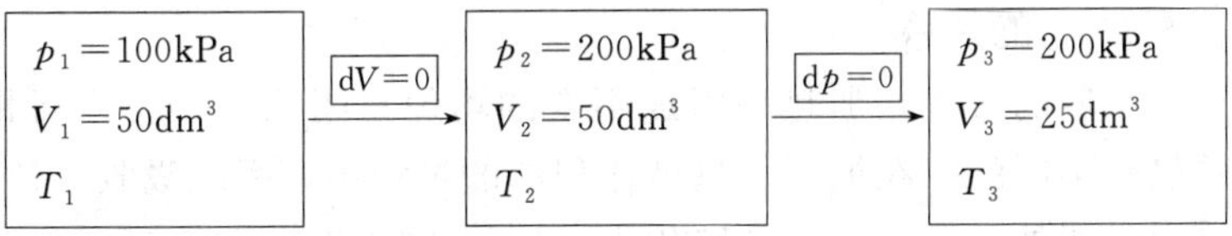

根据理想气体状态方程 $pV=nRT$，分别求出各状态时温度，完善各状态的描述。

$$T_1=\frac{p_1V_1}{nR}=\frac{100\times50}{2\times8.314}\mathrm{K}\approx300.7\mathrm{K}$$

$$T_2=\frac{p_2V_2}{nR}=\frac{200\times50}{2\times8.314}\mathrm{K}\approx601.4\mathrm{K}$$

$$T_3=\frac{p_3V_3}{nR}=\frac{200\times25}{2\times8.314}\mathrm{K}\approx300.7\mathrm{K}$$

可见系统始态和终态温度相等，$T_3=T_1$，由于理想气体 U 和 H 只是温度的函数，所以，整个过程 $\Delta U=0$，$\Delta H=0$。

恒容过程中不做功，所以整个过程的体积功为恒压过程的体积功，即

$$W=-p_{\mathrm{amb}}\Delta V=-p_3\Delta V=[-200\times10^3\times(25-50)\times10^{-3}]\mathrm{J}=5.00\mathrm{kJ}$$

则根据热力学第一定律，得

$$Q=\Delta U-W=(0-5)\mathrm{kJ}=-5.00\mathrm{kJ}$$

物质的热容是温度 T 的函数，具体的函数关系式随物质聚集状态、温度范围的不同而不同。由于 $C_{p,m}$ 比 $C_{V,m}$ 更常用，在热力学数据手册中常收录物质的摩尔恒压热容的两种经验式：

$$C_{p,m}=a+bT+cT^2+\cdots \tag{2-4-8}$$

$$C_{p,m}=a'+b'T+c'T^{-2}+\cdots \tag{2-4-9}$$

式中：T 为绝对温度；a、b、c、a'、b'、c'为经验常数，由各物质本身的特性决定，可通过实验测定求得。

通常情况下只取前两项就能够说明和解决问题，第三项可略去不计。

例 2-4-2：试计算 100kPa 压力下 2molH_2 温度自 273.15K 升高至 373.15K 时所吸收的热量。

已知 $C_{p,m}(H_2,\ g)=27.28+3.26\times10^{-3}T+0.5\times10^5T^{-2}$

解：系统是在恒压条件下发生变化，故

$$\begin{aligned}Q_p=\Delta H&=\int_{T_1}^{T_2}nC_{p,m}(H_2,g)\,\mathrm{d}T\\&=2\times\int_{273.15}^{373.15}(27.28+3.26\times10^{-3}T+0.5\times10^5/T^2)\,\mathrm{d}T\end{aligned}$$

$$=2\times\left[27.28\times(373.15-273.15)+\frac{1}{2}\times3.26\times10^{-3}(373.15^2-273.15^2)\right.$$

$$\left.-0.5\times10^5\times\left(\frac{1}{373.15}-\frac{1}{273.15}\right)\right]$$

$$\approx2\times(2728+105+49)$$

$$=5764(\text{J})$$

三、$C_{V,m}$ 和 $C_{p,m}$ 的关系*

采用恒压或恒容的方式，加热一组成不变的均匀封闭系统，若升高相同的温度，则系统吸收的热是不同的。在恒压、只做体积功的过程中，系统吸收的热除有部分转化为系统的热力学能外，还有一部分转化为反抗外压做的体积功，而恒容过程吸收的热仅转化为系统的热力学能，所以一般情况下，C_p 和 C_V 是不相等的。

$$C_{p,m}-C_{V,m}=\left(\frac{\partial H_m}{\partial T}\right)_p-\left(\frac{\partial U_m}{\partial T}\right)_V$$

$$=\left[\frac{\partial(U_m+pV_m)}{\partial T}\right]_p-\left(\frac{\partial U_m}{\partial T}\right)_V$$

$$=\left(\frac{\partial U_m}{\partial T}\right)_p+p\left(\frac{\partial V_m}{\partial T}\right)_p-\left(\frac{\partial U_m}{\partial T}\right)_V \tag{2-4-10}$$

设封闭系统的热力学能 $U_m=f(T,\ V_m)$，其全微分为

$$\mathrm{d}U_m=\left(\frac{\partial U_m}{\partial T}\right)_V\mathrm{d}T+\left(\frac{\partial U_m}{\partial V_m}\right)_T\mathrm{d}V_m \tag{2-4-11}$$

在等压条件下，等式两边同时除以 $\mathrm{d}T$，得

$$\left(\frac{\partial U_m}{\partial T}\right)_p=\left(\frac{\partial U_m}{\partial T}\right)_V+\left(\frac{\partial U_m}{\partial V_m}\right)_T\left(\frac{\partial V_m}{\partial T}\right)_p \tag{2-4-12}$$

代入式（2-4-10）并经整理后，得

$$C_{p,m}-C_{V,m}=\left[\left(\frac{\partial U_m}{\partial V_m}\right)_T+p\right]\left(\frac{\partial V_m}{\partial T}\right)_p \tag{2-4-13}$$

公式推导过程中并没有引入任何的限制条件，所以此式适用于任何封闭系统。

若系统为理想气体，热力学能 U 与温度无关，所以 $\left(\frac{\partial U_m}{\partial V_m}\right)_T=0$，则

$$C_{p,m}-C_{V,m}=p\left(\frac{\partial V_m}{\partial T}\right)_p=p\frac{\partial\left(\frac{RT}{p}\right)}{\partial T}=R \tag{2-4-14}$$

即对理想气体

$$C_{p,m}-C_{V,m}=R \tag{2-4-15}$$

热力学能包括体系内分子的平动能、转动能、分子中原子的振动能、电子运动能、原子核能及分子间位能。分子间能级图可知能级间距大小次序为：电子能级＞振动能级＞转动能级＞平动能级。对理想气体的恒容升温（加热）过程，系统的热力学能增加，其中，原子核能不变。由于理想气体分子间位能也不存在，又由于一般加热不会引起理想分子内电子能级和振动能级的跃迁（因为能级间距大），故理想气体的

热力学能是平动能与转动能之和。

由气体分子运动论可知，不论何种分子，其平动自由度为 3，而转动自由度随分子形式不同而异，单原子分子转动自由度为 0，双原子或线型多原子分子转动自由度为 2，非线型多原子分子转动自由度为 3。又据能量均分原理，对 1mol 理想气体，每一运动自由度的平均能量 $E=\frac{1}{2}RT$，所以理想气体的热容有

$$\text{单原子分子：}C_{V,m}=1.5R，C_{p,m}=2.5R$$

$$\text{双原子分子：}C_{V,m}=2.5R，C_{p,m}=3.5R$$

例 2－4－3： 容积为 $0.1m^3$ 的刚性容器中有 4mol Ar(g) 和 2mol Cu(s)，始态温度为 273.15K。现将该系统加热到 373.15K，求过程中的 Q、W、ΔU 及 ΔH。已知 Ar（g）和 Cu（s）的 $C_{p,m}$ 不随温度变化，分别为 20.786J/(mol·K) 和 24.435J/(mol·K)。

解： 因为在刚性容器中，可看作恒容过程，所以 $W=0$，$Q=\Delta U$。

又因为铜是固态，所以铜的 $\Delta U\approx\Delta H$。

则：

$$\begin{aligned}\Delta U &=\int_{T_1}^{T_2} nC_{V,m_{(\mathrm{Ar})}}\mathrm{d}T+\int_{T_1}^{T_2} nC_{p,m_{(\mathrm{Cu})}}\mathrm{d}T\\ &=4\mathrm{mol(Ar,g)}\times(20.786-8.314)\mathrm{J/(mol\cdot K)}\times(373.15-273.15)\mathrm{K}\\ &\quad+2\mathrm{mol(Cu,s)}\times24.435\mathrm{J/(mol\cdot K)}\times(373.15-273.15)\mathrm{K}\\ &\approx9.876\mathrm{kJ}\end{aligned}$$

$$\begin{aligned}\Delta H &=\int_{T_1}^{T_2} nC_{p,m_{(\mathrm{Ar})}}\mathrm{d}T+\int_{T_1}^{T_2} nC_{p,m_{(\mathrm{Cu})}}\mathrm{d}T\\ &=4\mathrm{mol(Ar,g)}\times20.786\mathrm{J/(mol\cdot K)}\times(373.15-273.15)\mathrm{K}\\ &\quad+2\mathrm{mol(Cu,s)}\times24.435\mathrm{J/(mol\cdot K)}\times(373.15-273.15)\mathrm{K}\\ &\approx13.201\mathrm{kJ}\end{aligned}$$

第五节　相　变　热

相变热

系统中物理性质和化学性质完全相同的部分为一个相。对气体来说，因为气体的无限掺混性和扩散性，所以无论多少种气体混合都能够形成均匀的一相，比如空气（没有雾和霾）就是一相。对于液体，可以完全互溶的部分为一相，比如 10％的乙醇水溶液就是一相。这里注意要区别于“状态”这个概念，比如，水和油都是液态，但是两者不能互溶，所以当混合在一起时属于两相。对于固体，一种固体或者一种晶型就是一相，比如，碳元素形成的单质有石墨、金刚石、球烯、石墨烯等，它们虽然化学性质相同，但是晶型不同，物理性质不同，所以属于不同的相。

物质在一定条件下，从一相转变为另一相称发生了相变，比如由液相变为气相称为蒸发，固相变为气相称为升华，固相变为液相称为溶化，由液相变为固相称为凝固，气相变为液相称为凝结，气相变为固相称为凝华等，以及晶型的转变，都可以称为相变。

相变往往是在恒温恒压下进行的。物质在恒定温度下，以及该温度的平衡压力下

发生的相变称作可逆相变。如在 101.325kPa（常压）下，水在 373.15K 的蒸发过程，在 273.15K 的凝固过程都是可逆相变。

物质在发生相变时往往伴随有热效应，当从凝聚态（液态和固态）变化为气态时，还要考虑做功，计算时往往忽略凝聚态的体积。物质在发生相变时的热效应常用摩尔相变焓表示。摩尔相变焓是指恒定温度及在该温度的平衡压力下，1mol 物质发生相变时的焓变。在恒温恒压下，当 $n$mol 物质从 α 相变化到 β 相时，物质的相变热为

$$Q_p = n\Delta_\alpha^\beta H_m$$

不同温度下，物质平衡压力也不同，因而使用摩尔相变焓时必须指明温度。

例 2－5－1： 已知水在 373.15K、101.325kPa 时的摩尔蒸发焓 $\Delta_{vap}H_m = 40.70$kJ/mol。现有 2mol 水蒸气在 373.15K、101.325kPa 凝结为液态水，求此过程的 Q、W、ΔU 和 ΔH。

解： 因为是恒温恒压过程，所以

$Q = \Delta H = n(-\Delta_{vap}H_m) = 2\text{mol}\times(-40.70\text{kJ/mol}) = -81.4\text{kJ}$

若忽略液体体积，且把气体看作理想气体，有

$W = -p\Delta V \approx pV_g = n_gRT = 2\text{mol}\times 8.314\text{J/(mol·K)}\times 373.15\text{K} \approx 6.20\text{kJ}$

$\Delta U = Q + W = -81.4\text{kJ} + 6.20\text{kJ} = -75.2\text{kJ}$

例 2－5－2： 计算 p＝101.325kPa、298.15K 时 2mol 液态水转变为 383.15K 水蒸气过程的焓变。已知 373.15K、101.325kPa 时水的摩尔蒸发焓 $\Delta_{vap}H_m = 40.70$kJ/mol。0～1000K 间水的热容 $C_{p,m}(\text{l}) = 75.29$J/(mol·K)；$C_{p,m}(\text{g}) = 33.58$J/(mol·K)。

分析： 此过程包括液态水的温度变化、水的汽化（即相变）及水蒸气的温度变化，所以不能直接利用式（2－4－6）计算焓变。按照焓是状态函数的性质，所求焓变应是这三步焓变之和，其中，汽化过程为 373.15K、101.325kPa 时液态水变化为气态水的可逆相变过程。

解： 根据题意绘制如下过程图。

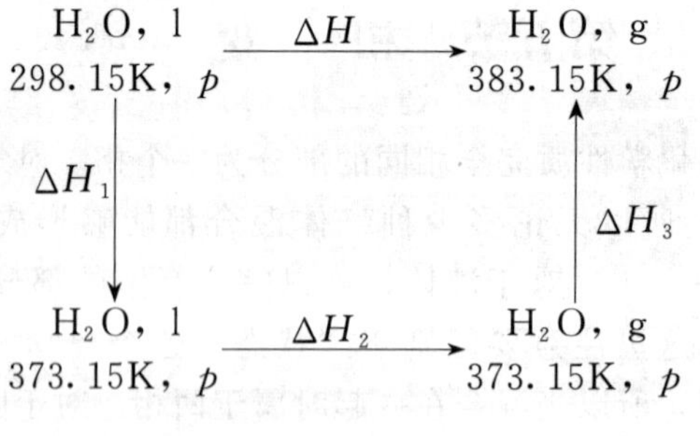

$$\Delta H_1 = \int_{T_1}^{T_2} nC_{p,m}(\text{l})\text{d}T = nC_{p,m}(\text{l})(T_2 - T_1) = 2\times 75.29\times(373-298)\text{J} = 11293.5\text{J}$$

$$\Delta H_2 = n\Delta_{vap}H_m = 2\times 40.70\times 10^3\text{J} = 81400\text{J}$$

$$\Delta H_3 = \int_{T_2}^{T_3} nC_{p,m}(\text{g})\text{d}T = \int_{T_2}^{T_3} 2\times 33.58\text{d}T = 2\times 33.58\times(383-373)\text{J} = 671.6\text{J}$$

所以

$$\begin{aligned}\Delta H &= \Delta H_1 + \Delta H_2 + \Delta H_3 \\ &= 11293.5\text{J} + 81400\text{J} + 677\text{J} \\ &\approx 93.37\text{kJ}\end{aligned}$$

第六节　化学反应的焓变

自然界中的化学反应千千万万，有些会放热，还有很多需要吸热。在能源缺乏的现代工业社会里，如何把放热反应释放的热收集起来，用于吸热反应，是一个很有意义的研究课题。在化工生产中，化学反应的热效应直接决定着是选择加热还是冷却等工艺，因此，研究化学反应热具有重要的实际意义。

一个化学反应系统，在不考虑非体积功时，恒定温度下反应系统吸收或释放的热称作化学反应热。在反应过程中，反应系统的温度可能会发生改变，但是，一定要使得反应物和产物温度相等，测得的热效应才能够作为化学反应热。当化学反应在恒容条件下进行时，常用弹式量热计测量其恒容反应热；在恒压条件下测得的热效应为恒压反应热。因为化学反应大多在恒温恒压条件下进行，所以常用化学反应焓变 $\Delta_r H$ 来表示化学反应热。

一、化学反应的标准摩尔反应焓变（standard molar enthalpy change of reaction）

在一定温度的标准状态下，化学反应进度为 1mol 时反应的焓变称作该反应的标准摩尔反应焓变。用 $\Delta_r H_m^{\ominus}(T)$ 表示，其中 r 表示化学反应，m 表示按指定反应计量关系进行的反应进度为 1mol 的反应，$\ominus$ 表示热力学标准态。标准摩尔焓变的常用单位为 kJ/mol。

标准摩尔反应焓变

（一）热力学标准态（thermodynamic standard state）

化学反应系统是一个复杂的混合物系统，其中任意组分的焓变不仅与外在条件（如温度、压力等）有关，还与其他组分的种类和数量有关，而不同物质间的相互作用各不相同。在研究反应热效应时，为了使同一物质在不同的反应系统中有一个公共的参考状态作为建立基础数据的基准，热力学规定了物质的标准态。

通常情况下，在温度 T 和标准压力 $p^{\ominus}$（100kPa）下，表现出理想气体性质的纯气体为气态物质的标准态；混合理想气体中任一组分的标准态是指该气体组分的分压力为 $p^{\ominus}$（100kPa）的状态。在温度 T 和标准压力 $p^{\ominus}$（100kPa）下的纯液体（或纯固体）是该液体（或固体）的标准态。关于溶液中溶质的标准态的选择问题较为复杂，通常选其浓度 $c^{\ominus}=1mol/L$ 为标准态。

需要注意的是，温度是必须指明的条件，因为物质在每一个温度下，都有其标准态，都是压力为 100kPa 作为标准态。比如，298.15K 时有理想气体处于标准态，即压力 100kPa，当对其升温到 373.15K，此时气体不再是 100kPa，所以在 373.15K 时就不再是标准态了，因为 373.15K 时的标准态仍是 100kPa。

（二）反应进度

反应进度是反映化学反应进行程度的物理量。最早由比利时热化学家德唐德（T. de Donder）引入，经国际纯粹与应用化学联合会（International Union of Pure and Applied Chemistry，IUPAC）推荐应用，在化学平衡和反应速率的表示式中被普遍应用。

对一个任意反应，化学反应式可写作：

$$dD+eE=fF+gG$$

移项，可得

$$0=fF+gG-dD-eE$$

即

$$\sum \nu_B B=0$$

式中：ν_B 为物质 B 的计量系数，反应物取负值，产物取正值。

设各物质在不同时刻的物质的量为

	$dD+eE$		$=fF+gG$	
$t=0$	n_D°	n_E°	n_F°	n_G°
$t=t$	n_D	n_E	n_F	n_G

定义反应进度：

$$d\xi=\frac{dn_D}{\nu_D}=\frac{dn_E}{\nu_E}=\frac{dn_F}{\nu_F}=\frac{dn_G}{\nu_G}=\cdots=\frac{dn_B}{\nu_B} \tag{2-6-1}$$

式中：dn_B 为任一组分 B 物质的量的变化。反应进度的单位为 mol。

例 2-6-1：在一定条件下，当 10mol N_2 和 20mol H_2 混合气通过合成氨塔，最后有 5mol NH_3 生成，计算反应进度。

解：已知反应方程式 $N_2(g)+3H_2(g)=2NH_3(g)$

	$N_2(g)$	$3H_2(g)$	$2NH_3(g)$
$t=0$	10	20	0
$t=t$	7.5	12.5	5

则其反应进度为 $\xi=\dfrac{7.5-10}{-1}\text{mol}=\dfrac{12.5-20}{-3}\text{mol}=\dfrac{5-0}{2}=2.5\text{mol}$

根据反应进度的定义可以看出，用反应系统中任一物质表示的反应进度都相同。

需要注意，对于同一个反应，如果反应式写法不同，则因计量系数不同，反应进度也不同。如上述合成氨的反应，若反应式写作：

$$\frac{1}{2}N_2(g)+\frac{3}{2}H_2(g)=NH_3(g)$$

则反应进度为

$$\xi=\frac{7.5-10}{-\frac{1}{2}}\text{mol}=5\text{mol}$$

反应进度等于 1mol 的反应，是指当反应系统中各物质均按照化学反应方程式的计量关系进行。例如对于反应 $N_2(g)+3H_2(g)=2NH_3(g)$，当 1mol N_2 和 3mol H_2 反应生成 2mol NH_3 的反应时，反应进度为 1mol；但对于反应$\frac{1}{2}N_2(g)+\frac{3}{2}H_2(g)=NH_3(g)$，当 0.5mol N_2 和 1.5mol H_2 生成 1mol NH_3 时，反应进度为 1mol。因此，在使用反应进度的概念时，一定要指明具体的化学反应方程式。

反应进度的概念在化学动力学中对于解决反应速率的问题有着非常重要的意义。

（三）热化学方程式（thermochemical equation）

每个化学反应都是一个复杂的过程，其热效应和各种情况紧密关联，如物质温度的改变、相的转移、化学键的重组等。对于一个确定的反应系统，要完整地表达出其反应状况，必须用热化学方程式表示。

热化学方程式的书写要求如下：

(1) 明确写出反应的计量关系和热效应。

(2) 注明反应的条件（如 T、p 等）。对不注明的，习惯上认为是 298.15K、100kPa。

(3) 注明各物质聚集状态，固态时要注明结晶状态。例如

$$C(石墨,s)+\frac{1}{2}O_2(g)=CO(g) \qquad \Delta_r H_m^{\ominus}=-110.5kJ/mol$$

(4) 同一反应，计量系数不同，热效应也不同。例如相同条件下的合成氨反应：

$$N_2(g)+3H_2(g)=2NH_3(g) \qquad \Delta_r H_m^{\ominus}=-92.22kJ/mol,$$

$$\frac{1}{2}N_2(g)+\frac{3}{2}H_2(g)=NH_3(g) \qquad \Delta_r H_m^{\ominus}=-46.11kJ/mol。$$

二、标准摩尔生成焓（standardmolar enthalpy of formation）

在温度 T、标准态下，由最稳定的单质生成计量系数 $v_B=1$ 的化合物 B 时，该生成反应的焓变称该物质 B 在温度 T 时的标准摩尔生成焓 $\Delta_f H_m^{\ominus}(B, T)$，单位为 kJ/mol（或 J/mol）。符号中“f”表示生成反应，B 要写出具体的相态和晶型，Θ 表示热力学标准态，例如：298.15K，$p^{\ominus}$ 时：

标准摩尔反应焓变的计算

$$\frac{1}{2}N_2(g)+\frac{3}{2}H_2(g)=NH_3(g)$$

$$\Delta_f H_m^{\ominus}(NH_3)=\Delta_r H_m^{\ominus}=-46.11kJ/mol$$

由标准摩尔生成焓的定义可知，不同元素的最稳定单质［如 C(石墨，s)，$H_2(g)$，$O_2(g)$，$N_2(g)$，$Cl_2(g)$，S（正交，s）等］的标准摩尔生成焓为 0。例如，在标准条件下碳元素的各种晶型中，石墨是最稳定单质。当石墨转化为 1mol 金刚石时需要吸收 1.91kJ 的热量，即

$$C(石墨) \rightarrow C(金刚石) \qquad \Delta_f H_{m(金刚石)}^{\ominus}=1.91kJ/mol$$

所以物质的生成焓是个相对值，相对于合成它的最稳定单质的标准摩尔生成焓。298.15K、$p^{\ominus}$ 时有关物质的 $\Delta_f H_m^{\ominus}$ 值见附录Ⅵ。

例 2-6-2：试计算下列反应在 298.15K，$p^{\ominus}$ 时的标准摩尔反应焓：

$$(4)\ 2N_2H_4(l)+N_2O_4(g)=3N_2(g)+4H_2O(l)$$

解：查附录Ⅵ可知：

$$(1)\ N_2(g)+2H_2(g)=N_2H_4(l) \qquad \Delta_f H_m^{\ominus}(N_2H_4,l)=+50.6kJ/mol$$

$$(2)\ N_2(g)+2O_2(g)=N_2O_4(g) \qquad \Delta_f H_m^{\ominus}(N_2O_4,g)=+9.16kJ/mol$$

$$(3)\ H_2(g)+1/2O_2(g)=H_2O(l) \qquad \Delta_f H_m^{\ominus}(H_2O,l)=-258.83kJ/mol$$

由于 (4)=4×(3)-2×(1)-1×(2)

则根据 Hess 定律

$$\begin{aligned}\Delta_f H_m^{\ominus}(4)&=4\times\Delta_f H_m^{\ominus}(3)-2\times\Delta_f H_m^{\ominus}(1)-1\times\Delta_f H_m^{\ominus}(2)\\&=4\times\Delta_f H_m^{\ominus}(H_2O,l)-2\times\Delta_f H_m^{\ominus}(N_2H_4,l)-1\times\Delta_f H_m^{\ominus}(N_2O_4,g)\\&=-1145.68kJ/mol\end{aligned}$$

由例 2-6-2 可以看出，在 298.15K 和 $p^{\ominus}$ 时，对任意化学反应：

$$dD+eE+\cdots=fF+gG+\cdots$$

其反应焓变为

$$\Delta_r H_m^{\ominus}(T)=\sum v_B \Delta_f H_m^{\ominus}(B,T) \tag{2-6-2}$$

必须注意的是，式中任意物质计量系数 v_B 对于反应物取负值，产物取正值。

三、离子的标准摩尔生成焓*

离子的标准摩尔生成焓是指温度 T 时，标准状态下，从稳定单质生成无限稀释水溶液中该离子时的摩尔焓变，以 $\Delta_f H_m^{\ominus}(B, aq)$ 表示，由于溶液中正负离子同时存在，总是电中性的，因此测不到单独一种离子的生成焓。

通常规定：在 298.15K，标准状态下，无限稀释水溶液中，氢离子的摩尔生成焓为零，$\Delta_f H_m^{\ominus}(H^+, aq, \infty)=0$。依次类推可求出许多离子的生成焓，298.15K 时有关离子的标准摩尔生成焓见附录Ⅵ。

例 2-6-3：已知 298.15K、$p^{\ominus}$ 时，HCl 在水中的溶解反应

$$HCl(g,p^{\ominus})\xrightarrow{H_2O}H^+(aq,\infty)+Cl^-(aq,\infty)\quad \Delta_{sol}H_m^{\ominus}(298.15K)=-75.14kJ/mol$$

试求 Cl^- 的标准摩尔生成焓。

解：根据题意可知，$\Delta_{sol}H_m^{\ominus}=\Delta_f H_m^{\ominus}(H^+,aq)+\Delta_f H_m^{\ominus}(Cl^-,aq)-\Delta_f H_m^{\ominus}(HCl,g)$

查表可得　$\Delta_f H_m^{\ominus}(H^+,aq,\infty)=0$，　$\Delta_f H_m^{\ominus}(HCl,g)=-92.31kJ/mol$

所以

$$\begin{aligned}\Delta_f H_m^{\ominus}(Cl^-,aq)&=\Delta_{sol}H_m^{\ominus}-\Delta_f H_m^{\ominus}(H^+,aq)+\Delta_f H_m^{\ominus}(HCl,g)\\&=-75.14kJ/mol-0+(-92.31kJ/mol)\\&=-167.45kJ/mol\end{aligned}$$

四、基希霍夫公式

标准摩尔反应焓变的计算——基希霍夫公式

一般，利用标准生成焓等数据计算出来的反应热效应是在标准压力下反应物和产物的温度皆为 298.15K 时的焓变化。实际上，工业上的许多重要反应常常是在不同温度下进行的。因此，在实际中需要知道高温反应或者低温反应的热效应，如果找出热效应与温度的关系，就可以利用 298.15K 时的焓变计算出在任何其他温度下的热效应。

设恒温、恒压条件下的任意反应为

$$aA+fF=gG+dD$$

按式（2-6-2），该反应的焓变为

$$\Delta_r H_m^{\ominus}=g\Delta_f H_m^{\ominus}(G)+d\Delta_f H_m^{\ominus}(D)-a\Delta_f H_m^{\ominus}(A)-f\Delta_f H_m^{\ominus}(F)$$

在恒压条件下，上式的两边同时对温度 T 求微分，得

$$\left(\frac{\partial \Delta_r H_m}{\partial T}\right)_p=gC_{p,m}(G)+dC_{p,m}(D)-aC_{p,m}(A)-fC_{p,m}(F)=\Delta_r C_{p,m} \tag{2-6-3}$$

即

$$\left(\frac{\partial \Delta_r H_m}{\partial T}\right)_p=\Delta_r C_{p,m} \tag{2-6-4}$$

其中

$$\Delta_r C_{p,m}=\sum_B v_B C_{p,m}(B) \tag{2-6-5}$$

式（2-6-4）称为基尔霍希公式的微分方程，表明在恒定压力下，反应的焓变随温

度 T 的变化率取决于反应的恒压热容差 $\Delta_r C_{p,m}$。若 $\Delta_r C_{p,m}=0$，表明反应焓变不随温度改变；通常反应的 $\Delta_r C_{p,m}\neq 0$，故反应的焓变随温度而变。

若温度 T_1 时的反应焓变 $\Delta_r H_m(T_1)$，T_2 时的反应焓变 $\Delta_r H_m(T_2)$，基希霍夫公式的定积分形式为

$$\int_{\Delta_r H_m(T_1)}^{\Delta_r H_m(T_2)} \Delta_r H_m = \int_{T_1}^{T_2} \Delta_r C_{p,m} \mathrm{d}T \qquad (2-6-6)$$

若设系统的恒压热容差 $\Delta_r C_{p,m}$ 为与温度 T 无关的常量，对式（2－6－6）定积分，得

$$\Delta_r H_m(T_2) = \Delta_r H_m(T_1) + \int_{T_1}^{T_2} \Delta_r C_{p,m}(T_2 - T_1) \qquad (2-6-7)$$

式（2－6－7）为基尔霍夫公式的定积分形式。表明，由温度 T_1 时的反应焓变 $\Delta_r H_m(T_1)$ 可求 T_2 时的反应焓变 $\Delta_r H_m(T_2)$，一般选择 T_1 为 298.15K。

若各物质的恒压热容与温度有关，并采用 $C_{p,m}=a+bT+cT^2+\cdots$ 的形式，则可将各物质的 $C_{p,m}$ 代入式（2－6－7），定积分后可求得反应焓变。

例 2－6－4：根据附录Ⅵ中的热力学数据，求反应 $H_2(g)+\frac{1}{2}O_2(g)=H_2O(g)$ 在 673K、$p^\ominus$ 时的反应热。

解：由附录Ⅵ可以查得各物质在 298.15K 时的热力学数据，则该反应在 298.15K 时的反应热为

$$\begin{aligned}\Delta_r H_m^\ominus(298.15\mathrm{K}) &= \sum v_B \Delta_f H_m^\ominus(\mathrm{B}, 298.15\mathrm{K}) \\ &= \left(-241.82-0-\frac{1}{2}\times 0\right)\mathrm{kJ/mol} \\ &= -241.82\mathrm{kJ/mol}\end{aligned}$$

$$\begin{aligned}\Delta_r C_{p,m} &= \sum_B v_B C_{p,m}(\mathrm{B}) \\ &= \left(33.58-28.32-\frac{1}{2}\times 29.36\right)\mathrm{J/(mol\cdot K)} \\ &= -9.42\mathrm{J/(mol\cdot K)}\end{aligned}$$

则据式（2－6－8）可得

$$\begin{aligned}\Delta_r H_m(673\mathrm{K}) &= \Delta_r H_m(298.15\mathrm{K}) + \Delta_r C_{p,m}(673\mathrm{K}-298.15\mathrm{K}) \\ &= (-241.82-9.42\times 374.85\times 10^{-3})\mathrm{kJ/mol} \\ &\approx -245.35\mathrm{kJ/mol}\end{aligned}$$

需要注意的是，上述计算方法适用于在所讨论的温度范围内反应系统中的物质无相变发生的情形。若反应系统中有一种或几种物质发生相变，需按照状态函数计算方法设计途径，由已知温度下的反应焓、有关物质在相变温度下的相变焓、摩尔恒压热容计算待测温度下的标准摩尔焓变。

如例 2－6－4 中，若已知 298.15K、$p^\ominus$ 时，反应 $H_2(g)+\frac{1}{2}O_2(g)=H_2O(l)$，欲求算 673K、$p^\ominus$ 时反应 $H_2(g)+\frac{1}{2}O_2(g)=H_2O(g)$ 的热效应。因为在 673K 时出现 $H_2O(l)\rightarrow H_2O(g)$ 的相变，不能直接利用基希霍夫公式，需要在 373.15K 使得液

态水蒸发为气态水，然后升温。故可设计途径如下。

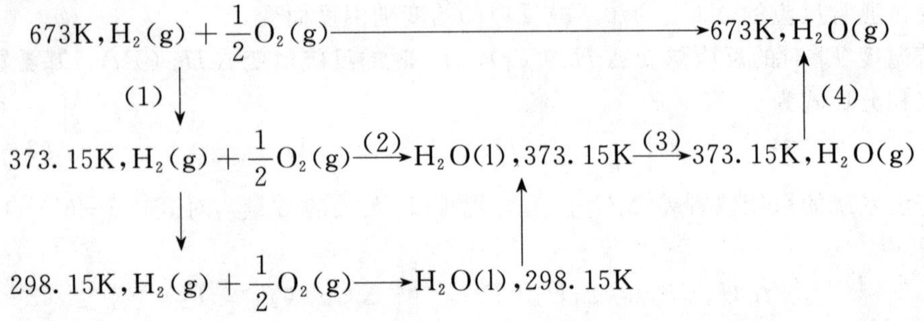

图中，第（1）步和第（4）步为气体的恒压变温过程，第（2）步可利用基希霍夫公式计算 373.15K 时反应 $H_2(g)+\frac{1}{2}O_2(g)=H_2O(l)$ 的焓变 ΔH_2，第（3）步为水在 373.15K 时的蒸发过程，其蒸发焓 ΔH_3 为已知，则所求为 $\Delta H_1+\Delta H_2+\Delta H_3+\Delta H_4$。

拓 展 资 料

能源危机和节约能源

自然界中能够提供某种形式能量的物质资源，是当今社会的三大支柱（材料、能源、信息）之一，是人类生存和发展的重要物质基础，是从事各种经济活动的原动力。能源的开发和利用是衡量一个国家的科学技术和生产力水平的重要标志。计算化学反应焓变有着重要的意义。如现在化石能源特别是煤广泛应用，由于煤中含有 S，因此在燃烧时会产生 SO_2 或 SO_3，造成环境污染（形成酸雨）。燃煤烟气中硫氧化物可利用生石灰乳即 CaO 进行处理，有如下反应：

$$SO_3(g)+CaO(s)=CaSO_4(s)$$

查表可得各物质的标准摩尔生成焓变，则此反应焓变为

$$\Delta_r H_m^{\ominus}=-1434.1-[-635.1+(-395.7)]=-403.3(\text{kJ/mol})$$

该反应属于放热反应，则该反应不仅可以消除硫氧化物，还可以产生余热，可以进一步利用，节约能源。

2000 多年前，著名思想家荀子就在其《天论》中提出："强本而节用，则天不能贫。本荒而用侈，则天不能使之富。"

面对能源危机，我们要建设节约型社会，提倡 5R 生活方式：reduce 是节约的意思，也叫节约资源；reevaluate 是品质消费，即拥有的不是要多，而是要好，其含义也包括环境评价、绿色选购；reuse 是重复使用、重复利用；recycle 是垃圾利用，循环回收；rescue 是救助物种，保护自然。

选择高能燃料

高能燃料指燃烧时单位质量能释放出很大热量的物质，它们在现代工业，特别是在火箭、航天等尖端技术中有十分重要的应用。根据 Hess 定律，要能产生大的反应

热效应，即 $\Delta_r H_m^\ominus$ 是一很大的负值，则作为高能燃料必须满足下列条件：①反应物（燃料）的标准生成热 $\Delta_f H_m^\ominus$ 负值小，甚至为正值；②生成物（产物）的标准生成热负值要大；③反应物的相对分子质量要小，以保证单位质量的燃料可提供较大的热量；④不产生有害、有毒的物质，这是环境保护的要求。利用标准燃烧热和标准反应热的概念，可对燃料进行筛选，根据不同需要找到合适的燃料。

联氨（N_2H_4）又称肼，肼的标准生成焓为 50.6kJ/mol，与氧或氧化物反应时，放出大量的热，燃烧速率极快，其生成的产物稳定、无害，是理想的液体高能燃料，仍广泛用于导弹和航天工业中。

例如，$N_2H_4(l)+O_2(g)=N_2(g)+2H_2O(l)\quad \Delta_r H_m^\ominus=-622.2\text{kJ/mol}$

$2N_2H_4(l)+N_2O_4(g)=3N_2(g)+4H_2O(l)\quad \Delta_r H_m^\ominus=-1253.6\text{kJ/mol}$

化学蓄热

如果选择有强烈热效应、反应物和生成物都是液体的反应体系，即利用可逆的吸热反应，将热源的热能转化成化学能，再用管道输送到需要使用热能的地区，经可逆的放热反应释放热能而加以利用。取出热能后的反应体系，通过管道再输回热源处继续利用。这样的输送管道，称为化学热管。目前，可望成为化学热管的反应体系有以下几种：

$$CH_4(g)+H_2O(g)\Leftrightarrow CO(g)+3H_2(g)\quad \Delta_r H_m^\ominus=206.2\text{kJ/mol}$$

$$2NH_3(g)\Leftrightarrow N_2(g)+3H_2(g)\quad \Delta_r H_m^\ominus=106.6\text{kJ/mol}$$

化学反应热也可带来危害，如爆炸、温室效应等。环境污染中，还有一种热污染。如一般以煤或石油为燃料的热电厂，只有 1/3 的热量转变为电能，而 2/3 的热量随冷却水流走或排入大气而白白浪费掉。热污染引起水温升高，水中溶解氧减少，使水中某些生物死亡或者其生长。

第七节　可　逆　过　程

化学热力学的产生和发展伴随着人们对热机的研究，从根本上说就是解决热功转换效率问题的。比如，汽车燃烧汽油释放的热量不能完全用来转变为功，相当多的热都被释放掉浪费了。那么，最高可以有多少热转变成功呢？什么情况下可以得到最大功呢？

可逆过程

为讨论这个问题，现在假设有一理想气缸内封闭有物质的量为 $n$mol 的理想气体，活塞为理想活塞，与缸壁没有摩擦，如图 2-7-1 所示。使理想气体在恒定温度 T 下，从始态 p_1V_1，经历不同的过程到达终态 p_2V_2，分别研究其做功情况。

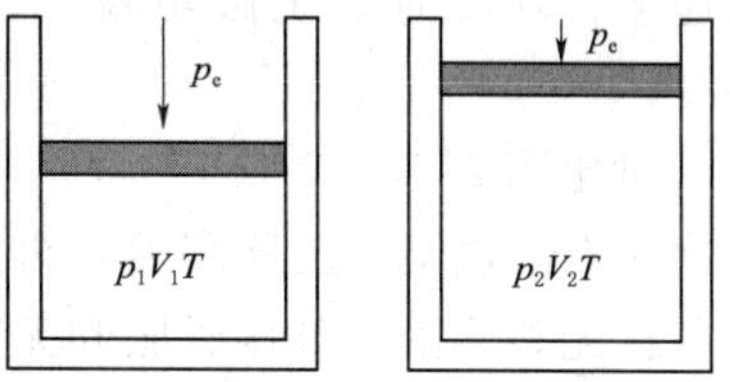

图 2-7-1　理想气体不同膨胀过程做功示意

（1）向真空膨胀。亦称自由膨胀，此时外压 $p_e=0$，则功 $W_1=0$，即自由膨胀过程中系统对环境不做功。

(2) 一次恒外压膨胀。在恒定外压下膨胀至终态，达到平衡，相当于恒定外压和终态压力相等，即 $p_e=p_2$，则系统做功为

$$W_2=-p_e\Delta V=-p_2(V_2-V_1) \tag{2-7-1}$$

在 $p-V$ 图上，表现为阴影部分面积，如图 2-7-2 (a) 所示。

(3) 两次恒外压膨胀。理想气体由初始状态 p_1V_1 在恒外压作用下到达中间平衡态 $p'V'$，然后继续恒外压膨胀至终态 p_2V_2，做功为

$$W_3=-p'(V'-V_1)-p_2(V_2-V') \tag{2-7-2}$$

(4) 多次恒外压膨胀。理想气体由初始状态 p_1V_1 在恒外压作用下到达中间平衡态 $p'V'$，然后继续恒外压膨胀至下一个中间态 $p''V''$，如此多次膨胀至终态 p_2V_2，做功为

$$W_4=[-p'(V'-V_1)]+[-p''(V''-V')]+\cdots+[-p_2(V_2-V')] \tag{2-7-3}$$

其示意图如图 2-7-2 (b) 所示阴影部分面积。

可见，多次恒外压膨胀时，理想气体对环境做的功越来越多。

(5) 无限多次恒外压膨胀。系统压力 p_i 总比外压 p_e 大无穷小，即 $p_i=p_e+\mathrm{d}p$。相当于理想气体状态为初始状态 p_1V_1 时，活塞上面放有沙子；然后每一次拿走一粒，系统和环境看上去没有变化；经过无限长时间后，量变引起了质变，到达终态 p_2V_2。这样气缸内气体的膨胀过程是无限缓慢的，其中每一步都接近于平衡态，因此称作准静态过程。其做功示意图如图 2-7-2 (c) 所示阴影部分面积。

$$W_5=\int_{V_1}^{V_2}-p_e\mathrm{d}V=\int_{V_1}^{V_2}-(p_i-\mathrm{d}p)\mathrm{d}V\approx\int_{V_1}^{V_2}-p_i\mathrm{d}V \tag{2-7-4}$$

根据理想气体状态方程 $pV=nRT$，$p_i=\dfrac{nRT}{V}$，代入式 (2-7-4)，得

$$W_5=\int_{V_1}^{V_2}-\frac{nRT}{V}\mathrm{d}V=-nRT\ln\frac{V_2}{V_1} \tag{2-7-5}$$

由以上分析可知：理想气体在相同的始态和终态间进行恒温膨胀时，系统对环境做功；虽然始态和终态相同，但途径不同，所做的功也大不相同；所进行的恒外压膨胀次数越多，系统对环境做功越多；在无限多次恒外压膨胀过程中，系统对环境做功最多。

现在若使该系统从 p_2V_2 经由不同过程被恒温压缩回 p_1V_1，其压缩功计算方法类似于膨胀过程，结果分别如图 2-7-2 (d)～(f) 所示阴影面积。由图可知，理想气体在相同的始态和终态间进行恒温压缩时，环境对系统做功；所进行的恒外压压缩次数越多，环境对系统做功越少；在无限多次恒外压压缩过程中，环境对系统做功最少。

化学中的量变、质变与公序良俗的形成

对比图 2-7-2 (a)～(c) 的膨胀功和 (d)～(f) 的压缩功可以看出，系统进行一次或有限次恒外压膨胀后，再进行恒外压压缩回到始态，系统得功，环境有能量耗散。在无限多次恒外压膨胀和无限多次恒外压压缩过程中，系统对环境做的最大功和环境对系统做的最小功，数值相等，符号相反。所以，当系统在恒定温度下，从始态经过无限多次恒外压膨胀至终态后，再进行无限多次恒外压压缩回到始态，系统和环

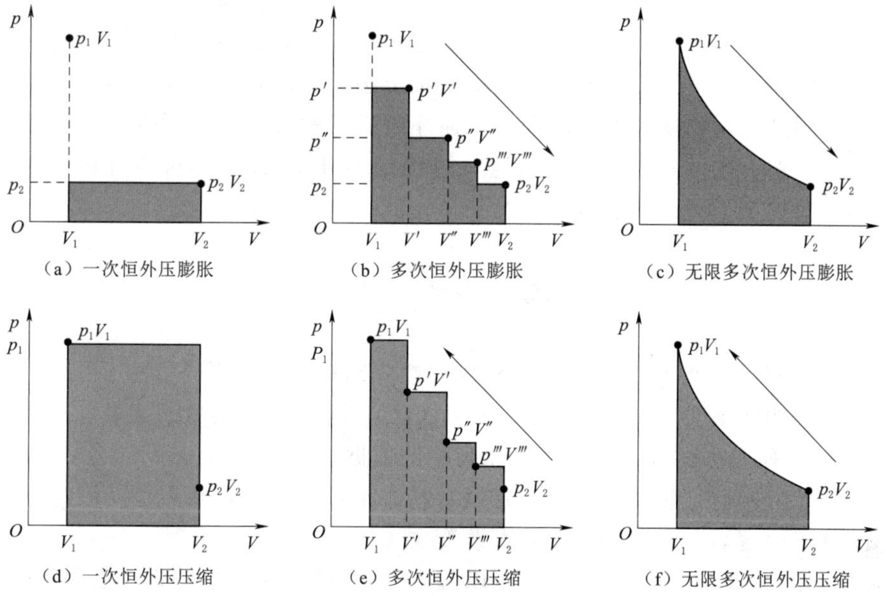

图 2-7-2　理想气体恒温变化不同过程做功示意

境都没有能量耗散，都能够复原。

这里的无限多次恒外压膨胀和无限多次恒外压压缩过程称作可逆过程。确切地说，可逆过程是指推动力无穷小、系统和环境都在无限接近平衡状态的情况下发生的过程。系统由状态（1）经过可逆过程变到状态（2）之后，如果沿原路线从状态（2）回到状态（1），系统和环境都能够完全复原，没有留下任何永久性的影响，其中的物质和能量都没有变化。

综上所述，可逆过程有如下特点：

（1）可逆过程是在系统和环境相差极微小的情况下无限缓慢进行的过程，需要无穷多时间才能够达到终点。它所经历的是一系列无限接近平衡的状态，在可逆过程中的每一个状态都可以从正逆两个方向达到。

（2）可逆过程是一种理想的过程，是一种科学的抽象，客观世界中并不真正存在。

（3）当可逆过程发生后，若系统沿原途经逆向进行，系统与环境可同时复原而不留下永久性变化。

（4）在一定条件下，始态和终态相同的不同过程，恒温可逆膨胀过程中系统对环境做最大功，恒温可逆压缩过程中环境对系统做最小功。理想气体恒温可逆功可采用式（2-7-5）进行计算。

（5）可逆过程在数学上提供了一种极限。从消耗及获得能量的观点看，它们是效率最高的过程。通过实际过程和可逆过程进行比较，可以判断实际过程不可逆性的大小，并确定提高实际过程效率的可能性，从而确定提高实际效率的方向。这就为研究热机效率提供了一个极限。

需要注意的是，“不可逆过程”也并不是不可逆向进行的过程，而是要考虑系统或环境是否可以不留痕迹。比如，通常水总是可以自然而然地向低处流，现在如果让水从低处回到高处去，需要用水泵做功把水抽上去；也就是说，水从高处到低处，然后从低处回到高处，物质复原了，但环境对系统做了额外的功。所以，这里的能量是不可复原的，那么水从高处向低处流这一过程是不可逆的。“不可逆过程”为我们研究变化的方向提供了理论依据（详见第三章）。

思　考　题

1. 什么是热力学？热力学的优点和局限性分别是什么？研究方法有哪些？

2. 什么是状态函数？p、V、T、Q、W、U、H 中哪些是状态函数？

3. 判断下列说法是否正确，并阐述判断的依据。

（1）状态给定后，状态函数就有定值；状态函数固定后，状态也就固定了。

（2）状态改变后，状态函数一定都改变。

（3）因为 $\Delta U=Q_V$，$\Delta H=Q_p$，所以 Q_V 和 Q_p 是特定条件下的状态函数。

（4）根据热力学第一定律，因为能量不能无中生有，所以一个系统若要对外做功，必须从外界吸收热量。

（5）在恒压下，用机械搅拌某绝热容器中的液体，使液体的温度上升，这时 $\Delta H=Q_p=0$。

（6）某一化学反应在烧杯中进行，热效应为 Q_1，焓变为 ΔH_1。若将化学反应安排成反应相同的可逆电池，使化学反应和电池反应的始态和终态都相同，这时热效应为 Q_2，焓变为 ΔH_2，则 $\Delta H_1=\Delta H_2$。

4. 指出下列三个公式的适用条件：①$\Delta H=Q_p$；②$\Delta U=Q_V$；③$W=nRT\ln\dfrac{V_1}{V_2}$。

5. 在相同的温度和压力下，一定量氢气和氧气从四种不同的途径生成水：①氢气在氧气中燃烧；②爆鸣反应；③氢、氧热爆炸；④氢-氧燃料电池。在所有反应过程中，保持反应方程式的始态和终态都相同，这四种变化途径的热力学能和焓的变化值是否相同？

6. 化学热力学中所说的“标准状态”意指什么？对于单质、化合物和水合离子所规定的标准摩尔生成焓有何区别？

7. 反应的标准摩尔焓变在什么情况下等于产物的标准摩尔生成焓？

8. 热力学可逆过程的定义、条件、特征是什么？它有什么意义？化学反应中的可逆反应是否就是热力学中的可逆过程？

9. 凡系统温度升高就一定吸热，而温度不变时，则系统既不吸热也不放热，这种说法对吗？为什么？

10. 由同一始态出发分别进行等温可逆压缩和绝热可逆压缩，当两过程终态压力相同时，哪个过程的终态温度高？为什么？

11. 为什么对于理想气体，公式 $\Delta U=\int_{T_1}^{T_2} nC_{V,m}\,\mathrm{d}T$ 可用来计算任意变温过程的

ΔU 并且不受定容条件的限制？

习　题

1. 对功和热的描述，下述正确的是（　　）。

A. 都是途径函数，无确定的变化途径就无确定的数值

B. 都是途径函数，对应某一状态都有确定的数值

C. 都是状态函数，变化量与途径无关

D. 都是状态函数，始终态确定，其数值也确定

2. 在体积为 V，绝热的刚性密闭容器中发生一化学反应，结果系统的温度升高、压力增大，则该过程的 ΔU（　　）。

A. $=0$　　B. 无法确定　　C. <0　　D. >0

3. 某理想气体经绝热恒外压压缩后，其 ΔU（　　）。

A. $=0$　　B. 无法确定　　C. <0　　D. >0

4. 在隔离系统中发生的某一过程，其 ΔU（　　），ΔH（　　）。

A. $=0$；<0　　B. $=0$；>0

C. $=0$；无法确定　　D. >0；无法确定

5. 下列化合物中标准摩尔生成焓为零的是：（　　）。

A. 液态水　　B. 固态冰　　C. 气态水　　D. 碳（石墨）

6. 已知在相同条件下，金刚石和石墨分别与 $O_2(g)$ 反应生成 1.0mol $CO_2(g)$ 的反应热分别为 -395.4kJ/mol 和 -393.5kJ/mol，则 C(石墨) 转化为 C(金刚石) 的反应热为（　　）kJ/mol。

A. 1.9　　B. 1.9　　C. 38　　D. 38

7. 1mol 水蒸气在 100℃、101.325kPa 下，全部凝结成液态水，求该过程的功。设液态水相对于水蒸气体积忽略不计，水蒸气可以看作理想气体。（3.102kJ）

8. 系统由相同始态经由不同途径到达相同终态，若途径 a 的 $Q_a=2.078$kJ，$W_a=-4.157$kJ。途径 b 的 $Q_b=-0.692$kJ，求 W_b。（6.927kJ）

9. 如附图所示，一系统由状态 1 沿途径 1→a→2 变到状态 2 时，从环境吸热 314J，同时对环境做功 117J。试问：

（1）当系统沿 1→b→2 变化时，系统对环境做功 44J，此过程 Q 为多少？系统是吸热还是放热？（-69.86J）

（2）若沿途径 c 由状态 2 回到状态 1，环境对系统做功 80J，则 Q 为多少？系统是吸热还是放热？（193.86J）

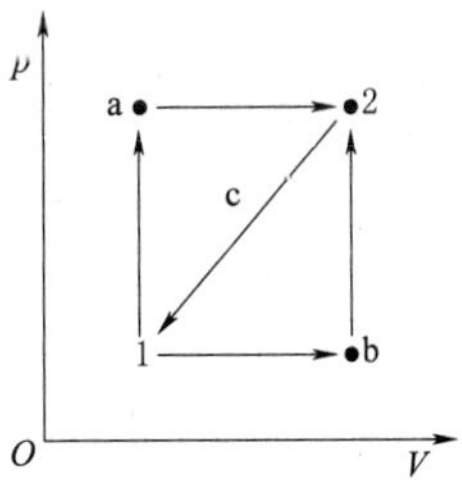

习题 9 附图

10. 298.15K、101.325kPa 条件下，有 0.5mol Zn 与过量稀硫酸反应，生成 H_2 和 $ZnSO_4$，已知此反应放热为 7.155×10^4J，试计算：

（1）上述过程中 Q、W、ΔU、ΔH 的值。

（$Q=\Delta H=-71.55$kJ，$W=-1.240$kJ，$\Delta U=-72.8$kJ）

（2）若上述反应在密闭容器中发生，求 Q、W、ΔU、ΔH 的值。

（$Q=\Delta U=-72.8\text{kJ}$，$W=0$，$\Delta H=-71.55\text{kJ}$）

11. 礼堂的体积是 1000m^3，室温是 283.15K，气压是 $1.013\times10^5\text{Pa}$。欲将温度升至 293.15K，需热多少 kJ？（设空气的 $C_{p,m}=29.29\text{J/(mol}\cdot\text{K)}$）　（12.40kJ）

12. 现有 3.5mol $H_2O(l)$ 于恒定 101.325kPa 下由 25℃升温全部蒸发为 100℃的 $H_2O(g)$。已知 $H_2O(l)$ 的摩尔蒸发焓 $\Delta_{vap}H_m(100℃)=40.668\text{kJ/mol}$，且该温度范围内水的摩尔恒压热容 $C_{p,m}$ 恒为 $75.6\text{J/(mol}\cdot\text{K)}$。求过程的热 Q。　（162.183kJ）

13. 在 373.15K 的恒温条件下，1mol 理想气体从始态 25dm^3，分别按下列四个过程膨胀到终态体积为 100dm^3：①向真空膨胀；②恒温可逆膨胀；③在恒定外压下膨胀到终态；④先在恒定外压下膨胀到中间态体积 50dm^3，再在恒定外压下膨胀到 100dm^3。分别计算各个过程中所做的膨胀功。计算结果说明了什么问题？

14. 1mol 单原子分子理想气体 B，由 300K、100kPa 经一可逆过程到达终态，压力为 200kPa，过程的 $Q=1000\text{J}$，$\Delta H=2078.5\text{J}$。

（1）计算终态的温度、体积及过程的 W、ΔU。

（400K，16.63dm^3，247.1J，1247.1J）

（2）假设气体先经恒压可逆过程，然后经恒温可逆过程到达终态，此过程的 Q、W、ΔU、ΔH 是多少？　（−226.6J，1474J，1247.1J，2078.5J）

15. 在 300K 时，有物质的量为 n 的单原子分子理想气体从始态 100kPa、122dm^3 反抗 50kPa 的外压，恒温膨胀到 50kPa。试计算 ΔU、ΔH、终态体积 V_2；如果过程是可逆过程，求热 Q_R 和功 W_R。　（8.45kJ，−8.45kJ）

16. 在 298.15K 时，计算反应 $2C(s)+2H_2(g)+O_2(g)=CH_3COOH(l)$ 的标准摩尔反应焓变 $\Delta_r H_m^\ominus(298.15\text{K})$。已知下列反应在 298.15K 时的标准摩尔反应焓变分别为：

（1）$CH_3COOH(l)+2O_2=2CO_2(g)+2H_2O(l)$　$\Delta_r H_m^\ominus(1)=-870.3\text{kJ/mol}$

（2）$C(s)+O_2(g)=CO_2(g)$　$\Delta_r H_m^\ominus(2)=-393.5\text{kJ/mol}$

（3）$H_2(g)+1/2O_2(g)=H_2O(l)$　$\Delta_r H_m^\ominus(3)=-285.8\text{kJ/mol}$

（−488.3kJ/mol）

17. 根据下列反应的 $\Delta_r H_m^\ominus(298.15\text{K})$，求 298.15K 时 $AgCl(s)$ 的 $\Delta_f H_m^\ominus$。

$Ag_2O(s)+2HCl(g)=2AgCl(s)+H_2O(l)$　$\Delta_r H_m^\ominus(298.15\text{K})=-324.72\text{kJ/mol}$

$2Ag(s)+\frac{1}{2}O_2(g)=Ag_2O(s)$　$\Delta_r H_m^\ominus(298.15\text{K})=-30.59\text{kJ/mol}$

$\frac{1}{2}H_2(g)+\frac{1}{2}Cl_2(g)=HCl(g)$　$\Delta_r H_m^\ominus(298.15\text{K})=-92.3\text{kJ/mol}$

$H_2(g)+\frac{1}{2}O_2(g)=H_2O(l)$　$\Delta_r H_m^\ominus(298.15\text{K})=-285.85\text{kJ/mol}$

（−127.03kJ/mol）

18. 用附录Ⅵ中 $\Delta_f H_m^\ominus(298.15\text{K})$ 数据，求下列反应的 $\Delta_r H_m^\ominus(298.15\text{K})$ 及 $\Delta_r U_m^\ominus(298.15\text{K})$。

(1) $4NH_3(g)+5O_2(g)=4NO(g)+6H_2O(g)$

(2) $C_2H_4(g)+H_2O(g)=C_2H_5OH(l)$

(3) $3NO_2(g)+H_2O(l)=2HNO_3(l)+NO(g)$

(4) $Fe_2O_3(s)+3C$(石墨)$=2Fe(s)+3CO(g)$

(5) $Fe_2O_3(s)+3CO(g)=2Fe(s)+3CO_2(g)$

19. 试求反应 $CH_3COOH(g)=CH_4(g)+CO_2(g)$ 的标准摩尔反应焓 $\Delta_r H_m^{\ominus}(1000K)$。已知 $CH_3COOH(g)$、$CO_2(g)$、$CH_4(g)$ 的平均摩尔恒压热容 $C_{p,m}$ 分别为 52.3J/(mol·K)、31.4J/(mol·K)、37.71J/(mol·K)。 (−31.8kJ/mol)

20. 在 298.15K、标准压力时，$H_2(g)$ 与 $O_2(g)$ 的反应为 $H_2(g)+1/2O_2(g)=H_2O(g)$。设参与反应的物质均可作为理想气体处理，已知 $\Delta_f H_m^{\ominus}(H_2O, g)=-241.82$kJ/mol，它们的标准摩尔恒压热容（设与温度无关）分别为 $C_{p,m}^{\ominus}(H_2, g)=28.82$J/(mol·K)、$C_{p,m}^{\ominus}(O_2, g)=29.36$J/(mol·K)、$C_{p,m}^{\ominus}(H_2O, g)=33.58$J/(mol·K)。试计算：①298.15K 时的标准摩尔反应焓变 $\Delta_r H_m^{\ominus}(298.15K)$ 和热力学能变化 $\Delta_r U_m^{\ominus}(298.15K)$；②498K 时的标准摩尔反应焓变 $\Delta_r H_m^{\ominus}(498K)$。

第三章

热力学第二定律

热力学第一定律解决了过程发生后的能量衡算，指出自然界一切过程都遵循能量守恒定律，违背热力学第一定律的过程是不可能存在的。但热力学第一定律也有它的局限性，只能够解决已经发生了的过程的能量问题，而很多并不违背热力学第一定律的现象却不能够自动发生。例如，水可以从高处向低处流，但如果使水从低处流到高处，总能量仍然守恒，但不能自动发生；热可以自动从高温物体传递到低温物体，但是若使从低温物体传递到高温物体，总能量守恒，却不能自动发生。又如，天空和海洋蕴含有无穷的能量，设想若可以将其取出用作航天器和轮船的动力，对于解决目前能源问题将有重要意义，这个过程并不违背热力学第一定律。但事实上，这种想法很难得以实施。也就是说，热力学第一定律可以解决变化发生后的能量问题，却不能指出过程在一定条件下能否发生，若能发生可以进行到什么程度等，即不能预言在指定条件下反应自动进行的方向以及能达到的限度。

要解决变化的方向和限度问题，需要依靠热力学第二定律。热力学第二定律是18世纪中期第一次工业革命后，随着蒸汽机的应用和发展，人们在不断探索提高热机效率的过程中建立起来的。热力学第二定律和热力学第一定律一样，是建立在无数事实基础上的人类经验的总结，不能从更普遍的原理导出，它的所有推论与事实完全符合，来自于工业实践，然后又总结出相关理论，反过来指导实践。

热力学第二定律引入了熵函数 S，并导出两个热力学函数——亥姆霍兹函数 A 和吉布斯函数 G，作为在特定条件下判断变化进行的方向和限度的判据。

第一节 热力学第二定律

热力学第二定律

一、自发过程（spontaneous process）

一定条件下，在没有外界作用或干扰时，系统任其自然自动进行的过程称为自发过程。此处所指没有外界作用或干扰，指的是没有人为加入功的条件，只在自然或设定环境条件下，也就是说，将地球看作一个隔离系统。所以，在热力学第二定律中谈自发，往往是针对地球这个相对的隔离系统中的过程。例如，水由高处向低处流，气体向真空自由膨胀，热量从高温物体传入低温物体，物质由高浓度向低浓度扩散直至混合均匀，摩擦生热，等等。

仔细分析这些自发过程，发现它们都有共同的特征：

（1）自发过程是不可逆过程。在同样条件下，任何自发变化的逆过程是不能自动进行的；若要它们进行，必须借助外力，即环境对系统做功。如，水可以自发从高处向低处流动，若要水回到高处，必然不能自动进行，需要利用水泵做机械功，额外供给其能量。又如，风是由于空气从高压向低压扩散而产生的，是一个自发过程，若要使空气从低压向高压扩散，则必须人为做功。

换句话说，自发过程的逆过程虽然在一定条件下不能够自发进行，但不能够说其在其他条件下就不能自发进行。如，可以利用制冷机使热从低温物体传递到高温物体，利用压缩机使空气从低压向高压扩散等，在环境做功的条件下使过程进行。

所以，在研究热力学问题的过程中，一定要注意其研究条件。

（2）自发过程有一定的限度——平衡状态。自发过程并不是一直不断地进行下去，而是有限度的。在热传递中，当两个物体温度相等，即温差 $\Delta T=0$，水流过程中水位差 $\Delta h=0$ 时，过程就达到了一个相对静止的平衡状态，这就是自发过程在一定条件下进行的限度。

每个自发过程都有一定的物理量用于判断变化的方向和限度。例如，在热传导中，用温度可判断过程的方向和限度，变化方向是从高温物体传递到低温物体。在水流过程中，水位可以判断过程的方向和限度，其余如压力、电势和浓度可分别判断气流、电流和物质扩散等过程的方向和限度。这些物理量统称为过程的判据。

（3）自发过程具有自动对环境做功的能力。如水从高处向低处流动，可以带动叶轮转动而做机械功；风即空气的流动也可以产生机械功，等等。

自然界中存在着许许多多的自发变化，它们的共同特征是单向地趋于平衡，并且不可能自动逆向进行。一切自发过程在适当的条件下可以对外做功，而非自发过程需要依靠外力即环境要消耗功才能进行。因此，人们不断寻找一种具有普遍意义的判据，以揭示自然界中一切自发变化现象的原动力，探求变化自发性的判断依据，为人们利用。在总结大量实践经验的基础上提出了热力学第二定律。

二、热力学第二定律的表述

19 世纪初，蒸汽机的发明在工业上产生很大影响，人们总希望消耗更少的燃料来获得更多的机械功，即提高蒸汽机的热机效率，提高蒸汽机的性能。

如图 3－1－1 所示热机的基本工作原理。设一种工作物质（气体）在气缸中通过一系列过程，从高温热源 T_1 吸热 Q_1，膨胀而对环境做功 W，然后向低温热源 T_2 放热 Q_2。此热机效率为

$$\eta=-\frac{W}{Q_1}=\frac{Q_1+Q_2}{Q_1} \tag{3-1-1}$$

因为 $Q_2<0$，所以热机效率 η 恒小于 1。表明即使在最理想化的状态中，热机效率也不可能达到 1，工作物质所吸收的热不可能 100%用来做功，必然有所浪费。换句话说，在热机工作过程中总有一部分能量以热的形式重新传递给温度较低的热源，无法从单一热源吸热，无代价地将其完全转变为功。

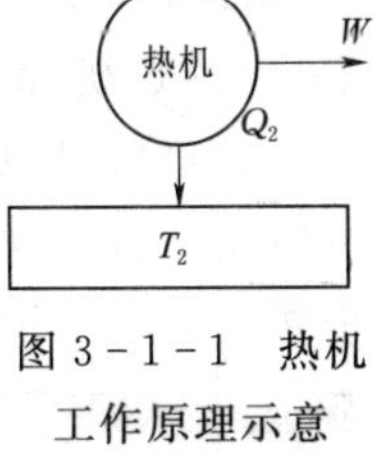

图 3－1－1　热机工作原理示意

1851 年，开尔文指出“不可能从单一热源吸收热量使之完全转变为功，而不引起任何其他变化”。这是热力学第二定律的一种表述方式，这种说法总结了热和功转化的规律。虽然就热力学

开尔文

第一定律看来，所有的功和热能相互转变且不违背热力学第一定律。但是，热力学第二定律则指出了热和功这两种不同的能量形式相互转变的条件。原则上，各种形式的功（如机械功、电功、表面功……）之间可以无条件地100%地相互转变，但功和热的相互转变则并非如此，功可以无条件地100%地转变为热（如摩擦生热），而热却不能100%地无条件地转变为功。

历史上曾有人想制造一种机器，可以单从大海或单从大气中吸热，不断地将热转化为功。这种只从单一热源吸热不断做功的机器称为第二类永动机（second kind of perpetual motion machine）。第二类永动机虽不违反能量守恒定律，但无数次试制都以失败告终。1892年，奥斯特瓦尔德（W. Ostwald）指出“第二类永动机是不可能造成的”。这一结论也反证了热力学第二定律的正确性。

1850年，克劳修斯（R. Clausius）在观察分析热传递的过程中总结出，“热不可能自发地从低温物体传到高温物体，而不引起其他变化”。这是热力学第二定律最早的表述。这种说法总结了热传导方向的规律。按此说法，热可以由高温物体自动地向低温物体传递，这里强调的自动地是指除了传热以外，系统和环境都不再发生其他变化。但相反地，由低温物体向高温物体传热是不能自动发生的，如果发生，则一定会引起其他的变化。例如冰箱可以从低温向高温传热，但是它消耗了电能，引起了其他变化，所以这种传热过程是在外力作用下进行的，不是自动发生的。

热力学第二定律和热力学第一定律一样，是人类经验的总结，不能依靠其他定律推导出来。热力学第二定律的这几种表述方式相互关联，实质上等同，违反其中任何一种表述方式，其他各种表述方式也不能成立。同时，一切实际过程都具有不可逆性，而且其不可逆性都可归结为热功转换过程的不可逆性，因此，它们的方向性都可用热功转化过程的不可逆性来表述。

热力学第二定律指出了热传递的方向性和热功交换的方向性，人们在探索热机效率的过程中推演出的一系列结论，找到了判断变化进行方向和限度的判据，为解决实际问题提供了理论支撑。

第二节　卡诺定理

卡诺循环和卡诺定理

卡诺

一、卡诺循环

根据热力学第二定律可以知道，热机在工作过程中，热不可能完全变为功，所以热机效率必然小于1。那么热机效率最高可以达到多少，从而使得燃料燃烧释放出的热尽量减少损失呢？为了实现能源的最大化利用，探索热机最大效率，法国工程师卡诺（Carnot）设计了一个理想化的循环过程，在热机中运行，称为卡诺循环（carnot cycle），该热机称为卡诺热机。

卡诺热机是以$n$mol理想气体为工作物质，在一个理想气缸中，在两个不同温度的热源间进行可逆膨胀和可逆压缩，具体过程如图3-2-1所示。卡诺循环具体由四个步骤组成：①恒温可逆膨胀过程，状态1→状态2；②绝热可逆膨胀过程，状态2→状态3；③恒温可逆压缩过程，状态3→状态4；④绝热可逆压缩过程，状态4→状态

1。至此，完成一个循环。

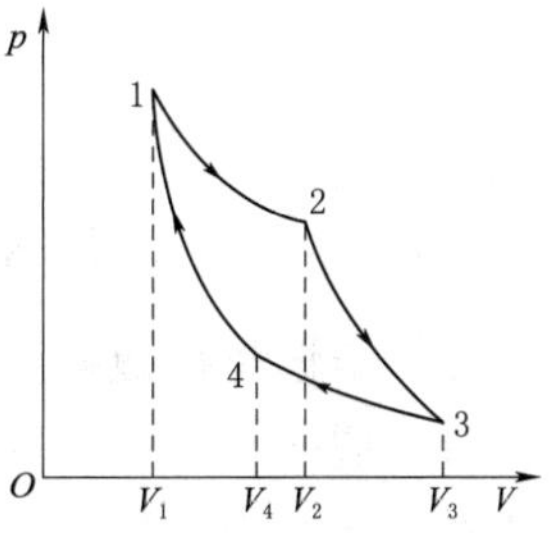

图 3-2-1　卡诺循环示意

下面对循环中各过程的热功交换情况一一分析：

(1) 恒温可逆膨胀过程。工作物质理想气体由状态 1 ($p_1V_1T_1$) 变化到状态 2 ($p_2V_2T_1$)。在理想气体恒温可逆过程中，$\Delta U_1=0$。由热力学第一定律可知，膨胀过程中，系统对外做功 W_1 并从高温热源吸热 Q_1，做功详见式 (2-7-4)：

$$W_1=-Q_1=-nRT_1\ln\frac{V_2}{V_1} \tag{3-2-1}$$

(2) 绝热可逆膨胀过程。理想气体由状态 2 ($p_2V_2T_1$) 变化到状态 3 ($p_3V_3T_2$)。在绝热条件下，$Q=0$，因此系统消耗自身的热力学能对外做功，系统温度由 T_1 降至 T_2，所做的功为

$$W_2=\Delta U_2=nC_{V,m}(T_2-T_1) \tag{3-2-2}$$

(3) 恒温可逆压缩过程。理想气体由状态 3 ($p_3V_3T_2$) 变化到状态 4 ($p_4V_4T_2$)。在理想气体恒温可逆过程中，$\Delta U_3=0$。由热力学第一定律可知，压缩过程中，系统得功 W_3 并向低温热源放热 Q_2。系统得功为

$$W_3=-Q_2=-nRT_2\ln\frac{V_4}{V_3} \tag{3-2-3}$$

(4) 绝热可逆压缩过程。理想气体由状态 4 ($p_4V_4T_2$) 变化到状态 1 ($p_1V_2T_1$)，完成循环。由于绝热 $Q=0$，系统所得的功全部转化为系统的热力学能，使系统的温度由 T_2 升至 T_1。系统得功为

$$W_4=\Delta U_4=nC_{V,m}(T_1-T_2) \tag{3-2-4}$$

至此，理想气体的四个可逆过程构成了一个可逆循环，系统对环境做的功相当于四边形 1234 所围成的面积，循环一周后系统恢复原状，所以总过程 $\Delta U=0$，则

$$Q=Q_1+Q_2=-W \tag{3-2-5}$$

式中：W 为经一个循环后，系统所做的总功为

$$W=W_1+W_2+W_3+W_4=-nRT_1\ln\frac{V_2}{V_1}-nRT_2\ln\frac{V_4}{V_3} \tag{3-2-6}$$

由于过程 (2) 和过程 (4) 是绝热可逆过程，按照理想气体绝热可逆过程方程：

$$TV^{\gamma-1}=\text{常数}\quad \gamma=\frac{C_{p,m}}{C_{V,m}}$$

则
$$T_1V_2^{\gamma-1}=T_2V_3^{\gamma-1}\quad T_1V_1^{\gamma-1}=T_2V_4^{\gamma-1}$$

两式相除得
$$\frac{V_2}{V_1}=\frac{V_3}{V_4} \tag{3-2-7}$$

将式 (3-2-7) 代入式 (3-2-6)，得理想气体在一个卡诺循环过程中所做的总功为

$$W=-nR(T_1-T_2)\ln\frac{V_2}{V_1} \tag{3-2-8}$$

则在整个卡诺循环过程中，系统从环境所吸收的热为

$$Q=Q_1+Q_2=-W=nR(T_1-T_2)\ln\frac{V_2}{V_1} \tag{3-2-9}$$

因为 $T_1>T_2$，且 $V_2>V_1$，所以 $W<0$，$Q>0$，可以证明卡诺循环过程是系统从高温热源吸收热，对环境做功，然后向低温热源放热。

二、卡诺热机效率

前已说明，热机在循环过程中所做的功与它从高温热源所吸收的热 Q_1 的比值称为热机效率，用符号 η 表示，见式（3-1-1）。对于卡诺热机，其热机效率为

$$\eta=\frac{-W}{Q_1}=\frac{Q_1+Q_2}{Q_1}=\frac{T_1-T_2}{T_1} \tag{3-2-10}$$

式（3-2-10）指出：以理想气体为工作物质的可逆卡诺循环，其热机效率仅取决于高温及低温两个热源的温度。

如果将卡诺机倒开，就变成了制冷机（refrigerator），这时环境对系统做功 W，同时系统从低温热源 T_2 吸热 Q_2，而放热 Q_1 给高温热源 T_1，整个过程为卡诺循环的逆过程。常将该过程所吸收的热 Q_2 与所做的功之比值称为制冷系数，用 β 表示：

$$\beta=\frac{Q_2}{W}=\frac{T_2}{T_1-T_2} \tag{3-2-11}$$

与热机效率 η 不同的是，制冷系数 β 既可小于 1，也可大于 1。虽然理论上 β 值可能是一个远大于 1 的值，但由于从低温热源吸热的过程中，膨胀功难以利用。因此，实际的制冷系数要比理论值小得多。

三、卡诺定理

热力学第二定律否定了第二类永动机，即热机效率为 1 的热机是不可能存在的，那么热机的最高效率可以达到多少呢？如何实现能源的最大利用呢？卡诺热机中，理想气体在循环过程中的每一步都是可逆过程，根据功与过程的关系，可逆膨胀中系统对环境做最大功，可逆压缩过程中环境对系统做最小功，所以在卡诺循环中理想气体做的净功最大，即热机效率最高。因此，卡诺认为："所有工作于同温热源与同温冷源之间的热机，其效率都不能超过可逆机。"这就是卡诺定理。

卡诺定理也可以理解为：在相同的热源和冷源之间，可以有很多不同的热机进行工作，其中可逆热机的效率 η_R 最大，不可逆热机的效率 η_I 恒小于可逆机的效率，用数学式可以表示为

$$\eta_I\leqslant\eta_R \tag{3-2-12}$$

式中："$<$"表示不可逆机，"$=$"表示可逆机。

按照卡诺定理的结论，我们也可以发现，工作在相同热源和冷源之间的可逆机，其效率总是相同的；并且按照式（3-2-10），可逆机的效率与热源和冷源的温度有关，而与可逆机的种类或者工作物质的种类没有关系。也就是说，只要明确了热源和冷源的温度，无论参与卡诺循环的工作物质是什么，只要是可逆机，其效率总是确定不变。因此，在卡诺循环中我们利用理想气体所得的结论仍适用于其他工作物质。

卡诺定理在热力学中判断变化的方向和限度具有重要的意义：

(1) 引入了一个不等式 $\eta_I \leqslant \eta_R$，原则上解决了化学反应以及相变的方向问题。卡诺定理引入了这个不等式，从模拟实验的角度，从根本上为以后解决变化的方向问题提供了一个理论基础。同时，因为所有的不可逆过程都是相互关联的，一个过程的不可逆性可以推出其他相关过程的不可逆性，这样对于所有不可逆过程可以归结到一个共同的判别标准。所以卡诺定理中的不等号对于任何过程可逆性不可逆性的判断都适用，包括化学反应和相变化。

(2) 卡诺定理也解决了热机效率的极限值。也就是说，任何工作于相同热源间的热机效率总是不大于可逆热机的效率。按照卡诺定理，可逆机的效率最高，由于常用热机往往是不可逆的，人们可以想办法改善条件，改进机器性能，根据可逆机这一理论参考效率，尽量提高热机的效率。

(3) 由卡诺机的热机效率式（3-2-10）

$$\eta=\frac{-W}{Q_1}=\frac{Q_1+Q_2}{Q_1}=\frac{T_1-T_2}{T_1}$$

可得

$$1+\frac{Q_2}{Q_1}=1-\frac{T_2}{T_1}$$

移项整理得

$$\frac{Q_2}{T_2}=-\frac{Q_1}{T_1}$$

或

$$\frac{Q_1}{T_1}+\frac{Q_2}{T_2}=0 \qquad (3-2-13)$$

因为过程可逆，所以式中 Q 均为可逆过程的热效应，T 为系统的温度，$\frac{Q}{T}$称作热温商。式（3-2-13）表明，在卡诺循环中，系统热温商之和为零。这也是由卡诺定理推出的一个非常重要的结论，对于研究热力学第二定律起着决定性的作用，以此为基础，可以将之推广到适用于任意可逆循环的普遍结论。

第三节　熵和熵增原理

卡诺循环和卡诺定理在热力学中占据着非常重要的地位，它指出了热机中热功转化的极限，还导出了一个重要的热力学函数——熵，建立了热力学第二定律的数学表达式，使热力学第二定律由文字的定性描述上升到理论研究的高度，可以定量地对变化的方向和限度进行理论判断。

熵和熵增原理

一、任意可逆循环的热温商

从卡诺热机的热机效率分析可知，卡诺循环中系统热温商之和为零，见式（3-2-13），即

$$\frac{Q_1}{T_1}+\frac{Q_2}{T_2}=0$$

这一结论也可以推广到任意可逆循环过程。设有一个任意的可逆循环如图 3-3-1 所示。若引入恒温可逆线 VW 和 XY，分别与可逆循环交于 O 和 L，引入绝热可逆线

PM 和 QN，则四条线相交构成一个卡诺循环。其中，近似三角形 VOP 的面积和 OQW 的面积近似相等，而 XLM 和 NYL 的面积近似相等，即卡诺循环 VWYX 封闭曲线内面积和 PQNM 封闭曲线内面积近似相等。这样，可以用若干个交替的绝热线和恒温线把这一任意可逆循环分割成许多个小的卡诺循环，如图 3-3-2 所示。对于每个小的卡诺循环都能分别满足下列关系：

$$\frac{\delta Q_1}{T_1}+\frac{\delta Q_2}{T_2}=0,\quad \frac{\delta Q_3}{T_3}+\frac{\delta Q_4}{T_4}=0,\quad \cdots$$

上述各式相加，则得

$$\sum_i\left(\frac{\delta Q_i}{T_i}\right)_{\mathrm{R}}=0 \tag{3-3-1}$$

式中：R 为可逆；T_i 为热源的温度，也是每一可逆步骤中系统的温度。

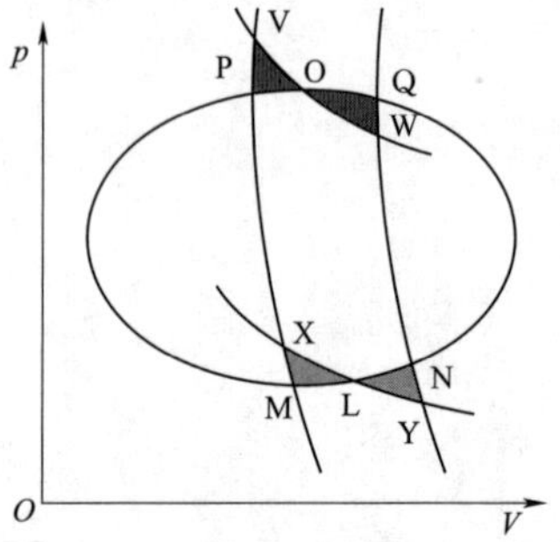

图 3-3-1　任意可逆循环

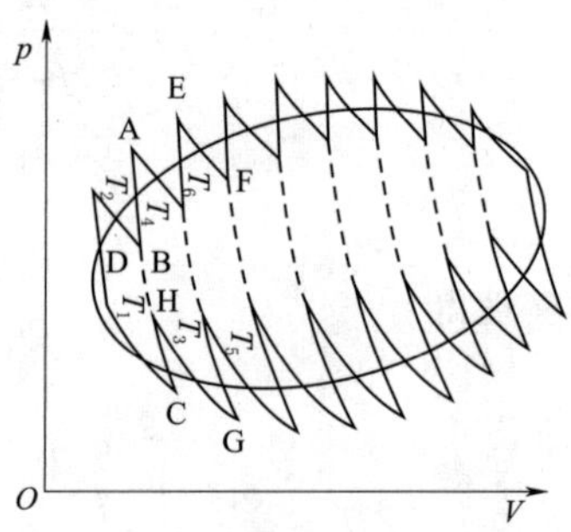

图 3-3-2　任意可逆循环和一连串卡诺循环

在这些小卡诺循环中，前一个循环的绝热压缩线在下一个循环中成为绝热膨胀线，图中虚线部分已经被抵消。所有卡诺循环的总功等同于曲折线下的总面积。如果将上述可逆循环分割成无限多个小卡诺循环，则代表无限多个卡诺循环总效率的曲折线就会与该任意可逆循环的封闭曲线重合，即可以用无数个小卡诺循环来代替一个任意的可逆循环。也可以认为，任意可逆循环的热机效率和卡诺热机相当，因此，对于一个任意的可逆循环，其热温商总和都可以表示为

$$\oint\left(\frac{\delta Q}{T}\right)_{\mathrm{R}}=0 \tag{3-3-2}$$

式中：δQ 为每一微元过程中所吸收的热；$\oint$ 为环积分；T 为在元过程中与系统接触的热源（环境）温度。脚注 R 表示可逆过程。该式指出“任意可逆循环的热温商总和为零”。

二、任意可逆过程的热温商和熵

设一个任意的可逆循环 ABA 可以看作由两个可逆过程 1 和 2 组成，如图 3-3-3 所示，系统从始态 A 出发经过可逆过程 R_1 到状态 B，然后经过可逆过程 R_2 回到始态 A，完成一个可逆循环。按照式（3-3-2），将其环积分拆写成两个可逆过程，即

$$\oint\left(\frac{\delta Q}{T}\right)_{R}=\int_{A}^{B}\left(\frac{\delta Q}{T}\right)_{R_1}+\int_{B}^{A}\left(\frac{\delta Q}{T}\right)_{R_2}=0$$

由此可得

$$\int_{A}^{B}\left(\frac{\delta Q}{T}\right)_{R_1}=\int_{A}^{B}\left(\frac{\delta Q}{T}\right)_{R_2} \tag{3-3-3}$$

式（3-3-3）的物理意义如图3-3-4所示，若系统从同一始态A出发到达相同的终态B，无论经过可逆过程1还是可逆过程2，其热温商是相同的。换句话说，可逆过程热温商只取决于始终态，而与所经过途径无关，即具有状态函数的性质。

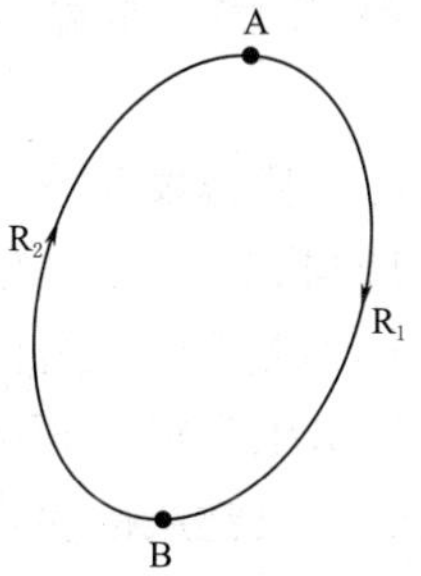

图3-3-3　任意可逆循环

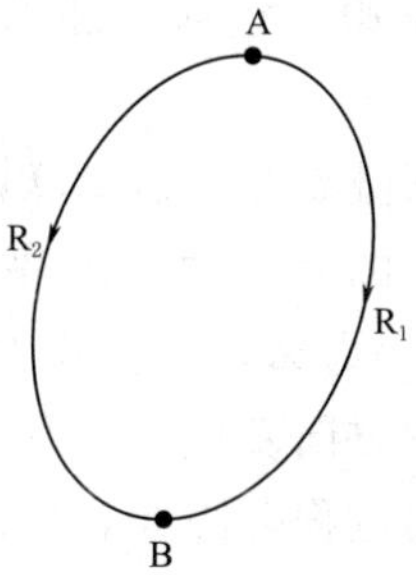

图3-3-4　可逆过程

1864年，克劳修斯根据数学推导定义了熵这个概念，熵用符号S表示，单位J/K，是广延性质的状态函数。假设始态A和终态B的熵值分别为S_A和S_B，则当系统从始态A变化到终态B时，熵变

$$\Delta S=S_B-S_A=\int_{A}^{B}\left(\frac{\delta Q}{T}\right)_{R} \tag{3-3-4}$$

或

$$\Delta S=\sum_{A}^{B}\left(\frac{\delta Q}{T}\right)_{R} \tag{3-3-5}$$

式（3-3-4）和式（3-3-5）表明：当系统的状态变化时，其熵值的改变等于从始态到终态的任意可逆途径的热温商。换言之，可逆过程的热温商之和等于熵变。

若A、B两个状态非常接近，其变化无限小，则可写成微分的形式，为

$$dS=\left(\frac{\delta Q}{T}\right)_{R} \tag{3-3-6}$$

熵是广延性质的状态函数，当系统始态终态确定，则熵的数值一定；在相同的始态终态之间，熵的改变量是相同的。

熵是系统自身的性质，系统在一定的状态下就有一定的熵值；当系统的状态变化时，要用可逆变化过程中的热温商来衡量它的改变量。

三、熵的微观本质

一直以来，包括克劳修斯在内的物理学家都在探索熵的物理内涵。研究发现，熵总是和系统的混乱度相关联，系统混乱度越大，熵值越大。系统越有序，熵值越小。

按照上述意义，一切物质熵值的基本变化规律可以总结如下：

（1）低的熵值总是和物质内部较有秩序的结构相联系，对同一物质而言，熵值与其聚集状态有关。一般，固态时熵值最小，液态时较高，气态时最高。

(2) 对同一物质的同一聚集态来说，温度升高，热运动增加，系统的混乱度增大，熵值也随之变大。对于气体物质，还会受到压力的影响。压力降低时，体积增大，粒子在较大空间里运动，将更为混乱。

(3) 对不同物质，熵值与其组成和结构有关。一般说，粒子越大，结构越复杂，其运动情况也越复杂，混乱度就大，熵值也越大。对于同分异构体，支链越多，杂原子越多，熵值越大。

(4) 在绝对零度时，任何纯物质的完美晶体熵值为零，即 S(0K，完美晶体)=0J/K。称作热力学第三定律。那么，根据热力学第三定律，常温常压下自然界中任何物质的熵值都大于零。

熵是系统内部微观粒子运动状态混乱度的量度，一切自发过程从物质内部看，总是从微观粒子排列的有规律有秩序的状态（不均匀的状态）自发地趋向于混乱的状态（均匀的状态）。那么，一个系统，越混乱、无序，越复杂，熵值就越大，总是自发朝向熵值增大的方向发展。一个人的生命过程，从出生到成长再到衰老死亡，是一个熵值逐渐增大的过程，因此，要想延缓衰老，就要养成健康的生活方式，以降低熵值。一个工厂企业，如果没有科学的管理、高科技的生产线、工人熟练的技术，则会出现事故，生产出高熵值的废品。一个社会，一个国家，如果没有法律和道德的约束，也会自发趋向于混乱无序。这里的科学、高科技、法律和道德等，都与规则、有序关联，常常被称作“负熵”。

根据统计理论，对于包含大量微观粒子的系统，若混乱度越大，出现这种微观状态的概率就越大，而混乱度用熵来量度。普朗克（M. Planck）和玻尔兹曼（L. Boltzmann）将熵与微观状态出现的热力学概率 Ω（thermodynamic probability）联系起来，提出玻尔兹曼定理（Boltzmann theorem of entropy）：

$$S=k\ln\Omega \tag{3-3-7}$$

式中：Ω 为系统的热力学概率；k 为玻尔兹曼常数（Boltzmann constant），$k=1.38066\times10^{-23}$ J/K。

拓　展　资　料

热力学第二定律的本质

热力学第二定律意味着隔离系统中自发地进行着由微观粒子排列比较规整、出现概率较小的状态，向混乱、均匀、出现概率大的状态的转变，与此同时，系统的熵也在增大。

热与功转换的不可逆性：热是分子混乱运动的一种表现，而功是分子有序运动的结果。功转变成热是从规则运动转化为不规则运动，混乱度增加，是自发的过程；而要将无序运动的热转化为有序运动的功就不可能自动发生。

气体混合过程的不可逆性：将 N_2 和 O_2 放在一盒内隔板的两边，抽去隔板，N_2 和 O_2 自动混合，直至平衡。这是混乱度增加的过程，是自发的过程，其逆过程决不会自动发生。

热传导过程的不可逆性：处于高温时的体系，分布在高能级上的分子数较集中；

而处于低温时的体系，分子较多地集中在低能级上。当热从高温物体传入低温物体时，两物体各能级上分布的分子数都将改变，分子分布更加多样化，更加复杂，是一个自发过程，而逆过程不可能自动发生。

四、不可逆过程的热温商

系统发生的过程不管是可逆还是不可逆，只要它们的始态与终态均相同，则它们的熵变就是一个固定的数值。但是，不可逆过程中的热温商（$\frac{Q_{IR}}{T}$）则是一个与过程有关的数值，这个数值显然不等于熵变。

根据卡诺定理，工作于相同热源之间的任意热机 I 的效率不大于可逆热机 R 的效率，见式（3-2-12），即 $\eta_I \leqslant \eta_R$（“<”表示不可逆机，“=”表示可逆机）。根据热机效率的定义可以得到

$$\frac{Q_1+Q_2}{Q_1} \leqslant \frac{T_1-T_2}{T_1} \qquad (3-3-8)$$

式中：Q_1 为系统从高温热源 T_1 吸收的热；Q_2 为系统向低温热源 T_2 释放的热。整理得

$$\frac{Q_1}{T_1}+\frac{Q_2}{T_2} \leqslant 0$$

或

$$\oint \frac{Q}{T} \leqslant 0 \qquad (3-3-9)$$

式中：“<”表示不可逆循环，“=”表示可逆循环。式（3-3-9）表明，工作于相同热源间的热机，在工作过程中热温商之和不大于零。同理，任意循环热温商之和不大于零，其中不可逆循环热温商之和小于零，可逆循环热温商之和等于零。

现假设有一任意不可逆循环，从始态 A 出发，经过一不可逆过程 IR 到达状态 B，然后经过一个可逆过程 R 回到状态 A，如图 3-3-5 所示，那么有：

$$\sum_{A}^{B}\left(\frac{Q}{T}\right)_{IR}+\int_{B}^{A}\left(\frac{Q}{T}\right)_{R}<0 \qquad (3-3-10)$$

据式（3-3-9），可逆循环热温商之和为 0，可以写作：

$$\int_{A}^{B}\left(\frac{Q}{T}\right)_{R}+\int_{B}^{A}\left(\frac{Q}{T}\right)_{R}=0$$

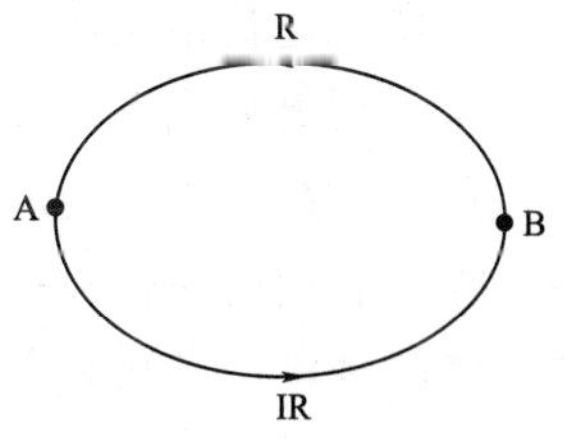

图 3-3-5　不可逆循环

则

$$\sum_{A}^{B}\left(\frac{Q}{T}\right)_{IR}+\int_{B}^{A}\left(\frac{Q}{T}\right)_{R}<\int_{A}^{B}\left(\frac{Q}{T}\right)_{R}+\int_{B}^{A}\left(\frac{Q}{T}\right)_{R} \qquad (3-3-11)$$

整理得

$$\sum_{A}^{B}\left(\frac{Q}{T}\right)_{IR}<\int_{A}^{B}\left(\frac{Q}{T}\right)_{R}=\Delta S \qquad (3-3-12)$$

即

$$\Delta S>\sum_{A}^{B}\left(\frac{Q}{T}\right)_{IR} \qquad (3-3-13)$$

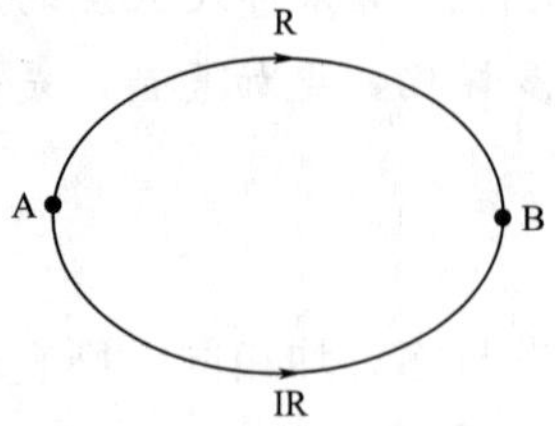

图 3-3-6　任意过程

式（3-3-13）表明在相同的始终态之间发生的过程中，不可逆过程的热温商小于熵变，如图 3-3-6 所示。

合并式（3-3-6）和式（3-3-13），可得

$$\Delta S \geqslant \int_A^B \left(\frac{Q}{T}\right)$$

或

$$dS \geqslant \frac{\delta Q}{T} \qquad (3-3-14)$$

式中：“＞”表示不可逆过程，“＝”表示可逆过程。式（3-3-14）称作克劳修斯不等式，通常作为热力学第二定律的数学表达式。式（3-3-14）表明，在相同的始态终态之间，系统熵变等于可逆过程的热温商，而大于不可逆过程的热温商。由于熵是状态函数，所以当系统由始态 A 变化到终态 B，无论是可逆过程，还是不可逆过程，在求熵的改变量时，都是利用可逆过程的热温商来计算熵变。

五、熵增加原理（principle of entropy increasing）

克劳修斯不等式是热力学第二定律的最普遍的数学表达式，适用于任何系统的任意过程。

热力学第二定律中的社会发展观教育

对于隔离系统中进行的过程，因系统与环境间没有热量交换，即 $\delta Q=0$，所以

$$dS \geqslant 0$$

或

$$\Delta S \geqslant 0 \qquad (3-3-15)$$

式中：“＞”表示不可逆过程，“＝”表示可逆过程。式（3-3-15）可以描述为：隔离系统的熵永不减少。换句话说，隔离系统中发生的可逆过程熵值不变，不可逆过程熵值增加，这就是熵增加原理。

由于隔离系统不受环境影响，因此若其中发生不可逆过程必定是自发过程。所以，在隔离系统中发生的过程总是自发地向着熵增加的方向进行，直到系统的熵增加到最大值后熵值保持不变，即 $\Delta S=0$，系统达到平衡，这就是自发过程进行的最大限度，也就是说，在隔离系统内不可能发生熵减小的过程。

因此，对于隔离系统，过程自发进行方向及限度的判据（简称熵判据）为

$$\Delta S \geqslant 0 \qquad (3-3-16)$$

式中：“＞”表示自发，“＝”表示平衡。

必须强调的是，上述结论只适用于隔离系统。对于通常所研究的封闭系统，在绝热过程中，因为与环境没有热交换，所以 $Q=0$。但是，只能用熵变来判断是否可逆，而不能判断是否能够自发，即封闭系统绝热过程中

$$\Delta S \geqslant 0 \qquad (3-3-17)$$

式中：“＞”表示绝热不可逆过程，“＝”表示绝热可逆过程。

对于封闭系统中发生的过程，由于系统和环境加起来可以看作一个相对的隔离系统，因此可以利用系统和环境熵变的加和来判断自发性，即

$$\Delta S_{to}=\Delta S+\Delta S_{su}$$

式中：ΔS_{to}、ΔS、ΔS_{su} 分别为总熵变、系统的熵变和环境的熵变。则

$$\Delta S_{to}\geqslant 0 \tag{3-3-18}$$

式中：“$>$”表示自发，“$=$”表示平衡。

当系统吸热（或放热）时，环境就放出（或吸收）同量的热，也就是说在一个过程中，系统与环境的吸热与放热数值相等但符号相反。因此，不管系统中发生了什么样的过程，总可以将与它相连的环境看作一个十分大的热源，对这个大热源来讲，受到系统的影响极小，所以在环境中进行的任何过程均可看作恒温可逆地进行，则环境的熵变为

$$\Delta S_{su}=\frac{Q_{su}}{T_{su}}$$

又因为 $Q_{su}=-Q$，Q 为系统热效应，所以环境熵变为

$$\Delta S_{su}=-\frac{Q}{T_{su}} \tag{3-3-19}$$

第四节　熵 变 的 计 算

熵变的计算

熵变可以用来判断一个隔离系统中发生的变化的方向。在隔离系统中因为熵值永不减少，并且隔离系统中发生的熵增过程总是可以自发进行的过程，因此，在地球这个相对的隔离系统中，要研究一切变化的发生及其条件，计算过程的熵变尤其重要。在相同的始态终态间进行的很多过程中，熵变等于可逆过程的热温商，但可逆过程在现实中不存在。由于熵是广延性质的状态函数，熵变与变化途径无关，因此，对于通常发生的不可逆过程，可以在相同的始态终态间设计一系列可逆过程，然后计算各可逆过程熵变，求和，即可得到不可逆过程的熵变。本节主要研究系统各种变化过程包括简单 pVT 变化、相变和化学变化过程中熵变的计算及自发性判断。

一、简单 pVT 变化中熵变的计算

（一）理想气体在恒温过程中的熵变

理想气体发生恒温可逆膨胀过程，设从 p_1V_1T 变化到 p_2V_2T，由于 $\Delta U=0$，则由式（2-7-4）得：

$$Q_R=-W_R=nRT\ln\frac{V_2}{V_1}$$

所以

$$\Delta S=\int\frac{\delta Q_R}{T}=\frac{nRT\ln\frac{V_2}{V_1}}{T}=nR\ln\frac{V_2}{V_1} \tag{3-4-1}$$

例 3-4-1：在 298.15K 时，20.0mol 理想气体分别通过可逆膨胀和自由膨胀，体积变化为原体积的 10 倍。试分别计算两个过程中系统的熵变，并判断过程的自

发性。

解：（1）理想气体在恒温可逆膨胀过程中，按式（3-4-1），熵变为

$$\Delta S = nR\ln\frac{V_2}{V_1} = 20.0\text{mol}\times 8.314\text{J/(mol·K)}\times\ln\frac{10V_1}{V_1}\approx 383\text{J/K}$$

虽然此过程中系统熵变大于0，但并不能够直接确定过程的自发性，需要计算环境的熵变。由于系统发生恒温可逆变化，$\Delta U=0$，则

$$Q=-W=nRT\ln\frac{V_2}{V_1}=114.19\text{kJ}\quad（或 Q=T\Delta S）$$

根据式（3-3-19），可知环境的熵变为

$$\Delta S_{su}=-\frac{Q}{T_{su}}=-383\text{J/K}$$

因此，隔离系统熵变 $\Delta S_{to}=\Delta S+\Delta S_{su}=0$

表明，隔离系统处于平衡状态。这是由于可逆过程中的每一步都接近于平衡状态。

（2）自由膨胀指不反抗外压的膨胀，即向真空膨胀。理想气体自由膨胀时既不对外做功，也与环境无热交换，故 $dT=0$，为恒温过程。按照熵为状态函数的特征，此自由膨胀与过程（1）具有相同的始态终态，因此其熵变同上，即

$$\Delta S=383\text{J/K}$$

由于理想气体自由膨胀过程中 $W=0$，温度恒定 $\Delta U=0$，所以 $Q=0$。则环境的熵变为

$$\Delta S_{su}=-\frac{Q}{T_{su}}=0$$

则隔离系统熵变为

$$\Delta S_{to}=\Delta S+\Delta S_{su}=383\text{J/K}+0\text{J/K}=383\text{J/K}>0$$

所以，理想气体的自由膨胀过程为自发过程。

（二）系统在恒压时的熵变

系统经任意恒压过程的熵变，可以在相同的始态 pV_1T_1 和终态 pV_2T_2 之间，设计恒压可逆过程。按照式（2-4-6）得

$$Q_p=\Delta H=\int_{T_1}^{T_2} nC_{p,m}\,dT$$

可得

$$\Delta S=\int_{T_1}^{T_2}\frac{\delta Q_p}{T}=\int_{T_1}^{T_2}\frac{nC_{p,m}\,dT}{T}\tag{3-4-2}$$

若 $C_{p,m}$ 为常数，则

$$\Delta S=nC_{p,m}\ln\frac{T_2}{T_1}\tag{3-4-3}$$

式（3-4-3）适用于封闭系统，$w'=0$ 时任何气、液、固体的恒压变化过程。

例 3-4-2： 求 1mol NH_3（g）在恒压下由 25℃ 加热到 125℃ 的 ΔS。已知 NH_3(g) 的 $C_{p,m}=25.89\text{J/(mol·K)}$。

解： 已知 $T_1=298.15\text{K}$，$T_2=398.15\text{K}$，设系统在恒压下可逆地进行变化，则

$$\Delta S = nC_{p,m}\ln\frac{T_2}{T_1} = 1\times25.89\times\ln\frac{398.15}{298.15}\text{J/K}\approx7.49\text{J/K}$$

（三）系统在恒容时的熵变

与恒压类似，系统经恒容过程的熵变等于在恒容条件下将系统可逆地从始态温度变到终态温度的熵变，按照式（2－4－5）：

$$Q_V = \Delta U = \int_{T_1}^{T_2} nC_{V,m}\,\mathrm{d}T$$

可得

$$\Delta S = \int_{T_1}^{T_2}\frac{\delta Q_V}{T} = \int_{T_1}^{T_2}\frac{nC_{V,m}\,\mathrm{d}T}{T} \tag{3-4-4}$$

若 $C_{V,m}$ 为常数，则

$$\Delta S = nC_{V,m}\ln\frac{T_2}{T_1} \tag{3-4-5}$$

例 3－4－3：将 1molAg(s) 在恒容条件下由 0℃加热到 30℃，求 ΔS。已知在该温度区间，Ag 的 $C_{V,m}$ 为 24.48J/(mol·K)。

解：已知 $T_1=273.15\text{K}$，$T_2=303.15\text{K}$

$$\Delta S = nC_{V,m}\ln\frac{T_2}{T_1} = 1\times22.48\times\ln\frac{303.15}{273.15}\text{J/K}\approx2.53\text{J/K}$$

对于物质的量为 $n$mol 的理想气体 pVT 都变化的过程，设从始态 $p_1V_1T_1$ 变化到终态 $p_2V_2T_2$，需要在始终态间设计出两步可逆过程，有三种分步方法：

（1）先恒温后恒容

$$\Delta S = nR\ln\frac{V_2}{V_1} + \int_{T_1}^{T_2}\frac{nC_{V,m}\,\mathrm{d}T}{T} \tag{3-4-6}$$

（2）恒温后恒压

$$\Delta S = nR\ln\frac{p_1}{p_2} + \int_{T_1}^{T_2}\frac{nC_{p,m}\,\mathrm{d}T}{T} \tag{3-4-7}$$

（3）先恒压后恒容

$$\Delta S = nC_{p,m}\ln\frac{V_2}{V_1} + nC_{V,m}\ln\frac{p_2}{p_1} \tag{3-4-8}$$

例 3－4－4：已知 2mol 双原子理想气体，由始态 400K、200kPa 绝热、反抗恒定外压 150kPa 膨胀到平衡态，求该膨胀过程中的熵变。

解：列出系统状态的变化：

始态	过程	终态
$n=2\text{mol}$		$n=2\text{mol}$
$p_1=200\text{kPa}$	$Q=0$ →	$p_2=150\text{kPa}$
$T_1=400\text{K}$	$p_2=p_e$	T_2
$V_1=nRT_1/p_1$		$V_2=nRT_2/p_2$

已知双原子理想气体 $C_{V,m}=2.5R$，$C_{p,m}=3.5R$

由热力学第一定律，$Q=0$，所以 $\Delta U=W$，即

$$nC_{V,m}(T_2-T_1)=-p_e(V_2-V_1)$$

将有关数据代入得

$$2\times2.5\times8.314\times(T_2-400)=-150\times\left(\frac{2\times8.314\times T_2}{150}-\frac{2\times8.314\times400}{200}\right)$$

解得

$$T_2\approx371.4\text{K}$$

$$\Delta S=nR\ln\left(\frac{p_1}{p_2}\right)+\int_{T_1}^{T_2}\frac{nC_{p,m}\text{d}T}{T}$$

$$\approx0.466\text{J/K}>0$$

所以，该过程为绝热不可逆过程。

二、相变过程的熵变

（一）可逆相变过程

可逆相变往往是在一定温度及其平衡压力下发生的，无限接近于平衡的状态。比如，水在100℃常压下的蒸发，或者在0℃常压下的凝固，就属于可逆相变。因为是恒温恒压可逆过程，所以只需要将相变热除以温度就可以得到熵变。

$$\Delta S=\frac{Q_R}{T}=\frac{Q_p}{T}$$

又因为相变中不做非体积功，相变热等于相变焓 $Q_p=\Delta H$，所以

$$\Delta S=\frac{\Delta H}{T} \tag{3-4-9}$$

例 3-4-5：计算1mol水在373.15K、101.325kPa下蒸发为同温同压下水蒸气过程的熵变。已知水的蒸发热 $\Delta_{\text{vap}}H=2260\text{J/g}$。

解：
$$\Delta S=\frac{\Delta_{\text{vap}}H}{T}=\frac{2260\times18}{373.15}\text{J/(mol}\cdot\text{K)}\approx109.02\text{J/K}$$

（二）不可逆相变过程

不可逆相变过程虽然也是恒温恒压的变化，但不是无限接近于平衡的过程。不可逆相变热 Q_p 也与其相变焓 ΔH 相等，但因为不可逆，所以 $\Delta S\neq\frac{\Delta H}{T}$。根据熵是状态函数的特点，可以在变化的始态终态间设计一条可逆途径，通过一系列的可逆步骤来完成（其中包括可逆相变的步骤），由各可逆过程熵变之和得到系统的熵变。

例 3-4-6：已知在263.15K和101.325kPa条件下，1mol过冷水凝结成冰，试计算此过程的 ΔS_{to}、ΔS、ΔS_{su}，并判断其自发性。已知液态水在273.15K时的凝固热为-6004J/mol，在263.15K时的凝固热为-5619J/mol，在该温度范围内，液态水的 $C_{p,m}=75.3\text{J/(mol}\cdot\text{K)}$，冰的 $C_{p,m}=36.8\text{J/(mol}\cdot\text{K)}$。

解：已知水在263.15K和101.325kPa条件下凝结成冰不是可逆相变，所以不能直接利用其凝固热计算熵变。而在273.15K和101.325kPa条件下凝结成冰是可逆相变，可以直接计算熵变。因此，可以将所求过程进行如下转化。

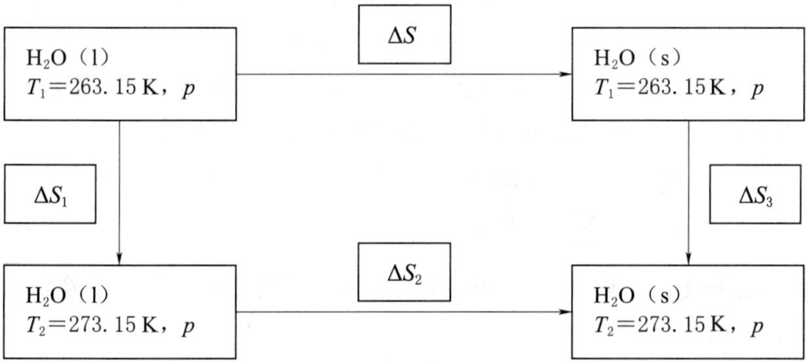

$$\Delta S_1 = nC_{p,m}(\mathrm{l})\ln\frac{T_2}{T_1} = 1\times75.3\times\ln\frac{273.15}{263.15}\mathrm{J/K}\approx2.81\mathrm{J/K}$$

$$\Delta S_2 = n\frac{\Delta H(273.15\mathrm{K})}{T_2} = 1\times\frac{-6004}{273.15}\mathrm{J/K}\approx-21.98\mathrm{J/K}$$

$$\Delta S_3 = nC_{p,m}(\mathrm{s})\ln\frac{T_1}{T_2} = 1\times36.8\times\ln\frac{263.15}{273.15}\mathrm{J/K}\approx-1.37\mathrm{J/K}$$

因为熵是状态函数，所以过冷水在 263.15K 时凝固成冰的熵变为

$$\Delta S = \Delta S_1 + \Delta S_2 + \Delta S_3 = 2.81\mathrm{J/K} - 21.98\mathrm{J/K} - 1.37\mathrm{J/K} = -20.54\mathrm{J/K}$$

过冷水在 263.15K 时凝固成冰的不可逆过程中，环境的熵变为

$$\Delta S_{su} = -\frac{\Delta H(263.15\mathrm{K})}{T_1} = \frac{1\times5619}{263.15}\mathrm{J/K}\approx21.35\mathrm{J/K}$$

所以隔离系统总的熵变为

$$\Delta S_{to} = \Delta S + \Delta S_{su} = -20.54\mathrm{J/K} + 21.35\mathrm{J/K} = 0.81\mathrm{J/K} > 0$$

由此可知，263.15K 和 101.325kPa 下的过冷水凝结成冰这个过程为自发过程。

三、化学变化中熵变的计算

（一）规定熵（conventional entropy）

1912 年，普朗克提出：在温度 0K 时，任何纯净物质的完美晶体的熵值等于 0，这就是热力学第三定律（third law of thermodynamics）。所谓的完美晶体是指每一个质点都在它自己应该在的位置上。以此为基准就可以求出其他温度时的熵值。实际上热力学第三定律是一个假设，不能用实验方法加以证明，因为我们无法达到 0K，也无法去确定其他任意状态下物质的熵值。为了研究问题方便，常常取物质在标准状态下的熵值作为规定熵。

（二）标准摩尔熵（standardmolar entropy）

一定温度下，单位物质的量（1mol 物质）的某物质在标准状态下的熵值称作该物质在该温度下的标准摩尔熵，以符号 $S_m^{\ominus}(T)$ 表示，其单位为 J/(mol·K)。根据热力学第三定律和熵的意义可知，最稳定单质的 $S_m^{\ominus}(T)$ 不为 0。298.15K 时各物质的标准摩尔熵值见附录Ⅵ。

（三）标准摩尔反应熵

反应温度恒定在 298.15K 时，若参与反应各物质均处于标准态，对于任意化学

反应

$$eE+fF=gG+hH$$

反应进度为 1mol 时的熵变，称作该反应在 298.15K 时的标准摩尔反应熵，用 $\Delta_r S_m^\ominus$(298.15K) 表示。可以通过各物质的标准摩尔熵进行计算：

$$\begin{aligned}\Delta_r S_m^\ominus &= -eS_m^\ominus(\mathrm{E})-fS_m^\ominus(\mathrm{F})+gS_m^\ominus(\mathrm{G})+hS_m^\ominus(\mathrm{H})\\ &= \sum_{\mathrm{B}} v_{\mathrm{B}} S_m^\ominus(\mathrm{B})\end{aligned} \tag{3-4-10}$$

该式表明：一定温度下，化学反应的熵变等于相同温度下参加反应各物质的标准摩尔熵与其化学计量系数乘积的总和。

例 3-4-7：利用附录Ⅵ热力学数据表中数据计算 298.15K、$p^\ominus$ 时，反应 $2NO(g)=N_2(g)+O_2(g)$ 的标准摩尔反应熵。

解：查表可知 $2NO(g)=N_2(g)+O_2(g)$

$S_m^\ominus/[J/(mol\cdot K)]$ 210.761 191.61 205.138

则 $\Delta_r S_m^\ominus = 205.138J/(mol\cdot K)+191.61J/(mol\cdot K)-2\times 210.761J/(mol\cdot K)$

$= -24.774J/(mol\cdot K)$

例 3-4-8：利用附录Ⅵ热力学数据表中数据计算 298.15K、$p^\ominus$ 时，$CaCO_3$ 分解的熵变，并判断反应的自发性。

解：$CaCO_3$ 的分解反应为

$$CaCO_3(s)=CaO(s)+CO_2(g)$$

查附录Ⅵ，可得各物质的标准摩尔熵，按照式（3-4-10），可求该反应的熵变

$$\Delta_r S_m^\ominus=(213.74+39.75-92.9)J/(mol\cdot K)=160.59J/(mol\cdot K)$$

该反应熵变大于零，但不能直接用于判断反应的自发性，还需要求环境的熵变。

查表求得反应系统热效应为

$$\begin{aligned}\Delta_r H_m^\ominus(T) &= \sum v_{\mathrm{B}}\Delta_f H_m^\ominus(\mathrm{B},T)\\ &= [-393.51-635.09-(-1206.92)]kJ/mol\\ &= 178.32kJ/mol\end{aligned}$$

则环境热效应为 $Q=-178.32kJ/mol$

无论系统怎样变化，环境均可以看作发生了恒温可逆过程，所以环境熵变为

$$\Delta S_{su}=\frac{Q}{T}=-598.09J/(mol\cdot K)$$

总熵变 $\Delta S_{to}=160.59J/(mol\cdot K)+(-598.09)J/(mol\cdot K)$

$=-437.5J/(mol\cdot K)<0$

故知，298.15K、$p^\ominus$ 时碳酸钙分解反应不能自发进行。

通过例 3-4-8 可以看出，碳酸钙在室温下是不能自发进行分解的。事实上，要使碳酸钙分解，必须对其加热至 1000℃左右。也就是说，影响一个变化的因素，除了熵变和焓变以外，还要考虑温度。而熵变作为判断恒温恒压下化学反应的判据，有很大的局限性。

需要说明的是，由于在一定温度范围内（如 0～1000K），化学反应的摩尔热容近

似为零，即 $\Delta_r C_{p,m}=0$，所以标准摩尔反应熵 $\Delta_r S_m^\ominus(T)$ 近似认为不随温度改变，可以取 $\Delta_r S_m^\ominus(298.15\text{K})$。

拓　展　资　料

熵与信息和社会

物质、能量和信息是客观世界的三要素。物质提供信息，信息控制物质和能量的运动。由本节内容可知，隔离系统的熵总是增加的。熵增会使能量弥散，能量衰退。这样看似乎熵增是一种破坏性过程。但是，在某些条件下，熵增或混沌会成为一切有序之源。熵不仅使旧事物消亡，也促进新事物生成；不仅对科学技术、工农业生产极为重要，也与人类的未来、日常生活休戚相关。

信息论认为，信息就是负熵。

在生物学领域，负熵就是从外界吸取的有效物质和能量。生物体的演化总是朝无序、混乱和衰退、死亡的方向，即熵增的方向，但也在进行新陈代谢，即输入负熵。当输入负熵多于输出正熵时，生物体得以生长发育进化。即生物体依靠输入负熵提高系统的有序性。

经济系统是一个复杂的开放系统，它不断与自然界进行物质、能量及熵的交换。在物质交换中，输入物质资料，排出废物和产品；能量交换中，输入可利用能，排出废热。经济过程中以得到低熵产品为目标，却同时获得高熵的废物和废热为代价。但输入的知识和技术可以使生产合理而科学，使能耗和废物减少并提高产率和产品质量，起到负熵的作用。为了降低生产过程总熵的增加，生产中重视对工人的培训和新技术的应用都是十分重要的。

要满足消费就要发展生产、发展经济，经济腾飞了、生活改善了，却导致熵的增加。为此，要提倡节约、增智，实施可持续发展战略，小心熵的报复。以人的智慧巧妙地掌握和利用自然规律，促使社会经济不断向前发展，又可抑制熵的增加。

第五节　亥姆霍兹函数和吉布斯函数

熵判据有它的局限性，必须是在隔离系统中发生的过程才可以判断，而熵变也只能在可逆过程中才可以直接计算，所以对于封闭系统中发生的过程，就必须要设计一系列可逆过程得到系统的熵变，并且还要计算环境的熵变，才可以最终求出隔离系统的熵变，从而判断系统中发生的变化方向。特别是在研究化学反应这个典型的封闭系统时，处理方法比较麻烦，并且有些时候，环境的熵变无法确定，所以利用熵判据存在很大的局限性，有必要简化处理过程。通常的变化都是在恒温恒压或恒温恒容条件下进行，针对这些独特的条件，分别引入了两个热力学函数——亥姆霍兹函数 A 和吉布斯函数 G，利用系统自身状态函数的变化，来判断自发变化的方向和限度。

亥姆霍兹函数和吉布斯函数

亥姆霍兹

一、亥姆霍兹函数

根据热力学第二定律的数学表达式：

$$dS \geqslant \frac{\delta Q}{T}$$

可得

$$\delta Q \leqslant T dS \tag{3-5-1}$$

式中：“>”表示不可逆过程，“=”表示可逆过程。

根据热力学第一定律得 $\delta Q = dU - \delta W$，代入式（3-5-1），可得

$$dU - \delta W \leqslant T dS$$

整理得

$$dU - T dS \leqslant \delta W \tag{3-5-2}$$

式中：“<”表示不可逆过程，“=”表示可逆过程。

因为热力学第一定律的应用没有任何限制条件，也就是说，式中 δW 为总功，包括体积功和非体积功。

系统在恒温过程中，$T_{始} = T_{终} = T_{su}$，则式（3-5-2）可转化为

$$d(U - TS) \leqslant \delta W \tag{3-5-3}$$

式中：“<”表示不可逆过程，“=”表示可逆过程。

定义 $A = U - TS$，称作亥姆霍兹函数，是广延性质的状态函数，单位为 J 或 kJ。则式（3-5-3）变为

$$dA \leqslant \delta W \tag{3-5-4}$$

式中：“<”表示不可逆过程，“=”表示可逆过程。

由式（3-5-4）可以看出，亥姆霍兹函数反映了系统在恒温过程中的做功能力；在恒温可逆过程中，系统与环境交换的总功等于亥姆霍兹函数的改变量。

对封闭系统，若不考虑非体积功，则在恒温恒容过程中，$\delta W = 0$。

$$\Delta A \leqslant 0 \tag{3-5-5}$$

式中：“<”表示自发，“=”表示平衡。式（3-5-5）表明，封闭系统不做非体积功的恒温恒容过程中，系统自发朝向亥姆霍兹函数减小的方向进行；直至系统达到平衡，亥姆霍兹函数不变。此即亥姆霍兹函数判据。

亥姆霍兹函数来自于热力学第一定律和第二定律，是一个导出量。由于其中的各个物理量都是广延性质的状态函数，所以亥姆霍兹函数也是广延性质的状态函数。另外，当亥姆霍兹函数用于判断变化的方向和限度时，其中的不等号来自于克劳修斯不等式，所以可以知道，亥姆霍兹判据是衍生的。相比于熵判据，亥姆霍兹函数判据不需要考虑环境的影响，对于系统恒温恒容且不做非体积功的过程来说，这个判据更简便易行。

二、吉布斯函数

在式（3-5-3）中，δW 包括体积功和非体积功，如果系统发生了一个恒温恒压过程，则总功为

$$\delta W = -p dV + W'$$

代入式（3-5-3）得

$$dU - T dS + p dV \leqslant W'$$

式中："<"表示不可逆过程，"="表示可逆过程。
整理得

$$d(U+pV-TS)\leqslant W' \tag{3-5-6}$$

1873 年，美国化学家吉布斯（Gibbs J. W.）引进了一个新的状态函数——吉布斯函数，定义为 $G=H-TS$。由于 $H=U+pV$，单位为 J 或 kJ，则式（3-5-6）可变为

$$dG\leqslant \delta W' \tag{3-5-7}$$

式中："<"表示不可逆过程，"="表示可逆过程。式（3-5-7）表明，吉布斯函数反映了系统做非体积功的能力，如电功、表面功等；在恒温恒压可逆过程中系统与环境交换的非体积功等于吉布斯函数的改变量。

若系统在恒温恒压且不做非体积功的条件下发生变化，$W'=0$，则

$$\Delta G\leqslant 0 \tag{3-5-8}$$

式中："<"表示自发，"="表示平衡。式（3-5-8）表明，在恒温恒压且不做非体积功的条件下，系统自发地朝向吉布斯函数减小的方向进行；直至平衡，吉布斯函数不再改变。这就是吉布斯函数判据。

同样，吉布斯函数也是一个衍生量，是广延性质的状态函数。对于恒温恒压且不做非体积功的系统来说，吉布斯函数判据更简便易行。

吉布斯

热力学判据仅仅为我们提供了一种判断变化发生的可能性的依据。一般化学反应大多是在恒温恒压下进行的，所以吉布斯函数判据对研究化学过程有特殊意义。如，在 298K、标准压力下，某一化学反应的 $\Delta G<0$，说明该条件下反应可以自发进行，即该反应具有热力学可能性，可以寻找催化剂使反应以合适的速度进行。但是，并不是说 $\Delta G>0$ 的反应不能进行，如果发现在一定的恒温恒压且非体积功为零的条件下 $\Delta G>0$，那么反应在该条件下就绝无可能发生，必须改换条件，或者不必再进行研究。例如，恒温恒压下，水是不能自发分解为氢气和氧气的，但是如果在水中通电，以电解的方式可以使水分解制氢气和氧气。

还要注意的是，有些反应在一定条件下理论判断能够发生，而事实上我们很难观察到，即反应难以实现，如何将可能性转化为现实性，还要综合考虑时间、外界条件等因素（详见第七章）。

二、化学反应自发性判断

吉布斯函数是广延性质的状态函数，其改变量在确定的始态和终态之间有定值，因此，对于不可逆过程，可以设计一系列可逆过程，使之与所求具有相同始态和终态，然后计算吉布斯自由能的改变量。

按照吉布斯函数的定义，$G=H-TS$，全微分可得

$$dG=dH-TdS-SdT$$

在恒温过程中

$$dG=dH-TdS$$

或

$$\Delta G=\Delta H-T\Delta S \tag{3-5-9}$$

式中：ΔH 为恒压热效应；$T\Delta S$ 为熵效应。

式（3－5－9）称为吉布斯-亥姆霍兹方程，是化学上最重要、最有用的公式之一。

吉布斯-亥姆霍兹方程反映出化学变化的净动力取决于变化的焓变、熵变和温度三个方面的因素。因此，在恒温恒压下进行的自发过程，其方向与限度是由 ΔH 和 $T\Delta S$ 两项因素的相对差值所决定的。对于化学反应来说，由于两种效应的相互对比，存在着如下的几种情况：

（1）放热且熵增加的过程，即 $\Delta H<0$、$\Delta S>0$ 的过程，对于这类过程，无论温度 T 如何变化，两者都使过程的 $\Delta G<0$，因此，凡是放热且熵增加的过程总能自发地进行。

（2）吸热且熵增大的过程，即 $\Delta H>0$、$\Delta S>0$ 的过程，这类过程能否自发，取决于温度 T 的大小。这类过程一般在低温条件下不能自发进行，但是随着温度的升高，$T\Delta S$ 逐渐增大，当超过某一温度时，即 $|T\Delta S|>|\Delta H|$ 时，$\Delta G<0$，过程可以自发地进行。因此，吸热且熵增大的过程是高温自发。

（3）放热且熵减小的过程，即 $\Delta H<0$、$\Delta S<0$ 的过程，这类过程能否自发，也是取决于温度 T 的大小。这类过程一般在低温条件下可以自发进行，当 $|T\Delta S|<|\Delta H|$ 时，$\Delta G<0$，过程可以自发地进行；但随着温度的升高，超过某一温度，即 $|T\Delta S|>|\Delta H|$ 时，$\Delta G>0$，过程不能自发进行。因此，放热且熵减小的过程是低温自发。

（4）吸热且熵减小的过程，即 $\Delta H>0$、$\Delta S<0$ 的过程，无论温度 T 如何变化，都能使过程的 $\Delta G>0$，因此，吸热且熵减小的过程在恒温恒压条件下不能自发进行。

以上四种不同过程，可概括于表 3－5－1 中。

表 3－5－1　　焓效应和熵效应对吉布斯函数变化的影响

反应实例	ΔH	ΔS	ΔG	（正）反应的自发性
$H_2(g)+Cl_2(g)=2HCl(g)$	－	＋	－	任何温度均自发
$CaCO_3(s)=CaO(s)+CO_2(g)$	＋	＋	升高至某温度时由正值变负值	高温自发 低温非自发
$N_2(g)+3H_2(g)=2NH_3(g)$	－	－	降低至某温度时由正值变负值	低温自发 高温非自发
$CO(g)=C(s)+\frac{1}{2}O_2(g)$	＋	－	＋	任何温度均非自发

对同一化学反应，在由非自发到自发转变过程中，即 ΔG 由大于零向小于零转变过程中，某一温度时 $\Delta G=0$，此时 $\Delta G=\Delta H-T\Delta S=0$

则
$$T_{转化}=\frac{\Delta H}{\Delta S} \tag{3-5-10}$$

该温度称作转化温度 $T_{转化}$。

转化温度由系统自身所决定，与其他因素无关。如，碳酸钙的分解反应在常温下不能进行，见例 3－4－8，忽略温度对焓变和熵变的影响后，其分解温度约为

$$T_{转化}=\frac{\Delta_r H_m^{\ominus}}{\Delta_r S_m^{\ominus}}=\frac{178.32\times10^3}{160.59}\text{K}\approx1110\text{K}$$

也就是说，温度需控制在高于转化温度 1110K 时碳酸钙才能发生分解。这就是热力学理论对生产实践进行指导的典型实例，也是热力学第二定律的实际意义所在。

四、吉布斯函数变 ΔG 的计算

（一）恒温过程的 ΔG

吉布斯函数变的计算

假设系统从状态 p_1V_1 在恒定温度 T 下变化到 p_2V_2，且系统不做非体积功。根据吉布斯函数定义得

$$G=H-TS=U+pV-TS$$

进行全微分可得

$$\begin{aligned}dG &= dU+p\,dV+V\,dp-T\,dS-S\,dT\\ &=\delta Q-p\,dV+p\,dV+V\,dp-T\,dS-S\,dT \qquad (3-5-11)\end{aligned}$$

由于恒温，所以 $dT=0$；同时，按照热力学第二定律，在恒温可逆过程中 $\delta Q=T\,dS$，则

$$dG=V\,dp \qquad (3-5-12)$$

由于吉布斯函数是状态函数，所以式（3－5－12）适用于封闭系统任何不做非体积功的恒温过程。

对气体系统，将式（3－5－12）定积分可得

$$\Delta G=\int_{p_1}^{p_2}V\,dp \qquad (3-5-13)$$

如果系统是理想气体，将理想气体状态方程 $pV=nRT$ 代入，可得

$$\Delta G=\int_{p_1}^{p_2}\frac{nRT}{p}dp=nRT\ln\frac{p_2}{p_1}=nRT\ln\frac{V_1}{V_2} \qquad (3-5-14)$$

对于有凝聚态参与的系统，可以忽略体积的变化，将 V 看作常数，可得

$$\Delta G=V(p_2-p_1) \qquad (3-5-15)$$

对于恒温恒压下的可逆相变过程，不做非体积功，$dp=0$，按式（3－5－12）

$$dG=V\,dp=0$$

或

$$\Delta G=0$$

例 3－5－1：300K 时，将 1mol 理想气体从 1000kPa 通过如下两个过程膨胀至 100kPa：①恒温可逆膨胀；②真空膨胀。分别求两个过程的 Q、W、ΔU、ΔH、ΔS、ΔA、ΔG。

解：①理想气体的恒温可逆膨胀过程中

$$\Delta U=0$$

$$\Delta H=0$$

$$W=-nRT\ln\frac{V_2}{V_1}=-nRT\ln\frac{p_1}{p_2}=-1\times8.314\times300\times\ln\frac{1000}{100}\text{J}\approx-5.74\text{kJ}$$

$$Q=-W=5.74\text{kJ}$$

$$\Delta S=nR\ln\frac{V_2}{V_1}=nR\ln\frac{p_1}{p_2}=-1\times8.314\times\ln\frac{1000}{100}\text{J/K}\approx19.1\text{J/K}$$

或
$$\Delta S = \frac{Q}{T} \approx 19.1\text{J/K}$$

$$\Delta G = nRT\ln\frac{p_2}{p_1} = 1\times 8.314\times 300\times \ln\frac{100}{1000}\text{J} \approx -5.74\text{kJ}$$

或因为恒温可逆
$$\Delta G = \Delta H - T\Delta S = -5.74\text{kJ}$$
$$\Delta A = \Delta U - T\Delta S = -5.74\text{kJ}$$

②因为是真空膨胀，恒温过程，所以 $\Delta U = 0$，$Q = -W = 0$

因为始态和终态与①相同，所以其他状态函数变量同①。

例 3-5-2：在 101.325kPa 和 298.15K 时，1mol $H_2O(l)$ 全部蒸发变成同温同压的 $H_2O(g)$，计算该相变过程中的吉布斯函数变化值，并判断该相变过程能否自发进行；判断在 101.325kPa、298.15K 时哪种相态更稳定？已知该条件下 $H_2O(l)$ 的摩尔体积 $V_m = 0.0181\text{dm}^3/\text{mol}$，$H_2O(l)$ 的饱和蒸气压为 3.17kPa。

解：所求相变过程为

$$H_2O(l, 298.15\text{K}, 101.325\text{kPa}) \xrightarrow{\Delta G} H_2O(g, 298.15\text{K}, 101.325\text{kPa})$$

这个相变过程虽然在恒温恒压下进行，但不是可逆相变，所以，要先设计一个可逆相变，找到两者之间的联系，再依据 ΔG 为状态函数这一特点进行计算。

按照题意，$H_2O(l)$ 在 298.15K、3.17kPa 时可逆相变。绘制变化途径：

$$\begin{array}{ccc}
H_2O(l, 298.15\text{K}, 101.325\text{kPa}) & \xrightarrow{\Delta G} & H_2O(g, 298.15\text{K}, 101.325\text{kPa}) \\
\Delta G_{(1)}\downarrow & & \uparrow\Delta G_{(3)} \\
H_2O(l, 298.15\text{K}, 3.17\text{kPa}) & \xleftrightarrow{\Delta G_{(2)} = 0} & H_2O(g, 298.15\text{K}, 3.17\text{kPa})
\end{array}$$

所求
$$\Delta G = \Delta G_{(1)} + \Delta G_{(2)} + \Delta G_{(3)}$$

第（1）步是液态水的恒温可逆降压过程，凝聚态可以忽略体积的变化，将 V 看作常数，可得

$$\begin{aligned}
\Delta G_{(1)} &= nV_m(l)(p_2 - p_1) \\
&= 1\text{mol}\times 0.0181\text{dm}^3/\text{mol}\times(3.17 - 101.3)\text{kPa} \\
&\approx -1.78\text{J}
\end{aligned}$$

第（2）步是水在恒温及其平衡压力下可逆相变，所以 $\Delta G_{(2)} = 0$。

第（3）步是气态水的恒温可逆升压过程，若将水蒸气看作理想气体，则

$$\Delta G_{(3)} = nRT\ln\frac{p_2}{p_1} = 1\times 8.314\times 298.15\times \ln\frac{101.3}{3.17}\text{J}$$
$$\approx 8587.5\text{J}$$

因此，
$$\begin{aligned}
\Delta G &= \Delta G_{(1)} + \Delta G_{(2)} + \Delta G_{(3)} = \Delta G_{(1)} + \Delta G_{(3)} \\
&= -1.78\text{J} + 8587.5\text{J} \\
&= 8585.72\text{J}
\end{aligned}$$

这一过程的 $\Delta G > 0$，表明在 101.325kPa 和 298.15K 时，$H_2O(l)$ 蒸发为同温同压的 $H_2O(g)$ 这一过程是非自发的，即此时液态水更稳定。

（二）化学反应的标准摩尔吉布斯函数变 $\Delta_r G_m^\ominus(T)$

1. 由化合物的标准摩尔生成吉布斯函数变 $\Delta_f G_m^\ominus$（B，T）来计算

与标准摩尔反应焓相似，反应的标准吉布斯函数变用 $\Delta_r G_m^\ominus(T)$ 表示，可以用物质的标准摩尔生成吉布斯函数变 $\Delta_f G_m^\ominus$（B，T）来计算。

在一定温度、标准状态下，由最稳定单质生成单位物质的量（1mol）的纯物质 B 时反应的吉布斯函数变称作该物质的标准摩尔生成吉布斯函数变，用符号 $\Delta_f G_m^\ominus$（B，T）表示，f 表示生成反应，m 表示生成物 B 的物质的量为 1mol，常用单位为 kJ/mol。最稳定单质的标准摩尔生成吉布斯函数变为 0。298.15K 时有关物质的标准生成吉布斯函数变见附录Ⅵ。

对于任意恒温恒压下的反应

$$eE+fF=gG+hH$$

$$\begin{aligned}\Delta_r G_m^\ominus &= -e\Delta_f G_m^\ominus(E)-f\Delta_f G_m^\ominus(F)+g\Delta_f G_m^\ominus(G)+h\Delta_f G_m^\ominus(H)\\ &= \sum_B v_B\Delta_f G_m^\ominus(B)\end{aligned} \quad (3-5-16)$$

式（3－5－16）在使用时，需要注意三点：①注意物质的化学计量系数，反应物为负值，产物为正值；②查表时注意物质的聚集状态，同一物质，聚集状态不同，$\Delta_f G_m^\ominus$(B) 的数值不同；③利用该公式，只能计算反应在 298.15K 下的 $\Delta_r G_m^\ominus$。

例 3－5－3：查附录Ⅵ热力学数据表，试计算反应 $2NO(g)=N_2(g)+O_2(g)$ 在 298.15K、$p^\ominus$ 时的吉布斯函数变，并判断反应方向。

解：查表得

	$2NO(g)$	$N_2(g)$	$O_2(g)$
$\Delta_f G_m^\ominus(B)/(kJ/mol)$	86.6	0	0

则

$$\begin{aligned}\Delta_r G_m^\ominus &= 0kJ/mol+0kJ/mol-2\times 86.6kJ/mol\\ &= -173.2kJ/mol<0\end{aligned}$$

所以知该反应在 298.15K、$p^\ominus$ 时可以正向进行。

2. 利用吉布斯-亥姆霍兹方程计算

由标准摩尔生成吉布斯函数变计算的 $\Delta_r G_m^\ominus$ 是 298.15K 时的数据。若求任意温度下反应的标准吉布斯函数变，可以利用吉布斯等温方程

$$\Delta_r G_m^\ominus=\Delta_r H_m^\ominus-T\Delta_r S_m^\ominus \quad (3-5-17)$$

其中的 $\Delta_r H_m^\ominus$ 和 $\Delta_r S_m^\ominus$，若无特别说明，在讨论的温度范围内通常可以认为和温度无关，故一般仍采用 298.15K 时的数据。

例 3－5－4：计算反应 $2NH_3(g)=N_2(g)+3H_2(g)$ 在 800K 时的标准摩尔吉布斯函数变。

解：查表得

	$2NH_3(g)$	$N_2(g)$	$3H_2(g)$
$S_m^\ominus/[J/(mol\cdot K)]$	192.45	191.61	130.684
$\Delta_f H_m^\ominus/(kJ/mol)$	−46.1	0	0

则 298.15K 时

$$\Delta_r S_m^\ominus=130.684\times 3+191.61\times 1-2\times 192.45[J/(mol\cdot K)]=198.762J/(mol\cdot K)$$

$$\Delta_r H_m^\ominus=0+0-2\times(-46.1)(kJ/mol)=92.2kJ/mol$$

近似认为化学反应的 $\Delta_r H_m^\ominus$ 和 $\Delta_r S_m^\ominus$ 是常数，故有：

$$\Delta_r G_m^\ominus = \Delta_r H_m^\ominus - T\Delta_r S_m^\ominus = 92.2 - 800 \times 198.762 \times 10^{-3} (\text{kJ/mol}) \approx -66.81\text{kJ/mol}$$

需要特别说明的是，$\Delta_r G_m^\ominus$ 只能用于判断物质均处于标准状态时反应的方向，如果物质不在标准状态，则需要用 $\Delta_r G_m$ 判断反应方向。在标准状态下，不同化学反应的 $\Delta_r G_m^\ominus$ 不同，这是物质的本性决定的，同一化学反应因物质浓度不同，反应的 $\Delta_r G_m$ 不同，这说明物质的浓度和分压对反应的 $\Delta_r G_m$ 也有影响。实际上，大多数化学反应都在非标准状态下进行，因此，掌握非标准状态化学反应的 $\Delta_r G_m$ 的计算就显得更为重要。

（三）非标准状态下的吉布斯函数变

对任意恒温反应 $aA + fF = gG + dD$，在反应进行到一定程度时，可以分别测出各物质的含量或者分压力，则非标准状态下反应的吉布斯函数变可由下式得到（详见第五章第二节）：

$$\Delta_r G_m = \Delta_r G_m^\ominus + RT\ln Q \quad (3-5-18)$$

对于气相反应

$$Q = \frac{(p_G/p^\ominus)^g (p_D/p^\ominus)^d}{(p_A/p^\ominus)^a (p_F/p^\ominus)^f} \quad (3-5-19)$$

对于溶液中的反应

$$Q = \frac{(c_G/c^\ominus)^g (c_D/c^\ominus)^d}{(c_A/c^\ominus)^a (c_F/c^\ominus)^f} \quad (3-5-20)$$

式中：p_G、p_D、p_A、p_F（或 c_G、c_D、c_A、c_F）为系统所处研究状态下各物质的分压（或浓度）；Q 为反应商。

式（3-5-18）又称作化学反应等温式，利用该公式可以计算任意状态下化学反应的 $\Delta_r G_m$。

需要注意的是，只能用 $\Delta_r G_m$ 才可以判断一个反应能否自发进行，即化学反应自发向 $\Delta_r G_m < 0$ 的方向进行。若参与反应的所有物质均处于标准状态，则 $Q=1$，$\ln Q = 0$，此时，$\Delta_r G_m = \Delta_r G_m^\ominus$，就可以用 $\Delta_r G_m^\ominus$ 来判断该反应的自发性，即在该条件下，$\Delta_r G_m^\ominus$ 只能判断反应在标准态时能否自发进行。

例 3-5-5：在合成甲醇的过程中，有一个水煤气变换工段，即把 $H_2(g)$ 变换成原料气 $CO(g)$，反应式如下：$H_2(g) + CO_2(g) = CO(g) + H_2O(g)$。现有一混合气体，各气体的分压分别为 $p_{H_2} = p_{CO_2} = 20\text{kPa}$，$p_{CO} = 50.7\text{kPa}$，$p_{H_2O} = 10\text{kPa}$。已知在 1093K 时，反应的 $\Delta_r G_m^\ominus = 0$，所有气体可视作理想气体。试问：①在 1093K 时，该反应能否发生？②如果将 p_{CO_2} 提高到 405kPa，而 p_{CO} 提高到 304kPa，其余气体的分压不变，情况又怎样？

解：①根据化学反应等温式：

$$\begin{aligned}\Delta_r G_m &= \Delta_r G_m^\ominus + RT\ln Q = RT\ln Q \\ &= \left(8.314 \times 1093 \times \ln \frac{50.7 \times 10}{20 \times 20}\right)\text{J/mol} \\ &\approx 2.154\text{kJ/mol}\end{aligned}$$

因为 $\Delta_r G_m > 0$，故在该条件下，反应不可能自发正向进行。

②将 p_{CO_2} 和 p_{CO} 的分压提高后：

$$\Delta_r G_m = \left(8.314 \times 1093 \times \ln \frac{304 \times 10}{20 \times 405}\right) \text{J/mol} \approx -8.906 \text{kJ/mol}$$

这时 $\Delta_r G_m < 0$，故在这个条件下，反应可自发正向进行。

第六节　热力学函数间的关系*

在 U、H、S、A、G 五个热力学函数中，热力学能和熵是基本函数，依据热力学第一定律和热力学第二定律，通过由实验测定的热力学函数 p、V、T 相互之间建立起一定的联系，如图 3-6-1 所示。

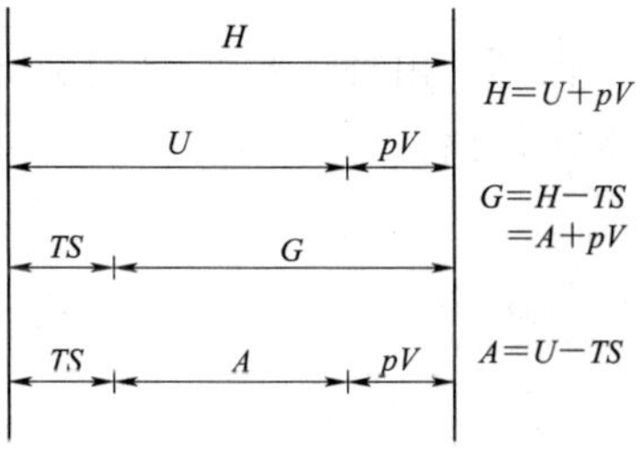

图 3-6-1　热力学函数间关系

由热力学第一定律、热力学第二定律可知，对组成恒定、不做非体积功的封闭系统，在可逆过程中：

$$dU = \delta Q - p dV \quad dS = \frac{\delta Q_R}{T} \quad (3-6-1)$$

由此可得

$$dU = T dS - p dV \quad (3-6-2)$$

由各函数定义可知

$$H = U + pV$$

$$A = U - TS$$

$$G = H - TS = U + pV - TS = A + pV$$

联合式（3-6-1）可得

$$dH = d(U + pV) = T dS + V dp$$

$$dA = d(U - TS) = -S dT - p dV$$

$$dG = d(U - TS + pV) = -S dT + V dP$$

即

$$dH = T dS + V dp \quad (3-6-3)$$

$$dA = -S dT - p dV \quad (3-6-4)$$

$$dG = -S dT + V dp \quad (3-6-5)$$

式（3-6-2）～式（3-6-5）是热力学中的四个基本公式，其中式（3-6-2）是四个基本公式中最重要、最根本的一个，其他三个都建立在它的基础之上，该式适用于组成恒定（或单组分）、不做非体积功的封闭系统。虽然式中的等号来自于可逆过程，但是由于 U、H、S、A、G 都是状态函数，其改变量仅仅决定于系统的始态终态，只要设定了可逆过程，仍可算出不可逆过程中各函数的改变量，所以式（3-6-2）～式（3-6-5）适用于组成恒定（或单组分）、不做非体积功的封闭系统中任何可逆和不可逆过程。但需要注意的是，只有在可逆过程中，$T dS$ 才代表 δQ。

由四个基本关系式可以看出，U、H、A、G 分别是 S、T、p、V 的特性函数。

因状态函数具有全微分性质，若将四个特性函数写成各自特征变量的全微分，并与四个基本公式相比较，便可得到四对关系式。

如，特性函数 $U=f(S, V)$，所以

$$dU=\left(\frac{\partial U}{\partial S}\right)_V dS+\left(\frac{\partial U}{\partial V}\right)_S dV$$

与基本公式 $dU=TdS-pdV$ 相比较，可得

$$\begin{cases}\left(\frac{\partial U}{\partial S}\right)_V=T\\ \left(\frac{\partial U}{\partial V}\right)_S=-p\end{cases}\qquad(3-6-6)$$

同理，由特性函数 $H=f(S, p)$，$A=f(T, V)$，$G=f(T, p)$ 可以得到另外三组偏微商，即

$$\begin{cases}\left(\frac{\partial H}{\partial S}\right)_p=T\\ \left(\frac{\partial H}{\partial p}\right)_S=V\end{cases}\qquad(3-6-7)$$

$$\begin{cases}\left(\frac{\partial A}{\partial T}\right)_V=-S\\ \left(\frac{\partial A}{\partial V}\right)_T=-p\end{cases}\qquad(3-6-8)$$

$$\begin{cases}\left(\frac{\partial G}{\partial T}\right)_p=-S\\ \left(\frac{\partial G}{\partial p}\right)_T=V\end{cases}\qquad(3-6-9)$$

这一组八个等式称对应系数关系式，表明某个热力学函数随某一特征变量的变化率——偏微商与某一状态性质在数值上有相等的关系。这些关系在证明及推导其他热力学关系式时很有用。

其中最重要的是 $\left(\frac{\partial G}{\partial T}\right)_p=-S$，又称吉布斯-亥姆霍兹公式，经常在化学平衡和电化学中用到。

思　考　题

1. 自发过程一定是不可逆的，而不可逆过程一定是自发的。上述说法都对吗？为什么？

2. 什么是可逆过程？自然界是否存在真正意义上的可逆过程？有人说，在昼夜温差较大的我国北方冬季，白天缸里的冰融化成水，而夜里同样缸里的水又凝固成冰。因此，这是一个可逆过程。你认为这种说法对吗？为什么？

3. 空调、冰箱可以将热从低温热源吸出并放给高温热源，这是否与热力学第二

定律矛盾？为什么？

4. 试根据熵的统计意义定性地判断下列过程中系统的熵变大于零还是小于零？

(1) 水蒸气冷凝成水。

(2) 乙烯聚合成聚乙烯。

(3) 气体在催化剂表面上吸附。

(4) 硝酸钾溶解。

5. 将压力为 101.3kPa、温度为 268.2K 的过冷液态苯凝固成同温同压的固态苯。已知苯的凝固点温度为 278.7K，如何设计可逆过程？

6. 利用 ΔA 或 ΔG 作为方向性判据时应以什么为限制条件？$W'=0$ 的限制条件是否必要？

7. 一理想气体从某一始态出发，分别经恒温可逆膨胀和恒温不可逆膨胀，能否达到同一终态？若分别经绝热可逆膨胀与绝热不可逆膨胀过程，能否达到同一终态？为什么？

8. 298K、$p^\ominus$ 下，反应 $H_2O(l) \rightarrow H_2(g) + \frac{1}{2}O_2(g)$ 的 $\Delta_r G_m^\ominus > 0$，说明反应不能自动进行，但可以由电解水制备 H_2 和 O_2，二者有无矛盾？如何解释？

9. 规定熵的实质是什么？物质的规定熵是否是该状态下熵的绝对值？为什么？

10. 根据 $dG = -SdT + Vdp$，对任意恒温恒压过程 $dT=0$，$dp=0$，则 dG 一定为零。这个结论对吗？为什么？

习　　题

1. 判断题

(1) 一切熵增加的过程都是不可逆过程，而熵减少的过程不可能发生。

(2) 系统达平衡时熵值最大，Gibbs 自由能最小。

(3) 不可逆过程的方向就是系统混乱度增加的方向。

(4) 由于系统经循环过程后回到始态，$\Delta G=0$，所以循环过程是可逆过程。

(5) 当系统的热力学能和体积恒定时，$\Delta S<0$ 的过程不可能发生。

(6) 水在正常相变点下的相变过程是可逆过程，所以 $\Delta S=0$。

(7) 100℃、101.325kPa 下水向真空蒸发为同温同压下水蒸气的过程是不可逆过程，所以 $\Delta G<0$。

(8) 由于 $S^*(0K)=0$，所以也可推导得 $G^*(0K)=0$。

(9) 已知某化学反应的恒压热效应 $\Delta_r H_m<0$，则其 $\Delta_r S_m = \Delta_r H_m / T < 0$。

(10) 对于某化学反应，其 $\Delta_r H_m>0$，$\Delta_r S_m>0$，在低温下不能自动进行。如升高温度此反应有可能自动进行。

2. 单项选择题

(1) 根据热力学第二定律，在一循环过程中（　　）。

A. 功和热可以完全互换

B. 功和热不能完全互换

C. 功可以完全转变为热，热不能完全转变为功

D. 热可以完全转变为功，功不能完全转变为热

（2）凡是在隔离系统中进行的自发过程，一定有（　　）。

A. $\Delta U>0$，$\Delta S>0$　　B. $\Delta U=0$，$\Delta S=0$

C. $\Delta U<0$，$\Delta S<0$　　D. $\Delta U=0$，$\Delta S>0$

（3）在 273.15K、101.325kPa 条件下，水凝结为冰，系统的下列热力学量一定为零的是（　　）。

A. ΔU　　B. ΔH　　C. ΔS　　D. ΔG

（4）一定量的理想气体，向真空绝热膨胀，体积从 V_1 变化到 V_2，则熵变的计算公式为（　　）。

A. $\Delta S=0$　　B. $\Delta S=nR\ln\dfrac{V_2}{V_1}$　C. $\Delta S=nR\ln\dfrac{p_2}{p_1}$　D. 无法计算

（5）1mol 水在 373.15K 和一个大气压力下蒸发变成同温同压的水蒸气，变化过程中 ΔG（　　）。

A. 等于零　　B. 大于零　　C. 小于零　　D. 不确定

3. 1mol，$C_{p,m}=25.12\text{J/(K·mol)}$ 的理想气体 B 在一绝热容器中由始态 340K、500kPa 分别经①可逆过程；②向真空膨胀，达到体积增大一倍的终态，计算①、②两过程的 ΔS。　（0；5.76J/K）

4. 在 300K 时，有物质的量为 n 的单原子分子理想气体从始态 100kPa、122dm^3 反抗 50kPa 的外压，恒温膨胀到 50kPa。试计算：①ΔU、ΔH、终态体积 V_2 以及如果过程是可逆过程的热 Q_R 和功 W_R；②如果过程是不可逆，求过程的热 Q_{IR}、功 W_{IR}，以及 ΔS_{sys}、ΔS_{sur} 和 ΔS_{iso}。

（0，0，0.244m^3，8.45kJ，−8.45kJ；
6.1kJ，−6.1kJ，28.17J/K，−20.33J/K，7.84J/K）

5. 1mol 水在 373.15K、101.325kPa 下向真空蒸发变成 373.15K 和 101.325kPa 的水蒸气，试计算该过程的熵变，并判断该过程是否为自发过程。已知：水的气化热为 2259J/g。水蒸气可视为理想气体。　（$\Delta S_{iso}=8.0\text{J/K}$，自发）

6. 1mol 水由始态 273.15K、101.325kPaH_2O(l) 变到终态 473K 相同压力的 H_2O(g)，计算该过程的 ΔS。已知水的正常沸点时的气化热为 40.61kJ/mol，水的比热为 4.18J/(K·g)，水蒸气的热容为 1.422J/(g·K)，假定水蒸气为理想气体。

（138.43J/K）

7. 1mol 理想气体 B，在 298.15K 下，由 1.00dm^3 膨胀至 10.00dm^3，求该过程的 ΔU、ΔH、ΔS、ΔA、ΔG。

8. 27℃，1mol 理想气体体积为 5.00dm^3，在一绝热容器中向真空中膨胀至 10.0dm^3，求过程中的 W、Q、ΔU、ΔS、ΔG、ΔH。

9. 一绝热容器由隔板分成两部分，分别盛有温度为 300K 的两种气体（可视为理想气体）各 2mol，抽去隔板使两种气体混合，求该过程的 ΔU、ΔH、ΔS、ΔA、

ΔG，并判断该过程的性质。

10. 298.15K、1.013×10^5Pa 下，若使 1mol 铅与醋酸铜溶液在可逆反应下可做电功 91838.8J，同时吸热 213.635kJ，试计算 ΔU、ΔH、ΔS、ΔA、ΔG。

11. 已知 $H_2(g)$ 的 $C_{p,m}=28.84$J/(mol·K)。计算 1mol $H_2(g)$ 在标准压力下从 273.2K 加热到 373.2K 的 Q、W、ΔH、ΔU、ΔS。

12. 计算将 10g He（设为理想气体）从 500.1K、202.6kPa 变为 500.1K、1013kPa 的 ΔU、ΔH、ΔS、ΔG、ΔA。

13. 已知苯的正常沸点为 353K，摩尔气化焓 $\Delta_{vap}H_m=30.77$kJ/mol。今在 353K 和 101.325kPa 下，使 5mol 液态苯向真空蒸发为同温同压下的苯蒸气（设为理想气体）。试计算该过程中的 Q、W、$\Delta_{vap}U$、$\Delta_{vap}H$、$\Delta_{vap}S$、$\Delta_{vap}G$，并判断上述过程是否可逆。　　(139.2kJ，0，139.2kJ，153.85kJ，435.83J/K，0，不可逆)

14. 计算 298.15K、100kPa 时反应 $N_2O_4(g, p^\ominus)=2NO_2(g, p^\ominus)$ 的 W、Q、$\Delta_rS_m^\ominus$、$\Delta_rU_m^\ominus$、$\Delta_rG_m^\ominus$。

已知 298.15K 时	$\Delta_fH_m^\ominus$(kJ/mol)	$S_m^\ominus$[J/(mol·K)]
$NO_2(g)$	33.18	240.06
$N_2O_4(g)$	9.16	304.29

15. 在 298.15K 时，有反应 $SO_2(g)+\frac{1}{2}O_2(g)=SO_3(g)$，试计算反应在该温度下的 $\Delta_rG_m^\ominus$，并初步判断反应在 298.15K、$p^\ominus$ 下的自发性。设气体为理想气体，$\Delta_rC_{p,m}=0$。298.15K 时有关物质的热力学数据见附表。

习题 15 附表

物质	$SO_2(g)$	$SO_3(g)$	$O_2(g)$
$\Delta_fH_m^\ominus$/(kJ/mol)	−296.83	−395.72	0
$S_m^\ominus$/[J/(mol·K)]	248.22	256.76	205.138

(−70.87kJ/mol)

16. 煤中含有硫，燃烧时会产生有害的 $SO_3(g)$，可以用便宜的生石灰消除炉中的 $SO_3(g)$ 减少污染，其反应 $CaO(s)+SO_3(g)\rightarrow CaSO_4(s)$，已知 298.15K、100kPa 时相关热力学数据见附表。设 $\Delta_rC_{p,m}=0$。计算并判断此反应在该条件下是否可以自发进行？保持此反应自发进行的最高炉温是多少？

习题 16 附表

物质名称	$CaO(s)$	$SO_3(g)$	$CaSO_4(s)$
$\Delta_fH_m^\ominus$/(kJ/mol)	−635.09	−395.72	−1432.68
$S_m^\ominus$/[J/(mol·K)]	39.75	256.76	106.7

(−345.28kJ/mol，2117K)

17. 已知 298.15K 时，化学反应

$$CO(g)+NO(g)\rightarrow CO_2(g)+\frac{1}{2}N_2(g)$$

$\Delta_f H_m^{\ominus}/(\mathrm{kJ/mol})$	−110.525	90.25	−393.59	0
$S_m^{\ominus}/[\mathrm{J/(mol \cdot K)}]$	197.674	210.761	213.74	191.61
$\Delta_f G_m^{\ominus}/(\mathrm{kJ/mol})$	−137.168	86.55	−394.359	0

设 $\Delta_r C_{p,m}=0$，试计算并讨论利用此反应在常温下净化汽车尾气中 NO(g) 和 CO(g) 的可能性，应如何控制温度。　（$\Delta_r G_m^{\ominus}=-343.741\mathrm{kJ/mol}$，$T<3775.3\mathrm{K}$）

第四章

多组分系统热力学

第一节　多组分系统

多组分系统
及偏摩尔量

热力学第一定律和热力学第二定律的研究对象主要是一个或几个纯组分单相或组成恒定不变的平衡系统，称作单组分系统，其模型比较简单，易于研究。事实上，常见的系统中包含多种物质，或者各相组成不断发生变化，如相变和化学变化，属于多组分系统。本章主要介绍多组分多相系统的一些典型特征和普遍规律。

多组分系统是指由两种或两种以上的物质（或组分）组成的系统。多组分系统可以是单相的或多相的。对于多相系统，其中每一相可以分别看作一个多组分系统，因此多相系统常常按照数个多组分单相系统进行研究。

多组分系统按照处理方法的不同，可以分为混合物和溶液。混合物中每种组分选用相同的标准态，使用相同的经验定律。按照聚集状态不同，分为气态混合物、液态混合物和固态混合物。溶液中的成分分为溶剂和溶质，二者分别选用不同的标准态和不同的经验定律，常见有液态溶液和固态溶液。以后若非特指，本书只研究液态混合物和液态溶液。其中，液态物质间以任意比例相互混合形成液态混合物，气体、液体或固体溶于液态溶剂中形成液态溶液。根据溶液中溶质的导电性又可分为电解质溶液和非电解质溶液。

理想液态混合物指其中任一组分在全部组成范围内都符合拉乌尔定律的液态混合物。从分子模型上看，各组分分子彼此相似，具有相近的形状和体积，分子间相互作用相同，在混合时没有热效应和体积变化。光学异构体、同位素和立体异构体混合物属于这种类型。由于分子模型相近，几种纯液体在恒温恒压下混合成理想液态混合物时，混合前后系统的体积不变，即 $\Delta_{mix}V=0$；混合前后系统没有热效应，则混合焓等于零，即 $\Delta_{mix}H=0$，混合过程是一个自发过程，混合前后系统的熵变 $\Delta_{mix}S=-R\sum n_B\ln x_B>0$；混合过程的吉布斯函数变 $\Delta_{mix}G=-T\Delta_{mix}S<0$。

理想稀溶液即无限稀薄溶液，指溶质的相对含量趋于零的溶液。在这种溶液中，溶质分子间距离非常远，几乎没有相互作用，只有溶质和溶剂分子间的作用。在理想稀溶液中，溶剂和溶质分别遵守不同的定律，溶剂遵守拉乌尔定律，溶质遵守亨利定律。

理想液态混合物和理想稀溶液在一定浓度范围内，有着很强的规律性，真实的液态混合物和真实稀溶液与理想情况有一定程度的偏差。因此，掌握理想液态混合物和理想稀溶液的性质对于了解真实混合物和真实溶液有很大帮助。

第二节　偏摩尔量和化学势

对单组分系统来说，纯物质的广延性质具有简单的加和性。如 298.15K 时，乙醇的摩尔体积 V_m(乙醇)=40.5cm^3，将 1mol 乙醇加入到任意量的乙醇系统中，系统的体积增加了 40.5cm^3。在单组分系统中，当状态变化时，系统的广延性质的热力学函数的改变与物质的本性有关，与温度、压力有关，而与物质的数量没有关系，即系统任意广延性质的状态函数可写作 $Z=f(T, p)$。

在多组分均相系统中，因为物质分子各不相同，分子间存在的相互作用也各不相同，所以广延性质的热力学函数与单组分系统不同，不仅与各组分性质、温度、压力有关，还与系统内各组分的含量有关。对于含有多种物质的系统来说，其任意广延性质的状态函数可写作 $Z=f(T, p, n_1, n_2, n_3, n_4, \cdots)$。

例如，在 298.15K、101.325kPa 时将水和乙醇按照一定比例混合，混合后总质量保持 100g，测得数据见表 4-2-1。

表 4-2-1　298.15K、101.325kPa 时水和乙醇混合物体积与浓度的关系

乙醇水溶液质量浓度/%	混合前纯乙醇体积 V_1/cm^3	混合前纯水体积 V_2/cm^3	混合前总体积 (V_1+V_2)/cm^3	混合后实际总体积 V/cm^3	差值 $\Delta V=[V-(V_1+V_2)]$/cm^3
10	12.67	90.36	103.03	101.84	−1.19
20	25.34	80.32	105.66	103.24	−2.42
30	38.10	70.28	108.38	104.84	−3.54
40	50.68	60.24	110.92	106.93	−3.99
50	63.35	50.20	113.55	109.43	−4.12
60	76.02	40.16	116.18	112.22	−3.96
70	88.69	30.12	118.81	115.25	−3.56
80	101.36	20.08	121.44	118.56	−2.88
90	114.03	10.04	124.07	122.25	−1.82

由表 4-2-1 可以看出，混合前水和乙醇的体积之和与混合后实测体积并不相等。这是由于水分子和乙醇分子并不相同，混合后分子间产生很强的作用力，使分子间结合更紧密，减小了分子间的距离，因而体积变小。引起这个偏差的原因是多方面的，没有一定的规律，无论水还是乙醇的量的改变都会引起这一现象。这说明系统组成的改变会引起体积（或其他广延性质）的改变，可表示为 $V=f(T, p, n_1, n_2)$。

一、偏摩尔量

通过以上分析可知，在多组分系统中，系统具有广延性质的状态函数 Z 不仅是温度、压力的函数，还随系统物质组成而改变。即

$$Z=f(T, p, n_1, n_2, n_3, n_4, \cdots)$$

当系统的状态发生微小变化时，状态函数 Z 的变化为

$$dZ=\left(\frac{\partial Z}{\partial T}\right)_{p,n}dT+\left(\frac{\partial Z}{\partial p}\right)_{T,n}dp+\left(\frac{\partial Z}{\partial n_1}\right)_{T,p,n_i(i\neq 1)}dn_1+\left(\frac{\partial Z}{\partial n_2}\right)_{T,p,n_i(i\neq 2)}dn_2+\cdots \tag{4-2-1}$$

式中：n 为系统中各组分的量都不变；n_i 为除指定的某组分外，其余各组分的物质的量均不变。

当系统在恒温恒压下发生变化时，定义

$$Z_B=\left(\frac{\partial Z}{\partial n_B}\right)_{T,p,n_{C(C\neq B)}} \tag{4-2-2}$$

为组分 B 的偏摩尔量。偏摩尔量的物理意义是，在恒温恒压下，向组成一定的系统中加入 1mol 任意组分 B 而引起系统中某一广延性质 Z 的改变量；或在 T、p 及其他各组分物质的量都保持不变时，系统中某一广延性质 Z 随组分 B 的摩尔变化率。

常见偏摩尔量如：

$$U_B=\left(\frac{\partial U}{\partial n_B}\right)_{T,p,n_C(C\neq B)},\quad H_B=\left(\frac{\partial H}{\partial n_B}\right)_{T,p,n_C(C\neq B)}$$

$$G_B=\left(\frac{\partial G}{\partial n_B}\right)_{T,p,n_C(C\neq B)},\quad S_B=\left(\frac{\partial S}{\partial n_B}\right)_{T,p,n_C(C\neq B)}$$

必须注意的是，按照偏摩尔量的定义，在恒温、恒压、保持 B 物质以外的其他组分的物质的量不变，改变 1mol B 所引起广延性质 Z 的变化值；只有广延性质才有偏摩尔量，而偏摩尔量是强度性质，其数值与系统的总量无关；任何偏摩尔量都是 T、p 和组成的函数。纯物质的偏摩尔量就是它的摩尔量。

设一个由 k 种物质组成的混合系统，其物质的量分别为 $n_1,n_2,\cdots,n_k$。那么在恒温恒压下：

$$\begin{aligned}dZ&=\left(\frac{\partial Z}{\partial n_1}\right)_{T,p,n_2,\cdots,n_k}dn_1+\left(\frac{\partial Z}{\partial n_2}\right)_{T,p,n_1,n_3,\cdots,n_k}dn_2+\cdots+\left(\frac{\partial Z}{\partial n_k}\right)_{T,p,n_1,\cdots,n_{k-1}}dn_k\\&=\sum_{B=1}^{k}\left(\frac{\partial Z}{\partial n_B}\right)_{T,p,n_C(C\neq B)}dn_B\end{aligned}$$

即恒温恒压下有

$$dZ=\sum_B Z_B dn_B \tag{4-2-3}$$

在恒温恒压并保持偏摩尔量不变的情况下，对式（4－2－3）积分可得

$$Z=Z_1\int_0^{n_1}dn_1+Z_2\int_0^{n_2}dn_2+\cdots+Z_k\int_0^{n_k}dn_k$$

即

$$Z=\sum_B Z_B n_B \tag{4-2-4}$$

这就是偏摩尔量的集合公式，表示：多组分均相系统的任一广延性质 Z 等于每种物质的偏摩尔量 Z 与其物质的量之积的求和。表明系统某一广延性质总量等于各组分偏摩尔量的加和。如，A 和 B 构成的二组分均相系统的总体积 $V=V_B n_B+V_A n_A$。

按照上述理论，对一个多组分系统，考虑各组分间相互影响时，有关热力学函数在恒温恒压条件下应为

$$\begin{cases} U=\sum_{\mathrm{B}} n_{\mathrm{B}} U_{\mathrm{B}} & U_{\mathrm{B}}=\left(\dfrac{\partial U}{\partial n_{\mathrm{B}}}\right)_{T,p,n_{\mathrm{C}}(\mathrm{C}\neq\mathrm{B})} \\ H=\sum_{\mathrm{B}} n_{\mathrm{B}} H_{\mathrm{B}} & H_{\mathrm{B}}=\left(\dfrac{\partial H}{\partial n_{\mathrm{B}}}\right)_{T,p,n_{\mathrm{C}}(\mathrm{C}\neq\mathrm{B})} \\ A=\sum_{\mathrm{B}} n_{\mathrm{B}} A_{\mathrm{B}} & A_{\mathrm{B}}=\left(\dfrac{\partial A}{\partial n_{\mathrm{B}}}\right)_{T,p,n_{\mathrm{C}}(\mathrm{C}\neq\mathrm{B})} \\ S=\sum_{\mathrm{B}} n_{\mathrm{B}} S_{\mathrm{B}} & S_{\mathrm{B}}=\left(\dfrac{\partial S}{\partial n_{\mathrm{B}}}\right)_{T,p,n_{\mathrm{C}}(\mathrm{C}\neq\mathrm{B})} \\ G=\sum_{\mathrm{B}} n_{\mathrm{B}} G_{\mathrm{B}} & G_{\mathrm{B}}=\left(\dfrac{\partial G}{\partial n_{\mathrm{B}}}\right)_{T,p,n_{\mathrm{C}}(\mathrm{C}\neq\mathrm{B})} \end{cases} \qquad (4-2-5)$$

二、化学势

化学势及其应用

对多组分系统，影响热力学函数的变量除了 T、p、S、V 以外，还有各组分的物质的量，如热力学能，结合式（3-6-2）可知，

$$U=U(S,V,n_1,n_2,\cdots,n_k)$$

对其进行全微分可得

$$\mathrm{d}U=\left(\frac{\partial U}{\partial S}\right)_{V,n_{\mathrm{B}}}\mathrm{d}S+\left(\frac{\partial U}{\partial V}\right)_{S,n_{\mathrm{B}}}\mathrm{d}V+\sum_{\mathrm{B}=1}^{k}\left(\frac{\partial U}{\partial n_{\mathrm{B}}}\right)_{S,V,n_{\mathrm{C}}(\mathrm{C}\neq\mathrm{B})}\mathrm{d}n_{\mathrm{B}}$$

与单组分系统的基本方程式（3-6-2）～式（3-6-5）相对比，可得

$$\begin{cases} \mathrm{d}U=T\mathrm{d}S-p\mathrm{d}V+\sum\limits_{\mathrm{B}=1}^{k}\left(\dfrac{\partial U}{\partial n_{\mathrm{B}}}\right)_{S,V,n_{\mathrm{C}}(\mathrm{C}\neq\mathrm{B})}\mathrm{d}n_{\mathrm{B}} \\ \mathrm{d}H=T\mathrm{d}S+V\mathrm{d}p+\sum\limits_{\mathrm{B}=1}\left(\dfrac{\partial H}{\partial n_{\mathrm{B}}}\right)_{S,p,n_{\mathrm{C}}(\mathrm{C}\neq\mathrm{B})}\mathrm{d}n_{\mathrm{B}} \\ \mathrm{d}A=-S\mathrm{d}T-p\mathrm{d}V+\sum\limits_{\mathrm{B}=1}\left(\dfrac{\partial A}{\partial n_{\mathrm{B}}}\right)_{T,V,n_{\mathrm{C}}(\mathrm{C}\neq\mathrm{B})}\mathrm{d}n_{\mathrm{B}} \\ \mathrm{d}G=-S\mathrm{d}T+V\mathrm{d}p+\sum\limits_{\mathrm{B}=1}\left(\dfrac{\partial G}{\partial n_{\mathrm{B}}}\right)_{T,p,n_{\mathrm{C}}(\mathrm{C}\neq\mathrm{B})}\mathrm{d}n_{\mathrm{B}} \end{cases} \qquad (4-2-6)$$

相对于单组分系统，式（4-2-6）中都多了最后一项，即各热力学函数对物质B的物质的量的偏微分。同时，还要注意，各偏微分的下标各不相同。

热力学中，常定义式（4-2-6）中各偏微分为物质B的化学势，用 μ_{B} 表示，即

$$\mu_{\mathrm{B}}=\left(\frac{\partial U}{\partial n_{\mathrm{B}}}\right)_{S,V,n_{\mathrm{C}}(\mathrm{C}\neq\mathrm{B})}=\left(\frac{\partial H}{\partial n_{\mathrm{B}}}\right)_{S,p,n_{\mathrm{C}}(\mathrm{C}\neq\mathrm{B})}=\left(\frac{\partial A}{\partial n_{\mathrm{B}}}\right)_{T,V,n_{\mathrm{C}}(\mathrm{C}\neq\mathrm{B})}=\left(\frac{\partial G}{\partial n_{\mathrm{B}}}\right)_{T,p,n_{\mathrm{C}}(\mathrm{C}\neq\mathrm{B})}$$

该式表明：在特征变量及除B外其他物质的量保持不变时，向系统中每加入1mol 物质B，系统相关热力学函数的变化量。这种定义方式为化学势广义的定义，将化学势分别代入式（4-2-6），可得

$$\begin{cases} \mathrm{d}U=T\mathrm{d}S-p\mathrm{d}V+\sum\limits_{\mathrm{B}}\mu_{\mathrm{B}}\mathrm{d}n_{\mathrm{B}} \\ \mathrm{d}H=T\mathrm{d}S+V\mathrm{d}p+\sum\limits_{\mathrm{B}}\mu_{\mathrm{B}}\mathrm{d}n_{\mathrm{B}} \\ \mathrm{d}A=-S\mathrm{d}T-p\mathrm{d}V+\sum\limits_{\mathrm{B}}\mu_{\mathrm{B}}\mathrm{d}n_{\mathrm{B}} \\ \mathrm{d}G=-S\mathrm{d}T+V\mathrm{d}p+\sum\limits_{\mathrm{B}}\mu_{\mathrm{B}}\mathrm{d}n_{\mathrm{B}} \end{cases} \qquad (4-2-7)$$

需要注意的是，在化学势的定义中，只有吉布斯函数能变对 B 物质的量的偏微分是在恒温恒压条件下的偏微分，所以也只有 $\left(\frac{\partial G}{\partial n_B}\right)_{T,p,n_C(C\neq B)}$ 才是偏摩尔量。生产生活中常见的变化往往是在恒温恒压条件下进行的，所以以偏摩尔吉布斯函数表示的化学势更有实际意义。因此，化学势又常常狭义地定义为偏摩尔吉布斯函数

$$\mu_B=\left(\frac{\partial G}{\partial n_B}\right)_{T,p,n_C(C\neq B)} \tag{4-2-8}$$

即在保持温度、压力和除 B 以外的其他组分不变时，系统的吉布斯函数随 n_B 的变化率称为化学势。

当把化学势和吉布斯函数联系起来后，要判断变化的方向和限度就更方便了。下面以相变化和化学变化为例来进行讨论。

(1) 相变。设系统有 α 和 β 两相，在恒温恒压下，设 α 相中有极微量的 B 物质 dn_B^α 转移到 β 相中，即

$$\alpha \rightleftharpoons \beta$$

恒温恒压下系统吉布斯函数的总变化，根据式 (4-2-7) 得

$$(dG)_{T,p}=\sum_B \mu_B dn_B \tag{4-2-9}$$

则

$$dG=dG^\alpha+dG^\beta=\mu_B^\alpha dn_B^\alpha+\mu_B^\beta dn_B^\beta$$

α 相所得等于 β 相所失，即 $dn_B^\alpha=-dn_B^\beta$。

如果达到了相平衡，则 $dG=0$，所以

$$(\mu_B^\alpha-\mu_B^\beta)dn_B^\alpha=0 \tag{4-2-10}$$

因为 $dn_B^\alpha\neq 0$，故 $\mu_B^\alpha=\mu_B^\beta$，表示组分 B 在 α、β 两相中分配达平衡的条件是该组分在两相中的化学势相等。

如果上述相转移过程是自发从 α 相到 β 相进行的，则 $(dG)_{T,p}<0$，可得

$$(\mu_B^\alpha-\mu_B^\beta)dn_B^\alpha<0 \tag{4-2-11}$$

又因为已假设 B 物质是由 α 相转移到 β 相，即 $dn_B^\alpha<0$，故 $\mu_B^\alpha>\mu_B^\beta$。

由此可见，物质的相变总是自发从 μ_B 较大的相流向 μ_B 较小的相；直到物质 B 在两相中的 μ_B 相等达到平衡。

(2) 化学变化。因为恒温恒压下的化学变化总是自发地朝吉布斯函数变小的方向进行，直至吉布斯函数变为零达到平衡，即

$$\Delta_r G=\sum_B \mu_B dn_B\leqslant 0 \tag{4-2-12}$$

式中："<"表示化学反应正向自发进行；"="表示反应达到平衡。

按照反应进度的定义，$d\xi=\frac{dn_B}{v_B}$，则

$$dn_B=\nu_B d\xi$$

代入式 (4-2-12) 得

$$\Delta_r G=\sum_B \mu_B \nu_B d\xi\leqslant 0 \tag{4-2-13}$$

移项得

$$\left(\frac{\partial G}{\partial \xi}\right)_{T,p} = \sum_{B} \mu_B \nu_B \leqslant 0 \qquad (4-2-14)$$

令化学反应的摩尔吉布斯函数变 $\Delta_r G_m = \left(\frac{\partial G}{\partial \xi}\right)_{T,p}$，则式（4－2－14）变为

$$\Delta_r G_m = \sum_{B} \mu_B \nu_B \leqslant 0 \qquad (4-2-15)$$

式中："<"为化学反应正向自发进行；"="为反应达到平衡。式（4－2－15）表明，恒温恒压下的化学变化总自发地由化学势高的一边向化学势低的一边进行，直到反应物和产物的化学势相等达到平衡。

通过以上分析可知，化学势是推动变化的内在动力，变化总是朝向化学势减小的方向自发进行，直至达到平衡。因此，研究一个系统中物质的化学势，对于研究变化的方向和限度有着重要的意义。

三、理想气体中各组分的化学势*

气体组分的化学势

化学势是一个非常重要的热力学量，它能确定多组分多相系统的物质平衡条件。然而，物质化学势的绝对值是不可能知道的，而且从来没有计算出来过。所以，只有导出了多组分系统中各组分的化学势 μ 与其浓度之间的关系式，才能使许多化学热力学问题的分析变得容易。

（一）纯理想气体的化学势

对只有一种理想气体的纯物质来说，其化学势等于该物质的摩尔吉布斯函数，表示为

$$d\mu = dG_m = -S_m dT + V_m dp \qquad (4-2-16)$$

恒温条件下，设其从标准状态 $p^\ominus$ 变化至 p，化学势由 $\mu^\ominus$ 变化至 μ^*，并代入理想气体状态方程 $V_m = \frac{RT}{p}$，得

$$\int_{\mu^\ominus}^{\mu^*} d\mu = \int_{p^\ominus}^{p} V_m dp = \int_{p^\ominus}^{p} \frac{RT}{p} dp = \int_{p^\ominus}^{p} RT d\ln p$$

所以知：

$$\mu^* = \mu^\ominus(T) + RT\ln\frac{p}{p^\ominus} \qquad (4-2-17)$$

式（4－2－17）是纯理想气体化学势的表达式。化学势是 T、p 的函数。$\mu^\ominus(T)$ 是温度为 T、压力为标准压力 $p^\ominus$ 时理想气体的化学势，这个状态就是气体的标准态。

（二）理想气体混合物中任一组分 B 的化学势

理想气体混合物中，由于各组分分子模型都相似，分子间作用力相似，所以相当于同一种理想气体的混合，对于混合物中任一组分 B 来说，其化学势为

$$\mu_B(T,p) = \mu_B^\ominus(T,p^\ominus) + RT\ln\frac{p_B}{p^\ominus} \qquad (4-2-18)$$

式中：p 为混合物总压力。p_B 为任意组分 B 的分压力，则根据道尔顿分压定律 $p_B = px_B$，代入式（4－2－18），得混合物中任意组分 B 的化学势：

$$\mu_B(T,p)=\mu_B^{\ominus}(T,p^{\ominus})+RT\ln\frac{p}{p^{\ominus}}+RT\ln x_B$$
$$=\mu_B^{*}(T,p)+RT\ln x_B \qquad (4-2-19)$$

式中：$\mu_B^{*}(T,p)$ 为纯气体 B 在压力 p 时的化学势，显然这不是标准态。

第三节　稀溶液的两个经验定律

一、拉乌尔定律（Raoult's Law）

稀溶液的两个经验定律

在一定温度下，将一杯纯水放在一个密封容器中，表面层水分子在剧烈热运动中会脱离其他水分子的吸引而逸出，成为气体分子，这个过程称为"蒸发"。同时，气相中的水分子也会接触液体水表面而被吸引，或者在外压作用下而进入液相，这个过程称为"凝聚"。在相同时间段内，当蒸发为气态的水分子数目与凝聚成液态的水分子数目相等，即水的蒸发速率和凝聚速率相等时，在水表面存在着一个蒸发与凝聚的动态平衡，此时的蒸气称为"饱和蒸气"，饱和蒸气所产生的压力为"饱和蒸气压"，简称"蒸气压"。任何纯溶剂在一定温度下，都存在一个饱和蒸气压。蒸气压大小与液体物质的本性和温度有关。相同温度下，蒸气压大的物质称为易挥发物质，蒸气压小的物质称为难挥发物质。一般，对同一物质来说，温度越高，蒸气压也越大。图 4－3－1 是水在不同温度下的蒸气压曲线。

图中，AB 为液态水的蒸气压曲线，AC 为固态水（即冰）的蒸气压曲线，A 点称作纯水的三相点，即此时水的气、液、固三相共存。对水来说，A 点温度为 273.16K，压力为 0.611kPa。

如果在纯溶剂中加入一定量的难挥发的溶质，使成为溶液，如图 4－3－2 所示，将等体积的纯水和糖水各一杯放在密闭的钟罩里，过一段时间发现纯水的体积减小了，糖水的体积增加了。这是因为当加入溶质后，溶剂的表面或多或少地被溶质粒子所占据，溶剂的表面积相对减小，单位时间内逸出液面的溶剂分子数相对比纯溶剂要少，达到平衡时溶液的蒸气压就要比纯溶剂的饱和蒸气压低，同时由于溶液中溶剂的化学势小于纯溶剂的化学势，造成溶剂分子自发由纯溶剂向溶液中迁移。

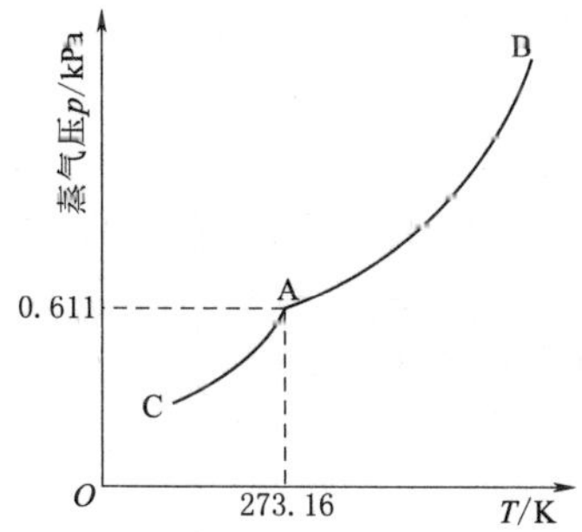

图 4－3－1　纯水的蒸气压曲线

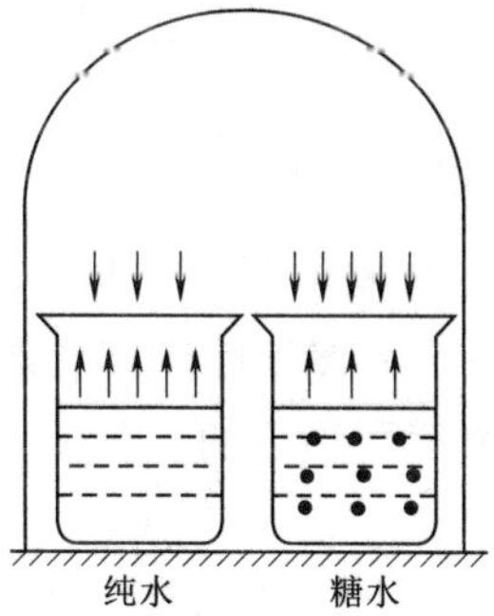

图 4－3－2　溶剂的转移

1887 年，法国化学家拉乌尔（Raoult）在长期研究非挥发性非电解质稀溶液的大量实验中发现溶质的加入会引起溶剂蒸气压下降，并根据实验结果总结出一个经验定律：在一定温度下，稀溶液中溶剂的蒸气压等于纯溶剂蒸气压 p_A^* 乘以溶液中溶剂的物质的量分数 x_A，即

$$p_A = p_A^* x_A \tag{4-3-1}$$

式中：p_A^* 为纯溶剂 A 在该温度下的饱和蒸气压；p_A 为稀溶液中溶剂的蒸气压。

如果溶液中只有 A、B 两个组分，则 $x_A + x_B = 1$，得

$$p_A = p_A^*(1 - x_B) \quad 或 \quad \frac{p_A^* - p_A}{p_A^*} = x_B \tag{4-3-2}$$

所以拉乌尔定律也可表示为：溶剂蒸气压的降低值与纯溶剂蒸气压之比等于溶质的摩尔分数。

需要注意的是，拉乌尔定律虽然是由非挥发性非电解质稀溶液总结出来的经验定律，适用于计算稀溶液中溶剂的蒸气压，但可以推广用于溶剂和溶质都是液态的系统。如果两种物质构成液态混合物，则拉乌尔定律适用于任一组分。在稀溶液中，如果溶剂分子发生缔合或者分解作用，则拉乌尔定律仅应用于气相中的分子形态。

例 4-3-1：已知在 100℃时，己烷 A 的蒸气压是 2.45×10^5 Pa，辛烷 B 的蒸气压是 4.72×10^4 Pa。这两种液体的某一混合物在 100℃、1.013×10^5 Pa 时沸腾，假定该混合物是理想溶液，求：(1) 在液体混合物里己烷的摩尔分数；(2) 在蒸气里己烷的摩尔分数。

解：(1) 根据拉乌尔定律

$$p_A = p_A^* x_A, \quad p_B = p_B^*(1 - x_A)$$

$$p = p_A + p_B = p_A^* x_A + p_B^*(1 - x_A)$$

$$1.013\times10^5 = 2.45\times10^5 x_A + 4.72\times10^4(1 - x_A)$$

解之，得己烷在液体混合物中的摩尔分数为 $x_A \approx 0.274$。

(2) 己烷在液面上的分压为　$p_A = 0.274\times2.45\times10^5\,\text{Pa} = 0.6713\times10^5\,\text{Pa}$

根据道尔顿分压定律 $p_A = p y_A$（y_A 为 A 在蒸气中的摩尔分数），解之得

$$y_A = \frac{p_A}{p} = \frac{0.6713\times10^5\,\text{Pa}}{1.013\times10^5\,\text{Pa}} \approx 0.663$$

二、亨利定律（Henry's Law）

1803 年，英国化学家亨利（Henry）根据实验总结出另一条经验定律：在一定温度和平衡状态下，挥发性溶质在液态溶剂中的溶解度与该气体的平衡分压 p 成正比。若溶质 B 的浓度用物质的量分数 x_B 表示，则亨利定律应表示为

$$p_B = k_{x,B} x_B \tag{4-3-3}$$

式中：p_B 为溶液液面上挥发性溶质的分压力；$k_{x,B}$ 称为亨利常数，其数值与温度、压力、溶剂和溶质的性质有关。几种气体在 298.15K 时的亨利常数见表 4-3-1。

表 4-3-1　　　　几种气体在 298.15K 时的亨利常数

气体	亨利常数 K_x/kPa		气体	亨利常数 K_x/kPa	
	水为溶剂	苯为溶剂		水为溶剂	苯为溶剂
H_2	7.02×10^7	3.61×10^6	CH_4	4.13×10^7	5.62×10^6
N_2	8.57×10^7	2.35×10^6	C_2H_2	1.33×10^6	
O_2	4.34×10^7		C_2H_4	1.14×10^7	
CO	5.71×10^7	1.61×10^6	C_2H_6	3.03×10^7	
CO_2	1.64×10^6	1.12×10^5			

因为溶液中溶质浓度的表示方法不同，所以亨利定律的表达形式不同，如：

$$p_B = k_{b,B}b_B = k_{c,B}c_B \qquad (4-3-4)$$

式中：b_B 为质量摩尔浓度（溶液中溶质 B 的物质的量 n_B 除以溶剂的质量 m_A）；c_B 为体积摩尔浓度；$k_{b,B}$、$k_{c,B}$ 分别为相应的亨利常数，但因浓度表示方法不同，其数值和单位也不同。

使用亨利定律应注意以下几点：

(1) 式（4-3-3）和式（4-3-4）中，p_B 为挥发性溶质在液面上的分压。对于混合气体，在总压不大时，亨利定律分别适用于每一种气体，近似认为与其他气体分压无关。

(2) 挥发性溶质在气相和在溶液中的分子状态必须相同。如 HCl，若溶解在苯中，则其在气相和液相中都为 HCl，故适用亨利定律；若在水中溶解，其在气相为 HCl 分子，在液相解离为 H^+ 和 Cl^-，则不能用亨利定律。

(3) 溶液浓度愈稀，对亨利定律符合得愈好。对挥发性溶质，升高温度或降低压力，其在溶剂中的溶解度降低，因此能更好服从亨利定律。

在纯溶剂中加入溶质后减少了单位表面上溶剂分子的数目，因而也减少了单位时间内可能离开液相表面而进入气相的溶剂分子数目，以致溶剂与其蒸气在较低的溶剂蒸气压力下可以达到平衡，即溶液中溶剂的蒸气压较纯溶剂的蒸气压为低。

拉乌尔定律和亨利定律的异同之处在于：

(1) 适用对象不同。拉乌尔定律适用于稀溶液中溶剂和理想液态混合物中的任意组分。亨利定律适用于稀溶液中挥发性溶质。

(2) 都是稀溶液中的经验定律。如果溶液为理想溶液，亨利定律与拉乌尔定律等同。

(3) 同一溶液，如溶液中溶剂适用于拉乌尔定律，则溶质将适用于亨利定律。

三、液态混合物的化学势*

液体的化学势与活度

在温度 T 时，理想液态混合物和其气相达到平衡时，任一组分 B 在气液两相中的化学势相等，即 $\mu_{B,l}(T,p)=\mu_{B,g}(T,p)$。若将气相看作理想气体混合物进行处理，则气相任一组分 B 的化学势也适用式（4-2-13），即

$$\mu_{B,l}(T,p)=\mu_{B,g}(T,p)=\mu_{B,g}^{\ominus}(T,p^{\ominus})+RT\ln\frac{p_B}{p^{\ominus}} \qquad (4-3-5)$$

对理想液态混合物，任一组分都符合拉乌尔定律 $p_B=p_B^* x_B$，代入上式并整理得

$$\mu_{B,l}(T,p)=\mu_{B,g}^{\ominus}(T,p^{\ominus})+RT\ln\frac{p_B}{p^{\ominus}}$$

$$=\mu_{B,g}^{\ominus}(T,p^{\ominus})+RT\ln\frac{p_B^*}{p^{\ominus}}+RT\ln x_B \tag{4-3-6}$$

对于纯液体 B，$x_B=1$，则式（4-3-6）可表示为

$$\mu_{B,l}^*(T,p)=\mu_{B,g}^{\ominus}(T,p^{\ominus})+RT\ln\frac{p_B^*}{p^{\ominus}} \tag{4-3-7}$$

则理想液态混合物还可表示为

$$\mu_{B,l}(T,p)=\mu_{B,l}^*(T,p)+RT\ln x_B \tag{4-3-8}$$

由于压力对液态系统的影响比较小，则 $\mu_{B,l}^*(T,p)\approx\mu_{B,l}^{\ominus}(T)$，代入式（4-3-8）可得理想液态混合物中任一组分 B 的化学势为

$$\mu_{B,l}(T,p)=\mu_{B,l}^{\ominus}(T)+RT\ln x_B \tag{4-3-9}$$

式中：$\mu_{B,l}^{\ominus}(T)$ 为温度的函数，是 B 的标准态化学势；x_B 为液态混合物中 B 的物质的量分数。

对于非理想液态混合物，由于各组分性质差异较大，其中任意组分对拉乌尔定律发生偏差，所以要对拉乌尔定律进行修正，即

$$p_B=p_B^* x_B\gamma_{x,B} \tag{4-3-10}$$

式中：$\gamma_{x,B}$ 为活度因子，是对浓度项进行的校正，表示在非理想液态混合物中，B 组分的物质的量分数与理想液态混合物中物质的量分数的偏差，是对系统非理想性的一种度量。

校正后的浓度项称作活度，定义为

$$a_{x,B}=x_B\gamma_{x,B} \tag{4-3-11}$$

式中：$a_{x,B}$ 为 B 以物质的量分数表示的相对活度，也是量纲为 1 的量，是系统的强度性质。

当组分 B 的浓度表示方法不同时，活度的值也各不相同，与系统所处的标准态和标准态的选择有关。

将式（4-3-11）代入理想液态混合物中任一组分化学势的表示式，就可以得到非理想液态混合物中任一组分 B 的化学势，为

$$\mu_{B,l}(T,p)=\mu_{B,l}^{\ominus}(T)+RT\ln a_{x,B} \tag{4-3-12}$$

四、稀溶液的化学势*

理想稀溶液中，溶剂遵循拉乌尔定律，其化学势表达式和理想液态混合物中任一组分化学势表达式相同，即

$$\mu_A(T,p)=\mu_A^{\ominus}(T)+RT\ln x_A \tag{4-3-13}$$

式中：$\mu_A^{\ominus}(T)$ 为在温度 T 压力 $p^{\ominus}$ 时纯溶剂即 $x_A=1$ 的化学势。

理想稀溶液中，溶质遵守亨利定律，但由于亨利定律的表示方式根据溶质浓度的表示方式不同，所以稀溶液中溶质的化学势也有不同的表示方式：

$$\mu_B(T,p)=\mu_B^{\ominus}(T)+RT\ln\frac{k_{x,B}}{p^{\ominus}}+RT\ln x_B=\mu_B^{*}(T,p)+RT\ln x_B \tag{4-3-14}$$

$$\mu_B(T,p)=\mu_B^{\ominus}(T)+RT\ln\frac{k_{m,B}b^{\ominus}}{p^{\ominus}}+RT\ln\frac{b_B}{b^{\ominus}}=\mu_B^{\circ}(T,p)+RT\ln\frac{b_B}{c^{\ominus}} \tag{4-3-15}$$

$$\mu_B(T,p)=\mu_B^{\ominus}(T)+RT\ln\frac{k_{c,B}c^{\ominus}}{p^{\ominus}}+RT\ln\frac{c_B}{c^{\ominus}}=\mu_B^{\triangle}(T,p)+RT\ln\frac{c_B}{c^{\ominus}} \tag{4-3-16}$$

式中：$\mu_B^{*}(T,\ p)$、$\mu_B^{\circ}(T,\ p)$、$\mu_B^{\triangle}(T,\ p)$ 分别为在 $x_B=1$，$b_B=1.0\text{mol/kg}$ 和 $c_B=1.0\text{mol/dm}$ 时且服从亨利定律的那个假想态的化学势。

非理想稀溶液中溶剂和溶质的化学势和理想稀溶液中溶剂和溶质化学势表达式相同，只是其中用活度代替浓度项：

$$\begin{cases}\mu_A(T,p)=\mu_A^{\ominus}(T,p)+RT\ln a_{x,A}\\ \mu_B(T,p)=\mu_B^{*}(T,p)+RT\ln a_{x,B}\\ \mu_B(T,p)=\mu_B^{\circ}(T,p)+RT\ln a_{m,B}\\ \mu_B(T,p)=\mu_B^{\triangle}(T,p)+RT\ln a_{c,B}\end{cases} \tag{4-3-17}$$

第四节　稀溶液的依数性

通常情况下溶液的性质取决于溶液中溶质的本性，如溶液的颜色、密度、酸碱性和导电性等。但是，溶液中还有几种性质与溶液中溶质的粒子数量有关，而与溶质本身性质无关，这些性质称为溶液的依数性。难挥发性溶质的溶液依数性主要有蒸气压下降、凝固点降低、沸点升高和渗透压。对于浓度很稀的溶液，这些依数性往往表现出一定的共同性和规律性，并且溶液越稀，规律性越强。下面着重讨论难挥发非电解质稀溶液的依数性。

稀溶液的依数性

一、溶液中溶剂的蒸气压下降

在本章第三节中，拉乌尔定律阐述了一定温度下，难挥发非电解质稀溶液的蒸气压 p_A 等于纯溶剂的蒸气压 p_A^{*} 与溶液中溶剂 A 的物质的量分数 x_A 的乘积。即

$$p_A=p_A^{*}x_A$$

对于只含溶剂 A 和溶质 B 的稀溶液，由于 $x_A+x_B=1$，即 $x_A=1-x_B$，所以

$$p_A=p_A^{*}x_A=p_A^{*}(1-x_B)=p_A^{*}-p_A^{*}x_B$$

则蒸气压下降量为

$$\Delta p=p_A^{*}-p_A=p_A^{*}x_B \tag{4-4-1}$$

式（4-4-1）表明，一定温度下难挥发非电解质加入溶剂中后，会引起溶剂的蒸气压下降；蒸气压的下降量与溶质的物质的量分数成正比，与溶质的种类和性质无关。

溶液的蒸气压降低是引起凝固点下降、沸点升高及产生渗透压的主要原因。溶液

蒸气压对植物生长过程有着重要的作用。近代生物化学研究证明，当外界气温突然改变时，会引起有机体细胞中可溶物大量溶解，从而增加细胞汁液的物质浓度，降低细胞汁液的蒸气压，使水分蒸发减慢，表现了一定的抗旱能力。

二、溶液的沸点升高和凝固点降低

沸点是指液体的蒸气压等于外界大气压时的温度。由于液体的蒸气压随温度改变而改变，则当外界气压不同，液体的沸点不同。当外界大气压为 101.325kPa 时的沸点称作正常沸点，纯水的正常沸点是 373.15K。若在纯水中加入少量难挥发的非电解质，由于溶液的蒸气压总是低于其纯溶剂的蒸气压（图 4－4－1），因此，溶液在 373.15K 时并不沸腾，只有将溶液温度升高到某一数值 T_b 时，溶液的蒸气压等于外界大气压，溶液才会沸腾，这种现象称作溶液的沸点上升。

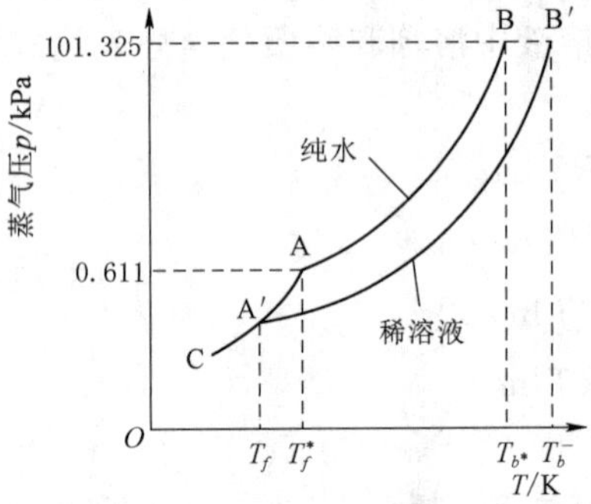

图 4－4－1　稀溶液的沸点升高、凝固点降低示意

图 4－4－1 中，AB 为纯水的蒸气压曲线，A′B′为稀溶液的蒸气压曲线，AC 为冰的蒸气压曲线。由图 4－4－1 可以看出，溶液的沸点上升是由于溶液蒸气压相对于纯溶剂下降的必然结果。应用热力学原理，可以推导出：稀溶液的沸点升高值 ΔT_b 与溶质的质量摩尔浓度 b_B 成正比，与溶质的本性无关。即

$$\Delta T_b = T_b - T_b^* = k_b b_B \qquad (4-4-2)$$

式中：T_b 为溶液的沸点；T_b^* 为溶剂的沸点；k_b 为溶剂的沸点升高常数，只与溶剂有关。

经热力学推导可得

$$k_b = \frac{R(T_b^*)^2}{\Delta_{vap} H_{m,A}} M_A \qquad (4-4-3)$$

式中：$\Delta_{vap} H_{m,A}$ 为纯溶剂 A 的摩尔蒸发焓；M_A 为溶剂的摩尔质量。

当 b_B＝1mol/L 时，$\Delta T_b = k_b$，表示 1mol 溶质溶于 1kg 溶剂中所引起的沸点上升数值，此即 k_b 的物理意义，但不能在此条件下测定 k_b。不同的溶剂有不同的 k_b 值（表 4－4－1）。

表 4－4－1　　几种溶剂的 T_b^* 及 k_b

溶剂名称	水	苯	四氯化碳	丙酮	三氯甲烷	乙醚
T_b^*/K	373.15	353.35	351.65	329.65	334.45	307.55
k_b/(K·kg/mol)	0.52	2.53	4.88	1.71	3.61	2.16

在一定外压下，如果某物质固态的蒸气压和液态的蒸气压相等，则液固两相平衡共存，这时的温度叫作该物质的凝固点。纯水在 273.16K 时和固态冰的蒸气压相等（为 0.6105kPa），冰水两相共存，273.16K 即为纯水的凝固点。若在冰水共存的水中加入少量难挥发的非电解质形成稀溶液，由于溶液的蒸气压下降，这时冰必然融化成水。只有使溶液的温度继续下降至如图 4－4－1 中的 A′点（溶液的蒸气压曲线

$A'B'$与冰的蒸气压曲线 AC 相交之点的温度）时，溶液的蒸气压与冰的蒸气压相等，溶液和其溶剂固体冰平衡共存，T_f 即为溶液的凝固点。此外，溶液的凝固点 T_f 明显要低于纯溶剂的凝固点 T_f^*，这种溶液的凝固点比溶剂低的现象称作溶液凝固点下降。

溶液凝固点下降同样是溶液蒸气压下降的必然结果。因此，难挥发非电解质稀溶液凝固点下降量 ΔT_f 仅与溶质的质量摩尔浓度 b_B 成正比，与溶质本性无关，即

$$\Delta T_f = T_f - T_f^* = k_f b_B \qquad (4-4-4)$$

式中：k_f 为溶剂的凝固点下降常数，其物理意义与 k_b 相类似，经热力学推导

$$k_f = \frac{R(T_f^*)^2}{\Delta_{fus}H_{m,A}} M_A \qquad (4-4-5)$$

式中：$\Delta_{fus}H_{m,A}$ 为纯溶剂 A 的摩尔熔化焓；M_A 为溶剂的摩尔质量。不同溶剂的 k_f 值见表 4－4－2。

表 4－4－2　　几种常见溶剂的 T_f^* 及 k_f

溶剂名称	水	苯	萘	醋酸	四氯化碳	环己烷
T_f^*/K	273.15	278.65	353.15	289.15	250.35	279.65
k_f/(K·kg/mol)	1.86	5.12	6.9	3.9	29.8	20.2

利用实验测得的凝固点降低值或沸点升高值，根据溶剂 k_f 值或 k_b 值可以计算溶质的质量摩尔浓度；如果已知溶剂和溶质的质量，则可以计算溶质的摩尔质量。

例 4－4－1： 2.60g 尿素［$CO(NH_2)_2$］溶于 50.0g 水中，试计算此溶液的凝固点和沸点。已知 $CO(NH_2)_2$ 的摩尔质量为 60.0g/mol。

解： 先计算尿素溶液的质量摩尔浓度：$b_B = \frac{2.60 \times 1000}{50.0 \times 60.0} mol/kg \approx 0.867 mol/kg$

代入式（4－4－2），得

$$\Delta T_B = k_b b_B = (0.52 \times 0.867)K \approx 0.45K$$

则沸点为

$$T_b = (373.15 + 0.45)K = 373.6K$$

代入式（4－4－4），得

$$\Delta T_f = k_f b_B = (1.86 \times 0.867)K \approx 1.61K$$

则凝固点为

$$T_f = (273.15 - 1.61)K = 271.54K$$

根据溶液的沸点升高和凝固点降低，可以测定物质的摩尔质量。由于水的凝固点降低常数比沸点升高常数大，实验误差小，且达到凝固点时有晶体析出，易于观察，故用凝固点降低的方法测定相对分子质量应用较为广泛。

例 4－4－2： 10.0g 蔗糖（$C_{12}H_{22}O_{11}$）溶解于 100.7g 水中，实验测得溶液的凝固点为 272.61K，求蔗糖的摩尔质量。

解： 据题意知，$\Delta T_f = (273.15 - 272.61)K = 0.54K$

由式（4-4-5）有

$$0.54=1.86\times\frac{10.0\times1000}{M_{C_{12}H_{22}O_{11}}\times100.7}$$

即
$$M_{C_{12}H_{22}O_{11}}=\frac{1.86\times10.0\times1000}{0.54\times100.7}\text{g/mol}\approx342\text{g/mol}$$

稀溶液的沸点升高和凝固点降低，除了可以用于测定相对分子质量外，在生物科学研究上也常用来测定细胞汁液或土壤溶液的浓度。植物在酷暑时，细胞中可溶物大量溶解，增大细胞汁液浓度，细胞汁液的沸点上升，从而可以防止叶面被烧焦；同样道理，在严寒季节里，使细胞汁液的凝固点下降，从而可预防细胞冻裂，增强耐寒性。在日常生活中，人们常在汽车水箱中加入甘油或乙二醇等来防止暑天水箱中水的暴沸或者冬天结冰冻裂水箱。在实验室或食品行业中，常将冰和盐（如氯化钠、氯化钙等）的混合物制成冷冻剂来获得超低温；冰雪天气里，高速公路上抛撒融雪剂，采用的也是凝固点降低的原理。

三、溶液的渗透压

物质自发地由高浓度向低浓度迁移的现象称为扩散，扩散现象不仅存在于溶质与溶剂之间，也存在于不同浓度的溶液之间。

如图4-4-2所示，在一个连通器两边各装入蔗糖溶液和纯水，中间用半透膜将其隔开。实验开始之前，连通器两边的玻璃柱中的液面高度是相同的，经过一段时间以后，玻璃柱内的液面高度不再相同，蔗糖溶液一边的液面比纯水一边的液面要高。这是因为半透膜能够阻止蔗糖分子向纯水一边扩散，相反，水分子则可以自由通过半透膜扩散，由于纯水液面上的蒸气压要高于溶液液面上的蒸气压，因此水分子由纯水向溶液中扩散的速率要大于由溶液向纯水中扩散的速率，最后导致蔗糖溶液的液面升高。这种由物质粒子通过半透膜自动扩散的现象称为渗透。当单位时间内从两个相反方向通过半透膜的水分子数相等时，渗透达到平衡，两侧液面不再发生变化。渗透平衡时液面高度差所产生的压力叫渗透压，换句话说，渗透压是指在一定温度下为阻止渗透作用进行所需加给溶液的最小压力。对于由两个不同浓度溶液构成的体系来说，只有当半透膜两侧溶液的浓度相等时，从宏观上看渗透才会终止。

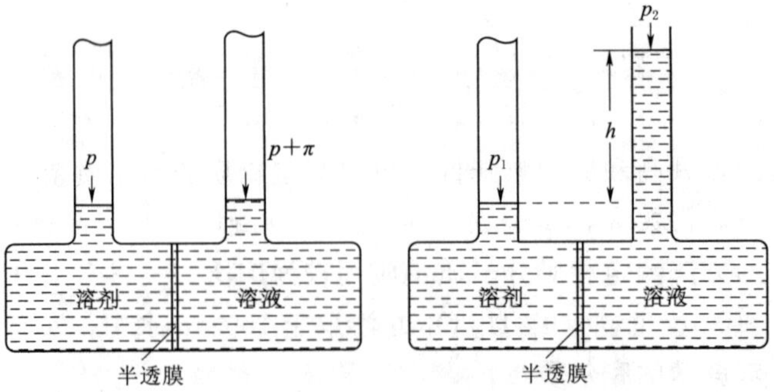

图4-4-2　渗透压示意

任何溶液都有渗透压，一定温度下，渗透压的大小与溶液的浓度有关。荷兰物理学家范特霍夫（Van't Hoff）于1886年综合前人实验得出：稀溶液的渗透压 π(kPa) 与溶液的物质的量浓度 c_B(mol/L)、绝对温度 T(K) 成正比，与溶质的本性无关。即

$$\pi = c_B RT \tag{4-4-6}$$

式中：R 为气体摩尔常数。对于以水为溶剂的稀溶液来说，物质的量浓度约等于质量摩尔浓度，故式（4－4－6）又可表示为

$$\pi = c_B RT \approx b_B RT \tag{4-4-7}$$

例4－4－3：有一蛋白质的饱和水溶液，每升含有蛋白质5.18g，已知在298.15K时，溶液的渗透压为413Pa，求此蛋白质的相对分子质量。

解：根据公式：

$$\pi = c_B RT = \frac{n_B}{M_B V} RT$$

得

$$M_B = \frac{mRT}{\pi V} = \frac{5.18 \times 8.314 \times 298.15}{413 \times 10^{-3} \times 1} \text{g/mol} \approx 31090\text{g/mol}$$

即该蛋白质的相对分子质量为31090g/mol。

就渗透而言，溶剂分子总是从低浓度溶液向高浓度溶液扩散。如果在浓度高的溶液一端施加外压，当外加压力为一定大时，溶剂分子就会从高浓度的一端向低浓度溶液一端渗透。使溶剂分子通过半透膜从溶液中或从浓溶液中被压出来的现象叫作反渗透现象。利用反渗透技术可以进行海水的淡化，也可进行废水处理。如果半透膜两边溶液的渗透压相等，则这两种溶液称为等渗溶液。渗透压高的溶液称为高渗溶液，渗透压低的溶液称为低渗溶液。

渗透作为一种自然现象，广泛地存在于动植物的生理活动中。生物体内所占比例最高、作用最大的是水分。因此，生物体中的细胞液和体液都是水溶液，它们具有一定的渗透压，而且生物体内的绝大部分膜都是半透膜。因此渗透压的大小与生物的生长与发育有着密切的关系。例如，将淡水鱼放在海水中，由于其细胞液浓度较低，因而渗透压较小，它在海水中就会因细胞大量失水而死亡。植物也一样，当在它的根部施肥过多，就会造成作物细胞脱水而枯萎，即“浓肥烧死苗”的现象。人体也是如此，在正常情况下，人体内血液和细胞液具有的渗透压大小相近。当人体发烧时，由于体内水分的大量蒸发，血液浓度增加，其渗透压加大，若此时不及时补充水分，细胞中的水分就会因为渗透压低而向血液渗透，于是就会造成细胞脱水，给生命带来危险。所以人体发高烧时，需要及时喝水或通过静脉注射与细胞液等渗的生理盐水和葡萄糖溶液以补充水分。

通过以上有关稀溶液的一些性质的讨论，概括起来就是稀溶液定律：难挥发非电解质稀溶液的某些性质（蒸气压下降、沸点上升、凝固点下降和渗透压）与一定量的溶液中所含溶质的物质的量成正比，而与溶质的本性无关。溶液越稀，对定律符合得越好。

应该指出，稀溶液的各项通性不完全适用于浓溶液和电解质溶液。因为在浓溶液中，溶质浓度大，使溶质粒子间的相互作用大为增加，因此浓溶液中情况比较复杂，

使简单的依数性的定量关系不再适用。同样，由于电解质在溶液中会解离产生阴、阳离子，而阴、阳离子间又存在静电引力，因此，溶液中所具有总的粒子数要多，此时稀溶液的依数性取决于溶质分子、离子的总组成，稀溶液通性所指定的定量关系不再存在，必须加以校正，详见第八章。

第五节 分配定律及其应用*

在一定温度与压力下，当溶质B在两种共存的不互溶的液体α、β间达到平衡时，若B在α、β两相分子形式相同，且形成理想稀溶液，那么溶质B在α、β两相中的化学势相等，即$\mu_B^\alpha=\mu_B^\beta$。代入稀溶液中溶质化学势表达式（4－3－17）得

$$(\mu_B^\alpha)^*+RT\ln a_B^\alpha=(\mu_B^\beta)^*+RT\ln a_B^\beta$$

整理得

$$\frac{a_B^\alpha}{a_B^\beta}=\exp\left[\frac{(\mu_B^\beta)^*-(\mu_B^\alpha)^*}{RT}\right]=K(T,p) \quad (4-5-1)$$

式中：$K(T, p)$为在一定温度和压力下B物质在两相中的分配系数。一定物质在一定温度和压力下在确定两相间的分配系数为一常数，影响K值的因素有温度、压力、溶质及两种溶剂的性质，在溶液浓度不太大时能很好地与实验结果相符。

当溶液浓度不大时，活度比可用浓度比代替，就得到分配定律的经验式：

$$K=\frac{c_B^\alpha}{c_B^\beta} \quad (4-5-2)$$

必须注意，式（4－5－2）中，c_B^α、c_B^β分别为一定温度和压力下物质B在α、β相中达到分配平衡时的平衡浓度，且B物质在两相中的分子形态相同；如果溶质在任一溶剂中有缔合或解离现象，则分配定律只能适用于溶剂中分子形态相同的部分。

利用两种互不相溶的溶剂把溶质从溶液中提取出来的过程称作萃取。萃取在实验室及工业中应用广泛。在水处理和水质分析中，经常利用萃取的方法把水中微量物质分离出来进行检测，其中用于萃取的溶剂称作萃取剂。选择萃取剂时，被萃取物质B在两相间溶解度之比越大，分配系数越大，萃取效率越高。但是理论上通过一次萃取是完不成任务的，往往需要多次萃取。试验和理论证明，使某一定量溶液中溶质降到某一程度，使用一定体积的萃取剂，萃取次数越多，萃取越完全。

思 考 题

1. 偏摩尔量和摩尔量有何异同？
2. 什么是化学势？与偏摩尔量有何区别？
3. 拉乌尔定律和亨利定律的表达式和适用条件分别是什么？
4. 稀溶液的依数性有哪些？分别是如何产生的？
5. 溶液的化学势等于溶液中各组分的化学势之和，这种说法对吗？为什么？
6. 对于纯组分，其化学势等于摩尔吉布斯函变，这种说法对吗？
7. 二组分理想溶液的总蒸气压一定大于任一组分的蒸气压，这种说法是否正确？

8. 室温下，体积摩尔浓度相同的蔗糖水溶液和盐水溶液，渗透压相同吗？试计算说明。

9. 农田中施肥太浓时植物会被烧死，盐碱地中农作物长势不良甚至枯萎。试解释其原因。

10. 北方人冬天吃冻梨前，将冻梨放入凉水中浸泡，过一段时间后冻梨内部解冻了，但表面结了一层薄冰。试解释原因。

习　题

1. 将 0.6mol 乙醇（B）和 0.4mol 水（A）混合得乙醇的水溶液，溶液的密度为 $849.4kg/m^3$。已知溶液中乙醇的偏摩尔体积 $V_B=57.5\times10^{-6}m^3/mol$，试求溶液中水的偏摩尔体积 V_A。已知水和乙醇的摩尔质量分别为 $M_A=18g/mol$，$M_B=46g/mol$。

（$1.625\times10^{-3}m^3/mol$）

2. 氯苯 A 和溴苯 B 的混合物近于理想溶液。在 140℃时，两纯物质的饱和蒸气压分别为 6.80×10^4Pa 和 1.19×10^5Pa。计算溶液在 140℃、1.013×10^5Pa 下气相和液相的组成。（$x_B=0.653$，$y_B=0.767$）

3. 60℃时乙醇 A 和甲醇 B 的蒸气压分别为 4.70×10^4Pa 和 8.33×10^4Pa。现有质量百分数为 50%的乙醇和甲醇的混合物（看成理想溶液），求该温度时液面上方蒸气的组成。（$y_B=0.718$）

4. 在 373K 时，己烷和辛烷能形成理想混合物，己烷的蒸气压为 245.0kPa，辛烷为 47.10kPa。若某组成的该液态混合物，在常压下，于 373.15K 时沸腾，问：

（1）液相的组成为多少？（$x_{辛烷}=0.726$）

（2）平衡气相的组成又是怎样？（$y_{辛烷}=0.338$）

5. 苯和甲苯形成理想溶液。在 20℃时，纯苯的蒸气压是 9960Pa，纯甲苯的蒸气压是 2973Pa，求 20℃时等质量的苯和甲苯混合物中苯的分压、甲苯的分压及总压。

（5378Pa，1368Pa，6746Pa）

6. 在 293.15K 时，乙醚的蒸气压为 58.92kPa，若在 100g 乙醚中溶入某非挥发性有机物质 10g，乙醚的蒸气压降低到 56.79kPa，试求该有机化合物的摩尔质量。

（194.78g/mol）

7. 液体 A 和 B 形成理想溶液，将 A 与 B 的气体混合物放入带活塞的气缸内，A 的摩尔分数为 0.4，在恒温下逐渐压缩直到开始有液相出现为止。已知在此温度下 $p_A^*=0.4p^\ominus$，$p_B^*=1.2p^\ominus$，试求：

（1）当开始出现液相时体系的总压及液相组成。（66.4kPa，$x_B=0.333$）

（2）欲使 A，B 组成的理想溶液的正常沸点等于上述温度，溶液的组成如何？

（$x_B=0.75$）

8. 10g 葡萄糖（$C_6H_{12}O_6$）溶于 400g 乙醇中，溶液的沸点较纯乙醇上升 0.1428℃。另外有 2g 有机物溶于 100g 乙醇中，此溶液沸点上升 0.125℃。求此有机物的摩尔质量。（164.65g/mol）

9. 现有蔗糖（$C_{12}H_{22}O_{11}$）溶于水形成某一浓度的稀溶液，其凝固点为-0.200℃，计算此溶液在25℃时的蒸气压。已知在25℃时水的$k_f=1.86$K/(mol·kg)，纯水的蒸气压为3.167kPa。　(3.161kPa)

10. 在298.15K时，纯水的蒸气压为3.167kPa，而某非挥发性溶质的水溶液的蒸气压为3.131kPa，问该溶液的渗透压为多少？　(1746kPa)

11. 在298.15K时，蔗糖稀水溶液的蒸气压为3.094kPa，纯水的蒸气压为3.167kPa。已知水的溶液的密度约为1000kg/m^3。试计算：

（1）溶液中蔗糖的摩尔分数。　(0.0234)

（2）溶液的渗透压。　(3221kPa)

12. 人的血液（可视为水溶液）在101.325kPa下于-0.56℃凝固。已知水的$k_f=1.86$K/(mol·kg)，求：

（1）血液在37℃时的渗透压。　(776.4kPa)

（2）人体温37℃时，如果生病了要输液，所用葡萄糖溶液浓度应为多少？（用质量分数表示）　(5.14%)

第五章

化学平衡

在一定条件下，某一化学反应能否进行，这是反应的方向性问题，在第三章已经得到解决。那么如果一个化学反应可以进行，能进行到什么程度？反应物的转化率以及产物的最高产率能达到多少？这就是反应的最大限度问题。化学反应的方向和限度问题是化学化工生产及应用研究中人们最为关心的两个问题，因为这些问题牵涉到一定条件下反应能否按照人们期望的方向进行、能够得到多少产物、反应的经济效益如何等。这两大问题的解决无疑对如何选择新的合成路线、提高产量等工艺设计、技术革新提供了科学根据，从而减少盲目性，达到增产节约的目的。

化学平衡研究史

常见的化学反应，只有极少数可以彻底进行，如中和反应、金属与稀酸的反应等，绝大部分都同时既可正向进行又可逆向进行，反应物不能完全转化为产物。很多反应正逆方向进行的趋势是相当的，两者都不能忽略。当正反应速率等于逆反应速率时，反应系统中各物质的浓度或分压不再随时间的变化而变化，在宏观上看上去静止了，这时反应所处的状态称为化学平衡，也就是反应在一定条件下达到的最大限度。

本章将从热力学的基本原理出发，探讨化学平衡的本质，讨论标准平衡常数、平衡组成以及平衡转化率的计算，分析温度、压力、组成等因素对化学平衡的影响，对实际工业生产提供一定的理论指导。

第一节　化学反应的平衡条件

在恒温恒压且不做非体积功的条件下，化学反应能否按照指定的方向进行，可用反应前后的吉布斯函数变化来衡量。

对于任一化学反应 $0=\sum_{B}\nu_{B}B$，随着反应的进行，各组分物质的量均发生变化，系统的吉布斯函数亦会随之变化。根据式（4－2－7），在恒定 T、p，以及 $W'=0$ 时，有

$$dG=\sum_{B}\mu_{B}dn_{B} \tag{5-1-1}$$

将反应进度 $d\xi=dn_{B}/\nu_{B}$，代入上式得

$$dG=\sum_{B}\nu_{B}\mu_{B}d\xi \tag{5-1-2}$$

将上式两侧同时除以 $d\xi$，得

$$\left(\frac{\partial G}{\partial \xi}\right)_{T,p}=\sum_{B}\nu_{B}\mu_{B}=\Delta_{r}G_{m} \tag{5-1-3}$$

式（5－1－3）表示在恒温恒压及系统组成不变的条件下，反应进度 1mol 时反应系统的吉布斯函数变，称作摩尔吉布斯函数变，记为 $\Delta_{r}G_{m}$。

根据恒温恒压条件下的吉布斯函数判据可有：

(1) 若 $\Delta_r G_m < 0$，即 $\sum_B \nu_B \mu_B < 0$，反应将正向进行，反应物自发生成产物；

(2) 若 $\Delta_r G_m > 0$，即 $\sum_B \nu_B \mu_B > 0$，反应不能正向进行（但逆反应可自发进行）；

(3) 若 $\Delta_r G_m = 0$，即 $\sum_B \nu_B \mu_B = 0$，反应达到平衡。

值得注意的是，若 μ_B 不随浓度而改变，即不随反应进度而变化，则 $\sum\limits_B \nu_B \mu_B$ 恒等于一常数，那么 $\Delta_r G_m$ 也将不随反应进度而改变。这样如果一个反应开始时 $\Delta_r G_m < 0$，那么在反应中，$\Delta_r G_m$ 将始终小于零，反应将一直进行到底，不存在化学平衡。

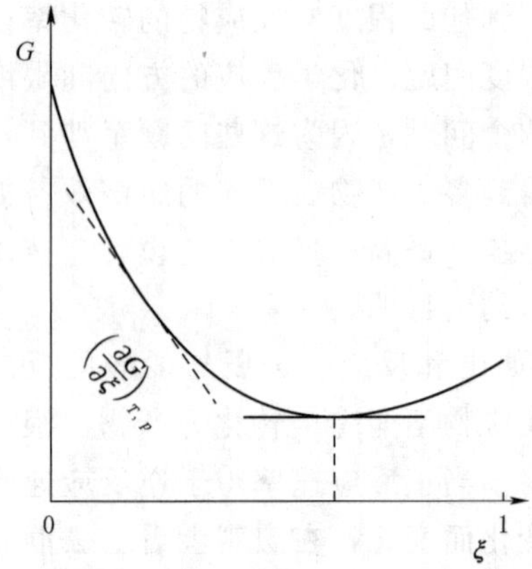

图 5-1-1　恒温恒压下 G 随 ξ 变化的曲线

图 5-1-1 表示在恒定 T、p 时实际反应的吉布斯函数 G 随 ξ 的变化情况。由图可知，随着反应的进行，即随着 ξ 由小到大，系统的吉布斯函数 G 是逐渐降低的，降至最低时反应达到平衡，此时 $(\partial G/\partial \xi)_{T,p} = 0$。最低点右侧表明，$\xi$ 进一步增大，G 将增大，表明在恒定 T、p 下正向反应是不可能自动发生的，反应将逆向进行。

以上讨论了通过化学势判断反应的方向和限度的基本思想。反应判据之所以重要，是因为可以从中推导出反应达到平衡时的组成和最大转化率，以及反应条件（如温度、压力等）对平衡组成的影响。这些都与化工生产的效率直接相关。

第二节　化学反应的平衡常数

化学平衡与标准平衡常数

一、理想气体反应的等温方程

根据式（5-1-3）可知：

$$\Delta_r G_m = \sum_B \nu_B \mu_B$$

根据式（4-2-18），对于恒温恒压下的理想气体化学反应，任一组分 B 的化学势 μ_B 可表示为

$$\mu_B(T, p) = \mu_B^{\ominus}(T) + RT\ln\frac{p_B}{p^{\ominus}}$$

将式（5-1-3）代入式（4-2-18），可得

$$\Delta_r G_m = \sum_B \nu_B \left(\mu_B^{\ominus}(T) + RT\ln\frac{p_B}{p^{\ominus}}\right)$$

整理得

$$\Delta_r G_m = \sum_B \nu_B \mu_B^{\ominus}(T) + \sum_B \nu_B RT\ln\frac{p_B}{p^{\ominus}} \qquad (5-2-1)$$

其中，$\sum_{B}\nu_{B}\mu_{B}^{\ominus}(T)$ 为各组分均处于标准态（$p^{\ominus}=100kPa$ 的理想气体）时每摩尔反应进度的吉布斯函数变，记为 $\Delta_r G_m^{\ominus}$，称为标准摩尔吉布斯函数变，即

$$\Delta_r G_m^{\ominus}(T)=\sum_{B}\nu_{B}\mu_{B}^{\ominus}(T) \tag{5-2-2}$$

则式（5－2－1）可写作：

$$\Delta_r G_m=\Delta_r G_m^{\ominus}+RT\ln\prod_{B}\left(\frac{p_B}{p^{\ominus}}\right)^{\nu_B} \tag{5-2-3}$$

或

$$\Delta_r G_m=\Delta_r G_m^{\ominus}+RT\ln Q_p \tag{5-2-4}$$

式中：$Q_p=\prod_{B}\left(\frac{p_B}{p^{\ominus}}\right)^{\nu_B}$ 为分压商。此式即为理想气体化学反应等温方程。

二、理想气体反应的标准平衡常数

随着反应的进行，反应系统中各组分分压将不断发生变化，分压商 Q_p 不断变化，反应的 $\Delta_r G_m$ 不断减小。当反应达到平衡时，有

$$\Delta_r G_m=\Delta_r G_m^{\ominus}+RT\ln Q_p^{eq}=0 \tag{5-2-5}$$

式中：Q_p^{eq} 为反应的平衡分压商。

则式（5－2－5）可变为

$$\Delta_r G_m^{\ominus}=-RT\ln Q_p^{eq} \tag{5-2-6}$$

由式（5－2－2）可知，在一定温度下，对于指定的化学反应，$\Delta_r G_m^{\ominus}$ 只是温度的函数。当温度确定后，$\Delta_r G_m^{\ominus}$ 为一确定的值，那么 Q_p^{eq} 也为一确定的值，定义为标准平衡常数，以 $K_p^{\ominus}$ 表示，即

$$K_p^{\ominus}=\prod_{B}\left(\frac{p_{B,eq}}{p^{\ominus}}\right)^{\nu_B} \tag{5-2-7}$$

$K_p^{\ominus}$ 仅是温度的函数，只随着温度的改变而改变，与物质的浓度或者分压无关。当体系的温度恒定时，$K_p^{\ominus}$ 是一定值。同时，由于相对平衡分压 $\frac{p_{B,eq}}{p^{\ominus}}$ 没有单位，所以 $K_p^{\ominus}$ 也没有单位。$K_p^{\ominus}$ 反映了在一定条件下一个化学反应能够进行的彻底程度，$K_p^{\ominus}$ 值越大，反应进行得越彻底。一般当 $K_p^{\ominus}>10^8$ 时则认为反应已进行得完全彻底。

$K_p^{\ominus}$ 代替 Q_p^{eq} 代入式（5－2－6），可得

$$\Delta_r G_m^{\ominus}=-RT\ln K_p^{\ominus} \tag{5-2-8}$$

由此可得

$$K_p^{\ominus}=\exp\left(-\frac{\Delta_r G_m^{\ominus}}{RT}\right) \tag{5-2-9}$$

式（5－2－8）和式（5－2－9）都称为 $K_p^{\ominus}$ 的定义式，它表示了 $K_p^{\ominus}$ 与 $\Delta_r G_m^{\ominus}$ 之间的关系，不仅适用于理想气体反应，也适用于真实气体、液态混合物及溶液中的化学反应。

在溶液中的反应，因为组分可分别用浓度 c_B 或物质的量分数 x_B 表示，故有不同的标准平衡常数表达式。

$$K_c^{\ominus}(T)=\prod_{B}\left(\frac{c_{B,eq}}{c^{\ominus}}\right)^{\nu_B} \tag{5-2-10}$$

$$K_x^{\ominus}(T)=\prod_{\mathrm{B}}(x_{\mathrm{B,eq}})^{\nu_{\mathrm{B}}} \tag{5-2-11}$$

三、经验平衡常数

在实际应用中，反应还常使用经验平衡常数 K_p、K_c、K_x。K_p 是以分压表示的平衡常数，为

$$K_p=\prod_{\mathrm{B}}(p_{\mathrm{B,eq}})^{\nu_{\mathrm{B}}} \tag{5-2-12}$$

K_p 称作经验平衡常数，与标准态的选择无关，有单位。K_p 的单位与反应物和产物的计量关系有关。经验平衡常数的值除了受温度影响外，也与系统的总压有关。其数值只能通过实验测得，不能由热力学数据进行计算。

将式（5-2-12）代入式（5-2-7）可得

$$K_p^{\ominus}=\prod_{\mathrm{B}}\left(\frac{p_{\mathrm{B,eq}}}{p^{\ominus}}\right)^{\nu_{\mathrm{B}}}=K_p(p^{\ominus})^{-\sum_{\mathrm{B}}\nu_{\mathrm{B}}} \tag{5-2-13}$$

同理，由于 $$K_c=\prod_{\mathrm{B}}(c_{\mathrm{B,eq}})^{\nu_{\mathrm{B}}}$$

$$K_c^{\ominus}=\prod_{\mathrm{B}}\left(\frac{c_{\mathrm{B,eq}}}{c^{\ominus}}\right)^{\nu_{\mathrm{B}}}=K_c(c^{\ominus})^{-\sum_{\mathrm{B}}\nu_{\mathrm{B}}} \tag{5-2-14}$$

$$K_x^{\ominus}=\prod_{\mathrm{B}}(x_{\mathrm{B,eq}})^{\nu_{\mathrm{B}}}=K_x \tag{5-2-15}$$

由于理想气体的分压 p_{B} 与体系总压 p 以及浓度 c_{B} 的关系分别为

$$p_{\mathrm{B}}=px_{\mathrm{B}}，\ p_{\mathrm{B}}=c_{\mathrm{B}}RT$$

分别代入式（5-2-13）～式（5-2-15），即可建立上述三种平衡常数之间的联系。

$$K_p=K_xp^{\sum_{\mathrm{B}}\nu_{\mathrm{B}}}=K_c(RT)^{\sum_{\mathrm{B}}\nu_{\mathrm{B}}} \tag{5-2-16}$$

式（5-2-16）给出了 K_p、K_c 和 K_x 之间的关系，由该式可知，K_c 也仅仅只是温度的函数，但是 K_x 却是温度和压力的函数。

四、复相化学平衡

有气相和凝聚相（液相、固体）共同参与的反应称为复相化学反应。纯凝聚相物质的化学势受压力的影响甚微，在常压下基本不变，约等于其标准化学势。故在平衡常数的表达式中，纯固体、纯液体以及稀溶液的溶剂的浓度或者分压项可视作“1”，在表达式中不出现，标准平衡常数只与气态物质的压力有关。

例如，有下述反应，并设气体为理想气体：

$$\mathrm{CaCO_3(s)}\Leftrightarrow\mathrm{CaO(s)}+\mathrm{CO_2(g)}$$

当反应达平衡时，有

$$K_p^{\ominus}=\frac{p_{\mathrm{CO_2}}}{p^{\ominus}}$$

式中：$p_{\mathrm{CO_2}}$ 为 CO_2 的平衡压力，称为 $CaCO_3$ 的分解压力。如果产生的气体不止一种，则分解压力用所有气体平衡压力的总和表示。

如：　　　　　　　　$NH_4HS(s)=NH_3(g)+H_2S(g)$

分解压力：　　　　　$p=p(NH_3)+p(H_2S)$

则热力学平衡常数：　$K_p^\ominus=\frac{p_{NH_3}}{p^\ominus}\cdot\frac{p_{H_2S}}{p^\ominus}=\frac{1}{4}\left(\frac{p}{p^\ominus}\right)^2$

对复相化学反应来说，分解压力与温度有关。温度一定时，分解压力一定。温度越高，分解压力越大；同一温度下分解压力越大，表明化合物越不稳定。当反应系统分解压力等于外压（101.325kPa）时的温度称为分解温度。

在反应中，如果溶剂参与反应，也可以看作“1”。

若参与化学平衡的物质不是单纯地处于气相或液相，而是二者兼而有之，则各组分所用标准态不同，化学势的含义也不统一，所以平衡常数不能纯粹地以 K_p、K_c、K_x 或 K_m 来表示，通常会用 $K^\ominus$ 来表示。若物质是气体，则用分压；若是溶液，则用浓度来表示。

例如，对任意一个化学反应

$$aA(l)+bB(eq)=gG(s)+dD(g)$$

其平衡常数表达式为

$$K^\ominus=\frac{(p_D/p^\ominus)^d}{(c_B/c^\ominus)^b}$$

由于物质 A 为纯液体，物质 G 为纯固体，所以在平衡常数表达式中不用表示出来。

五、标准平衡常数与化学计量方程式的关系

对于同一个化学反应，当反应方程式写法不同时，平衡常数的表达式的写法也不同。例如，对于同一条件下的同一个合成氨反应：

$$N_2(g)+3H_2(g)\rightleftharpoons 2NH_3(g) \quad ①$$

平衡常数的表达式为　$K_1^\ominus=\frac{(p_{NH_3}/p^\ominus)^2}{(p_{N_2}/p^\ominus)(p_{H_2}/p^\ominus)^3}$

若将反应写成

$$\frac{1}{2}N_2(g)+\frac{3}{2}H_2(g)\rightleftharpoons NH_3(g) \quad ②$$

平衡常数表达式变为　$K_2^\ominus=\frac{p_{NH_3}/p^\ominus}{(p_{N_2}/p^\ominus)^{1/2}(p_{H_2}/p^\ominus)^{3/2}}$

则　　$K_1^\ominus=(K_2^\ominus)^2$

若转化成氨的分解反应，写成

$$2NH_3(g)\rightleftharpoons N_2(g)+3H_2(g) \quad ③$$

则　　$K_1^\ominus=\frac{1}{K_3^\ominus}$

因为平衡常数表达式与化学反应计量式相对应，所以不能说某一个平衡常数是合成氨的平衡常数，在提到平衡常数时，一定要指明具体是哪个化学反应方程式的平衡常数。

第三节　标准平衡常数的计算

平衡常数及平衡组成的计算

平衡常数是化学平衡中的关键量，反映了一定温度下化学反应达平衡时诸物质浓度间的关系，可由多种方式求解，下面列举常用的几种方法。

一、实验测定法求平衡常数

当反应体系达到平衡时，系统的组成不随时间而改变，此时若测定系统中各物质的浓度，便可按照式（5-2-7）计算平衡常数。

$$K_p^\ominus(T)=\prod_B\left(\frac{p_{B,eq}}{p^\ominus}\right)^{\nu_B}$$

测定平衡浓度的方法分为化学法和物理法两类。

1. *物理法*

物理法是通过测定平衡系统的某种物理性质来间接测定浓度，如测定系统的折射率、电导、光的吸收、溶液的 pH 值以及压力、体积的改变等，此法的优点在于测量时不会扰动或破坏平衡。

2. *化学法*

化学法是利用化学分析测定平衡系统中各物质的浓度，为使平衡不致因分析试剂的加入而移动，测定前要设法使平衡“冻结”，将体系骤然冷却，然后在低温条件下进行分析，因为温度降低使平衡移动速率减慢且受分析试剂影响较小。此外，如利用加大溶剂量的冲淡效果使反应减慢或除去催化反应体系中的催化剂等措施，均可降低平衡移动的速度。

究竟选用哪种方法测定平衡常数需由具体情况而定。由于化学反应种类极多，有的平衡常数的实验测定所需条件苛刻，要花费很大精力，于是人们积极寻求更为简便的测定和计算方法。

例 5-3-1：含有 SO_2 和 O_2 各 1mol 的混合气体在 630℃、100kPa 下通过盛有催化剂的高温管后，发生反应：$SO_2(g)+\frac{1}{2}O_2(g)=SO_3(g)$。反应达到平衡后，将反应系统中流出的气体冷却，用 KOH 吸收其中的 SO_2 及 SO_3，然后测量剩余的 O_2 的体积，在 0℃、$p^\ominus$ 下为 $1.40\times10^4 cm^3$。计算 630℃时 SO_3 分解反应的标准平衡常数 $K^\ominus$。

解：化学反应的平衡状态可以由反应物通过正向反应达到，也可以由产物通过逆向反应达到，无论按哪种方向达到平衡时，其平衡组成是相同的，因此题中给出的通过 SO_3 的生成反应取得的数据适合于在相同温度下 SO_3 的分解反应。先计算平衡时各物质的量：

$$n_{eq}(O_2)=\frac{pV}{RT}=\frac{100\times10^3\times1.40\times10^4\times10^{-6}}{8.314\times273}(mol)\approx0.617mol$$

$$n_{eq}(SO_2)=1-2\times(1-0.617)(mol)=0.234mol$$

$$n_{eq}(SO_3)=2\times(1-0.617)(mol)=0.766mol$$

平衡时系统物质的总量为

$$n=0.617+0.234+0.766(\mathrm{mol})=1.617\mathrm{mol}$$

则 SO_3 分解反应的有关数据如下：

$$SO_3(g)=SO_2(g)+\frac{1}{2}O_2(g)$$

	$SO_3(g)$	$SO_2(g)$	$O_2(g)$
开始时物质的量 n_0/mol	0	1.0	1.0
平衡时物质的量 n_{eq}/mol	0.766	0.234	0.617
平衡分压 $p_B=px_B$	$\frac{0.766}{1.617}p^\ominus$	$\frac{0.234}{1.617}p^\ominus$	$\frac{0.617}{1.617}p^\ominus$
	$0.474p^\ominus$	$0.145p^\ominus$	$0.382p^\ominus$

所以

$$K^\ominus=\frac{\frac{p_{eq}(SO_2)}{p^\ominus}\left[\frac{p_{eq}(O_2)}{p^\ominus}\right]^{1/2}}{\frac{p_{eq}(SO_3)}{p^\ominus}}=\frac{\frac{0.145p^\ominus}{p^\ominus}\left[\frac{0.382p^\ominus}{p^\ominus}\right]^{1/2}}{\frac{0.474p^\ominus}{p^\ominus}}\approx 0.189$$

二、由吉布斯函数计算平衡常数

有些化学反应速率很快，很难达到平衡，有的反应条件比较难控制，要在平衡态下测其浓度很难。因此，利用热力学数据求其平衡常数的方法就很重要了。

当反应在恒温、恒压条件下达到化学平衡时，应有 $\Delta_rG_m=0$，按照化学反应等温式，此时

$$\Delta_rG_m=\Delta_rG_m^\ominus+RT\ln Q=0$$

对于一个指定反应，在一定温度下 $\Delta_rG_m^\ominus$ 是常数。当化学反应处于平衡状态时，此时反应商 Q 等于平衡常数 $K^\ominus$，即 $Q=K^\ominus$，则有

$$\Delta_rG_m^\ominus=-RT\ln K^\ominus$$

可得

$$\ln K^\ominus=-\frac{\Delta_rG_m^\ominus}{RT} \tag{5-3-1}$$

只要计算出化学反应的 $\Delta_rG_m^\ominus$，就可以求出该温度下的 $K^\ominus$。

若将式（5-3-1）返代入化学反应等温式（5-2-4），可得

$$\Delta_rG_m=-RT\ln K^\ominus+RT\ln Q \tag{5-3-2}$$

由式（5-3-2）可以看出，在一定温度下，因为 $K^\ominus$ 为定值，所以只要知道系统中各组分的浓度或分压，就可通过对比 $K^\ominus$ 和 Q 的大小来判断反应的方向。

（1）$Q<K^\ominus$，$\Delta_rG_m<0$，反应正向进行，反应尚未达到平衡状态。

（2）$Q=K^\ominus$，$\Delta_rG_m=0$，系统处于平衡状态。

（3）$Q>K^\ominus$，$\Delta_rG_m>0$，反应逆向进行。

应当注意，Q 与 $K^\ominus$ 的数学表达式在形式上相同，但意义上是不同的。$K^\ominus$ 对应的是平衡浓度、平衡分压，而 Q 对应的是任意浓度、任意分压。当系统处于平衡状态时，$Q=K^\ominus$。当系统处于非平衡状态时，$K^\ominus\neq Q$，反应将继续进行，直到达到平

衡状态。

由式（5-3-1）和式（5-3-2）还可以看出，$K^{\ominus}$ 反映了化学反应在一定温度下所能够进行的程度。$K^{\ominus}$ 值越大，化学反应的标准摩尔吉布斯函数变 $\Delta_r G_m^{\ominus}$ 数值越小，表明化学反应正向进行的程度越大，进行得越彻底；反之，$K^{\ominus}$ 值越小，化学反应的标准吉布斯函数变 $\Delta_r G_m^{\ominus}$ 数值越大，反应正向进行可能性较小，而逆反应进行的程度越大。

化学反应进行的程度除了用平衡常数表示外，也常用平衡转化率（equilibrium invert ratio）表示。转化率是指某反应物在反应中已转化的量占该反应物起始量的百分数。物质 B 的平衡转化率定义为

$$\alpha=\frac{n_0-n_{eq}}{n_0}\times 100\% \tag{5-3-3}$$

式中：n_0 为反应开始物时物质的量；n_{eq} 为平衡时物质的量。

体积恒定时，也可以用浓度表示，为

$$\alpha=\frac{c_0-c_{eq}}{c_0}\times 100\% \tag{5-3-4}$$

例 5-3-2：计算反应 $4FeS_2(s)+11O_2(g)=2Fe_2O_3(s)+8SO_2(g)$ 在 298.15K 时的 $\Delta_r G_m^{\ominus}$ 和 $K^{\ominus}$。

解：查附录Ⅵ得

$$\Delta_f G_m^{\ominus}(SO_2, g, 298.15K)=-300.19kJ/mol$$
$$\Delta_f G_m^{\ominus}(Fe_2O_3, s, 298.15K)=-742.2kJ/mol$$
$$\Delta_f G_m^{\ominus}(FeS_2, s, 298.15K)=-166.9kJ/mol$$
$$\Delta_f G_m^{\ominus}(O_2, g, 298.15K)=0kJ/mol$$

所以
$$\begin{aligned}\Delta_r G_m^{\ominus}(298.15K) &= \sum_B \nu_B \Delta_f G_m^{\ominus}\\ &=2\times(-742.2)+8\times(-300.19)-4\times(-166.9)-0\\ &\approx-3218.32(kJ/mol)\end{aligned}$$

则
$$\ln K^{\ominus}=-\frac{\Delta_r G_m^{\ominus}(T)}{RT}=-\frac{3218.32\times 10^3}{8.314\times 298.15}\approx 1298.3$$

所以
$$K^{\ominus}=6.99\times 10^{563}$$

一般情况下，标准平衡常数大于 10^8 就认为反应进行彻底，该反应在 298.15K、$p^{\ominus}$ 平衡常数远远大于 10^8，说明反应能进行得很彻底。

例 5-3-3：298.15K 时分解反应 $N_2O_4(g)=2NO_2(g)$ 的 $\Delta_r G_m^{\ominus}=4.75kJ/mol$。试判断该温度及 $p_{N_2O_4}=100kPa$，$p_{NO_2}=10kPa$ 的条件下，反应进行的方向。

解：利用 Q_p 与 $K^{\ominus}$ 的关系进行判断。

$$\Delta_r G_m^{\ominus}=-RT\ln K^{\ominus}=4.75kJ/mol$$

$$K^{\ominus}=\exp\left(-\frac{\Delta_r G_m^{\ominus}}{RT}\right)=\exp\left(-\frac{4.75\times 10^3}{8.314\times 298.15}\right)=0.1472$$

$$Q=\frac{(p_{NO_2}/p^{\ominus})^2}{p_{N_2O_4}/p^{\ominus}}=\frac{(10/100)^2}{100/100}=0.01$$

$$Q<K^{\ominus}$$

所以，反应正向自发进行。

三、由多重平衡原理（multiple equilibrium regulation）计算标准平衡常数

相同温度下，假设存在着多个化学平衡体系，且各有其对应的 $\Delta_r G_m^{\ominus}$ 和 $K^{\ominus}$。如，相同条件下的下述反应：

①$N_2(g)+O_2(g)\rightleftharpoons 2NO(g)$　　$K_1^{\ominus}$，$\Delta_r G_{m1}^{\ominus}$

②$2NO(g)+O_2(g)\rightleftharpoons 2NO_2(g)$　$K_2^{\ominus}$，$\Delta_r G_{m2}^{\ominus}$

③$N_2(g)+2O_2(g)\rightleftharpoons 2NO_2(g)$　$K_3^{\ominus}$，$\Delta_r G_{m3}^{\ominus}$

由 Hess 定律可知

反应①+反应②=反应③

则
$$\Delta_r G_{m1}^{\ominus}+\Delta_r G_{m2}^{\ominus}=\Delta_r G_{m3}^{\ominus}$$

根据
$$\Delta_r G_m^{\ominus}=-RT\ln K^{\ominus}$$

则
$$RT\ln K_1^{\ominus}+RT\ln K_2^{\ominus}=RT\ln K_3^{\ominus}$$

故
$$K_1^{\ominus}K_2^{\ominus}=K_3^{\ominus}$$

如果多个条件相同的化学反应相加（或相减）可以得到一个总的化学反应计量式，则总反应的标准平衡常数等于各反应的标准平衡常数之积（或商），这就是多重平衡规则。利用多种平衡规则，可由已知一些反应的平衡常数推求出许多未知反应的平衡常数。这对于尝试设计某产品新的合成路线，而又缺乏实验数据时，常常是很有用的。

例 5-3-4：在温度 T 和压力 p 时下列理想气体反应：

①$2H_2O(g)=2H_2(g)+O_2(g)$的平衡常数为 $K_1^{\ominus}$；

②$CO_2(g)=CO(g)+\frac{1}{2}O_2(g)$的平衡常数为 $K_2^{\ominus}$。

求③$CO(g)+H_2O(g)=CO_2(g)+H_2(g)$ 的平衡常数 $K_3^{\ominus}$。

解：已知
$$③=①/2-②$$

所以
$$K_3^{\ominus}=\frac{\sqrt{K_1^{\ominus}}}{K_2^{\ominus}}$$

四、由电动势求平衡常数

若将化学反应设计成可逆电池，可计算或测出其标准电动势，然后根据标准电动势即可求解平衡常数，具体内容将在第八章中讨论。

第四节　温度对化学平衡的影响

一切平衡都是相对的、暂时的，化学平衡只有在一定条件下才可以保持，当条件改变时，原来的平衡状态被破坏，反应向某一方向进行，直到与新的条件相适应，系统又重新达到新的平衡状态。这种因外界条件改变使化学反应从一种平衡状态向另一种平衡状态改变的过程叫作化学平衡的移动（shift in chemical equilibrium）。1884

影响化学平衡的因素

年，法国化学家吕·查德里（Le Chatelier，1850—1936）从实验中总结出一条规律，称为吕·查德里原理，即改变平衡体系的条件之一（如浓度、压力、温度等），平衡就向能减弱这个改变的方向移动。浓度、压力、温度都遵循这一条普遍规律。温度对平衡移动的影响主要是通过改变标准平衡常数来实现的，故本节的实质是导出标准平衡常数随温度的变化关系。

根据标准摩尔吉布斯函数与温度之间的关系式（3－5－17）：

$$\Delta_r G_m^\ominus = \Delta_r H_m^\ominus - T\Delta_r S_m^\ominus$$

恒定压力下，式（3－5－17）对温度求二阶偏微分，可得

$$\frac{\mathrm{d}(\Delta_r G_m^\ominus/T)}{\mathrm{d}T} = \frac{\Delta_r H_m^\ominus}{-T^2} \tag{5-4-1}$$

式（5－3－1）和式（5－4－1）联立可得

$$\frac{\mathrm{d}\ln K^\ominus}{\mathrm{d}T} = \frac{\Delta_r H_m^\ominus}{RT^2} \tag{5-4-2}$$

式（5－4－2）就是微分形式的范特霍夫方程，也称作化学反应等压式。

从式（5－4－2）来看，温度对标准平衡常数的影响与化学反应焓变 $\Delta_r H_m^\ominus$ 密切相关。

对于吸热反应，$\Delta_r H_m^\ominus(T) > 0$，升高温度，$K^\ominus$ 增大，平衡朝正反应方向（吸热）移动。

对于放热反应，$\Delta_r H_m^\ominus(T) < 0$，升高温度，$K^\ominus$ 减小，平衡朝逆反应方向（吸热）移动。

综合考虑上述两种情况可知，升高温度总是对吸热反应有利。

在一定温度范围内，可以近似认为 $\Delta_r H_m^\ominus$ 与温度无关，是一个常数，即 $\Delta_r C_{p,m}=0$。对（5－4－2）进行不定积分，可以得到：

$$\ln K^\ominus(T) = -\frac{\Delta_r H_m^\ominus}{R}\frac{1}{T} + I_1\text{（积分常数）} \tag{5-4-3}$$

式（5－4－3）表明，$\ln K^\ominus - \frac{1}{T}$是直线关系，可以根据实验数据分别测不同温度 T 时的 $K^\ominus$，$\ln K^\ominus - \frac{1}{T}$作图，则直线的斜率为$-\frac{\Delta_r H_m^\ominus}{R}$，从而求得反应的热效应 $\Delta_r H_m^\ominus$。

同样，若已知反应热效应 $\Delta_r H_m^\ominus$，以及温度 T_1 时的标准平衡常数 $K_1^\ominus$，对式（5－4－1）进行定积分，可以得到

$$\ln\frac{K_2^\ominus}{K_1^\ominus} = \frac{\Delta_r H_m^\ominus}{R}\left(\frac{1}{T_1} - \frac{1}{T_2}\right) \tag{5-4-4}$$

这就是范特霍夫方程的定积分式。

例 5－4－1：在高温下 CO_2 按下式分解：$2CO_2 = 2CO + O_2$，在压力为 101.325kPa 下，反应的标准平衡常数在 1000K 和 1400K 时分别为 7.92×10^{-15} 和 1.06×10^{-6}。若在 1000K 和 1400K 的温度区间中 $\Delta_r H_m^\ominus$ 为常数，计算 1000K 时的 $\Delta_r S_m^\ominus$ 和 $\Delta_r G_m^\ominus$。

解：将有关数据代入范特霍夫方程定积分式，得

$$\ln\frac{1.06\times10^{-6}}{7.92\times10^{-15}}=-\frac{\Delta_r H_m^\ominus}{8.314}\left(\frac{1}{1400}-\frac{1}{1000}\right)$$

解之得

$$\Delta_r H_m^\ominus\approx544.50\text{kJ/mol}$$

当 $T_1=1000\text{K}$ 时，

$$\begin{aligned}\Delta_r G_m^\ominus&=-RT_1\ln K_1^\ominus=-8.314\times1000\times\ln7.92\times10^{-15}\\&\approx269.95\times10^3\text{J/mol}\end{aligned}$$

根据
$$\Delta_r G_m^\ominus=\Delta_r H_m^\ominus-T\Delta_r S_m^\ominus$$

可得
$$\Delta_r S_m^\ominus=\frac{\Delta_r H_m^\ominus-\Delta_r G_m^\ominus}{T}=274.55\text{J/(mol·K)}$$

例 5－4－2：煅烧石灰石 $CaCO_3$ 制生石灰 CaO 的反应如下：$CaCO_3(s)\rightarrow CaO(s)+CO_2(g)$。在环境压力为 101.325kPa 下，要使 $CaCO_3$ 发生显著分解，需将 $CaCO_3(s)$ 加热至分解温度。在此温度下产生的反应 CO_2 分解压力才能达到环境压力，使石灰石快速分解。已知由热力学数据可算出 25℃下，上述反应的 $\Delta_r H_m^\ominus$ 为 178.32kJ/mol，$\Delta_r G_m^\ominus$ 为 130.4kJ/mol，试计算 $CaCO_3$ 的分解温度（分解反应按 $\Delta_r C_{p,m}\approx0$ 处理）。

解：根据有关数据，25℃时，$\Delta_r G_m^\ominus=130.4\text{kJ/mol}$，所以

$$K_1^\ominus=\exp\left(-\frac{\Delta_r G_m^\ominus}{RT}\right)=\exp\left(-\frac{130.4}{8.314\times298.15}\right)=1.424\times10^{-23}$$

室温下，平衡常数非常小，说明 $CaCO_3$ 基本不分解。

升温可使 CO_2 气体压力上升，当 CO_2 达到环境压力 101.325kPa 时的温度为分解温度，则

$$K_2^\ominus=\frac{p_{CO_2}}{p^\ominus}=\frac{101.325}{100}=1.01325$$

根据题意可按 $\Delta_r C_{p,m}\approx0$ 处理，即把 $\Delta_r H_m^\ominus$ 视为常数，利用范特霍夫定积分式代入具体数据，得

$$\ln\frac{1.01325}{1.424\times10^{-23}}=-\frac{178.32\times10^3}{8.314}\left(\frac{1}{T_2}-\frac{1}{298.15}\right)$$

解得
$$T_2=1110\text{K}$$

即环境压力为 101.325kPa 时 $CaCO_3$ 的分解温度为 1110K，即 837℃。

例 5－4－2 的结果表明，温度对 $K^\ominus$ 有显著影响，它不仅能改变反应的平衡转化率，还可以改变反应的方向。

实际生产中，温度对反应的影响是双向的，要辩证地看。从提高吸热反应平衡转化率和产率的角度，常常需要高温。但温度过高，可能引起局部过热而爆炸，同时还要考虑温度对副反应及催化剂的影响等，所以在工业上要选择一个合适的温度，必须全面地考虑问题，通过实验来确定。

第五节　影响化学平衡的其他因素

除温度外，浓度、压力、惰性气体及反应物配比的改变也会对化学平衡产生影响。但是温度变化引起化学平衡移动的原因与其他因素有本质区别，温度对化学平衡的影响是通过改变 $K^{\ominus}$ 来实现的。当温度恒定时，浓度、压力、惰性气体及反应物配比的改变并不能改变 $K^{\ominus}$，而是改变了反应商 Q，由 $\Delta_r G_m = RT\ln\frac{Q}{K^{\ominus}}$，导致反应的 $\Delta_r G_m$ 发生变化。

一、浓度或分压对化学平衡的影响

在温度和压力不变的条件下，改变系统中物质的浓度或压力，产生的影响集中表现为反应商的变化。反应组分的浓度或分压对化学平衡的影响可通过化学反应等温方程式 $\Delta_r G_m = RT\ln\frac{Q}{K^{\ominus}}$进行分析，进而判断化学平衡移动的方向。

(1) 当反应物浓度或分压增大或产物浓度或分压减小时，反应商 Q 减小，则 $Q < K^{\ominus}$，$\Delta_r G_m < 0$，平衡向正向移动，即向有利于生成产物的方向移动。

(2) 当反应物浓度或分压减小或产物的浓度或分压增大时，反应商 Q 增大，则 $Q > K^{\ominus}$，$\Delta_r G_m > 0$，平衡向逆向移动，即向减小产物生成的方向移动。

总之，增大平衡系统中某一组分的分压或浓度，平衡将向减小该组分分压或浓度的方向移动。

二、压力（总压）对化学平衡的影响

对于理想气体反应的平衡常数中只有 K_x 与压力有关，而 K_x 表示的是平衡时气体的组成，故通过压力对 K_x 的影响就能说明压力对气相反应平衡移动的影响。

已知理想气体 K_x 与 K_p 的关系为 $K_x = K_p p^{-\sum_B \nu_B}$，以 $K_x = K_p p^{-\sum_B \nu_B}$ 的自然对数式对 p 求偏导，可得

$$\left(\frac{\partial \ln K_X}{\partial p}\right)_T = -\frac{\sum_B \nu_B}{p} = -\frac{\Delta_r V_m}{RT} \tag{5-5-1}$$

式中：p 为系统的总压；$\sum_B \nu_B$ 为气体产物与气体反应物的化学计量系数之和；$\Delta_r V_m$ 为反应的摩尔体积增量，即单位体积内产物的体积与反应物的体积之差。

由式（5-5-1）可以判断平衡移动的方向。

(1) 若 $\sum_B \nu_B > 0$，则 $\left(\frac{\partial \ln K_X}{\partial p}\right)_T < 0$，说明对于气体分子数增加的反应，增加总压不利于正向反应的进行，平衡将朝着减少气体分子数的方向移动。

(2) 若 $\sum_B \nu_B < 0$，则 $\left(\frac{\partial \ln K_X}{\partial p}\right)_T > 0$，说明对于气体分子数减小的反应，增加总压有利于正向进行，平衡将朝着减小气体分子数的方向移动。

(3) 若 $\sum\limits_{B}\nu_B=0$，则 $\left(\dfrac{\partial \ln K_X}{\partial p}\right)_T=0$，说明对于气体分子数不变的反应，总压对平衡没有影响。

从式（5-5-1）可以看出，增大压力有利于体积减小的反应，不利于体积增大的反应，而对于体积不发生改变的反应，压力没有影响。所以，对于凝聚相反应体系，因为反应前后体积改变很小，所以压力对平衡移动的影响可以忽略。

三、惰性气体对平衡的影响

惰性气体就是实际生产过程中混有的不参加反应的气体。例如合成氨的原料气中混有 CH_4、Ar 等气体；再如 SO_2 转化反应中，倘若利用空气作为供养来源，其中多余的 N_2、Ar 也是惰性气体，它们的存在会降低平衡产率或影响平衡移动。

由于压力影响气相反应的平衡组成，如果在反应体系中加入惰性气体，当保持总压不变时会改变各组分分压力，惰性气体的存在实则与减少反应体系总压的效应类同，它不影响平衡常数，却能改变平衡组成。

若保持体系总压不变下加入惰性气体，有

$$K_p=K_x p^{\sum_B \nu_B}=\left(\prod_B x_B^{\nu_B}\right)p^{\sum_B \nu_B}=\left(\prod_B n_B^{\nu_B}\right)\left(\frac{p}{\sum n_B}\right)^{\sum_B \nu_B} \quad (5-5-2)$$

若 $\sum\limits_{B}\nu_B>0$，$\left(\dfrac{p}{\sum n_B}\right)^{\sum_B \nu_B}$ 必定减小，为了维持 K_p 不变，$\prod\limits_{B} n_B^{\nu_B}$ 必然增大，即反应向右移动，表明惰性气体加入对反应分子数增加的反应是有利的。也可理解为：由于总压不变，惰性气体的加入相当于有效成分总压的降低，当然有利于气体分子数增加的反应。

若 $\sum\limits_{B}\nu_B<0$，增加惰性气体必然导致平衡左移，不利于产物生成，因此在反应体系中要设法清除这些惰性气体。例如，在合成氨过程中，原料气中常含有 Ar、CH_4 等惰性气体，虽然不参加反应，但会影响平衡，为了不降低产率，生产中定时在原料进入合成塔前释放一部分循环原料气，以降低系统中惰性气体的百分数来提高产率。

需要注意的是，对于恒容反应，加入的惰性气体不会改变系统中各组分分压，因此，对化学平衡没有影响。

思　考　题

1. 平衡常数的一般表示式是什么？在各种不同的反应系统中它是如何演变成不同表示形式的？

2. 化学反应的 $\Delta_r G_m$ 和 $\Delta_r G_m^{\ominus}$ 有什么区别？计算平衡常数时用哪一个？判断化学反应的方向用哪一个？判断平衡移动用哪一个？

3. 一个化学反应的 $K^{\ominus}$ 与 Q 的物理意义各是什么？在什么情况下二者相同？如何通过 $K^{\ominus}$ 与 Q 来判断化学反应的方向？

4. 平衡移动的共性是什么？一个反应的平衡常数改变了，平衡一定移动吗？反之，如果一个反应平衡移动了，平衡常数一定改变吗？

5. 有人讲：一般情况下，在化学反应过程中（反应的某一产物是人们所需要的产品，例如 $A+F=G+D$，其中 G 是所希望的产品），若能连续不断地及时取走产品，最终得到的产品总量要比一次性反应结束后所得产品数量要多。这句话是否正确，为什么？

6. 对于吸热反应 A(g)＝B(s)＋2C(g)，提高平衡转化率的措施有哪些？

7. 任何反应物都不可能百分之百转化为产物，所以，反应进度将永远小于 1，这种说法对不对？为什么？

8. 对于一个封闭系统，其化学反应的摩尔吉布斯函数变 $\Delta_r G_m$ 即 $\left(\frac{\partial G}{\partial \xi}\right)_{T,p}$ 是否随反应的进度而变化？为什么？

9. 影响化学平衡的因素有哪些？彼此之间有什么相同点和不同点？

10. 工业上，制水煤气的反应方程式可表示为

$$C(s)+H_2O(g)=CO(g)+H_2(g) \quad \Delta_r H_m^{\ominus}=133.5\text{kJ/mol}$$

设反应在 673K 时到达平衡，试讨论下列因素对平衡的影响：①增加碳的含量；②提高反应温度；③增加系统的总压力；④增加水蒸气分压；⑤增加氮气分压。

11. 在一定的温度、压力且不做非体积功的条件下，若某反应的 $\Delta_r G_m>0$，能否研制出一种催化剂使反应正向进行？

习　　题

1. 某固体物质 A 在温度 T 时于一密闭抽空的容器中分解，A(s)＝D(g)＋2G(g)，压力平衡常数 K_p 为 0.032kPa，求 A(s) 的分解压力。 (0.6kPa)

2. 合成氨时所用氢和氮的比例为 3∶1，在 400℃和 10^5 Pa 时，平衡混合物中氨的摩尔分数为 0.0385，求：①反应 $N_2(g)+3H_2(g)=2NH_3(g)$ 的 $K_p^{\ominus}$；②在此温度下，若要得到摩尔分数 0.05 的氨，总压应为多少。 (1.64×10^{-2}，133kPa)

3. 已知 250℃时，反应 $PCl_5(g)=PCl_3(g)+Cl_2(g)$；$K^{\ominus}=1.78$，求 1dm³ 容器内，应放多少 mol PCl_5，才可得到 0.1mol 的 Cl_2。 (0.34mol)

4. 在 1000K，100kPa 下，反应 $C_2H_6(g)=C_2H_4(g)+H_2(g)$ 的平衡转化率为 0.485，求反应的 $K^{\ominus}$。 (0.307)

5. 银可能受 $H_2S(g)$ 腐蚀而发生下面反应：$H_2S(g)+2Ag(s)=Ag_2S(s)+H_2(g)$。在 25℃、标准状态下，将 Ag 放在等体积的 H_2 和 H_2S 组成的混合气中，问能否发生上面的反应。

6. 已知下列两个反应在 298K 时的 $\Delta_r G_m^{\ominus}$：

(1) $2CO(g)+O_2(g)=2CO_2(g)$，$\Delta_r G_m^{\ominus}=-513.72\text{kJ/mol}$

(2) $2H_2(g)+O_2(g)=2H_2O(g)$，$\Delta_r G_m^{\ominus}=-456.80\text{kJ/mol}$

求在相同温度下反应：(3) $CO(g)+H_2O(g)=CO_2(g)+H_2(g)$ 的 $K^{\ominus}$。

(9.74×10^4)

7. 已知在25℃及 1.01325×10^5Pa 下，反应 $CO(g)+2H_2(g)=CH_3OH(g)$ 的 $\Delta_r H_m^{\ominus}=-90.54$kJ/mol，$\Delta_r S_m^{\ominus}=-221.12$J/(K·mol)，设 $\Delta_r H_m^{\ominus}$ 不随温度变化，试求500K时的 $K^{\ominus}$。(0.995)

8. 将 2×10^5Pa 的CO通入含有过量S的反应器中，最后测得平衡压为 1.03×10^5Pa，设反应为：$S(s)+2CO(g)=SO_2(g)+2C(s)$，试求反应的 $K^{\ominus}$。(2.7×10^{10})

9. 已知298.15K时反应 $CaCO_3(s)=CaO(s)+CO_2(g)$，根据附录Ⅵ有关数据，估算 $CaCO_3(s)$ 的转化温度。(1110K)

10. 已知在1600℃、100kPa下，反应 $Fe(l)+1/2O_2(g)=FeO(l)$ 的 $\Delta_r H_m^{\ominus}=-258.74$kJ/mol，$\Delta_r S_m^{\ominus}=-60.82$J/(K·mol)，求反应的 $K^{\ominus}$。(1.09×10^4)

11. 乙醇气相脱水可制备乙烯，其反应为：$C_2H_5OH(g)=C_2H_4(g)+H_2O(g)$，各物质298K时的 $\Delta_f H_m^{\ominus}$ 及 $S_m^{\ominus}$ 如下：

	$C_2H_5OH(g)$	$C_2H_4(g)$	$H_2O(g)$
$\Delta_f H_m^{\ominus}$/(kJ/mol)：	−235.10	52.26	−241.818
$S_m^{\ominus}$/[J/(K·mol)]：	282.70	219.56	188.825

试计算25℃时反应的 $K^{\ominus}$。(0.0386)

12. 已知反应：$H_2(g)+1/2O_2(g)=H_2O(g)$；$\Delta_r H_m^{\ominus}(298.15K)=-241.6$kJ/mol，各物质的标准熵值如下：

	$H_2(g)$	$O_2(g)$	$H_2O(g)$
$S_m^{\ominus}$(298.15K)/[J/(K·mol)]：	130.684	205.138	188.825

试计算298.15K时 $H_2O(g)$ 的标准摩尔生成焓变及该反应的标准平衡常数。

(1.02×10^{40})

13. 根据附录Ⅵ数据计算并求600K时下述反应的 $K^{\ominus}$。

$$CO(g)+H_2O(g)\rightarrow CO_2(g)+H_2(g)$$

已知：$\Delta_r H_m^{\ominus}(298.15K)=-41.214$kJ/mol，$\Delta_r S_m^{\ominus}(298.15K)=-42.39$J/(K/mol)，设 $\Delta_r H_m^{\ominus}$ 不随温度变化。(23.68)

14. 在高温和标准压力下，将水蒸气通过灼热的煤层，按下式生成水煤气

$$C(s)+H_2O(g)\rightarrow H_2(g)+CO(g)$$

若在1000K和1200K时的 $K^{\ominus}$ 分别为2.472及37.58，试计算：

(1) 在此温度范围内的标准摩尔反应焓变 $\Delta_r H_m^{\ominus}$（设反应焓变在该温度区间内为常数）。(135.76kJ/mol)

(2) 1100K时反应的平衡常数 $K^{\ominus}$(1100K)。(10.92)

15. NH_4HS 按下式解离：$NH_4HS(s)\rightarrow NH_3(g)+H_2S(g)$，在298K的解离压力为 6.38×10^4Pa，若在某容器内已含有 5.32×10^4Pa 的氨，再投入足量的固态 NH_4HS，则平衡后容器内的总压力为多少？气相中各组分的分压力各为多少？

(83.2kPa，68.2kPa，15.0kPa)

16. 已知 298.15K 时下列热力学数据：

	$BaCO_3$(s)	BaO(s)	CO_2(g)
$\Delta_f H_m^\ominus$/(kJ/mol)：	−1218.8	−558.1	−393.509
$\Delta_f G_m^\ominus$/(kJ/mol)：	−1138.9	−528.4	−394.359

求 $BaCO_3$(s) 的分解温度。　(1550K)

17. 反应：$LaCl_3(s)+H_2O(g)=LaOCl(s)+2HCl(g)$，在 804K 及 733K 的 $K^\ominus$ 分别为 63.83 和 12.67，试求反应的 $\Delta_r H_m^\ominus$、$\Delta_r S_m^\ominus$。

[112.2kJ/mol，174.1J/(K·mol)]

18. 反应 $2Cu_2O(s)+O_2(g) \rightarrow 4CuO(s)$ 的平衡常数为 $\lg K^\ominus=-13260/T+12.4$，试计算在 1000K 时，在空气中生成 1kg CuO 的 $\Delta_r G^\ominus$ 与 $\Delta_r H^\ominus$。

(16.467kJ，793.4kJ)

19. 298.15K 时分解反应 $N_2O_4(g)=2NO_2(g)$ 的 $\Delta_r G_m^\ominus=4.75$kJ/mol。试判断该温度及 $p_{N_2O_4}=100$kPa、$p_{NO_2}=10$kPa 的条件下反应进行的方向。

20. 有理想气体反应：$2SO_2(g)+O_2(g)=2SO_3(g)$，在 1000K 时，$K_p=3.45p^\ominus$。试计算：在 SO_2 分压为 $0.200p^\ominus$、O_2 的分压为 $0.100p^\ominus$、SO_2 分压为 $1.00p^\ominus$ 的混合气中，发生上述反应的 $\Delta_r G_m$，并判断反应进行的方向。若 $p_{SO_2}=0.200p^\ominus$，$p_{O_2}=0.100p^\ominus$，为使反应向 SO_3 减少的方向进行，SO_3 的分压至少为多少？

21. 将一个溶剂为 1.0547dm^3 的使用容器抽空，在温度为 297.0K 时倒入 NO 直到压力为 24136Pa，然后再引入 0.7040g Br_2，并升温到 323.7K 反应达到平衡时压力为 30823Pa。求 323.7K 时反应 $2NOBr(g)=12NO(g)+Br_2(g)$ 的 $K^\ominus$。　(0.04129)

22. 在高温下 CO_2 按下式分解：$2CO_2=2CO+O_2$，在压力为 101.325kPa 下，反应的标准平衡常数在 1000K 和 1400K 时分别为 7.92×10^{-15} 和 1.06×10^{-6}。若在 1000K 和 1400K 的温度区间中 $\Delta_r H_m^\ominus$ 为常数，计算 1000K 时的 $\Delta_r S_m^\ominus$ 和 $\Delta_r G_m^\ominus$。

[274.55J/(K·mol)，269.95kJ/mol]

第六章

相平衡

相平衡是热力学在化学领域中的重要应用之一，也是化学热力学的重要研究对象。

研究多相平衡系统在化学、化工及相关行业中有着重要的意义，比如，化工生产的精馏过程，实验室中的蒸馏、结晶、溶解、萃取，冶金工业中关于提纯、金相分析，中医药的提取、金属废水的回收利用等，包括拉乌尔定律和亨利定律、稀溶液的依数性等，都是相平衡的具体应用。

在一个封闭的多相系统中，相与相之间可以有热的交换、功的传递和物质的交流。对具有 P 个相的热力学平衡系统，实际上包含了如下四个平衡条件：

（1）热平衡：设系统有 α、β、…、P 个相，达到平衡时，各相具有相同温度。

（2）压力平衡：达到平衡时各相的压力相等，即 $p^{\alpha}=p^{\beta}=\cdots=p^{P}$

（3）相平衡：任一物质B在各相中的化学势相等，即 $\mu_{\mathrm{B}}^{\alpha}=\mu_{\mathrm{B}}^{\beta}=\cdots=\mu_{\mathrm{B}}^{P}$

（4）化学平衡：化学变化达到平衡，即 $\sum_{\mathrm{B}}\nu_{\mathrm{B}}\mu_{\mathrm{B}}=0$

在多相平衡系统中，随着条件（如温度、压力、组成等）的改变，物质总是在不同的聚集状态以及晶型之间相互转变，转变过程中遵守热力学基本定律，相关状态函数及化学势也为研究相平衡提供了基本工具，因此可以沿用热力学的有关方法来研究相平衡。通过借助热力学的基本原理和公式，推导温度、压力、组成等各量间的关系，得到确切的数学公式，比如相律、拉乌尔定律、克拉佩龙方程等。也可以借助相图来进行研究，从直观的图形中可以直接了解各量（如温度、压力、组成）之间的关系。

用于表达多相系统的状态随温度、压力、组成等变量的改变而变化的图形，称为相图（phase diagram）。根据变量的数目，相图有不同的形状。例如，有两个变量，可以用平面图；有三个变量，则为三维立体图形。实际研究中，常常固定其中的一个或几个变量，用平面图形表示相图，进行研究。比如可以固定压力，研究温度和组成改变过程中，系统状态的变化；但组成不变时，可以研究压力随温度的变化，如水的相图。本章更多是对不同系统相图的分析，因此，学习的方法也由之前的逻辑思维转变为形象思维。

第一节　相　　律

多相平衡系统及相律

在一个多相平衡系统中，相数、组分数、自由度数以及影响相平衡的因素数之间存在相互关系。1875 年，吉布斯利用热力学基本原理，推导出了其间的关系，称为相律，即：在不考虑影响相平衡系统的其他力场因素（如磁场、电场等），只考虑温度和压力两个因素的影响时，多相平衡系统中相数 P、独立组分数 C 和自由度 f 之间存在下列关系：

$$f=C-P+2 \tag{6-1-1}$$

式（6－1－1）称作吉布斯相律，吉布斯相律奠定了相平衡研究的理论基础。

一、相数 P

相（phase）是指系统内部物理性质和化学性质完全均匀的部分。相与相之间在指定条件下有明显的界面，在界面两侧宏观性质截然不同。例如，在 273.15K 和 101.325kPa 时，水和冰两相共存，水和冰虽然各自内部物理性质和化学性质均匀，但是，两相的密度、黏度等却有很大差别。

多相平衡系统中相的总数称为相数，用 P 表示。

对于气体，无论有多少种气体都能够均匀混合，所以只有一个相。

对于液体系统，按其互溶程度可以组成一相、两相或三相共存。一般完全互溶的部分形成一相。例如，水和苯胺在温度 350K、质量分数各为 50%时混合在一起，分为两层，即两相，一相是水在苯胺中溶解形成的饱和溶液，另一相是苯胺溶解在水中形成的饱和溶液。这里要注意的是，把“相”和“态”区分开来，如水和苯胺在 350K 都属于液态，但却是不同的两相。

对于固体，一种固体或一种晶型便是一相。两种固体粉末无论混合得多么均匀，仍是两个相（固体溶液除外，它是单相）。如碳 C 元素常见有两种晶型，即石墨和金刚石，即使混合得再均匀仍为两个不同的相态；大块的石墨和石墨粉末混合在一起，即使不均匀，因为有相同的晶型，仍然是一相。

二、独立组分数（number of independent component）

在平衡系统所处的条件下，能够确保各相组成所需的最少独立物种数称为独立组分数。它的数值等于体系中所有物种数 S 减去系统中独立的化学平衡数 R，再减去各物种间的浓度限制条件 R'，即 $C=S-R-R'$。

三、自由度 f（degrees of freedom）

当系统的温度、组成发生变化时，会引起系统状态的改变。如果维持系统状态特别是相态不变，所必需的独立变量的数目称为自由度，用字母 f 表示。在现有研究范围内，对多相平衡系统往往只考虑压力、温度和组成（浓度）这三个变量。例如，对于单组分系统，不考虑组成的影响，只考虑温度和压力两个变量；在单一相态（气、液或固）范围内，温度和压力两个变量在一定范围内都可以自由改变而不会引起相变，即有两个自由度；如果要维持气液两相平衡，由于液体在一定温度下的蒸气压是一个定值，所以压力不能自由变化，即此时只有一个自由度。

对多组分系统，如果已指定某个变量，则除该变量以外不引起相变的其他变量数称为条件自由度。如指定了压力，则影响因素数剔除一个，即条件自由度 $f^*=C-P+1$；如同时指定了压力和温度，则条件自由度 $f^{**}=C-P$。

比如，在一定温度下，向一容器中投入一定量 PCl_5 固体，存在下列平衡：

$$PCl_5(s) \Leftrightarrow PCl_3(g) + Cl_2(g)$$

一段时间后，$PCl_5(s)$ 分解达到平衡，此时物种数 $S=3$，独立的化学平衡数 $R=1$，因为系统内 $PCl_3(g)$ 和 $Cl_2(g)$ 的分压力相等，所以浓度限制条件 $R'=1$，那么独立组分数 $C=3-1-1=1$，系统内有固体 $PCl_5(s)$ 和气体两相，$P=2$，因为温度固定，所以条件自由度 $f^*=1-2+1=0$。表明在确定温度下，$PCl_5(s)$ 的分解压力是一个定值。

再如，一定温度下，在一个密闭容器内，下列物质间存在平衡

$$PCl_5(s) = PCl_3(g) + Cl_2(g)$$

物种数 $S=3$，$R=1$，由于不确定各物质的量，所以浓度限制条件 $R'=0$，那么独立组分数 $C=S-R-R'=2$。系统内有两相 $P=2$，温度固定时，条件自由度数 $f^*=2-2+1=1$。表明一定温度时，一个因素（压力或者组成）可以自由改变，而不会影响平衡；另一个因素只能随之按照一定定量关系发生变化。

再看一个例子，假设一个系统中有 $C(s)$、$H_2O(g)$、$CO_2(g)$、$CO(g)$、$H_2(g)$ 共存，并没有指明温度和压力。系统中可能存在下列平衡：

(1) $C(s) + H_2O(g) \Leftrightarrow CO(g) + H_2(g)$

(2) $C(s) + CO_2(g) \Leftrightarrow 2CO(g)$

(3) $CO(g) + H_2O(g) \Leftrightarrow CO_2(g) + H_2(g)$。

系统中物种数 $S=5$，三个化学平衡中有一个可由其他两个得到，则独立化学平衡数 $R=2$；又由于各物质间量的关系不明确，故 $R'=0$，所以独立组分数 $C=5-2=3$；相数为 2，那么自由度 $f=C-P+2=3-2+2=3$。也就是说，这个系统的温度、压力和组成都可以在一定范围内自由变化，而不影响系统的多相平衡状态。

拓 展 资 料

相律的推导

在第四章中已述及，在恒温恒压下多组分多相系统中任一物质（B）在各相（α，β，γ，…）平衡共存的条件是该物质在各相中的化学势相等，即

$$\mu_B^\alpha = \mu_B^\beta = \cdots = \mu_B^P$$

倘若系统中某一物质不能满足上述条件，则该物质必然自发地从化学势较高的相转移到化学势较低的相中去，且一直继续到该种物质在各相中的化学势相等为止。

由代数定理可知，在已知变量间如存在一相互制约关系，即存在一方程式，独立变量数将减少一个；如有 n 个方程式则独立变量数将减少 n 个，所以只要将确定系统状态的总变量数减去关联变量的方程式数便得独立变量数或自由度，即自由度=总变量数－方程式数。

先考虑一个 1，2，3，…，C 共 C 个组分的系统，并设每一组分均分别分布于 α，β，γ，…，P 共 P 个相的每一相中。欲确定一个相的状态，须知道其温度、压力及（$C-1$）个浓度的数值，即 C 个浓度仅有 $C-1$ 个是独立的，对于 P 个相可排列如下：

$$x_1^\alpha, x_2^\alpha, x_3^\alpha, \cdots, x_{C-1}^\alpha$$

$$x_1^{\beta}, x_2^{\beta}, x_3^{\beta}, \cdots, x_{C-1}^{\beta}$$

$$\vdots$$

$$x_1^{P}, x_2^{P}, x_3^{P}, \cdots, x_{C-1}^{P}$$

共有 $P(C-1)$ 个浓度变量。此外，因系统机械平衡才能保证相平衡的存在。各相温度相等，均等于系统的温度 T；各相的压力也相等，均等于系统的压力 p：

$$T = T^{\alpha} = T^{\beta} = \cdots = T^{P}$$

$$p = p^{\alpha} = p^{\beta} = \cdots = p^{P}$$

即多相平衡系统整体应有统一的温度和压力，故在浓度变量项后须加“2”，这样系统的总变量数为 $P(C-1)+2$。如果还有其他影响平衡的因素存在，如电场、磁场、重力场等，理应再加上去。

系统中各组分的浓度变量有 $P(C-1)$ 个，但它们并非完全独立。据相平衡条件，平衡时每个相中的化学势应相等。因系统中有 P 个相，而同一组分在 P 个相中存在有 $P-1$ 个化学限制条件，每一化学势限制条件将导致浓度的独立变量数减少一个。故 C 个组分在 P 个相平衡限制条件数是 C 乘以 $P-1$，即 $C(P-1)$ 个。

$$\mu_1^{\alpha} = \mu_1^{\beta} = \cdots = \mu_1^{P}$$

$$\mu_2^{\alpha} = \mu_2^{\beta} = \cdots = \mu_2^{P}$$

$$\vdots$$

$$\mu_C^{\alpha} = \mu_C^{\beta} = \cdots = \mu_C^{P}$$

而总变量数减去相平衡限制条件数（关联变量方程数）则为自由度数，即

$$f = [P(C-1)+2] - C(P-1) = C - P + 2$$

由此可知，自由度数随组分数增加而增加，但随着相数的增加而减少，式中的“2”表示系统整体的温度和压力。

需要注意的是，相律只适用于相平衡系统，对于没有达到相平衡的系统不适用。

第二节　单组分系统物态方程

单组分系统的物态方程

热力学基本方程揭示了各热力学函数间的相互关系，在相平衡系统中，特别是纯物质的任意两相平衡系统中，当温度及压力的改变超出一定范围后，都会引起相变，然后重新建立新的平衡，系统的摩尔吉布斯函数或化学势、熵等热力学函数也相应变化。本节从热力学的角度研究单组分系统两相平衡时温度、压力及相变焓之间的关系。

一、克拉佩龙（Clapeyron）方程

克拉佩龙

设某一纯物质 B 在恒定温度 T、压力 p 下由 α 相变化到 β 相，并达到平衡。由于相平衡时物质 B 在两相的化学势相等（见第四章第二节）

$$\mu^{\alpha} = \mu^{\beta} \tag{6-2-1}$$

根据化学势定义，单组分化学势等于其摩尔吉布斯函数，即

$$G_m^{\alpha} = G_m^{\beta} \tag{6-2-2}$$

当温度发生变化后，在新的温度条件（$T+\mathrm{d}T$）及其平衡压力（$p+\mathrm{d}p$）下两相仍平

衡，那么新的温度压力条件下两相的摩尔吉布斯函数仍然相等，即

$$G_m^{\alpha}+dG_m^{\alpha}=G_m^{\beta}+dG_m^{\beta} \tag{6-2-3}$$

可知

$$dG_m^{\alpha}=dG_m^{\beta} \tag{6-2-4}$$

由热力学基本公式（3－6－5） $dG=-SdT+Vdp$

可得

$$-S_m^{\alpha}dT+V_m^{\alpha}dp=-S_m^{\beta}dT+V_m^{\beta}dp \tag{6-2-5}$$

相平衡时

$$\Delta_{\alpha}^{\beta}S_m=\Delta_{\alpha}^{\beta}H_m/T \tag{6-2-6}$$

将式（6－2－6）代入式（6－2－5）并整理得

$$\frac{dp}{dT}=\frac{\Delta_{\alpha}^{\beta}H_m}{T\Delta_{\alpha}^{\beta}V_m} \tag{6-2-7}$$

式中：$\Delta_{\alpha}^{\beta}H_m$ 为系统从 α 相变为 β 相时的热效应即摩尔相变焓；$\Delta_{\alpha}^{\beta}V_m$ 为系统从 α 相变为 β 相时体积的变化即摩尔相变体积。式（6－2－7）称作克拉佩龙方程（Clapeyron equation）。

克拉佩龙方程描述了纯物质在任意两相平衡时，系统平衡压力和平衡温度之间的关系，可据此求算任意两相平衡时蒸气压随温度的变化率，或者可以倒过来求算系统的熔点、沸点等相变温度随压力的变化率，即

$$\frac{dT}{dp}=\frac{T\Delta_{\alpha}^{\beta}V_m}{\Delta_{\alpha}^{\beta}H_m} \tag{6-2-8}$$

例 6－2－1：已知在 273.15K 时，冰的摩尔熔化热为 6003J/mol，在此温度下，冰和液态水的摩尔体积分别为 1.963×10^{-2}L/mol 和 1.800×10^{-2}L/mol。试求压力改变对熔点（凝固点）的影响情况。

解：由题意可知，$T=273.15$K，$\Delta_s^l H_m=6003$J/mol，则据式（6－2－8）可得

$$\begin{aligned}\frac{dT}{dp}&=\frac{T\Delta_s^l V_m}{\Delta_s^l H_m}\\&=\frac{273.15\text{K}\times(1.800-1.963)\times10^{-2}\times10^{-3}\text{m}^3/\text{mol}}{6003\text{J/mol}}\\&\approx-7.42\times10^{-8}\text{K/Pa}\\&=-7.42\times10^{-5}\text{K/kPa}\end{aligned}$$

即，当压力每增加 1kPa，冰的熔点或凝固点降低 7.42×10^{-5}K。

常见物质的熔化过程都是吸热，即 $\Delta_s^l H_m>0$，由“热胀冷缩”的原理，$\Delta_s^l V_m>0$，所以，一般物质总是随着压力增大熔点（凝固点）升高。但是，对水来说，其在 3.98℃（277.13K）时密度最大，即在 273.15K 时固态冰的密度反而比水的密度要小，所以冰的摩尔体积要大于水的摩尔体积，则 $\Delta_s^l V_m<0$，所以冰的熔点（凝固点）反而随着压力的增加有所下降。但是也可以看出，由于液体和固体同属于凝聚态，1mol 物质的体积相差不太大，所以压力对熔点（凝固点）的影响较小。

从另外一个角度看，由于凝固点随压力的增大而降低，而凝固过程是放热过程，也就是焓变小于零，所以水凝固结冰后体积会变大，而密度变小，在冬天看到水总是从表面开始结冰，冰山总是漂浮在海面上，都是这个原因。

二、克劳修斯-克拉佩龙（Clausius - Clapeyron）方程

在纯组分的两相平衡中，如果其中有一相是气相，比如系统由液相变为气相的蒸发过程或由固相变为气相的升华过程，由于气相的密度远小于凝聚态的密度，所以其摩尔体积要大于凝聚态的体积，此时往往可以忽略凝聚态的体积，并把气体近似看作理想气体进行处理。此时克拉佩龙方程可演变为

$$\frac{\mathrm{d}p}{\mathrm{d}T}=\frac{\Delta_{\mathrm{vap}}H_m}{T\Delta_{\mathrm{l}}^{\mathrm{g}}V_m}\approx\frac{\Delta_{\mathrm{vap}}H_m}{TV_{m,g}}=\frac{\Delta_{\mathrm{vap}}H_m}{T\dfrac{RT}{p}}$$

将压力 p 移项，可得

$$\frac{\mathrm{d}p/p}{\mathrm{d}T}=\frac{\Delta_{\mathrm{vap}}H_m}{RT^2}$$

即

$$\frac{\mathrm{d}\ln p}{\mathrm{d}T}=\frac{\Delta_{\mathrm{vap}}H_m}{RT^2} \tag{6-2-9}$$

式中：$\Delta_{\mathrm{vap}}H_m$ 为摩尔蒸发焓或为摩尔升华焓。式（6－2－9）称作克劳修斯-克拉佩龙（Clausius－Clapeyron）方程，简称克-克方程，反映了液体的蒸发或固体的升华过程中蒸气压随温度的变化情况。

若设 $\Delta_{\mathrm{vap}}H_m$ 与温度无关，则可对式（6－2－9）进行不定积分，得

$$\ln p=-\frac{\Delta_{\mathrm{vap}}H_m}{R}\frac{1}{T}+I_2(\text{积分常数}) \tag{6-2-10}$$

根据不定积分式，可以测出一系列温度条件下相应的蒸气压，以 $\ln p$ 对 $1/T$ 作图，得到一条直线，由直线的斜率可以求出摩尔蒸发焓。

同时，对式（6－2－9）进行定积分可得

$$\ln\frac{p(T_2)}{p(T_1)}=\frac{\Delta_{\mathrm{vap}}H_m}{R}\left(\frac{1}{T_1}-\frac{1}{T_2}\right) \tag{6-2-11}$$

式（6－2－11）是克-克方程的定积分式，常用于分别测定两个不同温度的饱和蒸气压，然后计算液体的摩尔蒸发焓或固体的摩尔升华焓；或者在已知摩尔蒸发焓时，利用一个温度下的蒸气压去计算另一温度下的蒸气压。

拓　展　资　料

温度对化学平衡和相平衡的影响

温度对化学平衡的影响，体现在范特霍夫方程，见式（5－4－3），即

$$\ln K^{\ominus}=-\frac{\Delta_r H_m^{\ominus}}{RT}+I_1$$

式中：$K^{\ominus}$ 为标准平衡常数；$\Delta_r H_m^{\ominus}$ 为摩尔反应焓。

温度对相平衡的影响，体现在克-克方程，见式（6－2－10）。

设在一定温度下，某物质B达到气液两相平衡，即

$$\mathrm{B(l)}\Leftrightarrow\mathrm{B(g)}$$

若不考虑压力对液相的影响，并且将此系统看作是一个复相平衡，则此平衡的标准平衡常数为

$$K^{\ominus}=\frac{p_{B}}{p^{\ominus}} \qquad (6-2-12)$$

式中：p_B 为气相物质B的平衡压力，即蒸气压。

对此复相化学平衡系统，反应热 $\Delta_r H_m$ 等同于蒸发焓 $\Delta_{vap} H_m$。将式（6－2－12）代入式（5－4－3），可得

$$\ln\frac{p}{p^{\ominus}}=-\frac{\Delta_{vap}H_m}{RT}+I_1$$

整理得

$$\ln p=-\frac{\Delta_{vap}H_m}{RT}+I_1+\ln p^{\ominus} \qquad (6-2-13)$$

设积分常数 $I_2=I_1+\ln p^{\ominus}$，则

$$\ln p=-\frac{\Delta_{vap}H_m}{RT}+I_2 \qquad (6-2-14)$$

此即克-克方程。由此可见，克-克方程是范特霍夫方程在相平衡条件下的具体表现。也就是说，温度对于化学平衡和相平衡的影响规律是相同的。

第三节　单组分系统相图

单组分系统的相图

单组分系统相平衡主要从两个方面进行研究。一个是单组分系统的物态方程，也就是克拉佩龙方程和克-克方程，这两个方程是从热力学的角度研究两相平衡时温度、压力及相变焓之间的关系。另一个是相图，相图是在实验中通过测定系统的温度、压力和组成，以几何图形的形式直观地反映系统的成分、状态和自由度间的变化关系，在研究相平衡中具有非常重要的作用，通过分析相图的几何规律，可以从中了解有关现象和工艺的原理。

在通常情况下，单组分系统比如水、二氧化碳，通常有气、液、固三相，在三相的相互转变过程中，温度和压力之间按照克拉佩龙方程存在定量关系。因此，对于单组分系统，常常改变温度测两相平衡时的蒸气压，然后以压力为纵坐标、以温度为横坐标绘制任意两相平衡时蒸气压随温度的变化曲线，就得到了相图。

一、相律分析

对于单组分系统，因为组分数 $C=1$，根据相律

$$f=C-P+2=3-P$$

由于系统至少包含一个相，即 $P_{min}=1$，单相时，最大自由度 $f_{max}=2$，是双变量系统，此时温度和压力可以同时改变而不引起相变。因此，当以压力和温度为坐标轴，作出二维平面相图时，单相为一个区域，压力和温度在一定范围内可以同时自由改变。

当 $P=2$ 即两相平衡时，自由度 $f=1$，属于单变量系统，温度和压力表现为一定的函数关系，当温度（或压力）自由改变时，另一变量压力（或温度）按照克拉佩龙

方程关系式随之而变。在单组分系统相图中，两相平衡表现为一条线，应为两个单相区域间的分界线，即两相平衡线。在这条线上，当温度或压力改变时，压力或温度在线上相应移动，其斜率理论上可以从克拉佩龙方程或克-克方程相应求算出来。

当 $P=3$ 即三相共存时，自由度 $f=0$，无变量，此时温度和压力都确定不变。在相图上，温度和压力都不变的情况应该表现为某一个点，称作三相点。三相点是由系统自身所决定的，固有的，不可选择的。三相点是三条两相平衡线的交点。由于自由度 f 最小为 0，所以单组分系统最多只能三相共存，不可能有四个相。

综上所述，对于单组分系统，最少有一相存在，在相图中表现为一个区域；最多有三相共存，自由度为零，在相图中表现为一个点；两相平衡线是两个单相区域的分界线。在进行相图分析时，主要从面、线、点三个方面分别讨论。

下面主要介绍水的相图。

二、水的相图

通常情况下，水可以有气、液、固三相，在三相的相互转变过程中，温度和压力之间按照克拉佩龙方程存在一定的依赖关系。因此，可以分别在任意两相变化中通过改变温度测蒸气压，然后以压力为纵坐标，以温度为横坐标绘制相图，在相图上分别绘出任意两相平衡时蒸气压随温度的变化曲线，就得到水的相图，如图 6-3-1 所示。

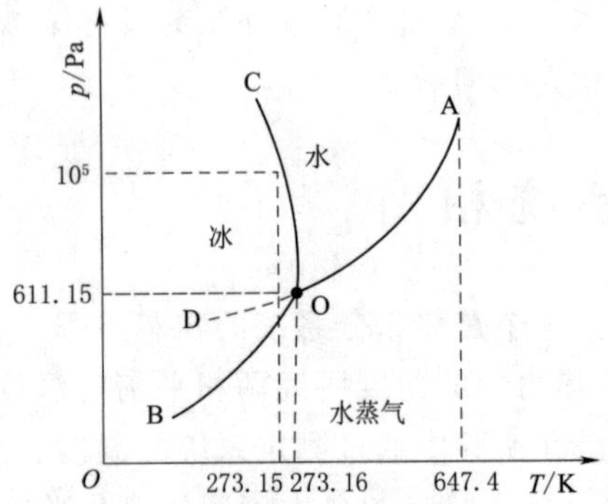

图 6-3-1 水的相图示意

由图 6-3-1 可以看出，水的气、液、固三个单相分占一个区域，各区域内，自由度 $f=2$，温度和压力可以在适当范围内自由改变而不引起相变。

任意两相间分界线为两相平衡线，自由度 $f=1$，当温度（或压力）改变时，压力（或温度）只能沿着线变化。其中，OA 线为气液两相平衡线，或称作水的蒸气压曲线。由 OA 线可以看出，随着温度的升高，蒸气压逐渐增大；由克拉佩龙方程可知

$$\frac{\mathrm{d}p}{\mathrm{d}T}=\frac{\Delta_l^g H_m}{T\Delta_l^g V_m}>0$$

由于水的蒸发过程吸热，并且体积增大，所以 $\Delta_l^g H_m>0$，$\Delta_l^g V_m>0$，所以曲线的斜率也就是蒸气压随温度变化率大于 0。OA 线不可能无限延长，在相图上止于 A 点（647.4K，2.2×10^7），称作水的临界点，一般高于临界点温度就不能采用加压的方法将流体液化。当温度和压力高于临界点时，气液界面消失，两相密度近于相等，约等于液体的密度，黏度和扩散能力接近于气体，成为“超临界流体”。超临界流体在中医药和食品工业中具有很高的应用价值。

OB 线为冰的蒸气压曲线，或称作冰的升华曲线。此曲线上，蒸气压也随着温度升高而增大，曲线的斜率

$$\frac{dp}{dT}=\frac{\Delta_s^g H_m}{T\Delta_s^g V_m}>0$$

OB线的斜率要比OA线的斜率大，这是因为冰的摩尔升华焓要比水的蒸发焓大，所以蒸气压受温度的影响更大，变化更显著。理论上，B点可以延伸至绝对零度附近。

OC线为水的凝固点曲线，或称作冰的熔点曲线。由图中可以看出，随着压力升高，水的凝固点反而降低，这是实验测出的结果。这主要与水在低于3.98℃时密度（或体积）的反常变化有关。通常物质有"热胀冷缩"的性质，即温度升高密度变小体积变大，温度降低密度变大体积变小。但是，水在3.98℃密度最大，因此，当水在低于0℃结冰时密度反而变小体积变大，因此，冰往往浮在水面上。同时，结合克拉佩龙方程也可以看出：

$$\frac{dp}{dT}=\frac{\Delta_s^l H_m}{T\Delta_s^l V_m}<0$$

当升高温度冰融化吸热 $\Delta_s^l H_m>0$，而体积变小 $\Delta_s^l V_m<0$；降低温度，水结冰放热 $\Delta_l^s H_m<0$，体积增大 $\Delta_l^s V_m>0$。所以在相图中，OC线左侧为冰，右侧为水。

一般情况下，OC线止于C点（2×10^8Pa）。因为，当压力越高，冰的结晶状态越复杂（如雪花），相图也越复杂，所以通常我们只研究到C点时的状态。

OD为OA的反向延长线，是过冷水的蒸气压曲线，此时，温度已经低于凝固点温度，但是仍然没有结冰。OD线处于冰的相区内，不是过冷水和蒸气的稳定平衡，但可以在一定时间内存在，属于一种亚稳状态，系统稍有变化马上就会结晶凝固（参见第九章）。

图中的O点称作水的"三相点"，也可以看作是三条两相平衡线的交点，这时系统无变量。三相点是由水自身的性质所决定的，是不随外界条件改变的。水的三相点（273.16K、611.15Pa）和通常所说的凝固点有着本质的区别。前已指出，三相点是物质自身的特性，不能加以改变，如 H_2O 的三相点温度273.16K，是与其蒸气压611.15Pa平衡共存的温度。而凝固点则是在大气压力下，水、冰、气三相共存时的温度。当大气压力为101.325kPa时，水的凝固点为273.15K；改变外压，凝固点也随之改变。在常压（101.325kPa）下，水的凝固点比三相点温度要低0.01K，这是由两种因素造成的：

（1）测定凝固点的外压比水的三相点压力高，使凝固点下降0.00747K。根据例6-2-1可知：

$$\Delta T=\frac{(101325-611.15)dT}{dp}\text{K}$$

$$=(101325-611.15)\times(-7.42\times10^{-8})\text{K}$$

$$\approx-0.00747\text{K}$$

（2）实测水的凝固点时，是在常压下测的，水中溶有空气，形成稀溶液，使凝固点下降0.00241K。由于空气在水中饱和溶解度为 $b_B=0.0013$mol/kg，水的凝固点降低常数 $K_f=1.855$K·kg/mol，则凝固点下降：

$$\Delta T = K_f b_B = 0.0013\text{mol/kg} \times 1.855\text{K} \cdot \text{kg/mol} \approx 0.00241\text{K}$$

综合两方面因素，水在常压下的凝固点比三相点温度降低 0.00988K，约为 0.01K。虽然只有 0.01K 的差距，但是凝固点和三相点的物理意义却完全不同。

水的三相点的确定有我国著名物理化学家黄子卿先生的巨大贡献。1927 年，国际度量衡委员会选定水的凝固点为热力学温标的基准点，定为 273.15K。但是水的凝固点是在 1 大气压下被空气饱和的水的液-固平衡的温度，它受外界大气压或进行测量的地理位置影响，并且与水被空气饱和的状况有关。因此科学界对它的重现性和精度提出过怀疑。1934 年，黄子卿赴美国麻省理工学院随热力学名家比泰（J. A. Beattie）做热力学温标的实验研究，重新测定水的三相点。黄子卿仔细计算大气压力及水液面高度产生的附加压力对冰室平衡温度的影响，测量水样的电导，折算为盐浓度，并在严格固定的条件下，以饱和溶解了空气的水样为研究对象，按稀溶液的依数性，估算杂质造成的水的凝固点的降低，他采用当时能达到的精确测温手段，并对体系采取严格的隔热防辐射措施。由此得到水的三相点为 0.00980±0.00005℃。这一结果被美国华盛顿哲学会主席斯蒂姆逊（H. F. Stimson）推崇为水的三相点的可靠数据之一，成为 1948 年国际实用温标（IPTS—1948）选择基准点——水的三相点的参照数据之一。

黄子卿

水化学与水哲学

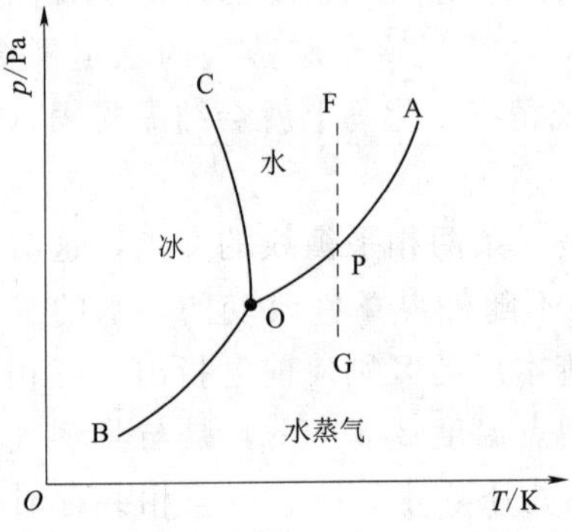

图 6-3-2　水的物态变化示意

由水的相图中还可以看出温度或压力变化时物态的变化情况，如图 6-3-2 所示。设现有常温低压下的气态水（图中 G 点），保持温度不变持续增加压力，系统就会沿着线向上移动，当压力增加到无限接近气液两相平衡线上的 P 点时，开始有小液滴形成，然后温度和压力会恒定不变保持一段时间，气液两相处于平衡状态，气相分子持续向液相转变，直到最后一个水分子转变为液相，气相消失，系统完全变为液相，系统又在恒定温度下压力继续升高。反之，也可以保持压力不变，改变温度去进行分析。

拓　展　资　料

科学认识水

水是最常见的物质之一，是包括人类在内所有生命生存的重要资源，也是生物体最重要的组成部分，在生命演化以及生命的生存中都起着非常重要的作用。人类很早就开始对水产生了认识，东西方古代朴素的物质观中都把水视为一种基本的组成元素，水是中国古代五行之一，西方古代的四元素说中也有水。水在地球表面占据 70%左右，大多数细胞原生质内水分约占 80%，人体中 70%左右都是水，黄瓜的重量中水分占 95%，即使矿物岩石中也包含了相当量的水结晶。由此可见，水在地球上无所不在，在整个自然界以及人类社会中发挥着不可估量的作用。水的最基本的理化性质如下：

(1) 水在常温常压下为无色无味的透明液体。

(2) 化学结构：不等性 sp^3 杂化，V 形分子、极性分子。

(3) 水的热稳定性很强。水蒸气加热到 2000K 以上，也只有极少量离解为氢气和氧气，但水在通电的条件下会离解为氢气和氧气。

(4) 水的溶解能力很强。在自然界，纯水是罕见的，水通常多是酸、碱、盐等物质的溶液，习惯上仍然把这种水溶液称为水。纯水可以用铂或石英器皿经过几次蒸馏取得，当然，这也是相对意义上纯水，不可能绝对没有杂质。纯水有极微弱的导电能力，但普通的水含有少量电解质而有导电能力。

(5) 水的密度反常变化。水的密度在 3.98℃ 时最大，为 1kg/L；温度高于 3.98℃ 时，水的密度随温度升高而减小；在 0～3.98℃ 时，水不服从热胀冷缩的规律，密度随温度的升高而增加。水在 0℃ 时，密度为 0.99987kg/L；冰在 0℃ 时，密度为 0.9167kg/L。因此冰可以浮在水面上，保证了低温地区水底生命的生存。

(6) 水具有很大的内聚力和表面张力。常温常压下的液态物质中，除汞以外，水的表面张力最大，并能产生较明显的毛细现象和吸附现象。

三、二氧化碳的相图

CO_2 的相图如图 6-3-3 所示。和水的相图相似，图中有三个单相区，三条两相平衡线，一个三相点。和水相图不同的是，CO_2 固液两相平衡线的斜率大于零，因为固态二氧化碳的密度大于液态的密度，所以固态体积小于液态体积；而水由于密度的反常变化，造成固态冰的体积大于液态水的体积，所以其固液平衡线斜率小于零。

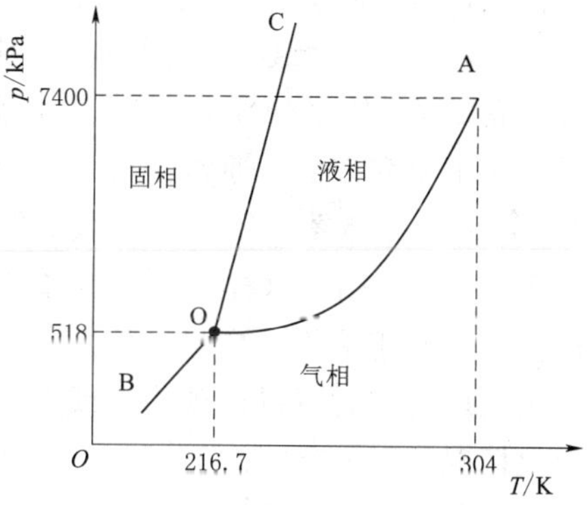

图 6-3-3　CO_2 的相图示意

O 点是二氧化碳的三相点，它的温度是 216.7K，压力是 518kPa。由于该三相点温度低于常温，压力远高于常压，所以常温常压下二氧化碳以气态存在，而在低温下只得到固态，很难得到它的液态形式，除非加压到 518kPa 以上。所以称固态二氧化碳为干冰，干冰在常温常压下直接升华为气态，而不能熔化为液态。

图中，A 点是二氧化碳的临界点，其临界温度（T_c）和临界压力（p_c）分别为 304K（31.05℃）和 7.4MPa，这个条件很容易达到，即二氧化碳的超临界流体很容易制备，所以在工业上特别是中医药和食品工业中应用广泛。

CO_2 超临界流体萃取工艺流程示意图如图 6-3-4 所示。该工艺具有很多优点，如：萃取能力强，提取率高；操作温度低，能较完好地保存中药有效成分不被破坏，完全没有残留有机溶剂。CO_2 超临界流体萃取还可直接从单方或复方中药中提取不同部位进行药理筛选；萃取工艺流程简单，操作方便，节省劳动力和大量有机溶剂；几乎无三废污染，环境友好，被誉为分离科学中有划时代意义的科学进步。

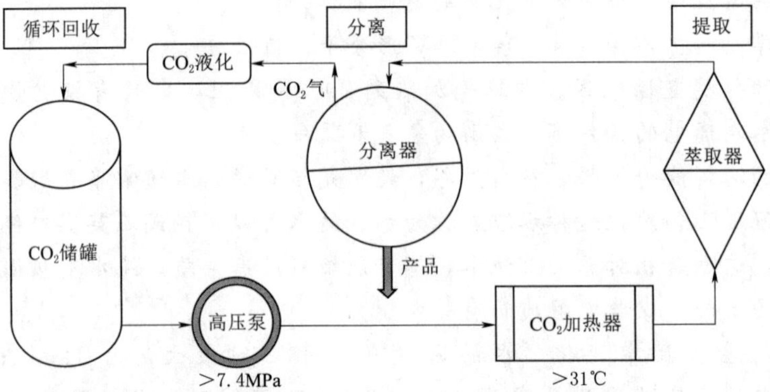

图 6-3-4 CO_2 超临界流体萃取工艺流程示意

第四节 二组分液态完全互溶系统相平衡

二组分液态完全互溶系统的气液相平衡

二组分多相平衡的研究方法，分别从相律分析、相图绘制和相图分析三个层面展开，同时结合相图分析生产生活中的有关工艺原理。

首先，对二组分系统进行相律分析。因为二组分系统组分数 $C=2$，所以 $f=2-P+2=4-P$。相数 P 至少为 1，那么自由度 f 最多为 3，这三个变量通常是 T、p 和组成 x（或质量分数 $w\%$）。所以要表示二组分系统状态，需要用三维立体相图表示。为了研究方便，通常保持一个变量为常量，那么条件自由度 $f^*=2-P+1=3-P$，这样从立体图上得到平面截面图。比如，固定温度，研究 $p-x$ 图，或者固定压力研究 $T-x$ 图。这样一来，和单组分系统相图的分析相似：单相系统为双变量，体现为面；两相平衡单变量，体现为线；三相共存无变量，在恒定压力下温度恒定，当三相组成确定时可以体现为点或者一条水平线。在此基础上再分析不同条件下的物态变化情况。

二组分系统相图包括气-液-固相平衡系统，其中，气液相平衡系统根据液相特征分为形成理想液态混合物系统、形成真实液态混合物系统、液态部分互溶系统和液态完全不互溶系统；液固相平衡主要研究固态完全不互溶系统、生成化合物系统和生成固溶体系统。实际上，真实系统的相图往往是几种不同相平衡系统相图的复合。下面一一进行介绍。

首先来看二组分液相完全互溶的系统。

一、理想液态混合物的气-液相平衡

理想液态混合物的每个组分都服从拉乌尔定律，比如苯和甲苯、正己烷与正庚烷等结构相似的化合物可形成这种系统。

（一）$p-x$ 图

设有 A 和 B 两种液体可以形成理想液态混合物，p_A^* 和 p_B^* 分别为液体 A 和 B 在指定温度时的饱和蒸气压，p_A、p_B 分别是当液相组成为 x_A、x_B 时 A 和 B 的蒸气

压，p 为系统的总压力。则根据拉乌尔定律

$$p_A = p_A^* x_A$$

$$p_B = p_B^* x_B$$

$$x_A + x_B = 1$$

$$p = p_A + p_B = p_A^* x_A + p_B^* x_B = p_A^* + (p_B^* - p_A^*) x_B \qquad (6-4-1)$$

由于一定温度下液体 A 和 B 的饱和蒸气压是一定值，所以系统的总压 p 与液相组成 x_B 是一个线性关系。在恒定温度下，以摩尔分数为横坐标，以系统总压力为纵坐标，可以绘制 A 和 B 的压力-组成图，如图 6-4-1 所示。图中，左右两个纵坐标分别代表纯 A 和纯 B，也就是 A 和 B 摩尔分数为 1.0 时的情况。当 A 和 B 按不同比例混合时，根据拉乌尔定律，两组分的分压力可以分别确定，见图中虚线。系统的总压力等于 A 和 B 分压力之和，和系统的组成 x 呈线性关系，见图中实线，称作液相线。

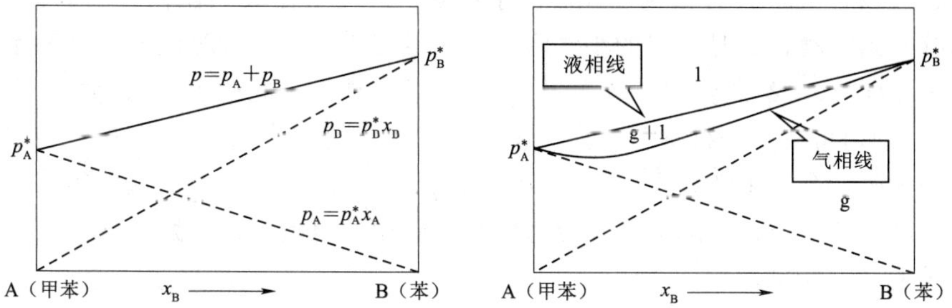

（a）恒温 p-x 图　　（b）恒温 p-x-y 图

图 6-4-1　理想液态混合物的相图

（二）$p-x-y$ 图

设一定温度下理想液态混合物气相中 B 的摩尔分数为 y_B，则根据道尔顿分压定律可知

$$p_B = p y_B = p_B^* x_B \qquad p_A = p_A^* x_A = p y_A$$

则

$$p = \frac{p_B^* x_B}{y_B} \qquad (6-4-2)$$

可见，当系统中液相组成恒定时，气相总压和气相组成成反比。对于图 6-4-1 中相同温度下蒸气压较高的 B 物质来说，易于挥发，在气相中含量高于其在液相中含量，所以压力对气相组成的关系（即气相线）是一条在液相线下方的曲线。把压力 p 随液相组成 x 和气相组成 y 的变化曲线画在同一张图上，就可以得到恒定温度下理想液态混合物的 $p-x-y$ 图，如图 6-4-1（b）所示。

图 6-4-1（b）中，在液相线之上，系统压力高于任一混合物的总压，气相无法存在，是单一液相区。在气相线之下，系统压力低于任一混合物的总压，液相无法存在，是单一气相区。在液相线和气相线之间，气-液两相平衡共存。

（三）$T-x-y$ 图

在恒定外压下，当溶液的蒸气压等于外压时，溶液沸腾，这时的温度称为沸点。

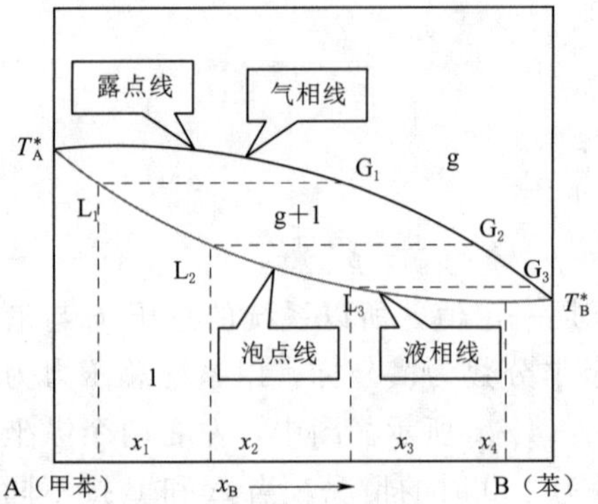

图 6-4-2 恒压下的 $T-x-y$ 图

在恒定压力下改变要研究的二组分系统 A 和 B 的含量，将系统加热测其沸点，并且检测在沸点时液相和气相中物质的含量 x_B 和 y_B，得到一系列对应不同沸点下的 x_B 和 y_B，以组成为横坐标，以沸点为纵坐标，可以得到温度-组成图，如图 6-4-2 所示。

由于物质 B 的饱和蒸气压比较高，易于挥发，所以相同压力下其沸点比较低，而 A 的沸点较高。相同温度下，B 组分在气相中的含量高于在液相中的含量，所以气相线在液相线的上方。高温区时气相，低温区是液相，中间梭形区气液平衡共存。

现在假设有物质 B 含量为 x_1 的混合溶液，系统点在液相区内，当升温至 L_1 点时，系统开始沸腾，此时生成的小气泡内 B 的含量为 G_1 点所对应的横坐标数值；相应地，B 含量为 x_2 的混合溶液升温至 L_2 点时系统沸腾，此时生成的小气泡内 B 的含量是 G_2 点所对应的横坐标数值。所以液相线又称作泡点线。反之，当气体混合物降温至气相线时，会有小液滴生成，所以气相线又称作露点线。而温度和组成落在气液两相平衡区内的系统，实际上总是分为两相，两相的组成可以分别从该温度下气相线和液相线上对应找出。

化工生产中常常用精馏来分离提纯不同沸点的有机物。常用的精馏塔在塔底部加热，要精馏提炼的混合物按照一定比例从塔半腰里加料，此时的系统点在两相平衡区内，进塔后混合物就分为气液两相，气相混合物上升，而液态混合物会向下流动。如图 6-4-3 所示，设加料时处于温度 T_2，系统点在 M 点，那么气液两相组成的确定，可以由 M 点做与横坐标平行的线，分别交液相线和气相线于 L_2 和 G_2，分别代表了此时液相和气相的组成，称作相点。对于气相，越往上升，温度越低，当温度降至 T_3 时，气相中 B 的含量在 G_3 对应的数值，显然，G_3 时 B 的含量要比 G_2 时 B 的含量高。也就是随着气相往上升，B 的含量越来越高，而 A 的含量越来越低，直到气相到达塔顶端，气相中几乎是纯 B 组分。相反，液相往下流动过程中，温度越来越高，当温度升到 T_1 时，液相中 A 的含量会增大，而 B 的含量减小，一直到塔底部，液相几乎完全是纯 A 组分。这样，经过精馏，混合物中的 A 和 B 得到了分离，在塔顶得到纯低沸点的 B 组分，而在塔底得到纯高沸点的 A 组分。

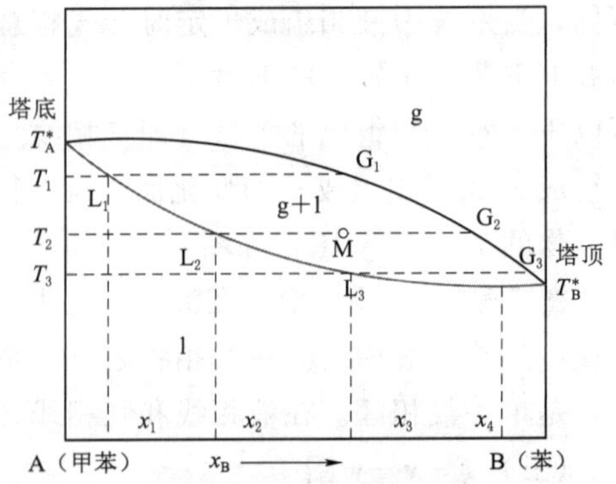

图 6-4-3 恒压下精馏原理示意

（四）杠杆规则

在任意两相平衡区内，以系统点为支点，支点两边连结线的长度为力矩，计算液相和气相的物质的量或质量。如图 6-4-3 中，两相平衡区内的任一系统点 M，相对应的液相和气相为 L 和 G，如果用 $n_{总}$ 表示整个系统中总的物质的量，n_l 表示液相中的物质总量，n_g 表示气相中的物质总量，x_M 表示系统中物质 B 总的摩尔分数，x_L、x_G 分别表示 B 在液相和气相中的摩尔分数。那么根据杠杆规则，有如下关系

$$n_l(x_M - x_L) = n_g(x_G - x_M) \tag{6-4-3}$$

$$n_l + n_g = n_{总}$$

相应地，如果系统中物质含量用质量表示，那么横坐标相应用质量分数表示。杠杆规则适用于任意两相平衡系统，无论在 $p-x$ 图还是 $T-x$ 图、$T-w\%$图都适用。

二、真实液态混合物的气-液相平衡

真实液态混合物中，由于某一组分本身发生分子缔合，或 A、B 组分混合时有相互作用，使总体积改变或相互作用力改变，造成拉乌尔定律发生偏差，这种偏差可正可负。

当混合物的总压介于两种纯组分的饱和蒸气压之间时，称作发生一般偏差。对拉乌尔定律发生一般正偏差的情况，如图 6-4-4 所示，是因为 A 和 B 混合后，分子间的作用小于同种分子间的作用，所以蒸气压会增大。图中虚线为理论值符合拉乌尔定律的情况，实线为实验测出来的值，压力大于理论计算值。发生一般负偏差的情况，如图 6-4-5 所示，是由于 A 和 B 分子间的相互作用大于同种分子间的作用，测出来的真实蒸气压小于理论计算值。

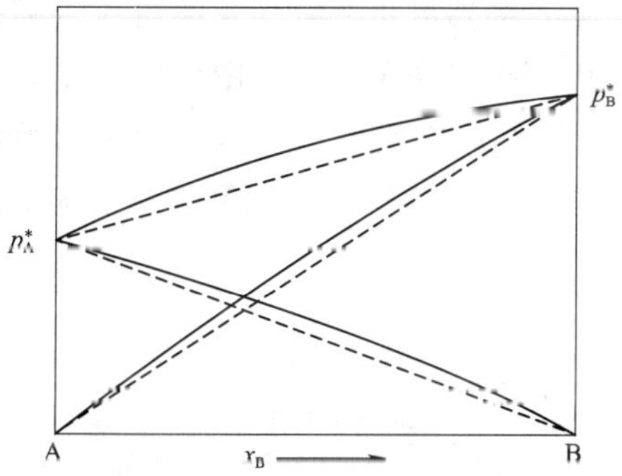

图 6-4-4　恒温下一般正偏差

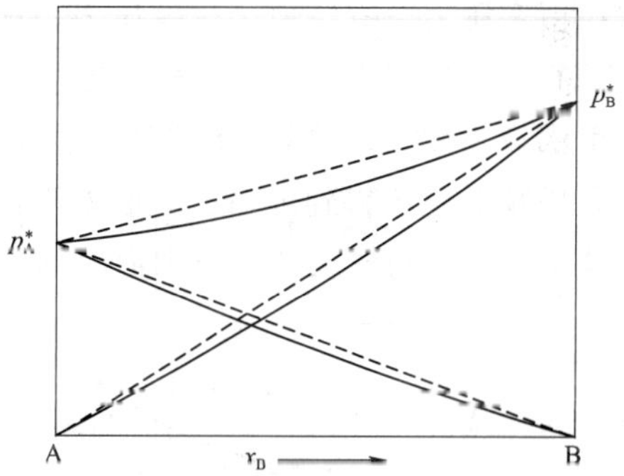

图 6-4-5　恒温下一般负偏差

当 A 和 B 的混合物的最大压力大于蒸气压较大的 B 组分时，在 $p-x$ 图上出现最高点，称作对拉乌尔定律发生了最大正偏差，如图 6-4-6 所示。相应地，在 $T-x$ 图上有一个最低点，这最低点称为最低恒沸点（minimum azeotropic point)，此时液相组成和气相组成完全相同。$T-x$ 图上处在最低恒沸点时的混合物称为最低恒沸混合物（low-boiling azeotrope)。最低恒沸混合物是混合物而不是化合物，它的组成在恒定压力下有定值。改变压力，最低恒沸点的温度也改变，它的组成也随之改变。具有最低恒沸点的 $T-x$ 相图可以看作由两个简单的 $T-x$ 图的组合。对组成处于恒

沸点左侧（$x_B<b$）的系统进行精馏，精馏结果在塔底高温区得到纯 A，塔顶低温区得到恒沸混合物。组成处于恒沸点右侧（$x_B>b$），精馏结果在塔顶低温区得到恒沸混合物，塔底高温区得到纯 B。

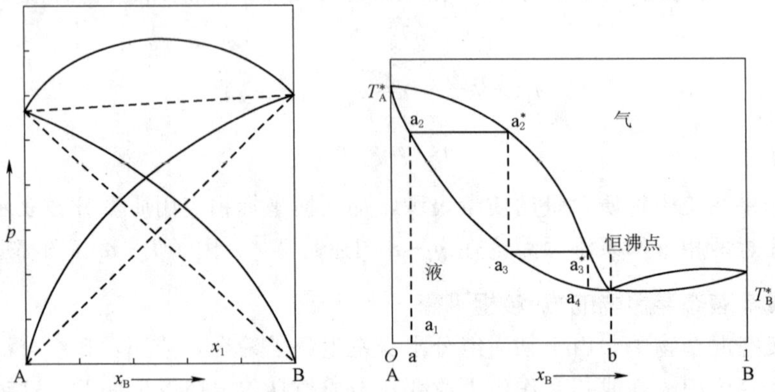

(a) 恒温　　(b) 恒压

图 6-4-6　最大正偏差

当 A 和 B 的混合物的最低压力小于蒸气压较低的 A 组分时，在 $p-x$ 图上出现最低点，称作对拉乌尔定律发生了最大负正偏差，如图 6-4-7 所示。在 $T-x$ 图上有一个最高点，这最高点称为最高恒沸点（maximum azeotropic point），此时液相组成和气相组成也完全相同。$T-x$ 图上处在最高恒沸点时的混合物称为最高恒沸混合物（high-boiling azeotrope）。同样，最高恒沸混合物是混合物而不是化合物，它的组成在恒定压力下有定值。改变压力，最高恒沸点的温度也改变，它的组成也随之改变。具有最高恒沸点的 $T-x$ 相图也可以看作由两个简单的 $T-x$ 图的组合。对组成处于恒沸点左侧（$x_B<b$）的系统进行精馏，精馏结果在塔底高温区得到最高恒沸混合物，塔顶低温区得到纯 A。组成处于恒沸点右侧（$x_B>b$），精馏结果在塔顶低温区得到纯 B，塔底高温区得到恒沸混合物。

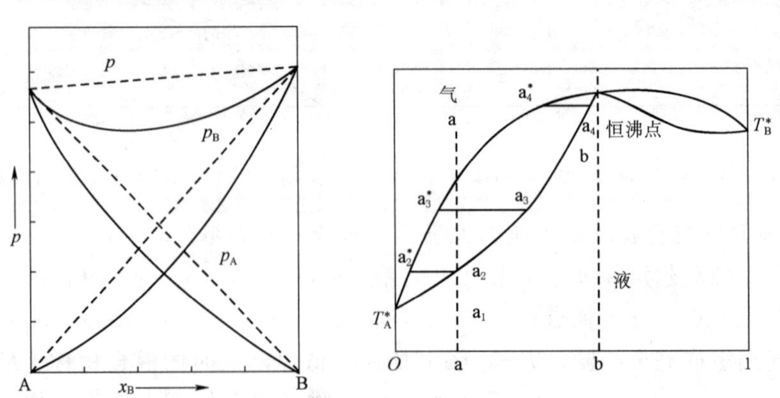

(a) 恒温　　(b) 恒压

图 6-4-7　最大负偏差

第五节　二组分液态部分互溶和完全不互溶系统的相平衡

一、二组分液态部分互溶系统的相平衡

两种液体不能以任意比例互溶，只有在一定温度一定浓度范围内才可以完全互溶，这样形成的就是部分互溶系统，如水和苯酚、水和苯胺、水和正丁醇等。这些系统在不能完全互溶情况下达到平衡时，会形成两个液相：以水为溶剂有机物为溶质的饱和溶液称作水相；以水为溶质有机物为溶剂的饱和溶液称作油相。这两种溶液也可以称作共轭溶液。

二组分液态部分互溶和完全不互溶系统的相平衡

常见液态部分互溶的二组分系统液-液相图有如下几种情况。

（一）具有最高会溶温度

水和苯胺以及水和苯酚的相图都属于具有最高会溶温度的情形，如图 6－5－1 所示。图 6－5－1 中，横坐标为苯胺的质量分数，纵坐标为温度，左边纵坐标代表纯水，右边纵坐标代表纯的苯胺。图中的 DBE 帽形曲线是溶解度曲线，其中 DB 是水溶剂中饱和溶解了苯胺的溶液，简称水相；BE 是苯胺溶剂中饱和溶解了水的溶液，简称油相。可以看到，不同温度下，饱和溶液的溶解度也是不相同的。升高温度，彼此的溶解度都增加。DBE 帽形曲线外是单一的液相，代表两种液体可以完全互溶的状况；帽形线内的区域是共轭溶液两相共存的情形。在线内，两相共存时，每一个温度下两相的浓度都是固定不变的，可以在该温度下做横坐标的平行线，平行线与溶解度曲线的交点可以分别读取出来两相的溶解度。

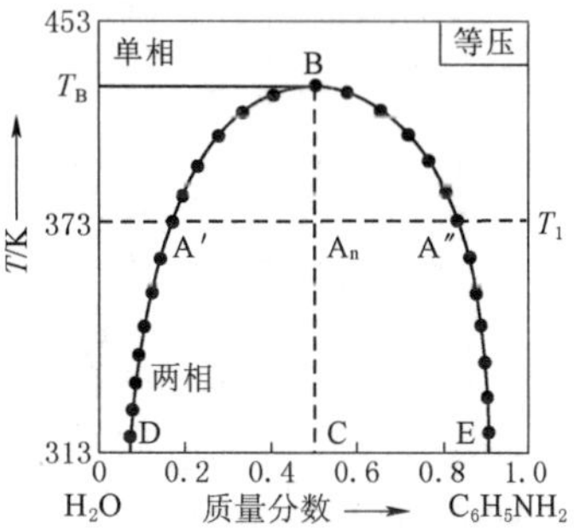

图 6－5－1　具有最高会溶温度

现在假如有水和苯胺各 50％的系统，在 313K 时，系统点应该处于图中 C 点的位置，那么，此时系统分为两相，一相是 D 点对应的水相，一相是 E 点对应的油相。对此系统加热升温，系统点会沿着与横坐标垂直的 CB 线向上，两相组成也分别沿着 DB 和 EB 向上。随着温度越来越高，当达到最高点 B 点时，两相含量一样，相界面消失，成为一相。因此，B 点，也就是 DB 和 BE 的交点，是溶解度曲线的最高点，对应的温度称作最高会溶温度。当温度高出这一温度，水和苯胺可以任意比例互溶，成为单一液相。最高会溶温度的高低可以反映一对液体间的互溶能力，可以用来选择合适的萃取剂。

（二）具有最低会溶温度

水和三乙基胺的相图属于这种情况，如图 6－5－2 所示。溶解度曲线呈 U 形，温度低于最低会溶温度 T_B 时，两种液体可以以任意比例完全互溶，是单相。当温度高于最低会溶温度 T_B 时，在 U 形溶解度曲线内共轭溶液两相共存，曲线外是单相。

（三）同时具有最高会溶温度和最低会溶温度

水和烟碱，以及苯和硫属于同时具有最高会溶温度和最低会溶温度的系统，如图

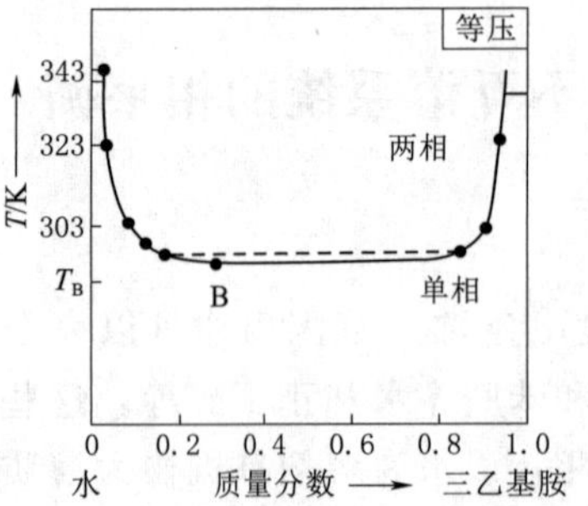

图 6-5-2　具有最低会溶温度

6-5-3 所示。水和烟碱的溶解度曲线是椭圆形的[图 6-5-3 (a)]，温度在最高会溶温度和最低会溶温度之间部分互溶，椭圆外是单相，椭圆内共轭溶液两相共存。

苯和硫的溶解度曲线最奇特 [图 6-5-3 (b)]，温度高于最高会溶温度或者低于最低会溶温度时部分互溶，在 V 形线上方共轭溶液两相共存，在抛物线下方两相共存；在最高会溶温度和最低会溶温度之间，苯和硫可以任意比例互溶。

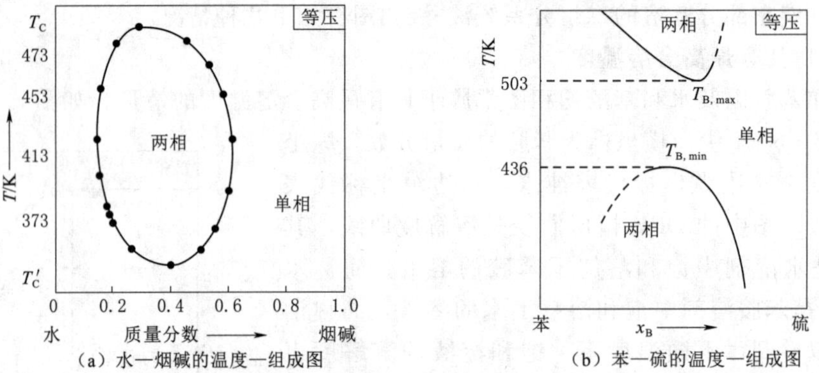

图 6-5-3　同时具有最高会溶温度和最低会溶温度

（四）二组分部分互溶系统常见气-液-液相图

对于部分互溶的系统，在一定温度下，两个液相共存时，液面上的蒸气压与两个液相也平衡共存，这就形成了气-液-液相图。

图 6-5-4 (a) 是水 (A) 和正丁醇 (B) 在常压下的相图。图 6-5-4 (a) 中，有 6 个区域，分别对应气相 g，正丁醇在水中的不饱和溶液（水相）l_1，水在正丁醇中的不饱和溶液（油相）l_2，这是三个单相区；水相 l_1 和气相 g 之间是气液两相共

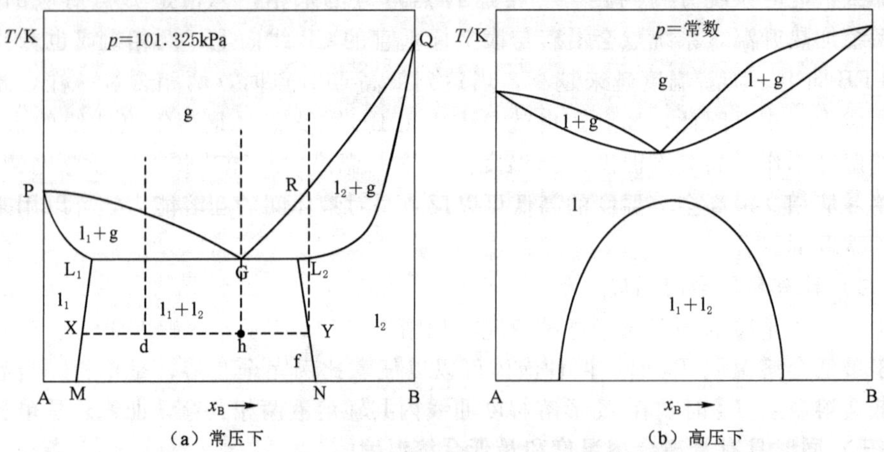

图 6-5-4　水 (A) 和正丁醇 (B) 的相图

存，油相 l_2 和气相 g 之间也是气液两相共存，水相 l_1 和油相 l_2 之间是两相的饱和溶液共存。图中还有 7 条线，PG 和 GQ 分别是水相和油相的气相线，也称作露点线；PL_1 和 L_2Q 分别是水相和油相的液相线，也称作泡点线。L_1M 和 L_2N 分别是水相和油相的饱和溶解度曲线。还有一条水平线 L_1GL_2，表示在恒定压力下具有恒定温度，当组成在 L_1 和 L_2 之间时三相共存，也就是说，当系统点落在这条线上时，系统都是 L_1 点代表的正丁醇在水中的饱和溶液、L_2 点代表的水在正丁醇中的饱和溶液和 G 点代表的饱和蒸气三相共存，此时三个相的组成也是恒定不变的，自由度为 0。

图 6-5-4 (a) 中 P 点和 Q 点分别是纯水和正丁醇在常压下的沸点；三相平衡线上代表气相组成的 G 点位于线的中间。假如有一个系统点位于 h 点，系统中物质的含量和 G 点一样，那么此时两相分别为 X 代表的水相和 Y 点代表的油相，当对该系统升温到达 G 点，两个溶液同时沸腾直接蒸发为气体，可以观察到水相和油相同时沸腾生成气相，所以 G 点称作共沸点，对应温度称作共沸温度。假如系统点在 f 点，升温至 Y 点后，水相消失，完全变成了单一的油相，然后继续升温油相逐渐蒸发两相共存，最后温度高于 R 点后，油相消失，全部变为气相。而如果刚开始系统点在 d 点，此时水相和油相两相共存，当升温至三相线达到共沸温度时，两液体同时沸腾有气相生成，然后油相消失，只有水相沸腾，气液两相共存，直到最后一滴水相蒸发变为气相，系统点完全进入单一气相区内。

水和正丁醇在常压下会出现水相和油相共沸而三相共存的现象，因此在温度-组成图中有水平线段。如果压力增大，水和正丁醇的沸点以及共沸温度都会升高，相当于水平线上方的部分向上移动，如图 6-5-4 (b) 所示。这个相当于具有最高会溶温度和最低恒沸点的相图的组合，上半部分是气液平衡，下半部分是液液平衡。由于压力对液体的影响比较小，所以液液平衡的溶解度曲线变化也不大。对于水和正丁醇系统来说，因为在高压时具有最低恒沸点，所以精馏提纯时，在塔顶可以得到低沸点的共沸混合物；在塔底根据系统中物质含量不同，系统点所处位置不同，在左半支可以得到纯水，在右半支可以得到纯正丁醇。

液态部分互溶的气-液-液平衡相图还有一种情况是如图 6-5-5 所示的 SO_2(A) 和 H_2O(B) 的相图。气相位于两液相同侧，三相平衡线上，气相点 G 在一端，而不是线的中间。两个气液平衡区将气相和液相隔离开来。

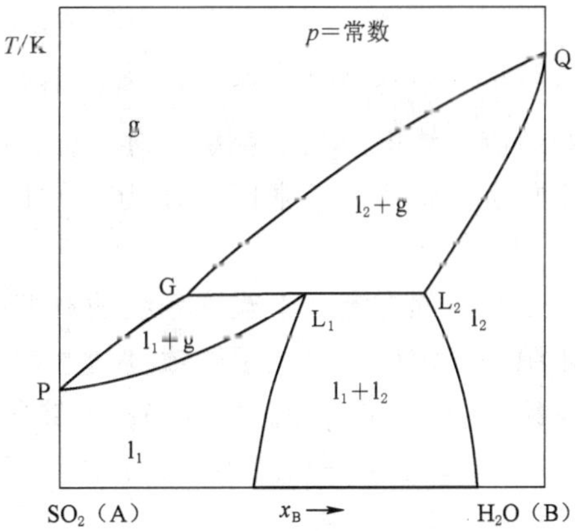

图 6-5-5　SO_2(A) 和 H_2O(B) 的相图

二、二组分液相完全不互溶系统的相平衡

如果 A、B 两种液体彼此互溶程度极小，以致可忽略不计，比如水和水银、水和溴苯等。那么当 A 与 B 共存时，各组分的蒸气压与单独存在时一样，液面上的总蒸气压等于两纯组分饱和蒸气压之和，如图 6-5-6 所示。那么，不管其相对数量如何，其总蒸气压恒大于任一组分的蒸气压，

而沸点则恒低于任一组分的沸点。比如，常压下溴苯沸点为 429K，水沸点为 373.15K，两者混合后沸点为 368.15K。

图 6-5-7 为溴苯和水的相图。可以看到，相图被三条线分割成 4 个区域。PG 线是蒸气凝结为溴苯的两相平衡线，QG 是蒸气凝结为水时的两相平衡线，L_1GL_2 是纯溴苯、纯水和蒸汽三相共存的三相平衡线。图中，P 点和 Q 点分别为溴苯和水在该压力下的沸点，G 点在水蒸气蒸馏中有着重要作用，这时的温度是进行水蒸气蒸馏所需的最低温度，因此也可以称作最低共沸点。当系统含水量为 x 时也就是 G 点对应的含量，升温到 G 点 368K，水和溴苯可以同时沸腾蒸发，然后将蒸气冷却，就可以实现水和溴苯的分离了。利用水蒸气蒸馏可以在低温下提纯高沸点的有机物，在化学化工生产中有着重要的意义。

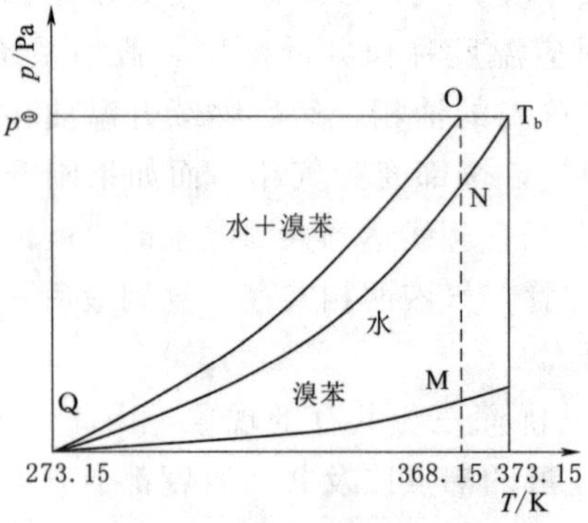

图 6-5-6　溴苯和水的蒸气压曲线

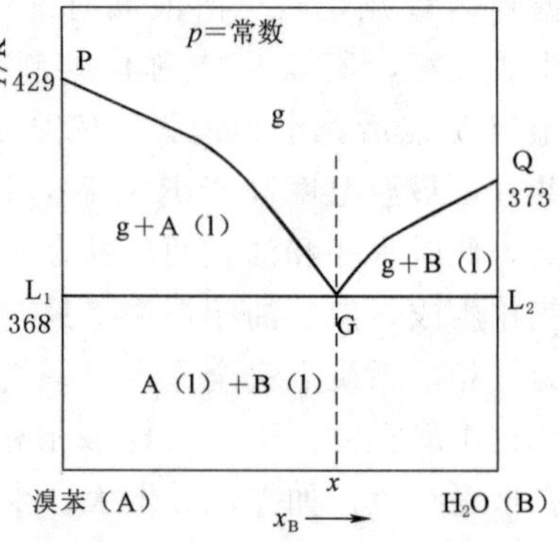

图 6-5-7　溴苯 (A) 和水 (B) 的相图

第六节　二组分固态完全不互溶系统的液-固相平衡

二组分固态完全不互溶系统的液-固平衡相图

二组分系统的液固相平衡，由于固态时可能会出现不同晶型，发生晶型转变，所以这一类相图比较复杂。首先可以忽略多晶型，了解一下比较简单的情况。

对于二组分系统，组分数 $C=2$，按照相律：

$$f=C-P+2=2-P+2=4-P$$

对于二组分单相系统，$P=1$，则自由度数 $f=3$，即二组分系统最多有温度、压力和组成（浓度）三个变量。对二组分液固相平衡系统来说，作为凝聚态，受到压力的影响很小，所以常常固定压力为常压，绘制二维平面相图温度-组成 $T-w_B$（或 x_B）图。

二组分固态完全不互溶系统的典型代表是水-盐系统。可以在不同温度下测定盐在水中的溶解度，以及不同浓度盐水的凝固点，然后根据大量实验数据，绘制出水-盐系统的温度-组成图。以水和硫酸铵二组分系统的相图为例，如图 6-6-1 所示。

在水-盐二组分相图中，共有四个区域、三条线和一个特殊的点。

（一）四个区域

在图 6-6-1 中，FEG 曲线上方为单相的硫酸铵不饱和溶液区。在这个区域内，盐在水中溶解形成单一的液相，$f^*=2$，表示组成和温度可以适当变化而不会引起相的改变。

在图 6－6－1 中，FEM 曲线内是固态冰和不饱和溶液两相共存区。当表示系统组成和温度的物系点 b 落在这个范围内时，可以过物系点作与横坐标平行的线，如图，分别交 FM 和 FE 于 X 点和 Y 点，则系统实际由 X 点所代表的固态冰和 Y 点所代表溶液两相组成，Y 点对应的横坐标就是此时溶液中盐的含量。

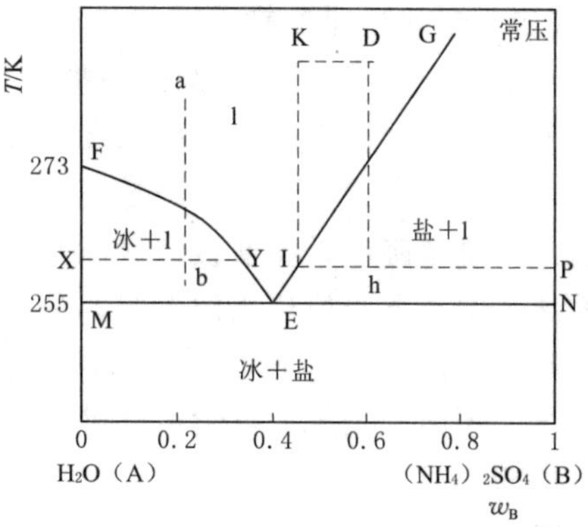

图 6－6－1　水 (A)-盐 (B) 二组分系统相图

在图 6－6－1 中，GEN 曲线内是固体硫酸铵和饱和溶液两相共存区。同样，若表示系统温度和组成的物系点落在此区域内，如 h 点，表示在该温度时系统中硫酸铵总含量为 60%；实际上该系统由 P 点所代表的纯硫酸铵固体和 I 点所代表的饱和溶液两相组成，其中饱和溶液的浓度由 I 点所对应的横坐标可以读取。

MEN 下方是固态冰和固体硫酸铵两相共存区。

（二）三条线

EF 曲线称作水的凝固点曲线。通常情况下，水的凝固点为 273.15K，但是，由于盐的加入形成溶液，使得水的凝固点下降，所以从图中可以看到 EF 线所代表温度均低于 273.15K。当浓度在此范围内的溶液（如 a 点）降温时，到达 EF 线上开始有冰析出，随着冰的析出，盐溶液浓度越来越高（沿 FE 向下），一直到接近于 E 点。在此过程中，逐步把冰从溶液中分离出来，融化后即可得到淡水。这就是冷冻法海水淡化的原理。

EG 线是盐的溶解度曲线。在 EG 线上的点所代表的是对应温度下饱和溶液中盐的浓度。可以看出，盐的溶解度随着温度升高而增大，图中 G 点理论上可以延伸至与右边纵坐标相交，交点应该为盐的熔点。

MEN 线与横坐标平行，它是一条三相平衡线，在线上的任何一点都由三相组成，三相分别为三个特殊点所对应的相态，即 M 点所代表的固态冰，N 点所代表的固态纯盐，E 点所代表的饱和溶液。

（三）一个特殊的点

E 点称作最低合晶点，是给定的二组分所固有的，对于硫酸铵和水系统来说，E 点温度为 255K，硫酸铵的质量分数为 38.4%。在 E 点，可以得到系统的最低温度。在化工生产和科学研究中常要用到低温浴，根据水-盐系统的这一性质，可以配制合适的水-盐体系，得到不同的低温冷冻液。

不同盐和水二组分系统所能获得的冷冻液最低温度不一样，例如：H_2O－NaCl(s)，252K；H_2O－$CaCl_2$(s)，218K；H_2O－KCl(s)，262.5K；H_2O－NH_4Cl(s)，257.8K。

（四）粗盐提纯工艺原理

水-盐二组分相图在重结晶法提纯盐类中有着指导意义。

例如，将纯度不高的硫酸铵在一定温度下进行溶解，然后过滤去不溶性杂质，如图 6-6-1 中 D 点所示。对系统进行冷却，当降温至 EG 线时，开始有纯的硫酸铵晶体析出；继续降温，硫酸铵继续析出，溶液为饱和溶液，其浓度将沿着 GE 线向下；当系统降温至 h 点所代表温度时，分离出盐晶体，则饱和溶液相应在 I 点位置；对溶液加热，升温至 K 点位置，在该温度下加入适量不纯的粗盐，浓度增加则系统变为 D 点；滤去不溶性杂质，继续循环进行上述操作，则粗盐得到提纯。这就是粗盐提纯的基本原理。

需要特别注意的是，当溶液盐浓度高于最低合晶点 E 点浓度时，降温会有盐晶体析出；若浓度低于 E 点浓度时，则析出的是固体冰。

（五）杠杆规则

冷却一定量的粗盐溶液，其析出纯盐的量可以利用杠杆规则求得。假设现有盐溶液总质量为 m，其中盐的浓度为 D 点所对应的 $w_D\%$，当系统降温至 h 点时，饱和溶液为 I 点，所对应的浓度为 $w_I\%$。设析出固体盐质量为 m_s，饱和溶液质量 m_l，根据杠杆规则有如下方程

$$m_l(w_D\%-w_I\%)=m_s(1-w_D\%) \qquad (6-6-1)$$

$$m_s+m_l=m \qquad (6-6-2)$$

解方程组，即可求得析出的盐晶体质量。

例 6-6-1：已知在硫酸铵和水二组分相图中，最低合晶点 E 组成为 38.4%。现冷却组成为 60%的溶液 100g，问先析出什么固体？最多可得到多少克纯固体？

解：因为 60%>38.4%，所以知先析出硫酸铵晶体。当温度接近于三相线 253K 时，可以得到最多量固体硫酸铵，因此按照杠杆规则有

$$m_l(60\%-38.4\%)=m_s(1-60\%)$$

$$m_s+m_l=100\text{g}$$

解之得

$$m_s\approx 35.06\text{g}$$

即最多可得到 35.06g 纯的硫酸铵固体。

因为水-硫酸铵二组分系统析出的盐不含结晶水，所以其相图是固态完全不互溶相图中最简单的一类。对大多数的水盐系统来说，当盐自水中结晶析出时，根据条件的不同，还可能同时有一个或几个结晶水析出，使得相图变得更为复杂。

第七节　二组分生成化合物和生成固溶体系统的液-固相平衡*

二组分生成化合物和固溶体系统的液-固平衡相图

一、二组分固态生成化合物系统

两种物质在一定条件下会发生反应生成新的物质，这种新的物质可以溶解在液相中而固态时和其他物质都不能互溶，这种系统仍是二组分系统。当有新的化合物生成时在相图中会出现一条与横坐标垂直的线，代表生成的新物质。以生成水合物的系统

为例，图 6-7-1 为 H_2O(A)-H_2SO_4(B) 的相图。

图 6-7-1 中，有 3 条垂线，表明系统中有 3 种新物质 C_1($H_2SO_4 \cdot 3H_2O$)、C_2($H_2SO_4 \cdot 2H_2O$)、C_3($H_2SO_4 \cdot H_2O$) 生成。进行相图分析时，可以把整个相图以垂线为界分为几个简单的固态完全不互溶相图，然后分别讨论。

图中，上方高温区是单一的液相区，H_2O(A) 和 H_2SO_4(B) 完全互溶（即硫酸的水溶液），其他区域和点代表的意义见表 6-7-1。

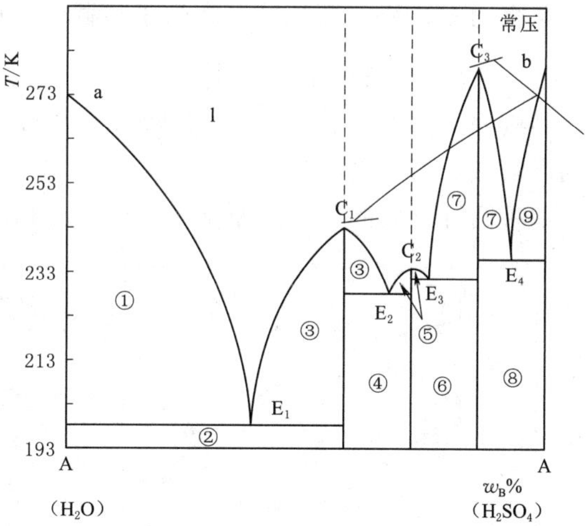

图 6-7-1　H_2O(A)-H_2SO_4(B) 的相图

表 6-7-1　　H_2O(A)-H_2SO_4(B) 的相图分析

区域	相　态	点	物　相
①	冰＋溶液，两相共存	C_1	水合物 C_1 的相合熔点
②	冰＋固态水合物 C_1，两相共存	C_2	水合物 C_2 的相合熔点
③	固态水合物 C_1＋溶液，两相共存	C_3	水合物 C_3 的相合熔点
④	固态水合物 C_1＋固态水合物 C_2	E_1	冰和水合物 C_1 的最低合晶点
⑤	固态水合物 C_2＋溶液，两相共存	E_2	水合物 C_1 和 C_2 的最低合晶点
⑥	固态水合物 C_2＋固态水合物 C_3	E_3	水合物 C_2 和 C_3 的最低合晶点
⑦	固态水合物 C_3＋溶液，两相共存	E_4	水合物 C_3 和硫酸的最低合晶点
⑧	冰＋固态硫酸，两相共存	a	冰的熔点
⑨	固态硫酸＋溶液，两相共存	b	硫酸的熔点

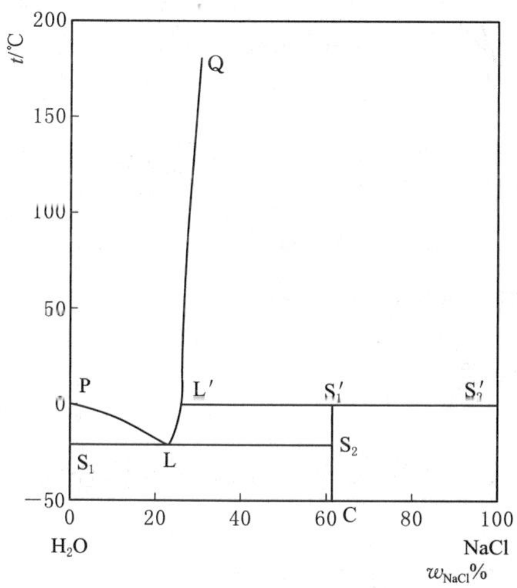

图 6-7-2　H_2O(A) 和 NaCl(B) 的相图

图中，几条曲线都是不同固体物质刚开始从水溶液中析出时的两相平衡线，四条水平线是三相平衡线。

有些水-盐系统会生成不稳定的化合物，如 H_2O-NaCl 系统会生成 $NaCl \cdot 2H_2O$，如图 6-7-2 所示。水合物只有固态，没有液态，没有固定的熔点，温度升高到 S_1' 点时水合物会分解，生成 L′点所代表的溶液和 S_2' 点代表的 NaCl 晶体。

对比图 6-7-1 和 6-7-2 可以看出，生成稳定化合物的相图中，代表化合物 C 的垂线顶端是一“伞”状的线条，表示化合物有固定的熔点。生成不稳定化合物的相图中，代表化合物 C 的垂线顶端被三相水平线截断，成为“平头”。

二、二组分固态生成固溶体系统

某些物质的液态混合物在冷却凝固后可以分子、原子或离子形式相互均匀混合形成固态溶液，简称固溶体。

如果两种物质的分子、原子或离子具有相同的空间排列方式，大小相近，两者可以任意比例混合，那么形成的就是固态完全互溶系统，比如金 Au 和银 Ag、锑 Sb 和铋 Bi 等，如图 6－7－3 所示。相图高温区是单一液相熔化物，低温区是单一固相（固溶体），中间梭形区是固液两相共存。上方线为液相线，称作凝固点曲线；下方是固相线，也叫熔点曲线。溶液在冷却过程中，先是温度直线下降，到达液相线上 A 点时，开始有固溶体生成，固相组成由 B 点可以读取；继续降温，固溶体持续生成，两相平衡，直到系统点到达 B_2，液相消失，全部变成固溶体，温度又继续直线下降。

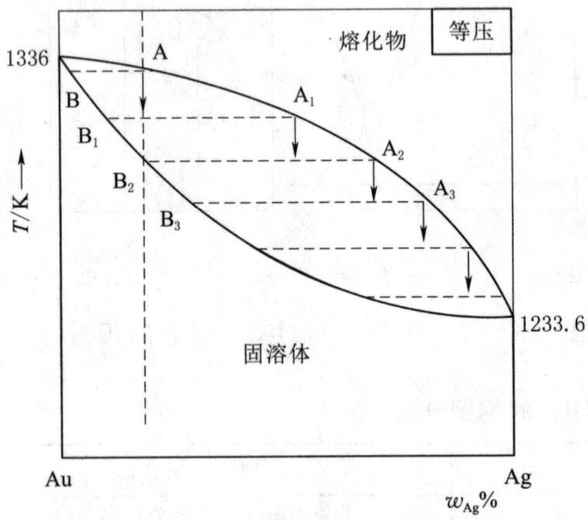

图 6－7－3　固态完全互溶系统相图

固态完全互溶系统还会出现具有最低熔点和最高熔点的情况，如图 6－7－4 所示。固相部分互溶系统和气液平衡相图中液相部分互溶系统相似，不再赘述。

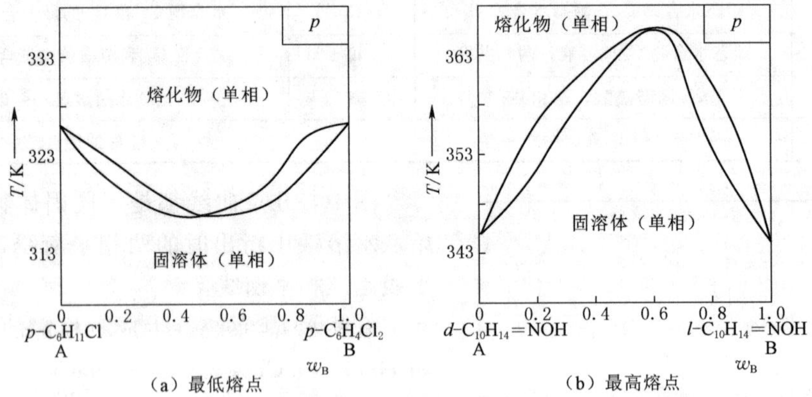

图 6－7－4　固态完全互溶系统出现最低熔点和最高熔点

思　考　题

1. 在氢和石墨的系统中，加一催化剂，H_2 和石墨反应生成 n 种碳氢化合物，此系统的独立组分数是多少？

2. 纯的碳酸钙固体在真空容器中分解，这时独立组分数是多少？

3. 水的三相点和凝固点有何不同？

4. 270K、101.325kPa 的过冷水和冰何者更稳定？何者的化学势更高？

5. 水蒸气变成液态水是否一定要经过两相平衡态，是否还有其他途径？

6. 单组分系统的三相点与二组分系统的低共熔点有何异同？

7. 在实验室中，常用冰和盐的混合物作为制冷剂。当将食盐放入 0℃的冰水平衡系统中时，为什么会自动降温？降温的程度与什么有关？为什么？这种制冷系统最多有几相？

习　题

1. 判断题

(1) 小水滴与水蒸气混在一起成雾状，因为它们都有相同的化学性质，所以是一个相。

(2) 面粉和米粉混合得十分均匀，肉眼已无法分清彼此，所以它们已成为一相。

(3) 纯水在三相点和冰点时，都是三相共存，根据相律，这两点的自由度数都应该等于零。

(4) 克拉佩龙方程适用于纯物质的任意两相平衡。

(5) 恒沸混合物、低共熔物就是化合物。

(6) 对于正负偏差较大的二组分液态互溶系统，可以通过精馏的方法将二组分分离提纯。

(7) 在汞面上加一层水能降低汞的蒸气压。

2. 向一密闭容器中加入 NH_4Cl 固体，有如下分解反应 $NH_4Cl(s)=HCl(g)+NH_3(g)$。当分解达到平衡时，有（　　）。

A. C=1，P=2，f=2　　B. C=1，P=2，f=1

C. C=2，P=2，f=2　　D. C=2，P=2，f=1

3. 利用盐水二组分相图，当进行粗盐精制时，必须满足的条件是（　　）。

A. 盐浓度低于低共熔点浓度　　B. 盐浓度高于低共熔点浓度

C. 温度高于 0℃　　D. 温度低于 0℃

4. 对恒沸混合物的描述，下列叙述哪一种是不正确的？（　　）。

A. 与化合物一样，具有确定的组成　　B. 不具有确定的组成

C. 平衡时，气相和液相的组成相同　　D. 其沸点随外压的改变而改变

5. 某一固体，在 298.15K 和标准压力下升华，这意味着（　　）。

A. 固体比液体密度大些　　B. 三相点的压力大于大气压力

C. 固体比液体密度小些　　D. 三相点的压力小于大气压力

6. N_2 的临界温度是 126.25K，如果想要液化 N_2，就必须（　　）。

A. 在恒温下增加压力　　B. 在恒温下降低压力

C. 在恒压下升高温度　　D. 在恒压下降低温度

7. 当克-克方程应用于凝聚相转变为蒸气时，则（　　）。

A. p 必随 T 之升高而降低　　B. p 必不随 T 而变

C. p 必随 T 之升高而变大　　D. p 必随 T 之升高可变大或减小

8. 指出下列平衡系统中的物种数、组分数、相数和自由度数：①$CaSO_4$ 的饱和水溶液；②将 5g NH_3(g) 通入 $2dm^3$ 水中，在常温下与蒸气平衡共存。

9. 已知一定温度下，有下列化学反应存在：

$$N_2(g)+3H_2(g)=2NH_3(g)$$

$$NH_4HS(s)=NH_3(g)+H_2S(g)$$

$$NH_4Cl(s)=NH_3(g)+HCl(g)$$

若一开始向反应器中放入 NH_4HS、NH_4Cl 两种固体以及物质的量之比为 3∶1 的氢气和氮气。问达到平衡时，组分数为多少？自由度数为多少？

10. 已知水在 298.15K 时的蒸气压为 3.17kPa，其正常沸点为 373.15K，试计算水在该温度范围内的平均摩尔蒸发热。　(42.7kJ/mol)

11. 在平均海拔为 4500m 的高原上，大气压力只有 57.3kPa。试根据方程 $\ln(p/\text{Pa})=25.567-5216/T$ 计算高原上水的沸点。　(357K)

12. 已知 101.3kPa 下，苯和甲苯的沸腾温度和汽化热分别为 80.2℃、30.69kJ/mol 和 110.6℃、31.97kJ/mol。今以苯和甲苯组成理想溶液，若使该溶液在 101.3kPa，100℃沸腾，问溶液的组成如何（以摩尔分数计）？　(0.2503，0.7496)

13. 结霜后的早晨冷而干燥，在−5℃。在大气中的水蒸气分压降至 266.6Pa 时，霜会升华变为水蒸气吗？若要使霜不升华，在空气中水蒸气的分压要多大？已知水的三相点的温度和压力分别为 273.16K 和 611Pa，水的摩尔气化焓 $\Delta_{vap}H_m=45.05$kJ/mol，冰的摩尔熔化焓 $\Delta_{fus}H_m=6.01$kJ/mol。设相变时的摩尔焓变在此温度区间内是常数。　(>401Pa)

14. 单组分系统碳的相图如附图所示。

(1) 分析图中各点、线、面的相平衡关系及自由度数。

(2) 298.15K、101.325kPa 下，碳以什么形态稳定存在？

(3) 增加压力可以使石墨变为金刚石。已知石墨摩尔体积大于金刚石的摩尔体积，那么加压使石墨变成金刚石的过程是吸热还是放热？

15. 恒压下二组分液态部分互溶系统气-液平衡的温度-组成图如附图所示，指出四个区域内平衡的相及自由度数。

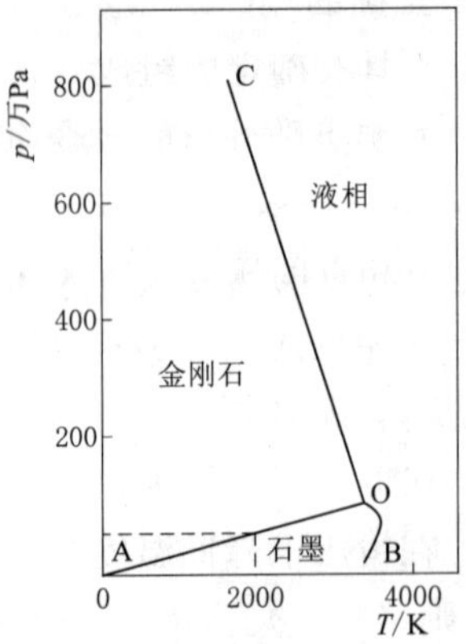

习题 14 附图

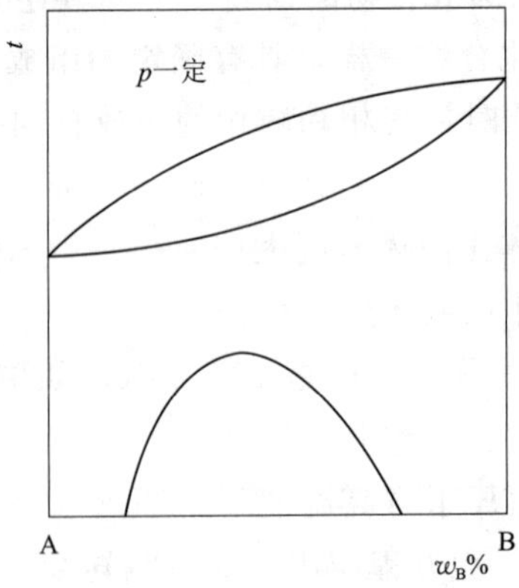

习题 15 附图

16. 已知 20℃时 $(NH_4)_2SO_4$ 在水中的溶解度为 43.0%（质量分数）。现将纯度为 94%的粗盐 100g 溶于 100g 水中，然后降温至 20℃，可以得到多少克结晶体？

17. 某二组分凝聚系统相图如附图所示，标出各相区的相态及三相线上的相平衡关系。

18. 已知 $SiO_2-Al_2O_3$ 系统在高温区间的相图示意图如附图所示。高温下 SiO_2 有白硅石和鳞石英两种晶型，AB 是其转晶线，AB 线上是白硅石，之下为鳞石英。化合物 M 组成为 $3SiO_2 \cdot 2Al_2O_3$。指出各相区的稳定相及三相线的相平衡关系。

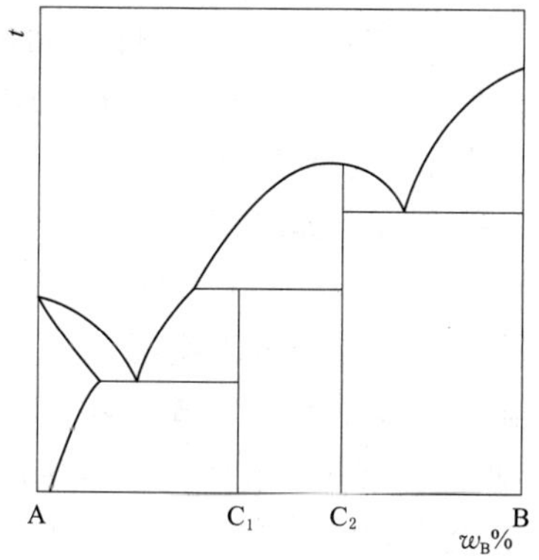

习题 17 附图

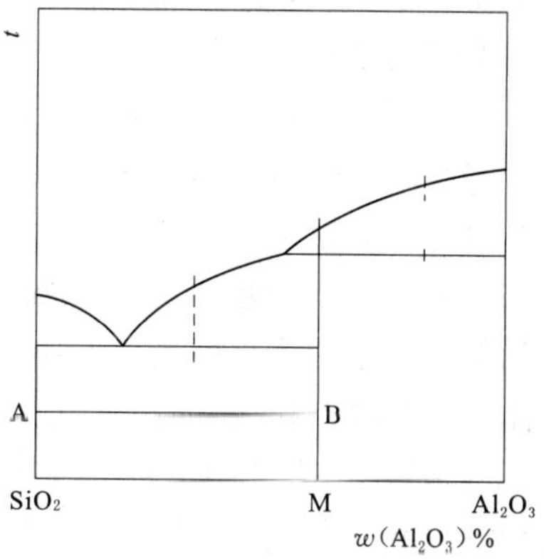

习题 18 附图

第七章

化学动力学

化学动力学概论

化学动力学发展简史

化学热力学从宏观上研究系统处于平衡态时的状况，或者从一个平衡态到达另一个平衡态的变化过程中的特征，解决了三大问题——变化的方向、限度及能量衡算。化学热力学的研究对象是大数量分子的集合体，只反映它的宏观行为，不考虑物质的微观结构和反应进行的具体路线步骤。根据化学热力学可以判断在一定条件下一个化学反应有没有可能发生；如果可以发生，其能量和平衡状态如何。通过计算一定条件下化学反应的吉布斯函数变的理论数值，可以预测化学反应在该条件下进行的可能性，也就是反应的趋势。但是，反应究竟是否能够发生，是否可以实现，反应快慢如何，具体反应路线是什么，就不得而知。如在常温、标准压力下，氮气氢气合成氨的反应和氢气氧气生成水的反应，标准摩尔吉布斯函数变分别为－16.45kJ/mol 和－237.129kJ/mol，可以知道，理论上氮气氢气在常温常压下有反应生成氨气的可能性，但反应趋势很小；而氢被氧化生成水的反应趋势就比较大。事实上，常温常压下把氢气氧气混合在一起，很久很久也不会看到有水生成。为什么呢？因为虽然理论上有反应的趋势，但是反应进行得太慢太慢，几乎看不到反应的进行。这就牵涉化学反应速率，以及把反应可能性变为现实性的问题，也是接下来要研究的重点问题——化学动力学。

化学动力学是物理化学课程的重要组成部分。化学动力学主要研究化学反应产生、发展及消亡过程及其影响条件，具体内容有三个方面：①研究化学反应速率及外部因素（如温度、压力、光照、催化剂等）的影响；②揭示化学反应历程，即反应物按何种途径转化为最终产物；③呈现物质结构与反应性能之间的关系。通过化学动力学的研究，可以知道如何控制反应条件，提高主反应的速率，减慢或抑制副反应的发生，以减小消耗并提高产品的质量和产量。

在对化学反应的研究过程中，热力学和动力学总是相辅相成的。首先，从热力学分析可以知道，化学反应有希望发生，这是反应物本身的性质这个内因所决定的，对于生产实践可以进行理论上的指导；然后可以通过大量实验去研究外因（如温度、压力、催化剂等），促使反应按照希望进行。动力学的最大优势在于两个方面：使热力学上有希望发生的反应速度更快；还可以通过改变条件，使一定条件下热力学不能发生的反应，在新的条件下能够进行。

化学热力学研究的是动态平衡，属相对运动；而化学动力学研究的是绝对运动。从理论上讲，任何相对运动的规律均可从绝对运动中推出，如化学反应平衡常数和正逆反应速率常数之间存在关系 $K=k_{正}/k_{逆}$。由于化学动力学比热力学复杂得多，所以目前动力学研究尚不成熟，还有更多领域有待开发。目前化学动力学的基本内容就是围绕反应速率和反应机理及其影响因素，主要研究基元反应的速率方程和具有简单级数反应的动力学特征，研究反应历程及温度、催化剂等外在条件的影响。

第一节　化学反应的速率

反应速率是衡量化学反应快慢程度的物理量，常用反应物或产物浓度随时间的变化率来表示。

一、动力学曲线

在一定条件下，恒定反应容器内，随着反应的进行，反应物的浓度会逐渐减少，而产物的浓度会逐渐增多，直到化学平衡，物质的含量不再随时间变化。反应系统中各物质浓度随时间的变化曲线，称作动力学曲线，如图 7－1－1 所示。图中，曲线在某一时刻的切线的斜率可以反映该时刻反应进行的快慢。

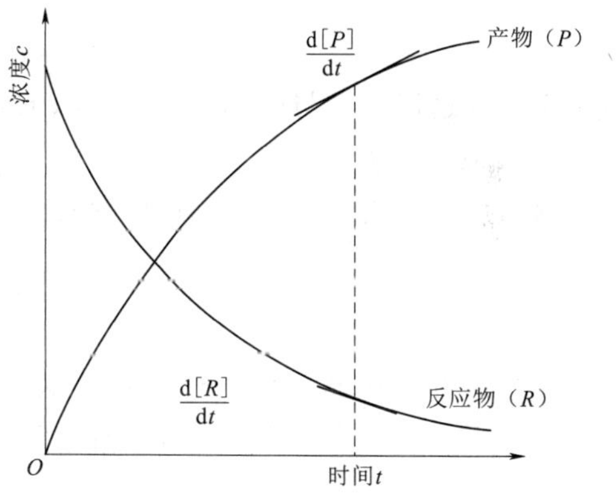

图 7－1－1　反应物和产物浓度随时间的变化

测定反应物（或生成物）在不同反应时刻的浓度有物理法和化学法两种方法。

（一）物理法

在反应过程中对某一种与物质浓度有关的物理量进行连续监测，获得一系列的反应数据，然后根据物理量与浓度的定量关系算出浓度。通常测定的物理性质有压力、体积、旋光度、折射率、吸收光谱、电导、电动势、介电常数、黏度、导热率或进行比色等。对于不同的反应可选用不同的方法和仪器，如色谱、质谱、气相-质谱联用、红外及核磁共振谱等。物理法不是直接测定浓度，需要知道浓度和这些物理量之间的关系。此法的优点是迅速和简便，特别是可以不终止反应，即可以让系统一边进行反应，一边在反应容器中进行连续测定，便于自动记录。物理法在反应速率的测定中被广泛采用，缺点是设备比较昂贵。

（二）化学法

在某一时刻设法迅速使反应停止，如利用骤冷、冲稀、加阻化剂或除去催化剂等方法，然后从反应系统中取出一部分物质，对样品进行化学分析，这样可直接得到不同时刻某物质浓度的数值。这类方法优点是设备简单，缺点是实验操作过程太过于烦琐，费时较多，操作不便。

上述方法只能用于普通的慢速反应，即半衰期在秒以上反应的动力学测定。对于一些反应时间很短（在秒以下）的快速反应，必须采取某些特殊的装置才能进行测量，否则在反应尚未完全混匀之前，已混合的部分反应已经开始甚至可能已经完成或接近尾声，对这类反应常采用连续流动法进行测量。

二、化学反应速率

图 7-1-1 中，在时间 t 时，作交点的切线，就得到 t 时刻的瞬时速率。显然，反应刚开始，速率大，然后不断减小，体现了反应速率变化的实际情况。但是，它并不能准确地反映整个化学反应随时间的变化状况。

对于任意反应均可写作

$$\sum_{B} \nu_B B = 0$$

式中：ν_B 为参与反应任意物质 B 的计量系数，反应物为负值，产物为正值。

动力学中常用单位时间内的反应进度来表示转化速率，由于反应进度 $d\xi = dn_B/\nu_B$，则转化速率：

$$\dot{\xi} = \frac{d\xi}{dt} = \frac{1}{\nu_B}\frac{dn_B}{dt} \tag{7-1-1}$$

该定义具有通用性，与所选物质、体系的相数及封闭性等均无关，与化学反应方程式的书写有关，依赖于反应系统的大小。

反应速率常指单位体积内的转化速率，即

$$v = \frac{1}{V}\frac{d\xi}{dt} = \frac{1}{V}\frac{dn_B}{\nu_B dt} \tag{7-1-2}$$

若为恒容，则由于 $dc_B = \frac{dn_B}{V}$，所以反应速率为

$$v = \frac{dc_B}{\nu_B dt} \quad 或 \quad v = \frac{d[B]}{\nu_B dt} \tag{7-1-3}$$

式（7-1-3）就是常用反应速率的表达式。从式（7-1-3）可以看出，反应速率的单位为 mol/(L·s)；反应速率的数值与反应物中物质 B 的选择无关，可选择任何一种反应物或产物来表达反应速率，都可以得到相同的数值，例如：

$$N_2(g) + 3H_2(g) = 2NH_3(g)$$

则

$$v = -\frac{dc_{N_2}}{dt} = -\frac{dc_{H_2}}{3dt} = \frac{dc_{NH_3}}{2dt}$$

由于反应速率表达式中含有计量系数一项，所以要表示反应速率，必须给出具体的化学反应方程式。

三、化学反应速率理论简介*

化学反应速率理论——基元反应的速率方程

与热力学的经典理论相比，动力学理论发展较迟。在反应速率理论的发展过程中，先后形成了碰撞理论、过渡态理论和单分子反应理论等动力学研究中的基本理论。这些理论大部分都是 20 世纪后建立起来的，尚有明显不足之处。理论的共同点是：首先选定一个微观模型，用气体分子运动论（碰撞理论）或量子力学（过渡态理论）的方法，并经过统计平均，导出宏观动力学中速率常数的计算公式。由于所采用模型的局限性，使计算值与实验值不能完全吻合，还必须引入一些校正因子，因此理论的应用受到一定的限制。

（一）气体反应碰撞理论

碰撞理论是最常用的反应速率理论之一，它借助于气体分子运动论，把气相中的

双分子反应看作是两个分子激烈碰撞的结果。碰撞理论为我们描述了一幅虽然粗糙但十分明确的反应图像，在反应速率理论的发展中起了很大作用。

将 A、B 两个分子看作是简单的自身没有性质的硬球，在相互的吸引力下互相接近，接近到一定距离，分子间的斥力随着距离的减小而很快增大，分子就改变原来的方向而相互远离，完成了一次碰撞过程。分子之间的碰撞绝大部分是无效的，并不是每次都发生反应，只有相对平动能在连心线上的分量大于阈能，碰撞才是有效的，如图 7-1-2 所示。由此可见，反应物分子要进行有效碰撞才能发生反应。

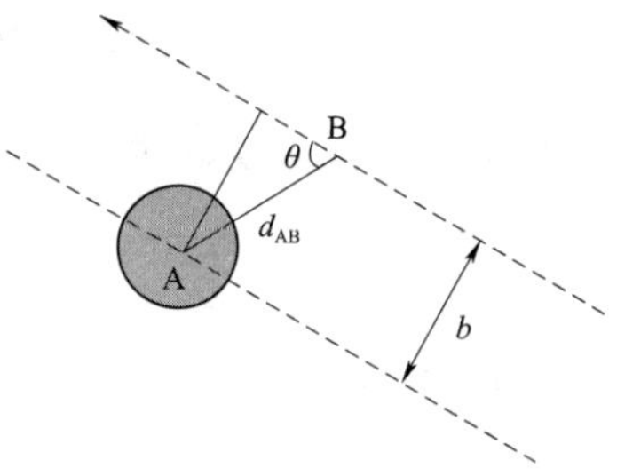

图 7-1-2　反应分子碰撞示意图

碰撞理论认为反应物分子只有发生了有效碰撞才能够进行反应，才有可能生成产物。设反应物 A 分子和 B 分子碰撞生成产物 P 分子，即 A+B→P。则要保证反应进行，需满足如下条件：

（1）只有碰撞才能发生反应。在一定容器内，反应物 A 分子和 B 分子只有相遇碰撞才有机会反应。按照气体分子运动论原理，可以计算得到 A 和 B 碰撞的频率为

$$Z_{AB}=\pi d_{AB}^2 L^2\left(\frac{8RT}{\pi\mu}\right)^{1/2}[A][B] \qquad (7-1-4)$$

$$\mu=\frac{M_A M_B}{M_A+M_B}$$

式中：d_{AB} 为 A 分子和 B 分子直径之和的一半，称作碰撞直径，πd_{AB}^2 为碰撞截面；L 为阿伏加德罗常数，6.02×10^{23}；μ 为两个分子的折合质量。

对双分子反应，Z_{AB} 在常温下约为 $10^{35}(m^3\cdot s)^{-1}$。

（2）只有当反应物分子具有一定能量处于一定的活化状态，碰撞时才有可能发生反应。分子反应所具备的能量的最低值称为临界能或阈能 E_c，这些分子称作活化分子。一个系统中各分子能量均不同，反应物中活化分子的平均能量与所有反应物分子平均能量之差称为活化能 E_a。活化能与温度有关，而阈能与反应物分子性质有关，与温度无关，两者关系为 $E_a=E_c+\frac{1}{2}RT$。在大多数情况下，反应温度不是特别高时，反应阈能和活化能近似相等，即 $E_c\approx E_a$。

研究发现，能够发生有效碰撞的能量因子（或称活化因子）为

$$q=\exp\left(-\frac{E_c}{RT}\right)=\exp\left(-\frac{E_a}{RT}\right) \qquad (7-1-5)$$

（3）碰撞要有合适的位置才能反应，并且碰撞的动能在 AB 连心线上分量大于阈能 E_c。图 7-1-2 中，b 为碰撞参数，$b=d_{AB}\sin\theta$。若 $\theta=0°$，$b=d_{AB}\sin\theta=0$，A 分子和 B 分子迎头碰撞，碰撞最为剧烈，有可能发生反应；若 $\theta=90°$，$b=d_{AB}\sin\theta=d_{AB}$，A 分子和 B 分子擦肩而过，碰撞不激烈。

（4）并不是所有符合条件的碰撞都能发生反应。分子从相撞到反应中间有一个能量传递过程，若这时失去能量，则反应仍不会发生；有的分子在能引发反应的化学键

附近有较大的原子团，由于位阻效应，减少了这个键与其他分子相撞的机会等。因此，引入概率因子 P，以校正简单碰撞中与实际产生偏差的部分因素。

按照上述假设和推断，A 和 B 反应速率受到几个方面的影响，其速率方程应为

$$v=PqZ_{AB}=P\pi d_{AB}^2L^2\left(\frac{8RT}{\pi\mu}\right)^{1/2}[A][B]\exp\left(-\frac{E_a}{RT}\right)$$

对一给定的反应体系，在一定条件下，令速率常数

$$k=P\pi d_{AB}^2L^2\left(\frac{8RT}{\pi\mu}\right)^{1/2}\exp\left(-\frac{E_a}{RT}\right) \tag{7-1-6}$$

则反应速率为

$$v=k[A][B] \tag{7-1-7}$$

式中：k 为速率常数，与反应物的本性、温度、催化剂等因素有关。

式（7－1－7）称作 A 和 B 反应的速率方程。

反应速率的碰撞理论以一系列实验事实的结论为基础，描述出一幅虽然粗糙但十分明确的反应图像，在反应速率理论的发展中起了很大作用，构建了速率理论的初步框架。同时，碰撞理论对阿伦尼乌斯公式中的指数项、指前因子、阈能、活化能等都提出了较明确的物理意义，认为指数项相当于有效碰撞分数，指前因子 A 相当于碰撞频率，可以很好地解释温度和浓度对反应速率的影响；它还解释了一部分实验事实，认为理论所计算的速率系数 k 值与较简单的反应的实验值相符。

但碰撞理论也有其缺点，比如模型过于简单，所以在构建速率方程时，要引入概率因子，而概率因子的值很难具体计算，阈能也只能从实验活化能求得，所以碰撞理论还是半经验的。

（二）过渡态理论

过渡态理论（transition state theory，TST）又称为活化络合物理论。1935 年，美国化学家艾林（Eyring）等人在碰撞理论基础上，结合统计热力学和量子力学的有关理论，提出了反应速率过渡态理论。他们认为由反应物分子变成生成物分子，中间一定要经过一个过渡态，这个过渡态就称为活化络合物，所以又称为活化络合物理论。活化络合物能量较高，不稳定，化学键会断裂，可能生成产物使反应向正方向进行，也可能生成反应物向逆向进行。因此，过渡态理论可以有效解释化学反应的可逆性，正是由于这个可逆性，活化络合物与反应物分子之间可以建立起化学平衡，而总反应的速率由活化络合物转化成产物的速率决定，如图 7－1－3 所示。

图 7－1－3 中，A 对应的是基态反应物的平均能量，A^* 对应中间过渡态活化络合物的平均能量，P 对应产物的平均能量。那么活化络合物的平均能量与反应物平均能量之差就是正反应的活化能 E_a。活化络合物的平均能量与产物平均能量之差就是逆反应的活化能 E_a'。而正反应活化能 E_a 和逆反应活化能 E_a' 之差就体现为化学反应的热效应 $Q=E_a-E_a'$。当正反应活化能大于逆反应活化能时，反应为吸热反应；反之，为放热反应。

从图 7－1－3 还可以看出，活化能对反应速率有很大的影响。一般，活化能高的反应比较难以进行，反应速率会比较低；而活化能低的反应易于进行，反应速率比较

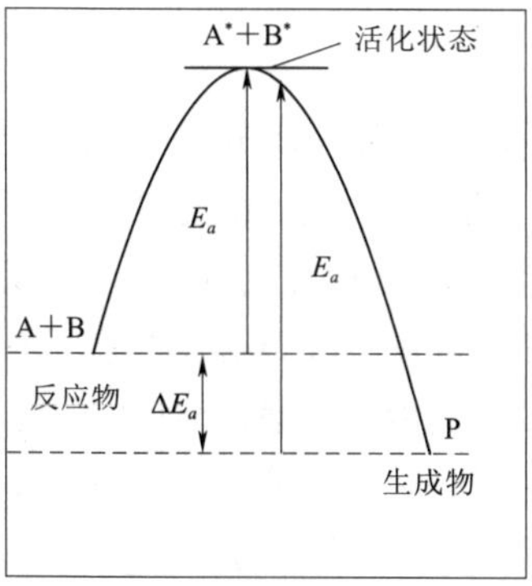

(a) 放热反应

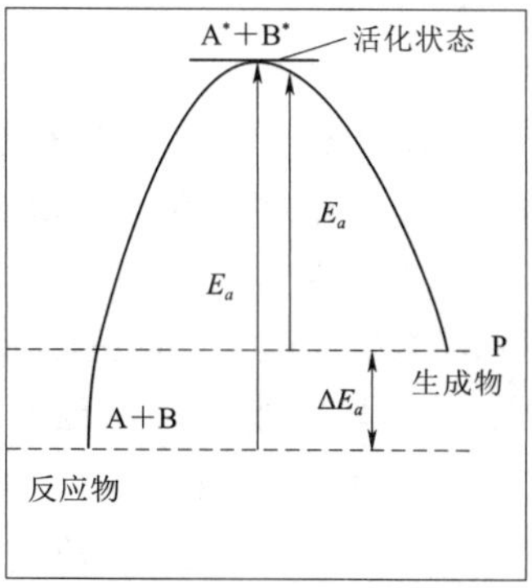

(b) 吸热反应

图 7-1-3 过渡态理论和活化能示意

高。由式(7-1-6)也可以看出，活化能直接影响着速率常数 k，活化能 E_a 一般为正值，则当活化能减小时，反应的速率常数会呈指数增大。

过渡态理论形象地描绘了基元反应进展的过程，说明了反应为什么需要活化能以及反应遵循的能量最低原理。而无论碰撞理论还是过渡态理论中，活化能的定义虽然有所不同，但其实质上是一致的，都代表反应进行所必须具备的能量条件。活化能 E_a 的大小主要由反应的本性决定，每一个反应都有其特定的活化能，其数值与反应物浓度无关，受温度影响很小。活化能是决定化学反应速率大小的重要内在因素，一定温度下反应活化能越小，反应速率越大。

但是，过渡态理论引进的平衡假设和速决步假设并不能符合所有的实验事实；对复杂的多原子反应，绘制势能面有困难，使理论的应用受到一定的限制。

（三）单分子反应理论*

单分子反应按照定义应该是由一个分子所实现的基元反应，但是一个孤立地处于基态的反应分子不能自发地进行反应。实际上，为使这类反应发生，反应分子必须具有足够的能量，如果反应分子不是以其他方式获得能量，那只有通过分子间的碰撞来获得。碰撞理论认为每次碰撞至少要两个分子，因此严格讲它就不是单分子反应，而应称之为准单分子反应。例如某些分子的分解反应或异构化反应都属于这种单分子反应。

1922 年，林德曼（Lindemann）等人提出了单分子反应的碰撞理论，认为单分子反应是经过相同分子间的碰撞而达到活化状态。获得足够能量的活化分子并不立即分解，它需要一个分子内部能量的传递过程，以便把能量集中到要破裂的键上去。因此在碰撞之后与进行反应之间出现一段停滞时间。此时，活化分子可能进行反应，也可能消活化而再变成普通分子。在浓度不是很稀的情况下，这种活化与消活化之间有一个平衡存在，如果活化分子分解或转化为产物的速率比消活化作用缓慢，则上述平衡基本上可认为不受影响。单分子反应的机理可表示如下：

总反应为

$$A \rightarrow P$$

具体步骤为

①$A+A \rightarrow A^{*}+A$

②$A^{*} \rightarrow P$

其中A^{*}为活化分子，①式并不是化学变化，而仅是使分子活化的传能过程。

林德曼的单分子理论在定性上是基本符合实际的，但在定量上往往和实验结果有偏差，后来经过不少学者进行修正，目前与实验符合得较好的单分子反应理论是20世纪50年代的RRKM（Rice-Ramsperger-Kassel-Marcus）理论，这是Marcus把30年代的RRK理论与过渡态理论结合提出的，RRKM理论把林德曼理论修正为：①$A+A \rightarrow A^{*}+A$；②$A^{*} \rightarrow A^{\neq} \rightarrow P$。$A^{*}$是$A$与$A$（或其他惰性分子$M$）碰撞而获得多余能量$E^{*}$的富能分子，$A^{*}$要转变为产物，必须首先转变成过渡态的构型$A^{\neq}$，并消耗一部分能量用来克服势能垒$E_b$。林德曼理论中所提及的碰撞后与反应间的停滞时间就相当于A^{*}向$A^{\neq}$转变过程。

四、基元反应的速率方程

在碰撞理论中，反应物分子A和B发生有效碰撞直接生成产物，这样的反应称作基元反应。

与之对应的是复杂反应，复杂反应需要有中间过程，但它是由多个基元步骤构成的。如：一定条件下合成HCl的反应就是一个复杂反应，其计量方程为

$$Cl_2(g)+H_2(g)=2HCl(g)$$

研究证明，该反应不是一步完成，而是由下述基元步骤组成：

$$Cl_2+M=2Cl\cdot+M$$

$$Cl\cdot+H_2=HCl+M+H\cdot$$

$$H\cdot+Cl_2=HCl+Cl\cdot$$

……

$$2Cl\cdot+M=Cl_2+M$$

在复杂反应中，连续或同时发生的所有基元步骤称为该反应的反应机理或反应历程。在有些情况下，反应机理还要给出所经历的每一步的立体化学结构图。了解反应机理可以掌握反应的内在规律，从而更好地驾驭反应。同一反应在不同的条件下，可有不同的反应机理，因此，反应机理的确定必须经过实验来判断和检验。

在给定温度条件下，对于基元反应，反应速率与反应物浓度的幂的乘积成正比，幂指数为反应计量方程中反应物的系数。这个定量关系称为质量作用定律，其相应的方程式称为速率方程。

对于任意基元反应

$$aA+fF=gG+dD$$

按照质量作用定律，其速率方程为

$$v=\frac{1}{\nu_B}\frac{dc_B}{dt}=kc_A^a c_F^f \qquad (7-1-8)$$

例如：基元反应$2NO(g)+Br_2(g)=2NOBr(g)$，其速率方程为$v=kc_{NO}^2 c_{Br_2}$。

关于质量作用定律，必须注意两点：

(1) 参加反应的固体、纯液体以及稀溶液的溶剂不表示在速率方程中。

(2) 只有基元反应的速率方程才能直接通过质量作用定律得到，复杂反应的速率方程必须通过实验测得。

速率方程中，各反应物浓度项上的指数称为该反应物的反应级数；所有浓度项指数的代数和称为该反应的总级数，通常用 n 表示。n 的大小反映了浓度对反应速率影响的大小。基元反应的级数都是简单的整数（如可为一级或二级等），可以由速率方程或者由化学反应方程式直接得到。例如：$2NO(g)+Br(g)=2NOBr(g)$ 为基元反应，按照其速率方程 $v=kc_{NO}^2c_{Br_2}$，则它的反应级数为 3，与反应物的系数之和相等。

对于非基元反应，反应的速率方程必须由实验测得，所以其反应级数也是由实验确定。如反应 $2H_2(g)+2NO(g)=2H_2O(g)+N_2(g)$，根据实验测得它的速率方程为 $v=kc_{NO}^2c_{H_2}$，则其反应级数为 3，而不是直接由反应物系数得到的 4。由此可以看出，反应级数是由速率方程所确定的，可以是正数或负数，可以是整或分数，也可以是 0，还有些无法确定。

在基元反应中，实际参加反应的反应物分子的数目称为反应分子数。反应分子数可分为单分子反应、双分子反应和三分子反应，四分子反应目前尚未发现。绝大多数的基元反应都是双分子反应。反应分子数只可能是简单的正整数 1、2 或 3。在基元反应中，反应级数和反应分子数相等。

速率方程中速率常数 k 的数值与反应物的浓度无关。当所有反应物的浓度均为 1mol/L 时，k 在数值上等于反应速率 v，所以速率常数的物理意义是反应物浓度为单位浓度时的反应速率。k 值越大，则反应在给定条件下的速率越大。在催化剂等其他条件确定时，k 的数值仅是温度的函数。在简单级数反应中，k 的单位与反应级数相关联。如：零级反应 $v=k$，速率常数 k 的单位和速率的单位相同，为 mol/(L・s)；一级反应 $v=kc$，速率常数 k 的单位为 1/s；二级反应 $v=kc^2$，速率常数 k 的单位为 L/(mol・s)。其他依此类推。

第二节　具有简单级数反应的特征

一、零级反应

反应速率方程中，反应物浓度的指数为零，即反应速率与反应物浓度无关，这种反应称为零级反应。常见的零级反应有表面催化反应和酶催化反应，这时反应物总是过量的，反应速率决定于固体催化剂的有效表面活性位或酶的浓度。如，对零级反应

具有简单级数反应的特征

$$A \rightarrow P$$

$$v=-\frac{dc_A}{dt}=k_0c_A^0=k_0 \tag{7-2-1}$$

当反应时间 t 从 $0 \rightarrow t$ 时，反应物 A 的浓度变化从 $c_0 \rightarrow c_A$，对式（7-2-1）进行积分

$$\int_{c_0}^{c_A} dc_A=-\int_0^t k_0 dt \tag{7-2-2}$$

整理得

$$c_A-c_0=-k_0t \tag{7-2-3}$$

即 $$c_A = c_0 - k_0 t \tag{7-2-4}$$

式（7-2-4）反映了反应物 A 的浓度随着时间的变化关系，应该是线性减少的。

当反应物转化为原来的一半时所用时间称为半衰期，即 $c_A = \frac{c_0}{2}$，则由式（7-2-4）得零级反应的半衰期为

$$t_{\frac{1}{2}} = \frac{c_0}{2k_0} \tag{7-2-5}$$

由上述分析可以看出，零级反应具有如下特点：

（1）速率常数 k_0 的单位与速率的单位相同，为 mol/(L·s)。

（2）反应物的浓度 c_A 与时间 t 呈线性关系。

（3）半衰期与反应物起始浓度成正比。

二、一级反应

反应速率与反应物浓度的一次方成正比的反应称为一级反应。常见的一级反应有放射性元素的蜕变、分子重排、五氧化二氮的分解等。如：

$$^{226}_{88}Ra \longrightarrow ^{222}_{86}Ra + ^{4}_{2}He \qquad v = k[^{226}_{88}Ra]$$

$$N_2O_5 \longrightarrow N_2O_4 + \frac{1}{2}O_2 \qquad v = k[N_2O_5]$$

设有任意的一级反应

$$A \rightarrow P$$

则 $$v = -\frac{dc_A}{dt} = k_1 c_A \tag{7-2-6}$$

当反应时间从 $0 \rightarrow t$ 时，反应物 A 的浓度从 $c_0 \rightarrow c_A$，对式（7-2-6）进行积分得

$$\int_{c_0}^{c_A} \frac{dc_A}{c_A} = \int_0^t -k_1 t \tag{7-2-7}$$

整理得

$$\ln c_A = \ln c_0 - k_1 t \tag{7-2-8}$$

表明，一级反应中 $\ln c_A$ 与时间 t 呈线性关系。

当 $c_A = \frac{c_0}{2}$，$\ln\frac{c_0}{2} = \ln c_0 - k_1 t$，可得一级反应的半衰期为

$$t_{\frac{1}{2}} = \frac{\ln 2}{k_1} \tag{7-2-9}$$

由此可以看出，一级反应具有如下特点：

（1）速率常数 k_1 的单位只与时间有关，为 s^{-1}。

（2）反应物的浓度 $\ln c_A$ 与时间 t 呈线性关系。

（3）半衰期与反应物的浓度无关，而与速率常数成反比。

半衰期是放射性元素蜕变的一种特征常数。例如 ^{235}U 的半衰期为 8×10^8 年，^{223}Fr（钫）的半衰期为 22 分钟，^{14}C 的半衰期为 5730 年等。某些放射性同位素的蜕变可以作为估算古代化石、矿石、陨石以及地球年龄的基础。如 ^{235}U 通常用于陨石和

矿石年龄的估算，^{14}C 用于确定考古学发现物和化石的年龄。1947—1949 年间，美国科学家利比确立用 ^{14}C 确定地球年代的概念与方法，并获得了 1960 年诺贝尔化学奖。

例 7-2-1：放射性 $^{60}_{27}Co$ 所产生的强 γ 辐射，广泛用于癌症治疗。放射性物质的强度以“居里”表示。买了一个含 20 居里的钴源，用了较长时间以后发现钴源的剩余量只有 5.3 居里。问这一钴源用了多少时间了。已知钴源的半衰期为 5.26a。

解：因为　$t_{\frac{1}{2}}=\dfrac{\ln 2}{k}$，即 $5.26\text{a}\approx\dfrac{0.693}{k}$

故　$k\approx 0.132\text{a}^{-1}$

根据　$\ln 5.3=\ln 20-0.132\text{a}^{-1}\cdot t$

可得　$t\approx 10.1\text{a}$

可知，该钴源已经用了 10 年多了。

估算陨石和矿石的年龄、确定考古学发现物和化石的年龄，也可用类似的方法。

例 7-2-2：化学反应 $2H_2O_2(l)=2H_2O(l)+O_2(g)$ 为一级反应，其速率常数 $k=0.0410\text{min}^{-1}$，问（1）若 H_2O_2 起始浓度 $c_0=0.500\text{mol/dm}^3$，10min 后浓度 c 是多少？（2）H_2O_2 在溶液中分解一半需多少时间？

解：（1）由 $\ln c_A=\ln c_0-k_1 t$，将有关数据代入得

$$\ln(0.500/c_A)=0.0410\text{min}^{-1}\cdot t=0.0410\text{min}^{-1}\times 10\text{min}$$

则　$c_A\approx 0.332\text{mol/dm}^3$

（2）根据　$t_{1/2}=0.693/k$

则　$t_{1/2}=0.693/0.0410\text{min}^{-1}\approx 16.9\text{min}$

三、二级反应

反应速率方程中，浓度项的指数和等于 2 的反应称为二级反应。常见的二级反应有乙烯、丙烯的二聚作用，乙酸乙酯的皂化，碘化氢的热分解反应等。对于只有一种反应物的情形处理起来比较简单，如

对任意二级反应：　$A\rightarrow P$

则速率方程：

$$v=-\frac{dc_A}{dt}=k_2 c_A^2 \tag{7-2-10}$$

按反应时间 t 从 $0\rightarrow t$ 时，反应物 A 的浓度从 $c_0\rightarrow c_A$，对上式积分可得

$$\frac{1}{c_A}=\frac{1}{c_0}+k_2 t \tag{7-2-11}$$

即反应物浓度的倒数和时间 t 之间呈线性关系。

对于不同分子参与反应的二级反应，如 $A+B\rightarrow P$，当反应物 A 和 B 初始浓度不同且和两者计量关系间不成比例时情况较为复杂，这里不多做研究。假设 A 和 B 在反应过程中浓度之比始终等于其计量系数之比，最简单的情况是，两者浓度始终相同且系数均为 1，则可以看作是同一种物质反应，可以按照式（7-2-10）进行处理，得到（7-2-11）的结论。

按照式（7－2－11），可得二级反应的半衰期

$$t_{\frac{1}{2}}=\frac{1}{k_2c_0} \tag{7-2-12}$$

二级反应的特点：

（1）速率常数 k_2 的单位为 L/(mol·s)。

（2）反应物的浓度 $\frac{1}{c_A}$ 与时间 t 呈线性关系。

（3）半衰期与反应物的初始浓度和速率常数成反比。

综上，可以对任意 n 级反应的速率方程进行处理，若 n 级反应符合一般通式 $v=-\frac{dc_A}{dt}=k_1c_A^n$，则其速率方程和特征见表 7－2－1。

表 7－2－1　通式 $v=-\frac{dc_A}{dt}=k_1c_A^n$ 的 n 级（$n\neq1$）反应的速率方程和特征

级数	速率方程		特征		
	微分式	积分式	k_A 的单位	线性关系	$t_{1/2}$
0	$-\frac{dc_A}{dt}=k_0$	$c_A=c_0-k_0t$	mol/(L·s)	c_A-t	$t_{\frac{1}{2}}=\frac{c_0}{2k_0}$
1	$-\frac{dc_A}{dt}=k_1c_A$	$\ln c_A=\ln c_0-k_1t$	1/s	$\ln c_A-t$	$t_{\frac{1}{2}}=\frac{\ln2}{k_1}$
2	$-\frac{dc_A}{dt}=k_1c_A^2$	$\frac{1}{c_A}=\frac{1}{c_0}+k_2t$	L/(mol·s)	$\frac{1}{c_A}-t$	$t_{\frac{1}{2}}=\frac{1}{k_2c_0}$
n	$-\frac{dc_A}{dt}=k_1c_A^n$	$\frac{1}{n-1}\frac{1}{c_A^{n-1}}=\frac{1}{n-1}\frac{1}{c_0^{n-1}}+k_nt$	$(\mathrm{L/mol})^{1-n}/\mathrm{s}$	$\frac{1}{c_A^{n-1}}-t$	$t_{\frac{1}{2}}=\frac{2^{n-1}-1}{(n-1)\ k_nc_0^{n-1}}$

第三节　温度对反应速率的影响

反应速率的影响因素——温度和催化剂

一般来说，无论是吸热反应还是放热反应，温度升高反应速率都加快。根据式（7－1－6）和式（7－1－7）可以知道，温度主要影响的是速率常数 k，并且随着温度升高，反应速率将增大。根据大量实验结果，荷兰化学家范特霍夫（1852—1911）归纳出一个近似的经验规律：温度每升高 10K，反应速率就增大到原来的 2～4 倍。即

$$\frac{k(T+n\times10)}{k(T)}=\gamma^n(\gamma=2\sim4) \tag{7-3-1}$$

例如：若取 $\gamma=2$，则温度增高 10K，速率增大为原来的 2 倍；增高 20K，速率增大为原来的 4 倍；增高 30K，速率增大为原来的 8 倍。

实际上，温度对速率影响比较复杂，通过研究大量实验事实发现，温度对反应速率的影响通常有五种类型，若以温度为横坐标、反应速率为纵坐标，得图 7－3－1 所示。

如图 7－3－1（a）所示，反应速率随温度的升高而逐渐加快，它们之间呈指数关系，这类反应最为常见。

如图 7－3－1（b）所示，开始时温度影响不大，到达一定极限时，反应以爆炸的

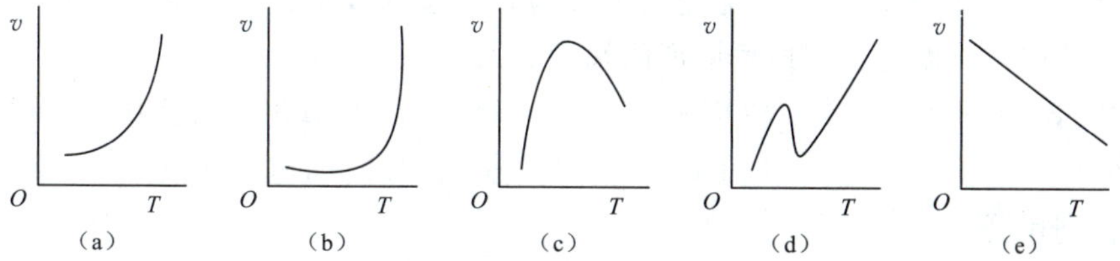

图 7-3-1　温度对反应速率影响的五种类型

形式极快地进行。

如图 7-3-1（c）所示，在温度不太高时，速率随温度的升高而加快，到达一定的温度，速率反而下降。如多相催化反应和酶催化反应。

如图 7-3-1（d）所示，速率在随温度升到某一高度时下降，再升高温度，速率又迅速增加，可能发生了副反应。

如图 7-3-1（e）所示，温度升高，速率反而下降。这种类型很少，如一氧化氮氧化成二氧化氮。

1889 年，瑞典的科学家阿伦尼乌斯总结了大量实验数据，得出了著名的阿伦尼乌斯公式：

$$k = A\exp\left(-\frac{E_a}{RT}\right) \qquad (7-3-2)$$

式中：A 为指前因子，与反应物分子的运动状态和碰撞频率等有关［详见式（7-1-6)］；E_a 为反应的活化能。A 与 E_a 都是反应的特性常数，活化能的大小由反应体系的本性决定。E_a 和 A 是两个非常重要的动力学参量。式（7-3-2）是阿伦尼乌斯公式的指数形式。

需要注意的是，温度对反应速率常数的影响，升温不仅仅加快了正反应速率，同时也会加快逆反应速率；不仅加快了主反应速率，也会加快副反应速率。但是从阿伦尼乌斯公式还可以看出，反应速率常数不仅与 T 有关，而且与反应的活化能密切相关。温度对反应速率常数的影响情况受到活化能的制约，活化能越高，反应速率对温度越敏感，则升高温度时反应速率增加得越快；相反，活化能越低，反应速率对温度不太敏感，则低温有利于活化能低的反应。根据这个特点，在实际生产中往往通过控制温度选择合适的温度范围来加快主反应而抑制副反应。

对式（7-3-2）取对数，得

$$\ln k = -\frac{E_a}{RT} + B \qquad (7-3-3)$$

式（7-3-3）描述了速率系数与 $1/T$ 之间的线性关系。可以根据不同温度下测定的 k 值，以 $\ln k$ 对 $1/T$ 作图，得一直线，从直线的斜率可以求出活化能 E_a。

对式（7-3-3）进行定积分可得

$$\ln\frac{k_2}{k_1} = \frac{E_a}{R}\left(\frac{1}{T_1} - \frac{1}{T_2}\right) \qquad (7-3-4)$$

若设活化能与温度无关，则根据两个不同温度下的 k 值也可以求活化能。由式（7-3-4）可以看出，活化能越大的反应，温度对反应速率的影响越明显，即活化能大的反应，升温时反应速率增加的幅度越大。

例 7-3-1：已知反应 $2NOCl(g)=NO(g)+Cl_2$ 的活化能为 101kJ/mol，300K 时速率常数 k_1 为 2.80×10^{-5} L/(mol·s)，试求 400K 时的速率常数。

解：利用公式

$$\ln\frac{k_2}{k_1}=\frac{E_a}{R}\left(\frac{1}{T_1}-\frac{1}{T_2}\right)=\frac{E_a}{R}\left(\frac{T_2-T_1}{T_1T_2}\right)$$

代入有关数据，可得

$$\ln\frac{k_2}{2.8\times10^{-5}}=\frac{101\times10^3}{8.314}\times\frac{400-300}{400\times300}$$

解之得　$k_2\approx0.70\text{L/(mol/s)}\gg2.80\times10^{-5}\text{L/(mol}\cdot\text{s)}$

可见，当温度从 300K 升高至 400K 时，反应速率将会大大加快。

大多数反应的速率常数 k 与温度 T 的关系符合阿伦尼乌斯公式外，还有一些其他形式，如：①爆炸反应，当温度达到燃点时，反应速率突然增大；②酶催化反应，温度太高或太低都不利于生物酶的活性；某些受吸附速率控制的多相催化反应，也有类似的情况；③某些含炭化合物的氧化等，可能是由于温度升高时，副反应产生较大影响，而使得温度与速率的关系复杂化；④NO 与 O_2 生成 NO_2 的反应，温度升高反应速率反而下降。

阿伦尼乌斯公式是从动力学的角度研究温度对反应速率的影响，而实际上温度对反应的影响情况是比较复杂的。在热力学中，由化学反应等温式可以知道，升温利于吸热反应，而降温利于放热反应，即升温使吸热反应的平衡转化率增加，却使放热反应平衡转化率降低。但是，根据阿伦尼乌斯公式，升温时，不管是正反应还是逆反应，反应速率常数都会增大，即升温会加速反应。这一矛盾的解决，在实际生产中总是以速率因素为主。因为实际生产中大部分反应不可能达到平衡，在平衡与速率之间，从提高产量的角度是希望它的速率快一些，因此，常常通过提高反应速率来弥补转化率低这一不足之处。但温度过高，可能引起局部过热而爆炸，还要考虑温度对副反应对催化剂的影响等，所以在工业上要选择一个合适的温度，必须全面地考虑问题。

第四节　催化剂对反应速率的影响

催化剂是影响化学反应速率的另一个重要因素，现代化学工业生产中 80%～90%的反应过程都使用催化剂。特别是在“绿色化学”中，要实现“原子经济性”的要求，催化剂占据着重要的位置。

催化剂是一种存在少量就能改变反应速率，而在反应前后本身的质量和化学组成均不改变的物质。能加快反应速率的物质叫正催化剂，而降低反应速率的物质叫负催化剂或阻化剂。

按照碰撞理论，在一个反应系统中，活化能越高，活化分子数越少，反应速率越慢。催化剂的作用主要通过改变反应历程降低了反应的活化能，从而增加了活化分子的数目，加快化学反应速率。如图 7－4－1 所示合成氨的反应，没有催化剂时，活化能 $E_{a,1}$ 比较大，反应速率较慢；由于催化剂的加入，反应物分子极易在催化剂上吸附，反应途径由（1）变为（2），活化能由 E_{a1} 降为 E_{a2} 和 E_{a3}，从而增大化学反应速率。

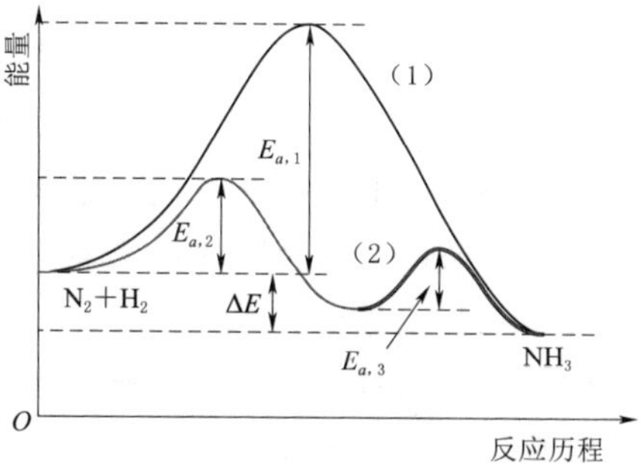

图 7－4－1　催化作用原理

催化剂的主要组成部分包括催化剂活性组分、助催化剂、载体。催化剂活性组分是具有催化能力的物质，不同类型的反应催化剂活性组分不同，但通常都是过渡金属元素，其中以第 VIII 族和贵金属居多。助催化剂是指凡与主催化剂组合后能够显著改善催化剂的活性，但单独存在时没有催化活性或只有极微催化活性的物质，助催化剂往往是过渡金属元素，最近几年的研究集中在稀土元素。载体是指为提高催化剂活性组分利用率而把活性组分分散负载在其上的某些物质，这类物质多是多孔的，具有较大的比表面积，如活性炭、硅胶、硅藻土等。

催化剂的主要特征有：

（1）催化剂的作用机理：改变反应的历程，降低反应的活化能。

（2）催化剂具有不同程度的活性，可使反应物分子活化。它积极地参与反应，又可在反应后再生。因此少量催化剂常能使相当大量的反应物发生反应。

（3）催化剂可以缩短达到平衡的时间，但不影响化学平衡的状态，不能改变反应的热力学性能。由于催化剂在反应前后化学性质、组成保持不变，所以它的存在与否不会改变反应的始态和终态，不会改变反应的 $\Delta_r H_m^\ominus$ 和 $\Delta_r G_m^\ominus$。从图 7－4－1 可见，无论催化剂降低活化能到何种程度，只要反应物和生成物一定，则反应热效应 $\Delta_r H_m^\ominus$ 就是定值。这就是说，催化剂的作用是加速反应，缩短到达平衡的时间。有些反应需几天或几周才能建立平衡的化学反应，在催化剂存在时，几秒钟即可达到平衡，但不能使化学平衡移动。对正反应有效的催化剂，也是逆反应良好的催化剂。催化剂不能实现热力学上不能发生的反应。

（4）少量的杂质常可强烈影响催化剂的活性。这些杂质可起助催化剂或毒物两方面的作用。助催化剂本身新活性很小或没有活性，但可提高主催化剂的活性。如合成氨的铁系催化剂中，常加入 $Al_2O_3-K_2O$ 为助催化剂。毒物则可使催化剂的活性和选择性减小。这种现象，叫催化剂中毒。这有两种情况，如毒物除去，催化剂效力仍可恢复，为暂时性中毒；永久性中毒则使催化剂完全失效，非重新经过化学处理不能恢复其活性。

（5）催化剂具有特殊的选择性。实验证明，没有适合一切反应的共同催化剂，某一类型的反应只能使用某些催化剂；同一反应选择不同的催化剂，可以得到不同产物。

拓展资料

酶催化概述

酶是动植物和微生物产生的具有高效催化能力的蛋白质。生物体内的化学反应，几乎都是在酶的催化作用下进行的。酶是相对分子量在 $10^4 \sim 10^6$ 的蛋白质，酶催化比一般催化反应更具特色。

酶作为生物催化剂，具有一般催化剂的特征，能加快化学反应的速度，而本身在反应前后没有结构和性质的改变；只能缩短反应达到平衡所需要的时间而不能改变反应的平衡点。但酶作为一种生物大分子又有其不同之处：

(1) 活性和催化效率高酶。催化反应的速率比非催化反应高 $10^8 \sim 10^{20}$ 倍，比非生物催化剂高 $10^7 \sim 10^{13}$ 倍。如过氧化氢酶催化过氧化氢分解的反应，若用铁离子作为催化剂，反应速率为 6×10^{-4} ($mol \cdot mol^{-1} cat \cdot s^{-1}$)；若用过氧化氢酶催化，反应速率为 6×10^{6} ($mol \cdot mol^{-1} cat \cdot s^{-1}$)。酶能高效催化主要是能降低反应的活化能。

(2) 高度专一性。酶对底物及催化的反应有严格的选择性（专一性），一种酶仅能作用于一种物质或一类结构相似的物质，发生一定的化学反应，这种对底物的选择性称为酶的专一性。如蛋白酶只能水解蛋白质、脂肪酶只能水解脂肪，而淀粉酶只能作用于淀粉，尿素酶只能催化尿素 $(NH_2)_2CO$ 水解为 NH_3 和 CO_2（在溶液中只含有尿素酶千万分之一），但不能催化尿素的取代物水解。目前已知的有水解酶、异构化酶、胃酶、氧化还原酶等 2000 多种酶。

(3) 酶易失活。酶是生物大分子，对环境的变化非常敏感，高温、强酸或强碱、重金属等引起蛋白质变性的条件，都能使酶丧失活性。同时酶也常因温度、pH 值的轻微改变或抑制剂的存在而使其活性发生改变。

(4) 酶的催化活性可被调节控制。酶的催化活性是受到调节控制的，这是酶区别于一般催化剂的一个重要特性。酶在体内受到多方面因素的调节和控制，不同的酶调节方式也不同，包括抑制剂的调节、反馈调节、酶原激活、共价修饰、激素控制等。

(5) 结合酶类的催化活力与辅酶、辅基、金属离子有关，若将它们除去，酶就会失活。

(6) 酶催化所需要的条件温和。如某些植物内部的固氮酶在常温常压下，能固定空气中的氮并将其转化为氨，而以铁为催化剂的工业合成氨需要高温高压。

由于酶催化具有许多优点，使化学模拟生物酶成为催化研究的活跃领域，如固氮和光合作用的模拟都有十分重要的意义。

第五节 常见复杂反应动力学*

一、对峙反应

在正、逆两个方向同时进行的反应称为对峙反应，俗称可逆反应。正、逆反应可以为相同级数，也可以为具有不同级数的反应；可以是基元反应，也可以是非基元反应。对峙反应动力学曲线见图 7-5-1。例如：

$$A \rightleftharpoons B$$

$$A+B \rightleftharpoons C+D$$

$$A+B \rightleftharpoons C$$

为简单起见，考虑1—1级对峙反应，设有反应

	A	$\leftrightarrow$	B
$t=0$	a		0
$t=t$	$a-x$		x
$t=t_e$	$a-x_e$		x_e

则
$$v=\frac{dx}{dt}=v_{正}-v_{逆}=k_1(a-x)-k_{-1}x$$

对峙反应的净速率等于正向速率减去逆向速率，当达到平衡时，净速率为零。

即
$$k_1(a-x_e)-k_{-1}x_e=0$$

可得：
$$k_{-1}=\frac{k_1(a-x_e)}{x_e}$$

则

$$\frac{dx}{dt}=k_1(a-x)-\frac{k_1(a-x_e)}{x_e}x=\frac{k_1a(x_e-x)}{x_e}$$

对峙反应的积分式

$$\int_0^x \frac{x_e dx}{(x_e-x)}=k_1a\int_0^t dt$$

$$k_1=\frac{x_e}{at}\ln\frac{x_e}{x_e-x}$$

$$k_{-1}=\frac{a-x_e}{at}\ln\frac{x_e}{x_e-x}$$

测定了 t 时刻的产物浓度 x，已知 a 和 x_e，就可分别求出 k_1 和 k_{-1}。

对峙反应的特点有：

(1) 净速率等于正、逆反应速率之差值。

(2) 达到平衡时，反应净速率等于零。

(3) 正、逆速率系数之比等于平衡常数 $K=k_1/k_{-1}$。

(4) 在 $c-t$ 图上，达到平衡后，反应物和产物的浓度不再随时间而改变。

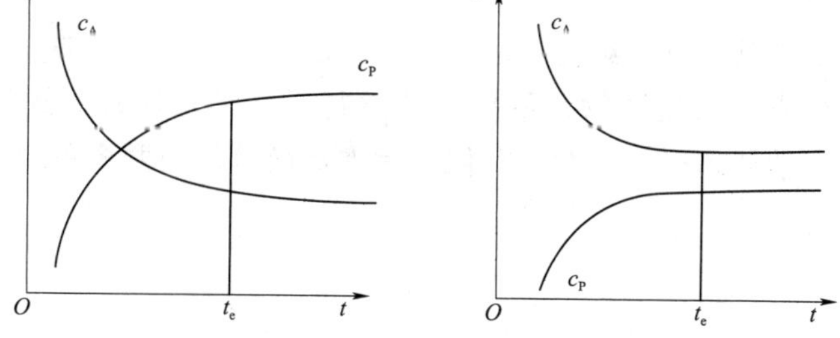

图7-5-1　对峙反应 $c-t$ 图

二、平行反应

相同反应物同时进行若干个不同的反应称为平行反应。这种情况在有机反应中较多，通常将生成期望产物的一个反应称为主反应，其余为副反应。

总的反应速率等于所有平行反应速率之和。

平行反应的级数可以相同，也可以不同，前者数学处理较为简单。

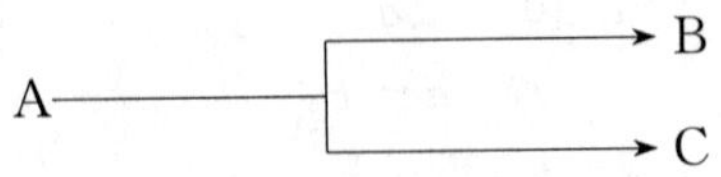

设

	[A]	[B]	[C]
$t=0$	a	0	0
$t=t$	$a-x_1-x_2$	x_1	x_2

若令 $x=x_1+x_2$

则
$$v=\frac{\mathrm{d}x}{\mathrm{d}t}$$

$$\int_0^x \frac{\mathrm{d}x}{a-x}=(k_1+k_2)\int_0^t \mathrm{d}t$$

$$\ln\frac{a}{a-x}=(k_1+k_2)t$$

平行反应的特点有：

(1) 平行反应的总速率等于各平行反应速率之和。

(2) 速率方程的微分式和积分式与同级的简单反应的速率方程相似，只是速率系数为各个反应速率系数的和。

(3) 当各产物的起始浓度为零时，在任一瞬间，各产物浓度之比等于速率系数之比，即$\frac{k_1}{k_2}=\frac{x_1}{x_2}$。若各平行反应的级数不同，则无此特点。

(4) 用合适的催化剂可以改变某一反应的速率，从而提高主反应产物的产量。

(5) 用改变温度的办法，可以改变产物的相对含量。活化能高的反应，速率系数随温度的变化率也大。

三、连续反应

有很多化学反应是经过连续几步才完成的，前一步生成物中的一部分或全部作为下一步反应的部分或全部反应物，依次连续进行，这种反应称为连续反应或连串反应。连续反应的数学处理极为复杂，我们只考虑最简单的由两个单向一级反应组成的连续反应。

	A →	B →	C
$t=0$	c_{A0}	0	0
$t=t$	c_A	c_B	c_C

则 $c_A+c_B+c_C=c_{A,0}$

$$-\frac{dc_A}{dt}=k_1c_A \longrightarrow c_A=c_{A,0}e^{-k_1t}$$

$$\frac{dc_B}{dt}=k_1c_A-k_1'c_B=k_1c_{A,0}e^{-k_1t}-k_1'c_B\text{(一阶非齐次线性微分方程)}$$

$$c_B=\frac{k_1c_{A,0}}{k_1'-k_1}(e^{-k_1t}-e^{-k_1't})$$

（注：若 $k_1=k_1'=k$，则 $c_B=kc_{A,0}te^{-kt}$）

$$c_C=c_{A,0}\left[1-\frac{1}{k_1'-k_1}(k_1'e^{-k_1t}-k_1e^{-k_1't})\right]$$

特点：c_A 渐小，c_C 渐大，c_B 在某一时刻达极大值。

$$t_{max}=\frac{\ln(k_1/k_1')}{k_1-k_1'} \qquad c_{B,max}=c_{A,0}\left(\frac{k_1}{k_1'}\right)^{\frac{k_1'}{k_1'-k_1}}$$

连串反应的总反应速率主要取决于其中最慢的一步，这个最慢步骤称为速率控制（决定）步骤［rate controlling (determining) step］，简称速控步（决速步）：连串反应的总速率基本等于最慢步骤的速率。

思　考　题

1. 在恒温下，增加反应物浓度，化学反应速率加快的原因是（　　）。

A. 化学反应速率常数增大　　B. 反应物的活化分子百分数增加

C. 反应的活化能下降　　D. 反应物的活化分子数目增加

2. 具有下列反应机理的反应为几分子的反应？

(1) $A \rightarrow A^*$

(2) $A^*+BC \rightarrow AB+C$

(3) $AB \rightarrow E+D$

3. 根据质量作用定律写出下列基元反应的速率方程。

(1) $A+B \rightarrow 2P$

(2) $2A+B \rightarrow 2P$

(3) $A+2B \rightarrow P+2S$

(4) $2Cl\cdot+M \rightarrow Cl_2+M$

4. 某化学反应的计量方程为 $A+B=C$，能认为这是二级反应吗？

5. 化学反应级数和反应分子数有何区别？

6. 速率常数 k 有哪些特点？

7. 一、二级反应各有哪些特点？

8. 一级化学反应 $A \longrightarrow B$ 的半衰期是 10min，1h 后 A 遗留的百分数是多少？

9. 某反应物质消耗掉 50%和 75%所需的时间分别为 $t_{1/2}$ 和 $t_{1/4}$，若反应对各反应物分别是一级和二级，则 $t_{1/2}$ 和 $t_{1/4}$ 的值分别是多少？

10. 已知气相反应 $2HI = H_2 + I_2$ 之正逆反应都是二级反应，问：

（1）正逆反应速率常数与平衡常数的关系是什么？

（2）正逆反应的活化能与正反应恒容反应热的关系是什么？

11. 根据碰撞理论，温度增加反应速率提高的主要原因是什么？

12. 阈能的物理意义是什么？它与阿伦尼乌斯经验活化能 E_a 在数值上的关系如何？

13. 目前已有科学家成功地用水光解制备氢气和氧气。为什么阳光照在水面上看不到丝毫氢气和氧气生成？

14. 催化剂为什么能加快反应速率？

习　题

1. 已知反应 $2N_2O_5(g) \rightarrow 4NO_2(g) + O_2(g)$ 在某一时刻 $\frac{dc(N_2O_5)}{dt} = -0.25mol \cdot L^{-1} \cdot min^{-1}$，试计算该时刻的反应速率及 $\frac{d(NO_2)}{dt}$ 的数值为多少？

2. 已知反应 $2NO_2 \longrightarrow 2NO + O_2$ 如下数据，求该反应的活化能。

T/K	600.2	640.2
$k/(L \cdot mol^{-1} \cdot min^{-1})$	83.9	407.0

(126.1kJ/mol)

3. 某人工放射性元素放出 α 粒子是一级反应，半衰期为 1.5min，让试样分解 80%，需要多少时间？　(252s)

4. 在 300K 时，某反应完成 20%需时 12.6min，在 340K 时，需时 3.20min，试计算其活化能。　(29kJ/mol)

5. 某一级反应的半衰期在 300K 时是 5000s，310K 时是 1000s，求反应活化能。　(124kJ/mol)

6. 乙烯转化反应 $C_2H_4 \longrightarrow C_2H_2 + H_2$ 为一级反应。在 1073K 时，要使 50%的乙烯分解，需要 10 小时，已知该反应的活化能 $E = 250.6kJ/mol$。要求在 1.136×10^3 小时内同样有 50%乙烯转化，反应温度应控制在多少？　(919.2K)

7. 试求一级反应完成 99.9%所需时间是其半衰期的多少倍？　(9.965)

8. C^{14} 放射性蜕变的半衰期为 5730a，今在一考古学样品中测得 C^{14} 的含量只有 72%，请问该样品距今有多少年？　(2720a)

9. 某一级反应，当反应物反应掉 78%所需时间为 10min，求反应的半衰期。　(4.62min)

10. 某二级反应 $2A \rightarrow P$，10min 后，A 反应掉 20%，试求半衰期。　(40min)

11. 硝基异丙烷在水溶液中被碱中和时，反应速率常数与温度的关系为：

$$\lg k = -3163.0/T + 11.89 \quad [k \text{ 的单位：} L/(mol \cdot min)]$$

试计算（1）活化能。　(60.56kJ/mol)

（2）指前因子。　$[1.46 \times 10^5 dm^3/(mol \cdot min)]$

（3）在 283K 酸碱起始浓度均为 0.008mol/L 时反应到 24.19min，反应物剩余百分数。（50%）

12. 如在恒容容器中，有一气体化合物发生分解反应，它分解一半所需的时间与起始压力成反比，在不同起始压力和不同温度下，测得反应物分解一半所需时间如下：

温度/℃	576	633
起始压力 p_0/kPa	25.7	34.0
分解一半的时间/s	1446	208

（1）判断该反应分解的级数。（二级）

（2）求该反应的活化能。（185.91kJ/mol）

13. 某二级反应 2A→P，设 $c_{A,0}$=0.005mol/L，500℃和 510℃时，经 300s 后分别有 27.6%和 35.8%的反应物分解。计算（1）两个不同温度时的速率常数；（2）反应的活化能。[0.2541dm^3/(mol·s)，0.3718dm^3/(mol·s)；191.34kJ/mol]

14. 已知某反应的活化能为 144.35kJ/mol，反应的指前因子 $A=2.917\times10^{11}s^{-1}$。试求 500K 时反应的半衰期。（21s）

第八章

电化学

电化学概论

电化学发展简史

电化学主要是研究电能和化学能之间的相互转化及转化过程中有关规律的科学。电化学是一门古老的科学，1799 年，伏特（Volta）发明了第一个原电池“伏特电堆”。1807 年，Davy 使用其电解得到钠、钾。1834 年，Faraday 创立了电解定律，为实际电解过程奠定了理论基础。如今电化学已经发展成为一门内容非常广泛的学科，涵盖化学电源、电化学合成、光电化学、电化学分析、生物电化学、电催化、电冶金、电镀、电解等。电化学应用范围也很广，远远超出化学领域，在国民经济很多部门如化工、能源、环境、生命等领域发挥巨大作用。电化学现已形成三大电化学工业体系：电解、电池、电分析，其实际应用大致分为：①电化学合成，如氯碱工业、合成己二腈；②金属的提取与精炼，如熔盐电解制铝、精炼铜；③化学电源，1859 年普兰特（Planet）发明了铅酸电池，广泛使用的锌锰电池、锂电池及新型电池，如太阳能电池、燃料电池等；④金属腐蚀与防护，电化学腐蚀与防护、缓蚀剂；⑤物体表面修饰，如电镀、电泳涂漆；⑥电化学分离技术，如电渗析、电气浮分离等。

本章主要介绍电化学的基本原理及其在水处理环境保护中的应用。电化学基本理论分为三大部分：第一部分为电解质溶液，研究电解质溶液的相关基本理论，包括电解质的导电机理、法拉第定律、电导、电解质溶液理论等；第二部分为可逆电池，研究化学能转化为电能过程中的基本原理，包括可逆电池工作机理、电动势和电极电势的产生及其应用；第三部分为不可逆电极过程，研究电能转化为化学能即电解过程中出现的现象以及所遵守的基本规律。在此基础上，本章还简单介绍了电化学在环境保护以及水质处理中的应用方法和技术。

第一节　电解质溶液理论简介

一、导体的分类

（1）第一类导体又称电子导体，如金属、石墨等。这类导体主要依靠自由电子做定向移动而导电，当电子通过时，导体本身不发生任何变化。随着温度升高，由于原子热运动加剧，对电子的阻力增大，所以电阻也升高，导电能力下降。在导电过程中，所传导总电量全部由电子承担。

（2）第二类导体又称离子导体，如电解质溶液、熔融电解质等。这类导体主要依靠阴阳离子分别向阳极和阴极做定向移动而导电，阳离子的移动方向就是电流的方向。导电过程中，阴阳离子会在电极表面发生化学反应，所以要完成导电，还需要有第一类导体作为媒介。随着温度的升高，由于溶剂黏度变小，所以粒子迁移速度加快，电阻减小。导电总量由阴阳离子共同承担，是阴阳离子迁移电量的总和。

其他固体电解质，如 AgBr、PbI_2 等，也属于离子导体，但其导电的机理比较复杂，导电能力不高，本章以讨论电解质水溶液为主。

二、电化学装置

原电池和电解池是两类主要的电化学装置。原电池和电解池都是由两个半电池组成，第一类导体电极浸在电解质溶液中，同时在外电路中由导线连接并连接相关电学元件，外电路中依靠电子传导，电解质溶液中依靠离子迁移，从而完成电流传导构成回路。原电池和电解池的工作原理正好相反。

（一）原电池

原电池是指将化学能转变为电能的装置。图 8-1-1（a）为原电池的工作原理示意图。金属锌浸在硫酸锌溶液中组成电极，金属铜浸在硫酸铜溶液中组成另一电极，两溶液间用隔膜分开，阴阳离子不能自由通过，外接导线连接检流计。当开关合上就可以形成一个回路。

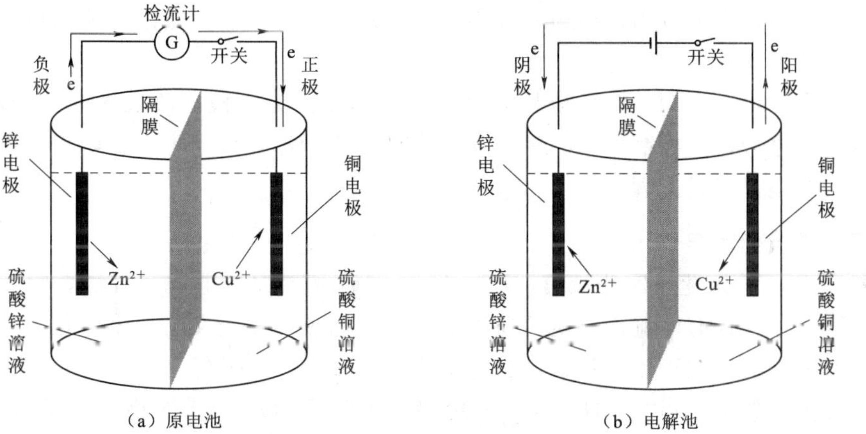

图 8-1-1 原电池和电解池工作原理

由于金属锌比较活泼，所以在锌电极上会发生化学反应，即

$$Zn(s) \rightarrow Zn^{2+} + 2e$$

产生的 Zn^{2+} 向溶液中扩散，而电子沿着外电路向铜电极迁移。Zn 电极由于发生氧化反应，称作阳极；同时，由于输出电子，电势较低，为负极。当电子迁移到铜电极上时，Cu^{2+} 在电极表面结合电子生成 Cu 沉积下来，电极反应为

$$Cu^{2+} + 2e \rightarrow Cu(s)$$

在铜电极上发生还原作用，称作阴极。由于电流由 Cu 极流向 Zn 极，Cu 极电势高是正极。可见，在原电池中，电极的极性是由电极的化学性质决定的，比较活泼的电极表面发生氧化反应，是阳极。电势高低决定了正负极，电势高的为正极，电势低的为负极。在原电池中，阳极电势较低，为负极；阴极电势较高，为正极。

原电池的电池反应为

$$Cu^{2+} + Zn(s) \rightarrow Zn^{2+} + Cu(s)$$

在原电池中，外电路中电流的方向为从正极流向负极；在内电路中，电流（即正电荷扩散的方向）从负极流向正极。负极溶解的 Zn^{2+} 向阴极方向扩散，直到隔膜左侧，然后 Cu^{2+} 从隔膜右侧扩散至 Cu 电极表面得到电子，构成一个回路，完成一个循环。

（二）电解池

电解池是指将外加电能转化成化学能的装置，即通过外加电能使得电极表面发生化学反应，如图 8-1-1（b）所示。Zn 电极与外电源负极相接，电势较低，是负极；Zn^{2+} 在电极表面发生还原反应，是阴极，即

$$Zn^{2+} + 2e \rightarrow Zn(s)$$

Cu 电极与外电源正极相接，电势较高，是正极；Cu 在电极表面失去电子发生氧化反应，是阳极，即

$$Cu(s) \rightarrow Cu^{2+} + 2e$$

电解池的电池反应为

$$Zn^{2+} + Cu(s) \rightarrow Cu^{2+} + Zn(s)$$

由此可见，在电解中，电极的极性是由外加电源的极性决定的，而与电极本身的性质无关。

工业中，可以利用电解反应精制铜，将粗铜棒作为阳极，硫酸铜溶液为电解液。随着电解的进行，阳极铜不断溶解，而在阴极不断析出，从而可以在阴极得到纯度高的的精铜。电镀也是此理。

三、法拉第定律

法拉第定律

法拉第

1833 年，英国化学家法拉第（Faraday）在研究了大量电解过程后，提出了著名的法拉第定律：当有电流通过电解质溶液时，在电极表面上发生化学变化的物质的量与通过电极的电量成正比。那么，当电极上有 1mol 电子所荷电量通过时，在电极表面就会发生得失 1mol 电子的反应，则电极上发生反应的物质的物质的量与之对应。如果以 Q 表示电量，n_e 为电极反应中迁移的电子的物质的量，则法拉第定律可表示为

$$Q = n_e F \qquad (8-1-1)$$

式中：F 为法拉第常数，表示 1mol 电子的荷电量。已知一个电子荷电量为 $e = 1.602176487 \times 10^{-19}$C，所以

$$F = Le = (6.02214179 \times 10^{23} \times 1.602176487 \times 10^{-19})\text{C/mol}$$
$$\approx 96485\text{C/mol}$$

通常情况下，法拉第常数可取 $F \approx 96500$C/mol

设任一电极反应可写作

$$\text{Oxd} + ze = \text{Red}$$

式中：Oxd 为电对中的氧化态物质；Red 为电对中的还原态物质；z 为电极反应中迁移的电子数，取正值。则当反应进度为 ξ 时，电极反应迁移的电子的物质的量为 $n_e = z\xi$，代入式（8-1-1），可得

$$Q=z\xi F \tag{8-1-2}$$

又由于 $\xi=\frac{\Delta n_B}{\nu_B}$，所以法拉第定律亦可写作

$$Q=z\frac{\Delta n_B}{\nu_B}F \tag{8-1-3}$$

式中：Δn_B 为电极上发生反应的物质 B 的物质的量；ν_B 为其计量系数，反应物为负值，产物为正值。则当已知通入电路中的电量和电极反应方程式后，据式（8-1-3）可以计算电极上发生反应的物质的量，然后计算其质量，并且可以继续计算电极反应的电流效率：

$$\text{电流效率}\ \eta=\frac{\text{电极上实际生成的产物的质量}}{\text{按照法拉第定律计算的电极理论生成物质的质量}}\times 100\%$$

按照法拉第定律，假如向若干个串联的电解池中通电，则每个电极反应中迁移的电子物质的量均相等。可以据此分别计算每个电极上生成产物的量。

法拉第定律是电化学上最早的定量的基本定律，揭示了通入的电量与析出物质之间的定量关系，该定律在任何温度、任何压力下均可以使用，没有限制条件。显然，根据法拉第定律，通入的电量越多，电极上发生反应的物质的量越多。

例 8-1-1：今电解 $Au(NO_3)_3$ 溶液，若电流强度为 0.25A，通电 1h，在阴极上析出纯金 0.5g。求：(1) 电流效率；(2) 在相同电流效率下，阳极上放出氧气的质量。已知 M(Au)=197.0g/mol。

解：(1) 阴极 Au^{3+} 的沉积反应为

$$Au^{3+}+3e=Au$$

按照法拉第定律［式（8-1-3）］，可得

$$Q=It=z\frac{\Delta n_{Au}}{\nu_B}F$$

将有关数据代入，得

$$0.25A\times 1\times 3600s=3\times\frac{\Delta n_{Au}}{1}\times 96500C/mol$$

解之可得理论上生成金的物质的量为

$$\Delta n_{Au}\approx 3.11\times 10^{-3}mol$$

所以电流效率为

$$\eta=\frac{m_{Au}}{\Delta n_{Au}M_{Au}}=\frac{0.5g}{3.11\times 10^{-3}mol\times 197.0g/mol}\times 100\%\approx 81.61\%$$

(2) 阳极释放氧气的反应为

$$2H_2O-4e=O_2+4H^+$$

按照法拉第定律：

$$Q=It=z\frac{\Delta n_{O_2}}{\nu_{O_2}}F$$

将有关数据代入，得

$$0.25A \times 1 \times 3600s = 4 \times \frac{\Delta n_{O_2}}{1} \times 96500C/mol$$

解之可得理论上生成 O_2 的物质的量为

$$\Delta n_{O_2} \approx 2.33 \times 10^{-3} mol$$

则阳极生成 O_2 的质量为

$$\begin{aligned} m_{O_2} &= M_{O_2} \Delta n_{O_2} \eta \\ &= 32g/mol \times 2.33 \times 10^{-3} mol \times 81.64\% \\ &\approx 0.0609g \end{aligned}$$

四、电导和电导率

（一）电导

电解质溶液的导电能力

电解质溶液导电能力可以用电导来衡量，电导指电阻的倒数，用符号 G 表示，单位为 S 或 1/Ω。按照欧姆定律

$$R = \rho \frac{l}{A}$$

式中：ρ 为电阻率；l 和 A 分别为导电物质的长度和截面积。则电导 G 应为

$$G = \frac{1}{R} = \frac{1}{\rho}\frac{A}{l} = \kappa \frac{A}{l} \qquad \kappa = \frac{1}{\rho} \tag{8-1-4}$$

式（8－1－4）中，比例系数 κ 称作电导率，是电阻率的倒数，相当于单位长度单位截面积的电解质溶液的电导，其数值与电解质种类、溶液浓度和温度等有关，单位为 S/m。

（二）摩尔电导率

电解质溶液理论简介

在相距为单位距离的两个平行电导电极之间，含有 1mol 导电物质的溶液中，这时溶液所具有的电导称为摩尔电导率 Λ_m。摩尔电导率与该电解质的电导率成正比，还与电解质溶液的体积有关，溶液浓度越小，则含 1mol 电解质溶液的体积就越大，摩尔电导率越大。所以可用下式表示

$$\Lambda_m \overset{def}{=\!=\!=} kV_m = \frac{k}{c} \tag{8-1-5}$$

式中：V_m 为含有 1mol 电解质的溶液的体积，m^3/mol；c 为电解质溶液的浓度，mol/m^3。由此可知，摩尔电导率的单位为 $S \cdot m^2/mol$。

摩尔电导率必须对应于溶液中含有 1mol 电解质，因为规定了电解质的数量是 1mol，限定了两个电极间的距离，即限定溶液导体的长度都是单位长度，这样可以比较不同电解质的导电能力。

（三）电导率、摩尔电导率与浓度的关系

电导率只指明了电解质溶液的体积，但没有规定电解质的数量，所以原则上电解质浓度越高，导电离子数量越多，电导率也越高。但针对不同电解质，还要具体分析。如图 8－1－2 所示，强电解质溶液的电导率随着浓度的增加而升高。当浓度增加到一定程度后，可能会出现缔合现象，离子运动速率降低，所以电导率降低，如 H_2SO_4 和 KOH 溶液。中性盐由于受饱和溶解度的限制，浓度不能太高，所以电导率

达到一定值后不再变化，如 KCl。弱电解质如醋酸，溶液的电导率随浓度变化不显著，在一定温度下解离常数是一个定值，浓度增加时其解离度会下降，导电离子数目变化不大。

电解质溶液的摩尔电导率由于溶液中导电物质的量已给定，都为 1mol，所以，当浓度降低时，粒子之间相互作用减弱，正、负离子迁移速率加快，溶液的摩尔电导率升高。但不同的电解质，摩尔电导率随浓度降低而升高的程度也大不相同，如图 8-1-3 所示。对强电解质，随着浓度下降，Λ_m 逐渐增大。通常当浓度降至 0.001mol/L 以下时，Λ_m 与$\sqrt{c}$之间呈线性关系。德国科学家科尔劳乌施（Kohlrausch）总结的经验式为

$$\Lambda_m = \Lambda_m^\infty (1 - \beta\sqrt{c}) \tag{8-1-6}$$

式（8-1-6）称作科尔劳乌施经验式。β 是与电解质性质有关的常数，在一定温度下，对于一定电解质和溶剂是一个常数。将直线外推至 $c \to 0$ 与纵坐标相交，得到无限稀释摩尔电导率 Λ_m^∞。对弱电解质，随着浓度下降，Λ_m 也缓慢升高，但变化不大。当溶液很稀时，Λ_m 与$\sqrt{c}$不呈线性关系，等稀到一定程度，Λ_m 迅速升高。由于对弱电解质来说，浓度越稀，解离度越大，所以弱电解质的 Λ_m^∞ 不能用外推法得到。

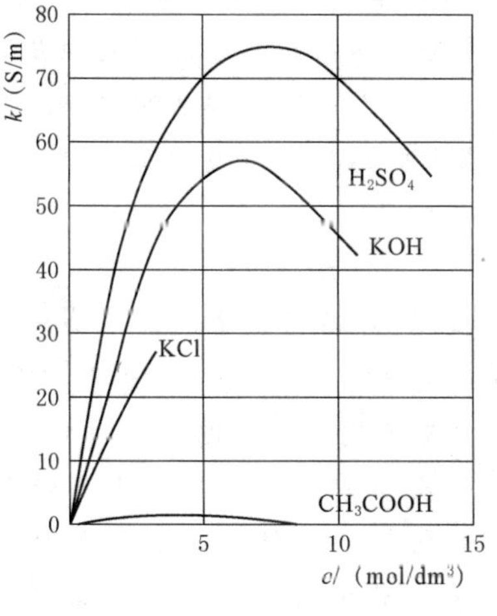

图 8-1-2　电导率与浓度的关系

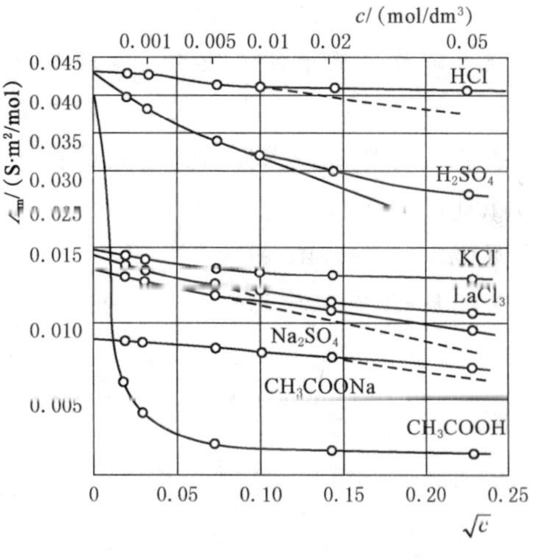

图 8-1-3　摩尔电导率与浓度的关系

后来，Kohlrausch 根据大量的实验数据，发现了一个规律：在无限稀释溶液中，每种离子独立移动，不受其他离子影响。电解质的无限稀释摩尔电导率可认为是两种离子无限稀释摩尔电导率之和，即

$$\Lambda_m^\infty = \Lambda_{m,+}^\infty + \Lambda_{m,-}^\infty \tag{8-1-7}$$

式（8-1-7）称为 Kohlrausch 离子独立移动定律。这样，弱电解质的 Λ_m^∞ 可以通过强电解质的 Λ_m^∞ 或从表值上查相应离子的 $\Lambda_{m,+}^\infty$、$\Lambda_{m,-}^\infty$ 求得，表 8-1-1 列出了一些离子在无限稀释水溶液中的离子摩尔电导率。

表 8-1-1　　在 298K 水溶液中一些离子的无限稀释摩尔电导率 Λ_m^∞

阳离子	$\Lambda_{m,+}^\infty$ /(S·m²/mol)	阴离子	$\Lambda_{m,-}^\infty$ /(S·m²/mol)
H^+	3.5×10^{-2}	OH^-	2.0×10^{-2}
Li^+	3.9×10^{-3}	Cl^-	7.6×10^{-3}
Na^+	5.0×10^{-3}	Br^-	7.8×10^{-3}
K^+	7.3×10^{-3}	I^-	7.7×10^{-3}
NH_4^+	7.4×10^{-3}	NO_3^-	7.1×10^{-3}
$\frac{1}{2}Ba^{2+}$	6.4×10^{-3}	CH_3COO^-	4.1×10^{-3}
$\frac{1}{2}Ca^{2+}$	5.9×10^{-3}	ClO_4^-	6.7×10^{-3}
$\frac{1}{3}Fe^{3+}$	6.8×10^{-3}	$\frac{1}{2}SO_4^{2-}$	8.0×10^{-3}

拓　展　资　料

强电解质溶液的离子互吸理论

1923 年，德拜-休克尔（Debye - Huckel）把物理学中的静电学和化学联系起来，提出了强电解质的离子互吸理论。该理论提出：①强电解质在稀溶液范围内是完全电离的，电离后离子间的主要作用力是静电引力，这也是引起强电解质溶液和理想溶液之间偏差的主要原因；②提出离子氛的概念，将离子键的静电引力归结为中心离子与周围离子氛间的引力。

离子氛（ionic atmosphere）

这是德拜-休克尔理论中的一个重要概念。他们认为在溶液中，每一个离子都被反号离子所包围，由于正、负离子相互作用，使离子的分布不均匀，如图 8-1-4 所示。

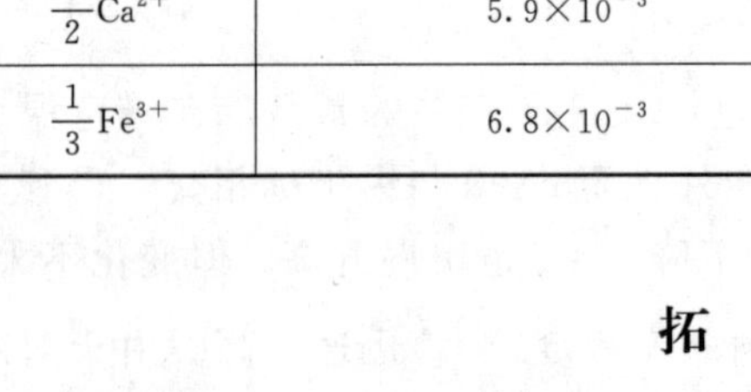

图 8-1-4　离子氛示意图

若中心离子取正离子，周围有较多的负离子，部分电荷相互抵消，但余下的电荷在距中心离子一定距离处形成一个球形的负离子氛；反之亦然。一个离子既可为中心离子，又是另一离子氛中的一员。这样一来，中心离子的热运动必然受到影响，其净浓度要低于作为理想溶液时的浓度，因此，强电解质溶液中还引入活度这个概念用于校正静电引力产生的离子氛对离子的影响。

强电解质溶液的依数性

实验中发现电解质溶液的依数性比同浓度非电解质的数值大得多，Van't Hoff 用一个因子表示两者的偏差，这因子称为 Van't Hoff 因子或 Van't Hoff 系数，用 i 表示。

非电解质	电解质
$\Delta p_A = p_A^* x_B$	$\Delta p_A = i p_A^* x_B$
$\Delta T_b = k_b b_B$	$\Delta T_b = i k_b b_B$
$\Delta T_f = k_f b_B$	$\Delta T_f = i k_f b_B$
$\pi_B = c_B RT$	$\pi_B = i c_B RT$

弛豫效应（relaxation effect）

由于每个离子周围都有一个离子氛，在外电场作用下，正、负离子作逆向迁移，如图 8-1-5 所示。原来的离子氛要拆散，新离子氛需建立，这里有一个时间差，称为弛豫时间。在弛豫时间里，离子氛会变得不对称，对中心离子的移动产生阻力，称为弛豫力。这力使离子迁移速率下降，从而使摩尔电导率降低。

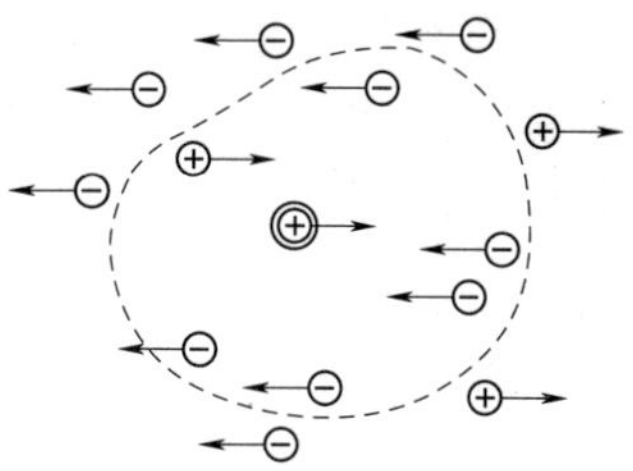

图 8-1-5　不对称的离子氛

电泳效应（electrophoretic effect）

在溶液中，离子总是溶剂化的。在外加电场作用下，溶剂化的中心离子与溶剂化的离子氛中的离子向相反方向移动，增加了黏滞力，阻碍了离子的运动，从而使离子的迁移速率和摩尔电导率下降，这种称为电泳效应。

五、电导的测定及应用

（一）电导的测定

电导是电阻的倒数，所以测定电导实际上测定的是电阻，实验室常用的是惠斯顿电桥。如图 8-1-6 所示，当固定了 R_1 和 R_3 后，调节 R_4，一直到耳机 G 中听不到蜂鸣声或音量最小时，电桥上 C 点和 D 点电势相等，此时四个电阻符合如下关系：

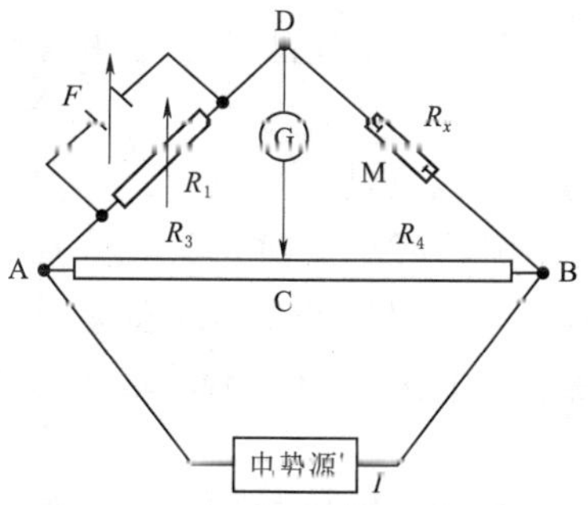

图 8-1-6　电解质溶液的电导测定

$$\frac{R_1}{R_x} = \frac{R_3}{R_4}$$

则
$$G = \frac{1}{R_x} = \frac{R_3}{R_1 R_4} = \frac{AC}{BC}\frac{1}{R_1} = k\frac{A}{l}$$

因为电导池的形状多种多样，而两电极间距离 l 和镀有铂黑的电极面积 A 无法用实验测量，所以通常用已知电导率的 KCl 溶液注入电导池，测定电阻后得到电导池常数 K_{cell}：

$$K_{cell} = \frac{l}{A} = \frac{1}{\rho}R = kR$$

或
$$R_x = \rho K_{cell}$$

然后测得未知溶液的电阻，利用下式计算其电导率：

$$\kappa = GK_{cell}$$

KCl 溶液的电导率前人已进行过很多精确测定，可在化学手册等一些工具书中查到 KCl 溶液常用浓度的电导率及摩尔电导率值，表 8-1-2 中节选了部分数据。

表 8-1-2　　在 298K 和标准压力下，几种浓度 KCl 水溶液的 k 和 Λ_m

c/(mol/L)	0	0.001	0.01	0.1	1
κ/(S/m)	0	0.0147	0.1411	1.229	11.2
$\Lambda_m/(S \cdot m^2/mol)$	0.015	0.0147	0.0141	0.0129	0.0112

注　摘自 I. N. Levine：Physical Chemistry 5th ed. 2002，510.

例 8-1-2：298K 时，在一电导池中盛装 0.01mol/L 的 KCl 溶液，测得电阻为 150.00Ω；将溶液替换为同浓度的 HCl 溶液时，电阻为 51.40Ω，试求该 HCl 溶液的电导率和摩尔电导率。

解：从表 8-1-1 查得：298K 时，0.01mol/L 的 KCl 溶液的电导率为 0.1411S/m。

$$K_{cell}=\kappa R=0.1411\text{S/m}\times 150.00\Omega \approx 21.17\text{m}^{-1}$$

则 298K 时，0.01mol/L 的 HCl 溶液的 κ 和 Λ_m 分别为

$$\kappa=\frac{1}{R}K_{cell}=\frac{1}{5140\Omega}\times 21.17\text{m}^{-1}\approx 0.4119\text{S/m}$$

$$\Lambda_m=\frac{\kappa}{c}=\frac{0.4119\text{S/m}}{0.01\times 10^3\text{mol/m}^3}=4.119\times 10^{-2}\text{S}\cdot\text{m}^2/\text{mol}$$

（二）电导测定的应用

电导率是一个与离子浓度呈线性关系的物理量，利用电导率仪可以测定或监测系统的电导率，从而可以确定系统中的离子浓度变化情况。电导测定应用很多，以下简介几点。

（1）检验水的纯度。纯水本身有微弱的解离，H^+ 和 OH^- 的浓度近似为 10^{-7}mol/dm^3，纯水的电导率应为 5.5×10^{-6}S/m。事实上，这样的纯水是很难得到的，因为水中总能够溶解一定的电解质。通常只要水的电导率达到 1.0×10^{-4}S/m，就可以认为是电导水，这类水可以用于电导的测定的研究以及电子工业等。普通蒸馏水的电导率约为 1.0×10^{-3}S/m。可以根据需要，用不同的离子交换树脂，分别去除阴离子和阳离子，得去离子水；或者用石英器皿，加入 $KMnO_4$ 和 KOH 重新进行蒸馏，去除 CO_2 及有机杂质，得“电导水”。普通的蒸馏水中含有 CO_2 和玻璃器皿溶下的硅酸钠等，不一定符合电导测定的要求。

利用电导率可以初步判断水中的含盐量。在海洋考察中，可以利用电导率仪快速测定海水的电导率，电导率越大，说明海水含盐量越高，从而获得海水总含盐量的分布情况。根据含盐量，可为开发盐场和选择埋设海底电缆的工程提供参考。此外，在电解工业中，增加溶液的电导还能使电解时所耗费的电能大为降低。

（2）测定难溶盐的溶解度。难溶盐本身的电导率很低，这时水的电导率就不能忽略，所以：

$$\kappa(\text{难溶盐})=\kappa(\text{溶液})-\kappa(H_2O)$$

运用摩尔电导率的公式就可以求得难溶盐饱和溶液的浓度 c：

$$\Lambda_m^{\infty}(\text{难溶盐})=\frac{\kappa(\text{难溶盐})}{c}=\frac{\kappa(\text{溶液})-\kappa(H_2O)}{c}$$

由于难溶盐的溶解度很小，溶液极稀，所以可以认为 $\Lambda_m \approx \Lambda_m^\infty$，而 Λ_m^∞ 的值可由离子无限稀释摩尔电导率（$\Lambda_{m,+}^\infty$、$\Lambda_{m,-}^\infty$）相加而得，再结合上式求得难溶盐饱和溶液的浓度 c（单位是 mol/m^3），从而求得难溶盐饱和溶液的浓度 $c(mol/L)$ 或难溶盐的溶解度 $s(g/100g$ 水)。要注意的是，所取粒子的基本单元在 Λ_m 和 c 中应一致，例如 $BaSO_4$，可取 $\Lambda_m(BaSO_4)$ 和 $c(BaSO_4)$ 或者 $\Lambda_m\left(\frac{1}{2}BaSO_4\right)$和 $c\left(\frac{1}{2}BaSO_4\right)$。

例 8－1－3：在 298K 时，测量 $BaSO_4$ 饱和溶液在电导池中的电阻，得到这个溶液的电导率为 $4.2\times10^{-4}S/m$，已知在温度下水的电导率为 $1.05\times10^{-4}S/m$。试求 $BaSO_4$ 在该温度下饱和溶液的浓度。

解：κ(难溶盐)$=\kappa$(溶液)$-\kappa(H_2O)=(4.20-1.05)\times10^{-4}S/m=3.15\times10^{-4}S/m$

$$\Lambda_m\left(\frac{1}{2}BaSO_4\right)\approx\Lambda_m^\infty\left(\frac{1}{2}BaSO_4\right)=\Lambda_m^\infty\left(\frac{1}{2}Ba^{2+}\right)+\Lambda_m^\infty\left(\frac{1}{2}SO_4^{2-}\right)$$

查表 8－1－1 得 $\frac{1}{2}Ba^{2+}$ 和 $\frac{1}{2}SO_4^{2-}$ 的极限摩尔电导率，分别代入上式：

得：$\Lambda_m\left(\frac{1}{2}BaSO_4\right)\approx(6.4+8.0)\times10^{-3}S\cdot m^2/mol=1.44\times10^{-2}S\cdot m^2/mol$

$$c\left(\frac{1}{2}BaSO_4\right)=\frac{\kappa\left(\frac{1}{2}BaSO_4\right)}{\Lambda_m\left(\frac{1}{2}BaSO_4\right)}=\frac{3.15\times10^{-4}}{1.44\times10^{-2}}\approx2.19\times10^{-2}(mol/m^3)$$

$$c(BaSO_4)=\frac{1}{2}c\left(\frac{1}{2}BaSO_4\right)\approx1.09\times10^{-2}mol/m^3$$

可换算成常用浓度单位 mol/L：

$$c(BaSO_4)=1.09\times10^{-2}mol/m^3=1.09\times10^{-5}mol/L$$

(3) 电导滴定。在分析化学的常规滴定中，由于要选用合适的指示剂，利用指示剂颜色变化确定终点。当溶液浑浊或本身有颜色时，终点容易产生很大误差，就适合用常规滴定法。可以选用电导滴定。因为电导率和溶液浓度呈线性关系，所以在向溶液中滴加标准溶液过程中，离子浓度不断变化，所以电导率也不断变化，可以在滴定过程中用电导率仪监测溶液电导率变化，在终点附近电导率会发生转折，从而确定终点。电导滴定的优点是不用指示剂，对有色溶液和沉淀反应都能得到较好的效果，并能自动记录。电导滴定广泛应用于各种强弱酸碱的中和滴定、氧化还原滴定和生成沉淀的滴定等。如图 8－1－7 所示为几种不同类型的滴定曲线，纵坐标为电导率，横坐标为滴定剂标准溶液的用量。

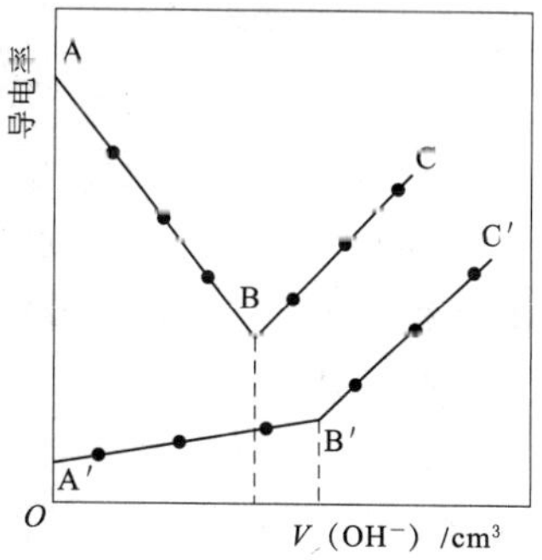

图 8－1－7　酸碱滴定的电导率曲线示意

以强碱 NaOH 滴定强酸 HCl 为例，溶液电导率对加碱体积做图所得的滴定曲线如图 8－1－7 中 ABC。加入强碱之前，溶液中只有强酸，随着碱的加入，

H^+被中和，引入的Na^+电导率小于H^+，所以整个溶液的电导率变小；当到达滴定终点时，电导率最小；加入的强碱过量后，因为OH^-电导率也比较大，所以溶液电导率又增大。根据曲线转折点滴定剂强碱的体积和浓度，可以计算未知酸溶液的浓度。在强碱滴定弱酸过程中，如图 8-1-7 中 A′B′C′，由于弱酸的电导率很小，所以滴加强碱中和后电导率略有增加，直到碱过量后电导率很快上升，将两条曲线延长后相交，交点就是滴定终点。在沉淀滴定中，电导率变化的原因也是由于被沉淀的离子和引入离子电导率不同而引起的，不再赘述。

电导测定的应用除上述三方面以外尚有很多，例如求算盐类水解度，判别化合物纯度，测定反应速率，某些工业过程利用电导信号实现自动控制，医学上依据电导区分人的健康皮肤和不健康皮肤，等等，在此不再详述。此外，在电解工业中，增加溶液的电导还能使电解时所耗费的电能大为降低。

第二节　可　逆　电　池

原电池是指将化学能转变为电能的装置。当一个化学反应在恒温恒压下可逆进行时，所能做的最大非体积功等于吉布斯函数变，即

$$\Delta_r G_m = W'$$

按照电功的计算方法，有

$$W' = -UIt$$

式中：U为电压，相当于原电池电动势 E；I为电流；t为时间；$I \cdot t$相当于电池反应迁移的电量。设电池反应过程中迁移了$n$mol 电子，则其迁移电量为nF。F为法拉第常数，相当于 1mol 电子所携带的电量，通常取 96485C/mol。可得

$$\Delta_r G_m = -nEF \tag{8-2-1}$$

式中：n为电池反应中迁移的电子数；E为电池的电动势。式（8-2-1）是联系热力学和电化学的桥梁公式。同时，由于可逆电池往往能够自发对外做电功，所以可知电动势$E>0$，电池反应的$\Delta_r G_m<0$。

一、可逆电池的条件

可逆电池

将化学能以热力学上可逆的方式转变为电能的电池称为可逆电池。可逆电池必须满足如下两个条件：

（1）化学反应可逆，即电池在充电和放电时的反应互为逆反应。按照图 8-1-1（a）所示，铜锌电池作为原电池时，比较活泼的锌电极发生溶解生成Zn^{2+}进入溶液中，同时产生的电子通过外电路流向铜电极，所以锌电极为负极；Cu^{2+}在铜电极表面上得到电子生成单质铜沉积下来，铜电极为正极。电极反应和电池反应分别为

负极反应：　$Zn(s) \rightarrow Zn^{2+} + 2e$

正极反应：　$Cu^{2+} + 2e \rightarrow Cu(s)$

电池反应：　$Cu^{2+} + Zn(s) \rightarrow Zn^{2+} + Cu(s)$

作为电解池充电时，阳极和阴极分别与外加电源正负极相应，Cu 和Zn^{2+}分别在阳极和阴极发生反应，电极反应和电池反应分别为

阴极反应：　　　　　　　$Zn^{2+}+2e \rightarrow Zn(s)$

阳极反应：　　　　　　　$Cu(s) \rightarrow Cu^{2+}+2e$

电池反应：　　　　　　　$Cu(s)+Zn^{2+} \rightarrow Cu^{2+}+Zn(s)$

放电和充电的反应互为逆反应，满足可逆电池的条件。但是需要指出，此时反应虽可逆，但是在图 8－1－1（a）中隔膜的两侧，充放电时离子的迁移方向不完全相同，在隔膜两侧有液体接界，可以将两个溶液分开，中间用盐桥联通，则可以近似看作可逆电池，如图 8－2－1 所示。

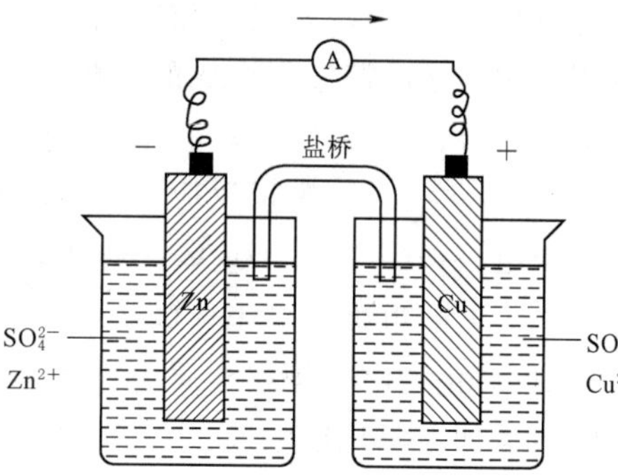

图 8－2－1　可逆电池示意

（2）能量可逆，无论充电还是放电，所通过的电流必须无限小，使电池在接近于平衡的状态下工作才能达到这个要求。因此，电流无限趋近于零，原电池过程可以在无限接近平衡状态下进行，是可逆的。此时，当电池放电时才能够对环境做最大电功，充电时环境对电池做最小电功；将放电时的电能全部储存起来，再用于充电，可以使系统和环境都恢复到原状。

必须要看到，要做到能量可逆是很困难的。因为电池在充电或放电过程中，必须要克服电路中的电阻，有一部分能量会变成热能，而要将热能再全部变成电能而不留下什么影响，是违背热力学第二定律的，这是一个不可逆过程。所以有电流通过时电池就不是一个可逆电池，实际上的电池过程都不是可逆的。但是，我们可以借助于可逆过程的能量换算，提高电池的性能。

二、可逆电极的类型

构成可逆电池的电极，其本身也必须是可逆的。可逆电极按照其结构和发生反应，可以分为四类。

（一）第一类电极

第一类电极包括金属电极和气体电极，其典型特征是由金属浸在其盐溶液中，或者气体吸附在惰性电极上然后浸在一定溶液中。如：

（1）金属与其阳离子组成的电极：$M^{z+}(c)|M(s)$

电极反应：　　　　　　$M^{z+}(c)+ze \rightarrow M(s)$

（2）气体电极：

氢电极：$H^{+}(c)|H_2(p),Pt$　　　　电极反应 $2H^{+}(c)+2e \rightarrow H_2(p)$

　　　　$OH^{-}(c)|H_2(p),Pt$　　　　电极反应 $2H_2O+2e \rightarrow H_2(p)+2OH^{-}(c)$

氧电极：$H^{+}(c)|O_2(p),Pt$　　　　电极反应 $O_2(p)+4H^{+}(c)+4e \rightarrow 2H_2O$

　　　　$OH^{-}(c)|O_2(p),Pt$　　　　电极反应 $O_2(p)+2H_2O+4e \rightarrow 4OH^{-}$

卤素电极：$Cl^{-}(c)|Cl_2(p),Pt$　　　　电极反应 $Cl_2(p)+2e \rightarrow 2Cl^{-}(c)$

需要注意的是，气体本身不能导电，所以一般将气体吸附在镀铂黑的铂片上，以铂丝作为导电电极，然后浸在含有其离子的溶液中。另外，对于氢电极和氧电极，当在不同酸碱介质中时，其电极反应是不同的。

（二）第二类电极

第二类电极包括金属-难溶盐电极和金属-氧化物电极。

金属难溶盐电极是金属及在金属表面覆盖一薄层金属的难溶盐，然后浸在与难溶盐有相同阴离子的溶液中组成的电极。如：

银-氯化银电极：$Cl^-(c)|AgCl(s)|Ag(s)$

电极反应 $AgCl(s)+e \rightarrow Ag(s)+Cl^-(c)$

甘汞电极：$Cl^-(c)|Hg_2Cl_2(s)|Hg(l)$

电极反应 $Hg_2Cl_2(s)+2e \rightarrow 2Hg+2Cl^-(c)$

金属-氧化物电极是在金属表面覆盖一层金属氧化物，然后浸在酸或碱溶液中组成的电极。如银氧化银电极：

$OH^-(c)|Ag_2O|Ag(s)$　　电极反应 $Ag_2O(s)+H_2O+2e \rightarrow 2Ag(s)+2OH^-(c)$

$H^+(c)|Ag_2O(s)|Ag(s)$　　电极反应 $Ag_2O+2H^+(c)+2e \rightarrow 2Ag(s)+H_2O$

（三）第三类电极

第三类电极又称氧化-还原电极，是由惰性电极（如铂丝）插在含有不同氧化态的离子溶液中组成的。其中的惰性电极只起导电作用，不参与电极反应；不同氧化态的同一元素离子在电极表面进行电子迁移反应。

如：$Fe^{3+}(c_1),Fe^{2+}(c_2)|Pt$　　电极反应 $Fe^{3+}(c_1)+e \rightarrow Fe^{2+}(c_2)$

$Cu^{2+}(c_1),Cu^+(c_2)|Pt$　　电极反应 $Cu^{2+}(c_1)+e \rightarrow Cu^+(c_2)$

$Sn^{4+}(c_1),Sn^{2+}(c_2)|Pt$　　电极反应 $Sn^{4+}(c_1)+2e \rightarrow Sn^{2+}(c_2)$

某一元素的不同氧化态，均可以构成氧化还原电极。

（四）离子选择性电极

详见《分析化学》中电位测定法。

三、可逆电池的表示方法

为了便于记录和研究，可逆电池常常采用通用的表示方法，基本要求如下：

（1）负极写在左边，发生氧化反应；正极写在右边，发生还原反应。

（2）按相接触顺序从左至右列出各相的组成及相态。“|”表示相界面，有电势差存在；“‖”表示盐桥，使液体接界电势降到可以忽略不计；“¦”表示隔膜，用于分开两种不同的溶液。

（3）要注明电池所处环境温度和压力，若不注明，则表示 298.15K 和标准压力。

（4）要注明物质的聚集状态。气体要注明压力和依附的惰性金属电极，气体和惰性金属电极间相界面可以用“|”表示；溶液中的离子要注明浓度。

如图 8-2-1 所示铜锌可逆电池：

$$(-)Cu'|Zn|ZnSO_4(c_1)||CuSO_4(c_2)|Cu(+)$$

表示式中，Cu′表示电极外接导线，这样整个电池构成回路。

按照可逆电池的表示方法，左边为负极，发生氧化反应；右边为正极，发生还原

反应，依据这个原理可以将任何反应设计成电池。如反应

$$2H_2(g,p_1)+O_2(g,p_2)=2H_2O(l)$$

反应方程式中，H_2 发生了氧化反应，故应为负极；O_2 发生了还原反应，应为正极；可以在同一个酸性溶液中进行，是单液电池。其电极反应分别为

负极，电极反应　　$H_2(g,p_1)-2e \rightarrow 2H^+(c)$

正极，电极反应　　$O_2(g,p_2)+4H^+(c)+4e \rightarrow 2H_2O(l)$

电池表示式　　$(-)Pt,H_2(g,p_1)|H^+(c)|O_2(g,p_2),Pt(+)$

又如，反应

$$AgCl(s)=Ag^+(c_1)+Cl^-(c_2)$$

该反应不是氧化还原反应，直观上无法分辨正负极，所以可以进行处理。当分别将两根银丝浸在溶液中时，在反应方程式的两侧可以出现如下形式：

$$AgCl(s)+Ag(s)=Ag^+(c_1)+Cl^-(c_2)+Ag(s)$$

从而可知，

负极，氧化反应　　$Ag(s)-e=Ag^+(c_1)$

正极，还原反应　　$AgCl(s)+e=Ag(s)+Cl^-(c_2)$

则电池符号

$$(-)Ag(s)|Ag^+(c_1)||Cl^-(c_2)|AgCl(s)|Ag(+)$$

设计好电池后，可以分别写出其电极反应和电池反应以验证其正确性，确保电池反应与所给化学反应一致。

四、可逆电池的电动势

可逆电池的电动势来自于电流无限趋近于0时，正负极之间所有相界面上的电势差的代数和，包括导线和电极相接触的接触电势 $\varphi_{接触}$、正负两个电极各自与溶液之间的电势差（φ_+、φ_-），以及两种溶液相接触产生的液体接界电势 $\varphi_{液接}$（以下简称液接电势）。

可逆电池的电动势

以图 8-1-1（a）所示铜锌电池为例，电池表达式为

$$(-)Cu' \mid Zn \mid Zn^{2+}(c_1) \,\vdots\, Cu^{2+}(c_2) \mid Cu(+)$$

$\varphi_{接触}$　φ_-　$\varphi_{液接}$　φ_+

类似于四个小电池串联，电源提供的总电压自然是等于每个小电池两端电势差的总和，即整个电池的电动势 E 为

$$E=\varphi_+ + \varphi_- + \varphi_{接触} + \varphi_{液接} \tag{8-2-2}$$

因为导线常用铜金属（上述电池表达式中用 Cu' 表示），在导线 Cu 和 Zn 电极相接触的界面上，由于 Zn 对电子的吸引力弱于 Cu，造成电子在 Cu 导线一侧相对富集，使相界面上产生电势差，此电势差称作接触电势 $\varphi_{接触}$（当两种金属性质相差不太大时，可以忽略不计）。另外，在隔膜两侧，一侧是 Zn^{2+} 向隔膜迁移，另一侧是 Cu^{2+} 由隔膜附近迁移向 Cu 电极，由于不同离子迁移扩散速率的差异性，导致在隔膜两侧也会出现电势差，称作液接电势 $\varphi_{液接}$。当用盐桥连接两溶液时，如图 8-2-1 所

示，液接电势可降低到可以忽略。

这样，当忽略了接触电势和液接电势后，上述电池的电动势可表示为

$$E=\varphi_{+}+\varphi_{-} \tag{8-2-3}$$

即原电池的电动势主要来自于正负两个电极各自与溶液之间的电势差（φ_{+}、φ_{-}）。经常把正极和负极看作是两个相对独立的半电池，把 φ_{+} 和 φ_{-} 代入式（8-2-2）或式（8-2-3）时，数值未必都取正值，这取决于整个电池的正负极反应方向。例如，若图 8-2-1 中铜锌原电池的铜电极表面的静电势为 α，铜离子溶液本体中的零电势点的电势为 0，那么正极的电势差为 $\alpha-0$；同理，若负极上锌电极表面的静电势为 β，锌离子溶液本体中的零电势点处的电势为 0，则负极的电势差为 $0-\beta$，即

$$E=\varphi_{+}+\varphi_{-}=(\alpha-0)+(0-\beta) \tag{8-2-4}$$

无论是正极铜电极的电势 φ_{+}，还是负极锌电极的电势 φ_{-}，它们的绝对真实值都是无法获取的，所以，要获得一个真实电池的电动势，显然不能通过 φ_{+} 和 φ_{-} 的绝对数值直接求得，而只能通过对消法实验测得电动势的值，或者应用本章第三节中引入的“相对电极电势”求得。

五、电动势的测量

测量可逆电池的电动势，要在尽可能接近热力学可逆条件下进行，不能用伏特计直接测量，因为在测量过程中有电流通过电池内部和伏特计，使测量处于非平衡状态。只有在无电流通过的情况下，电池才处在平衡状态。因此常选用对消法测量原电池电动势。对消法测定电动势就是在所研究的电池的外电路上加一个方向相反的电压，如图 8-2-2 所示。

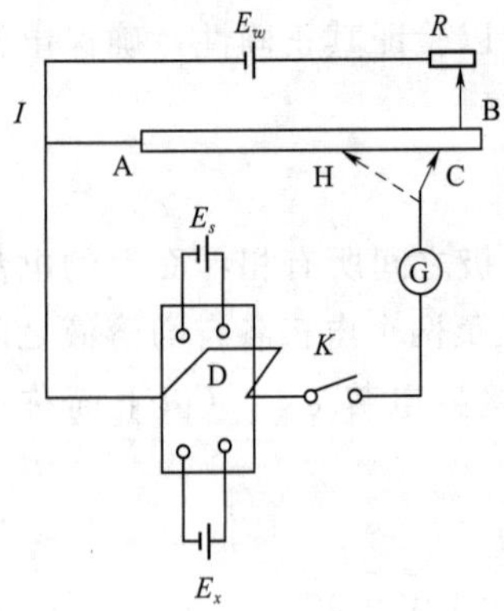

图 8-2-2　对消法测电池电动势

图中 AB 为均匀的电阻丝，工作电池 E_w 与 AB 构成一个通路，在 AB 线上产生了均匀的电位降。D 是双臂电钥，当 D 向下时与待测电池 E_x 相通，待测电池的负极与工作电池的负极并联，正极则经过检流计 G 接到滑动接头 C 上，这样就等于在电池的外电路上加上一个方向相反的电位差，它的大小由滑动点的位置来决定。移动滑动点的位置就会找到某一点（例如 C 点），当电钥闭合时，检流计中没有电流通过，此时电池的电动势恰好和 AC 线段所代表的电位差在数值上相等而方向相反。为了求得 AC 线段的电位差，可以将 D 向上扳至与标准电池 E_s 相接，标准电池的电动势是已知的，而且保持恒定，设为 E'，用同样方法可以找出另一点 H，使检流计中没有电流通过，AH 线段的电位差就等于 E'。因为电位差与电阻线的长度成正比，故待测电池的电动势为 $E_x=E'\dfrac{\mathrm{AC}}{\mathrm{AH}}$。调整工作回路中的 R，可使电流控制在所要求的大小，使 AB 上的电位降低到所要求的量程范围。

第三节　电极电势及其应用

一、电极电势的产生机理

如图 8－3－1 所示，金属 Zn 在水溶液中会发生溶解，生成 Zn^{2+} 进入溶液中，每生成 1mol Zn^{2+}，相应会有 2mol 电子残留富集于 Zn 电极上。同时，Zn^{2+} 也会不断在电极表面发生沉积，但是，由于 Zn 比较活泼，发生溶解的趋势要高于其沉积趋势，因此，当达到溶解沉积平衡时，Zn 电极表面相对电子过剩而带有负电荷。若规定溶液本体中对电极影响较弱的地方为零电势点，则 Zn 电极表面和溶液本体中会产生电势差，此即 Zn 电极的电势，记作 $\varphi(Zn^{2+}/Zn)$，可知，$\varphi(Zn^{2+}/Zn)<0$。相对锌电极来说，铜电极上的反应应为 Cu^{2+} 在电极表面得电子而沉积，电极反应为 $Cu^{2+}+2e=Cu$，即发生了还原反应。因为 Cu 不太活泼，所以 Cu 电极表面相对正电荷过剩，则电极电势 $\varphi(Cu^{2+}/Cu)>0$。

二、电极电势的测量

由于溶液本体中零电势点只是一个假想的位置，无法具体确定，所以电极电势的绝对值也无法直接测定。为方便计算和理论研究，提出了相对电极电势的概念，即选一个电极作为参考，将所研究电极与参考电极组成一个电池，测得电池的电动势即可得到所研究电极的电势。通常选用标准氢电极作为参考电极。

标准氢电极结构如图 8－3－2 所示，将压力为标准压力 $p^{\ominus}=100kPa$ 的纯氢气连续不断地吹打在镀有铂黑的铂片上，浸在 $c(H^{+})=c^{\ominus}$（1mol/L）的溶液中，制得标准氢电极，规定标准氢电极的电极电势为零，即

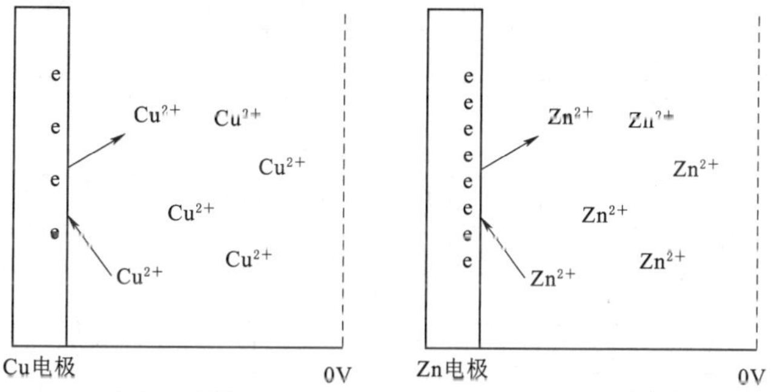

（a）Cu电极　　（b）Zn电极

图 8－3－1　电极电势的产生机理

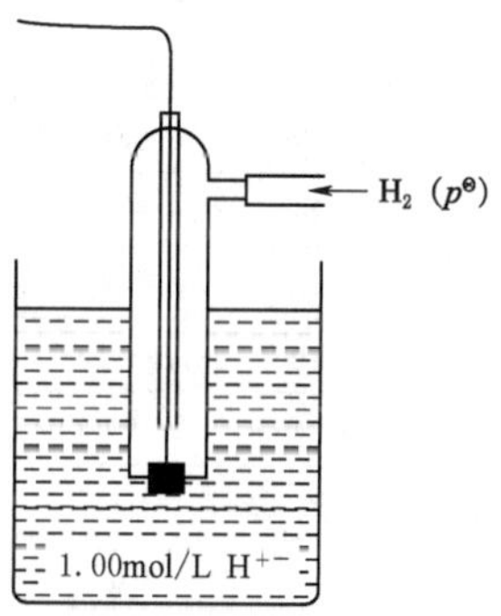

图 8－3－2　标准氢电极结构示意

$$\varphi^{\ominus}(H^{+}/H_2)=0V$$

测定未知电极电势时，以标准氢电极为负极，待测电极为正极，组成电池，即

$$(-)Pt|H_2(g,p^{\ominus})|H^{+}(c^{\ominus})||M^{z+}(c)|M(+)$$

则测得电池的电动势即为待测电极的电势，即

$$\varphi=\varphi(M^{z+}/M)$$

按照这种方法测得的电极总是处于正极，发生还原反应，即

$$M^{z+} + ze = M$$

若被测电极中各物质均处于标准态，则所得电极电势称为该电极的氢标还原电极电势。298.15K 时，在水溶剂中常用电极的氢标还原电极电势见表 8－3－1。

表 8－3－1　　298.15K 时，常用电极的氢标还原电极电势

电极反应 $Oxd + ze = Red$	$\varphi^{\ominus}_{(Oxd/Red)}$ /V	电极反应 $Oxd + ze = Red$	$\varphi^{\ominus}_{(Oxd/Red)}$ /V
A. 在酸性溶液中		$Ag^{+} + e = Ag$	0.7991
$Li^{+} + e = Li$	−3.040	$Hg^{2+} + 2e = Hg$	0.8535
$K^{+} + e = K$	−2.924	$Cu^{2+} + I^{-} + e = CuI$	0.86
$Ba^{2+} + 2e = Ba$	−2.92	$Hg_2{}^{2+} + 2e = 2Hg$	0.796
$Ca^{2+} + 2e = Ca$	−2.84	$2Hg^{2+} + 2e = Hg_2{}^{2+}$	0.911
$Na^{+} + e = Na$	−2.714	Br_2 (l) $+ 2e = 2Br^{-}$	1.065
$Mg^{2+} + 2e = Mg$	−2.356	$O_2 + 4H^{+} + 4e = 2H_2O$	1.229
$Be^{2+} + 2e = Be$	−1.99	$MnO_2 + 4H^{+} + 2e = Mn^{2+} + 2H_2O$	1.23
$Al^{3+} + 3e = Al$	−1.676	$Cl_2 + 2e = 2Cl^{-}$	1.3583
$Mn^{2+} + 2e = Mn$	−1.18	$Cr_2O_7^{2-} + 14H^{+} + 6e = 2Cr^{3+} + 7H_2O$	1.36
$Zn^{2+} + 2e = Zn$	−0.76	$ClO_3^{-} + 6H^{+} + 6e = Cl^{-} + 3H_2O$	1.45
$Cr^{3+} + 3e = Cr$	−0.74	$PbO_2 + 4H^{+} + 2e = Pb^{2+} + 2H_2O$	1.46
$Fe^{2+} + 2e = Fe$	−0.44	$2ClO_3^{-} + 12H^{+} + 10e = Cl_2 + 6H_2O$	1.468
$Cd^{2+} + 2e = Cd$	−0.403	$MnO_4^{-} + 8H^{+} + 5e = Mn^{2+} + 4H_2O$	1.51
$PbSO_4 + 2e = Pb + SO_4^{2-}$	−0.356	$H_2O_2 + 2H^{+} + 2e = 2H_2O$	1.763
$Co^{2+} + 2e = Co$	−0.277	$FeO_4^{2-} + 8H^{+} + 3e = Fe^{3+} + 4H_2O$	2.20
$Ni^{2+} + 2e = Ni$	−0.257	F_2 (g) $+ 2e = 2F^{-}$	2.87
$AgI + e = Ag + I^{-}$	−0.1522	F_2 (g) $+ 2H^{+} + 2e = 2HF$ (aq)	3.053
$Sn^{2+} + 2e = Sn$	−0.136		
$Pb^{2+} + 2e = Pb$	−0.126	B. 在碱性溶液中	
$2H^{+} + 2e = H_2$	0	$SiO_3^{2-} + 3H_2O + 4e = Si + 6OH^{-}$	−1.697
$AgBr + e = Ag + Br^{-}$	0.0711	$2H_2O + 2e = H_2 + 2OH^{-}$	−0.828
$S + 2H^{+} + 2e = H_2S$	0.144	$S + 2e = S^{2-}$	−0.407
$Sn^{4+} + 2e = Sn^{2+}$	0.154	$O_2 + H_2O + 2e = HO_2^{-} + OH^{-}$	−0.076
$Cu^{2+} + e = Cu^{+}$	0.159	$O_2 + 2H_2O + 4e = 4OH^{-}$	0.401
$AgCl + e = Ag + Cl^{-}$	0.2222	$2ClO^{-} + 2H_2O + 2e = Cl_2 + 4OH^{-}$	0.421
$Hg_2Cl_2 + 2e = 2Hg + 2Cl^{-}$	0.2682	$MnO_4^{-} + e = MnO_4^{2-}$	0.56
$Cu^{2+} + 2e = Cu$	0.340	$MnO_4^{-} + 2H_2O + 3e = MnO_2 + 4OH^{-}$	0.60
$I_2 + 2e = 2I^{-}$	0.5355	$MnO_4^{2-} + 2H_2O + 2e = MnO_2 + 4OH^{-}$	0.62
$MnO_4^{-} + 4H^{+} + 3e = MnO_2 + 2H_2O$	0.588	$HO_2{}^{-} + H_2O + 2e = 3OH^{-}$	0.867
$O_2 + 2H^{+} + 2e = H_2O_2$	0.695	$ClO^{-} + H_2O + 2e = Cl^{-} + 2OH^{-}$	0.890
$Fe^{3+} + e = Fe^{2+}$	0.771	$O_3 + H_2O + 2e = O_2 + 2OH^{-}$	1.246

由表 8-3-1 可以看出，凡是比氢活泼的金属电极电势都为负值，金属越活泼，电极电势的值越负，如 K、Mg、Zn、Fe 等；凡比氢不活泼的金属电极电势都是正值，越不活泼，正值越大，如 Cu、Ag、Au 等。所谓活泼，是指金属的单质形态（还原态）易于失去电子，而其离子（氧化态）难以得到电子；不活泼则指离子（氧化态）易于得到电子，而单质（还原态）难以失去电子。简言之，标准电极电势低者其还原态易于失去电子，即还原能力比较强；标准电极电势高者其氧化态易于得到电子，即氧化能力比较强。广而推之，此结论适用于任何不同氧化态和还原态离子所组成的电对。由此，可以得到一个基本规律：电极电势代数值大的电对中氧化态氧化能力强；电极电势代数值小的电对中还原态还原能力强。

使用表 8-3-1 查询电对的标准电极电势时还需要注意，电极反应在不同酸碱介质中进行时，其标准电极电势值也不同，所以要根据电极反应的不同酸碱介质，选用不同的电极电势表。

仍需注意的是，标准电极电势值的大小反映物质得失电子的能力，与物质的数量无关。因此电极反应式乘以任何一常数时 $\varphi^{\ominus}$ 值都不变。如：

$$Zn-2e \rightarrow Zn^{2+} \qquad \varphi^{\ominus}(Zn^{2+}/Zn)=-0.76V$$

$$2Zn-4e \rightarrow 2Zn^{2+} \qquad \varphi^{\ominus}(Zn^{2+}/Zn)=-0.76V。$$

表 8-3-1 中，标准电极电势 $\varphi^{\ominus}$ 的测量是在水溶液体系中，所以 $\varphi^{\ominus}$ 是衡量物质在水溶液中氧化还原能力大小的物理量，不适用于非水溶液体系。

在实际应用时，习惯于使用“还原电极电势”，简称为“电极电势”。但事实上，从概念上讲，两者是有区别的。电极电势可以理解为氧化电极电势和还原电极电势的统称，氧化电极电势和还原电极电势是对立而统一的，都能够表征一个电对朝氧化或者还原方向反应的相对趋势大小。一个电对的还原电极电势越大，则说明它们之间的可逆反应朝还原方向进行的趋势就越大；相反，还原电极电势越小，则朝还原方向进行的趋势就越小，而朝氧化方向进行的趋势则越大。

对于同一个电对来说，还原电极电势和氧化电极电势互为相反数，代数和为 0。比如：当铜锌原电池中的锌电极作为负极实际发生的是氧化反应（$Zn-2e \rightarrow Zn^{2+}$），Zn 和 Zn^{2+} 这个电对的氢标还原电极电势 $\varphi^{\ominus}(Zn^{2+}/Zn)$ 为-0.76V，而氧化电极电势为 0.76V。

在式（8-2-4）中：

$$E=\varphi_{正}+\varphi_{负}=(\alpha-0)+(0-\beta)$$

（$\alpha-0$）的数值越大，铜离子得电子的能力越强，反应朝还原方向进行的趋势越大，（$\alpha-0$）即为正极上发生的还原反应的还原电极电势。相反，（$0-\beta$）代表的是电池负极发生氧化反应的氧化电极电势，这两个半反应（$Cu^{2+}+2e \rightarrow Cu$，$Zn-2e \rightarrow Zn^{2+}$）之和就构成了整个电池反应，正极的还原反应和负极的氧化反应与整个电池的总反应同向同行，所以电池电动势就是正极的还原电势 $\varphi_{正极}$（还原）与负极的氧化电势 $\varphi_{负极}$（氧化）的加和，如下面公式所示：

$$E=(\alpha-0)+(0-\beta)=\varphi_{正极}(还原)+\varphi_{负极}(氧化)$$

对于同一个电对来说，还原电极电势和氧化电极电势互为相反数，即 $\varphi_{负极}$（氧化）$=-\varphi_{负极}$（还原），所以上式又可以写成：

$$E=(\alpha-0)-(\beta-0)=\varphi_{正极}(还原)-\varphi_{负极}(还原) \tag{8-3-1}$$

通常习惯于采用还原电极电势，所以求电池电动势时使用式（8-3-1）更直接、方便一些。例如，求铜锌原电池的标准电动势，可查表分别得到正、负极的氢标还原电极电势：$\varphi^{\ominus}(Zn^{2+}/Cu)=0.34$，$\varphi^{\ominus}(Zn^{2+}/Zn)=-0.76V$，代入式（8-3-1）可得

$$E=\varphi_{正极}(还原)-\varphi_{负极}(还原)=0.34-(-0.76)=1.10(V)$$

三、电极电势和电动势的计算——Nernst 方程

（一）电极电势的 Nernst 方程

可逆电池的热力学

任意电对 Oxd/Red 组成的电极，其电极反应为

$$Oxd+ze=Red$$

式中：z 为氧代态 Oxd 和还原态 Red 间迁移的电子数。对于此电极反应，按照桥梁公式式（8-2-1），有：

$$\Delta_r G_m=-z\varphi(Oxd/Red)F \tag{8-3-2}$$

当所有物质均处于标准状态时：

$$\Delta_r G_m^{\ominus}=-z\varphi^{\ominus}(Oxd/Red)F \tag{8-3-3}$$

根据化学反应等温式：

$$\Delta_r G^m=\Delta_r G_m^{\ominus}+RT\ln\frac{c(Red)/c^{\ominus}}{c(Oxd)/c^{\ominus}}$$

将式（8-3-2）和式（8-3-3）代入，可得

$$-z\varphi(Oxd/Red)F=-z\varphi^{\ominus}(Oxd/Red)F+RT\ln\frac{c(Red)/c^{\ominus}}{c(Oxd)/c^{\ominus}} \tag{8-3-4}$$

式中：$\varphi(Oxd/Red)$ 为该电极的电势。在式（8-3-4）两边同时除以（$-z\cdot F$），可得

$$\varphi(Oxd/Red)=\varphi^{\ominus}(Oxd/Red)-\frac{RT}{zF}\ln\frac{c(Red)/c^{\ominus}}{c(Oxd)/c^{\ominus}} \tag{8-3-5}$$

若在不同介质中进行反应，其中的氧化态或还原态分别包含相应的 H^+ 或 OH^- 的浓度项。例如：电极反应 $MnO_4^-+8H^++5e=Mn^{2+}+4H_2O$ 电极电势为

$$\varphi_{(MnO_4^-/Mn^{2+})}=\varphi^{\ominus}_{(MnO_4^-/Mn^{2+})}-\frac{RT}{5F}\ln\frac{c_{Mn^{2+}}/c^{\ominus}}{(c_{MnO_4^-}/c^{\ominus})(c_{H^+}/c^{\ominus})^8}$$

在 298.15K 时，将各常数代入，并求常用对数，式（8-3-5）可变为

$$\varphi(Oxd/Red)=\varphi^{\ominus}(Oxd/Red)-\frac{0.0592}{z}\lg\frac{c(Red)/c^{\ominus}}{c(Oxd)/c^{\ominus}} \tag{8-3-6}$$

能斯特

式（8-3-5）和式（8-3-6）均为计算电极电势的 Nernst 方程。需要注意的是，当反应物或产物中有纯液体、纯固体或溶剂 H_2O 时，一般作为整体“1”，不在 Nernst 方程中体现出来；若在溶液中反应，应用离子的浓度，若为气体物质参与反应，则为气体的比压 $\frac{p_B}{p^{\ominus}}$；各物质的计量系数在该物质浓度（或比压）的指数项上。

例 8-3-1：已知 298.15K 时，$\varphi^{\ominus}(MnO_4^-/Mn^{2+})=+1.51V$，$\varphi^{\ominus}(Fe^{3+}/Fe^{2+})=+0.771V$。(1) 将这两个电极组成原电池，写出电极反应、电池反应和电池表示式，并计算其标准电动势。(2) 当氢离子的浓度为 10.0mol/L，其他各离子浓度均为 1.00mol/L 时，计算该电池的电动势。

解：(1) 由于原电池为自发电池，电动势 $E>0$，可知正极电极电势应大于负极电极电势，则 MnO_4^-/Mn^{2+} 应作为正极，Fe^{3+}/Fe^{2+} 电极应作为负极。

电极反应为

负极：$$Fe^{2+}-e \rightleftharpoons Fe^{3+}$$

正极：$$MnO_4^-+8H^++5e \rightleftharpoons Mn^{2+}+4H_2O$$

电池反应：$MnO_4^-+5Fe^{2+}+8H^+ \rightleftharpoons Mn^{2+}+5Fe^{3+}+10H_2O$

电池表示式：

$$(-)Pt|Fe^{2+}(c_1),Fe^{3+}(c_2)||MnO_4^-(c_3),Mn^{2+}(c_4),H^+(c_5)|Pt(+)$$

标准电动势：$E^{\ominus}=\varphi^{\ominus}(MnO_4^-/Mn^{2+})-\varphi^{\ominus}(Fe^{3+}/Fe^{2+})=0.739V$

(2) 氢离子会影响正极的电极电势，当氢离子的浓度为 10.0mol/L 时：

$$\varphi(MnO_4^-/Mn^{2+})=\varphi^{\ominus}(MnO_4^-/Mn^{2+})-\frac{0.0592}{5}\lg\frac{c(Mn^{2+})/c^{\ominus}}{c(MnO_4^-)/c^{\ominus}\cdot[c(H^+)/c^{\ominus}]^8}$$

$$=+1.51V-\frac{0.0592}{5}\lg\frac{1}{10^8}$$

$$\approx+1.605V$$

负极电极电势不变，此时电动势：

$$E=\varphi(MnO_4^-/Mn^{2+})-\varphi^{\ominus}(Fe^{3+}/Fe^{2+})=+0.834V$$

（二）电动势的 Nernst 方程

设恒温恒压下任一自发进行的电池反应：

$$z_2Oxd_1+z_1Red_2=z_2Red_1+z_1Oxd_2$$

反应式中，Oxd_1/Red_1、Oxd_2/Red_2 代表两个不同电对，z_1、z_2 分别为两个电对中氧化态与还原态氧化数之差。根据式 (8-2-1)，有：

$$\Delta_rG_m=-nEF \qquad \Delta_rG_m^{\ominus}=-nE^{\ominus}F$$

式中：n 为电池反应中迁移的电子数。根据化学反应等温式，有：

$$\Delta_rG_m-\Delta_rG_m^{\ominus}+RT\ln\frac{(Red_1/c^{\ominus})^{z_2}(Oxd_2/c^{\ominus})^{z_1}}{(Red_2/c^{\ominus})^{z_1}(Oxd_1/c^{\ominus})^{z_2}}$$

合并三式，可得

$$-nEF=-nE^{\ominus}F+RT\ln\frac{(Red_1/c^{\ominus})^{z_2}(Oxd_2/c^{\ominus})^{z_1}}{(Red_2/c^{\ominus})^{z_1}(Oxd_1/c^{\ominus})^{z_2}}$$

等号两边同除以 $(-nF)$，得

$$E=E^{\ominus}-\frac{RT}{nF}\ln\frac{(Red_1/c^{\ominus})^{z_2}(Oxd_2/c^{\ominus})^{z_1}}{(Red_2/c^{\ominus})^{z_1}(Oxd_1/c^{\ominus})^{z_2}} \qquad (8-3-7)$$

298.15K 时：

$$E=E^{\ominus}-\frac{0.0592}{n}\lg\frac{(\mathrm{Red}_1/c^{\ominus})^{z_2}(\mathrm{Oxd}_2/c^{\ominus})^{z_1}}{(\mathrm{Red}_2/c^{\ominus})^{z_1}(\mathrm{Oxd}_1/c^{\ominus})^{z_2}} \qquad (8-3-8)$$

式（8－3－7）和式（8－3－8）均为计算电动势的 Nernst 方程。若物质为气体，将浓度换为压力；若电池反应在不同的酸碱介质中进行，则各物质的氧化态或还原态中分别包含相应的 H^+ 或 OH^- 的浓度项。

电动势的 Nernst 方程也可以利用电极电势的 Nernst 方程推导出来，分别写出正极和负极的电极电势表示式，然后利用正极电极电势减去负极电极电势仍可得到式（8－3－7）和式（8－3－8）。

四、电极电势和电动势的应用

原电池设计及应用

电极电势和电动势的基本原理和理论在热力学函数的计算、滴定分析等方面都得到广泛应用。

（一）判断氧化剂或还原剂的强弱

由前文分析可知，电极电势高的电对中氧化态氧化能力强；电极电势低的电对中还原态还原能力强。对一种物质，要选择合适的氧化剂，只需要从比该物质的电对电极电势高的氧化态物质中找就可以了。相应，欲找合适的还原剂，需从比其电极电势低的电对中还原态物质中确定。如，欲使 Fe^{2+} 氧化为 Fe^{3+}，从表 8－3－1 可以看出，由于 $\varphi(Fe^{3+}/Fe^{2+})=0.77V$，所以可以选用 Br_2、强酸条件下的 $Cr_2O_7^{2-}$ 或 MnO_4^-、F_2 等电极电势高于 0.77V 的电对中的氧化态物质。

通过对比电对的电极电势，还可以判断某些离子是否能够在同一溶液中共存。因为电极电势高的电对氧化态物质可以和电极电势低的电对中还原态物质发生氧化还原反应，所以这两类离子不能共存。相反，电极电势高的电对中还原态物质可以和电极电势低的电对中氧化态物质共存。如，Fe^{3+} 和 Br^-、$M_n{}^{2+}$，Cu 和 H^+、Sn^{2+}、Fe^{2+}，等等，都可以共存。

（二）判断氧化还原反应的方向

按照电池表示方法，先将氧化还原反应设计成电池，然后计算电池的电动势。根据桥梁公式 $\Delta_r G_m=-nEF$，若电动势 $E>0$，则 $\Delta_r G_m<0$，该氧化还原反应可以正向自发进行；若电动势 $E<0$，则 $\Delta_r G_m>0$，该氧化还原反应正向不能自发进行，逆向可以自发进行。

换言之，由于 $\Delta_r G_m<0$ 的反应可以自发进行，当该反应设计为原电池时，电动势 $E=\varphi_+-\varphi_->0$，即正极电极电势应当高于负极电极电势。所以，对于给定的氧化还原反应，先确定其正负极，然后根据正负极电极电势的大小来判断该反应是否可以自发进行，若 $\varphi_+>\varphi_-$，反应可以正向自发进行；若 $\varphi_+<\varphi_-$，反应不能正向自发进行，但可以逆向自发进行。

例如，已知 298.15K 时，$\varphi^{\ominus}(Fe^{3+}/Fe^{2+})=0.771V$，$\varphi^{\ominus}(Sn^{4+}/Sn^{2+})=0.150V$。试判断反应 $2Fe^{2+}+Sn^{4+}=2Fe^{3+}+Sn^{2+}$ 在 298.15K、$p^{\ominus}$ 时的自发性。

解决这一问题可以分别从两个不同方向去考虑：

（1）方法一：根据原电池的自发性，若将两个电对设计成原电池，必须满足

$\varphi_+ > \varphi_-$，那么 Fe^{3+}/Fe^{2+} 应该作为正极，Sn^{4+}/Sn^{2+} 应该作为负极，其电极反应和电池反应分别为：

正极还原反应：$Fe^{3+} + 2e = Fe^{2+}$

负极氧化反应：$Sn^{2+} - 2e = Sn^{4+}$

电池反应：$2Fe^{3+} + Sn^{2+} = 2Fe^{2+} + Sn^{4+}$

可以看出，该自发进行的电池反应和问题中所给反应正好相反，所以知反应 $2Fe^{2+} + Sn^{4+} = 2Fe^{3+} + Sn^{2+}$ 在 298.15K、$p^\ominus$ 时不能自发进行。

（2）方法二：若将反应 $2Fe^{2+} + Sn^{4+} = 2Fe^{3+} + Sn^{2+}$ 设计为电池，按照正极发生还原反应、负极发生氧化反应，正、负极分别应为 Sn^{4+}/Sn^{2+} 和 Fe^{3+}/Fe^{2+}，则该电池电动势为

$$E^\ominus = \varphi^\ominus(Sn^{4+}/Sn^{2+}) - \varphi^\ominus(Fe^{3+}/Fe^{2+}) = -0.621V < 0$$

可知该反应在 298.15K、$p^\ominus$ 时不能正向自发进行，则逆向可以自发。

（三）计算化学反应的标准平衡常数

按照桥梁公式 $\Delta_r G_m = -nEF$，当化学反应系统均处于标准状态时，有：

$$\Delta_r G_m^\ominus = -nE^\ominus F$$

同时，由于 $\Delta_r G_m^\ominus = -RT\ln K^\ominus$，可得

$$\Delta_r G_m^\ominus = -nE^\ominus F = -RT\ln K^\ominus$$

可知，化学反应的标准平衡常数为

$$K^\ominus = \exp\frac{nE^\ominus F}{RT} \tag{8-3-9}$$

化学反应的标准平衡常数在不同反应中表现为不同的形式，如酸碱平衡中的解离常数、沉淀溶解平衡中的溶度积常数、配位平衡中的稳定常数等。这些也都可以利用式（8-3-9）根据标准电动势求算出来。

例 8-3-2：求水在 298.15K 时的离子积常数。

解：已知水的解离平衡：

$$H_2O \rightleftharpoons H^+ + OH^-$$

这是一个典型的酸碱中和反应的逆反应。由于该反应并非氧化还原反应，可以将该反应设计为

$$H_2(g,p) + H_2O \rightleftharpoons H^+ + OH^- + H_2(g,p)$$

则电极反应为

正极还原反应：　$H_2O + e = \frac{1}{2}H_2 + OH^-$

负极氧化反应：　$H_2 - 2e = 2H^+$

则电池符号：

$$(-)Pt|H_2(g,p^\ominus)|H^+(c_1)||OH^-(c_2)|H_2(g,p^\ominus)|Pt(+)$$

查表可得正负极的标准电极电势，可求得电池的标准电动势为

$$E^\ominus = \varphi^\ominus(OH^-/H_2) - \varphi^\ominus(H^+/H_2) = -0.828V$$

则离子积常数：

$$K_w^\Theta = \exp\frac{nE^\Theta F}{RT} = \exp\frac{1\times(-0.828\text{V})\times 96485\text{C/mol}}{8.314\text{J/(mol}\cdot\text{K)}\times 298.15\text{K}} = 9.9\times 10^{-15}$$

该反应还可以设计为两个氧电极组成的电池：

$$(-)\text{Pt}|O_2(g,p^\Theta)|OH^-(c_1)||H^+(c_2)|O_2(g,p^\Theta)|\text{Pt}(+)$$

只要保证电池反应和所求算的化学反应一致，读者可以自行验证。

例 8-3-3： 在 298.15K 时，求难溶盐 AgCl(s) 的溶度积。

解： 已知 298.15K 时，AgCl(s) 的溶解沉淀平衡为

$$\text{AgCl(s)} = Ag^+ + Cl^-$$

由于该反应并非氧化还原反应，可设计为

$$\text{AgCl(s)} + \text{Ag(s)} = Ag^+ + Cl^- + \text{Ag(s)}$$

从而可知，负极氧化反应：　　$\text{Ag(s)} - e = Ag^+$

正极还原反应：　$\text{AgCl(s)} + e = \text{Ag(s)} + Cl^-$

查表 8-3-1，可以得到该电池的标准电动势为

$$\begin{aligned} E^\Theta &= \varphi^\Theta(Cl^-/\text{AgCl/Ag}) - \varphi^\Theta(Ag^+/\text{Ag}) \\ &= 0.2222\text{V} - 0.80\text{V} \\ &= -0.5778\text{V} \end{aligned}$$

当电池反应达到平衡时，根据式（8-3-9），得

$$K^\Theta = \exp\frac{nE^\Theta F}{RT} = \exp\left(\frac{1\times(-0.5778\text{V})\times 96485\text{C/mol}}{8.314\text{J/(mol}\cdot\text{K)}\times 298.15\text{K}}\right) \approx 1.7\times 10^{-10}$$

由题意可知，此标准平衡常数就是 AgCl(s) 的溶度积常数。

需要注意的是，在本例中，所设计的电池电动势是一个负值，说明是一个非自发电池，但是对于计算结果并没有影响。如果要实测电池电动势，就需要把正负极对调一下位置。从计算结果仍可以看出，AgCl(s) 的溶度积常数很小，说明 AgCl(s) 的溶解能力很差，正符合其作为难溶电解质的特性。

（四）测定溶液的 pH 值

例如：已知 298K 和标准压力下，$\varphi^\Theta(Cl^-/\text{AgCl/Ag}) = 0.2222\text{V}$，$\varphi^\Theta(H^+/H_2) = 0\text{V}$。当两个电对组成原电池时，$Cl^-/\text{AgCl/Ag}$ 应作为正极，H^+/H_2 应作为负极。

电池符号　$(-)\text{Pt}|H_2(g,p^\Theta)\ |\ H^+(x)||\text{Cl}(c^\Theta)|\text{AgCl}\ |\ \text{Ag}(+)$

可求标准电动势　　$E^\Theta = \varphi_+^\Theta - \varphi_-^\Theta = +0.2222\text{V} - 0\text{V} = +0.2222\text{V}$

假设其中 H^+ 浓度未知，测得此时电池电动势为 E，则溶液 pH 值的计算采用下式：

$$E = \varphi^\Theta(Cl^-/\text{AgCl/Ag}) - \frac{RT}{2F}\ln\frac{(c_{H^+}/c^\Theta)^2(c_{Cl^-}/c^\Theta)^2}{p_{H_2}/p^\Theta}$$

由于此时 $c_{Cl^-} = c^\Theta$，$p_{H_2} = p^\Theta$，所以在 298K 时，上式可换为

$$E = \varphi^\Theta(Cl^-/\text{AgCl/Ag}) - 0.0592\lg\frac{c_{H^+}}{c^\Theta}$$

或

$$E = \varphi^\Theta(Cl^-/\text{AgCl/Ag}) + 0.0592\text{pH}$$

则可求

$$pH=\frac{E-E^{\ominus}}{0.0592} \tag{8-3-10}$$

实际上，溶液的 pH 值多数采用玻璃电极来测量。玻璃电极是一种对 H^+ 特别敏感的选择性电极，测定 pH 值得变化范围可以从 0～14。测定时，常用甘汞电极作为参比电极，组成如下电池

(－)Ag|AgCl(s) | HCl(0.1mol/L) ¦ 溶液(pH＝x) ‖ 甘汞电极(＋)

玻璃电极　　　　玻璃膜

甘汞电极的电势在 298.15K 时是一定值，玻璃电极的电极电势为

$$E=E^{\ominus}-0.0592\lg\frac{1}{x/c^{\ominus}}$$
$$=E^{\ominus}-0.0592pH$$

则电动势的计算公式为

$$E=E_{甘汞}-(E^{\ominus}_{玻璃}-0.0592pH) \tag{8-3-11}$$

测定了电池的电动势后，查出玻璃电极的标准电极电势，就可以求得未知溶液的 pH 值，这也正是 pH 计的基本原理。

（五）电势滴定

进行电势滴定时，在被测溶液中插入一个参比电极和一个指示电极（常用甘汞电极）组成工作电池。随着滴定剂的加入，由于发生化学反应，被测离子浓度不断变化，指示电极的电位也相应地变化，电动势相应发生变化。在滴定终点附近，电动势会发生突跃。以电动势为纵坐标，以加入的滴定剂体积为横坐标，作曲线，根据曲线突变点，确定滴定终点，从而计算待测溶液浓度。电势滴定可用于酸碱反应、沉淀反应和氧化还原反应等各类分析，且不受指示剂的限制，滴定结果准确度也较高反应、沉淀反应和氧化还原反应等各类反应，特别是对于受污染的水质分析，有着更重要的实际意义。

第四节　不可逆电极过程

将电能转变为化学能的装置称为电解池。在电解池中，与外加电源正极相连的电极为阳极，与负极相连的电极为阴极。电解在实验室和实际工业生产中广泛应用，特别是在水处理中，电解的原理和方法已经占据了相当重要的地位。

不可逆电极过程

在电解过程中，为保证电极反应的连续进行，必须有电流持续不断地通过电路，这样，电极过程就不是可逆过程。不可逆的电极过程中能量如何分配？电极表面上的反应在什么电势条件下可以进行？多种离子共存时，电极表面上哪些离子会发生反应？这都是需要考虑的问题，也正是本节要解决的主要问题。

一、分解电压

以电解水为例，实验装置如图 8－4－1 所示。为了提高导电能力，可以在水中加少量惰性电解质，如 Na_2SO_4，电解质不参与电极反应。

实验开始后，从零开始逐渐增加外加电压，由安培计 G 和伏特计 V 分别测定线

路中的电流强度 I 和电压 E，以电压为横坐标、电流为纵坐标，作出 $I-E$ 曲线，如图 8－4－2 所示。

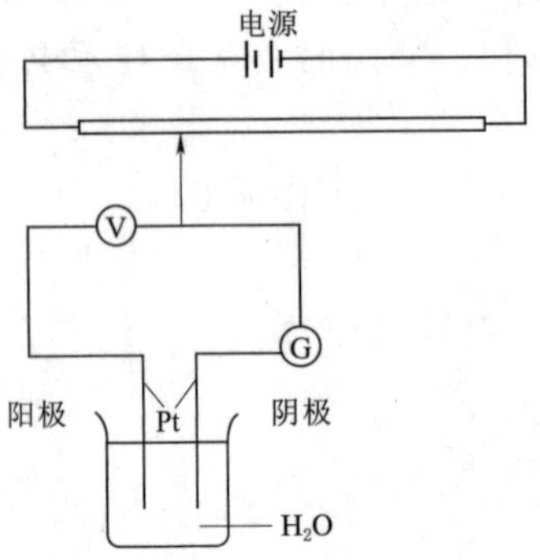

图 8－4－1　分解电压测定装置

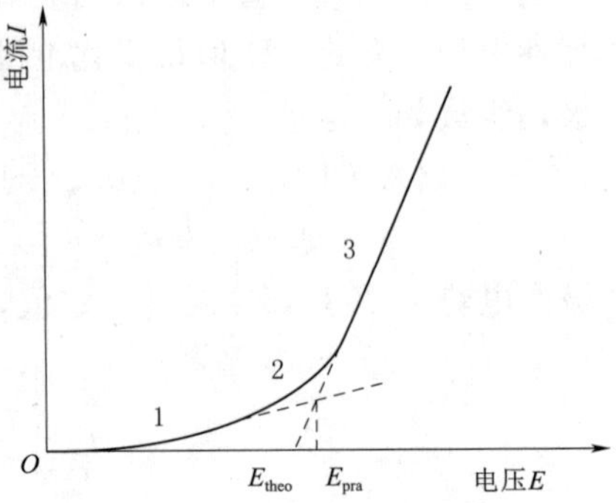

图 8－4－2　电流-电压曲线

在增加电压的过程中，阴阳两极电极反应分别为：

阳极：$$H_2O-2e=2H^+(c)+\frac{1}{2}O_2(g,p_2)$$

阴极：$$2H^+(c)+2e=H_2(g,p_1)$$

电解反应：$$H_2O=H_2(g,p_1)+\frac{1}{2}O_2(g,p_2)$$

刚开始，由于外加电压很小，几乎无电流通过，阴极、阳极上无 H_2 和 O_2 放出。随着 E 的增大，电极表面产生少量氢气和氧气，但气体压力低于外界大气压，无法以气泡的形式向外逸出。所产生的氢气和氧气构成了原电池，此原电池的正负极正好和外加电源正负极相接，产生了和外加电压相反的电动势，所以外加电压必须克服这反电动势，电路中几乎不会产生电流，但是气体会有少量向溶液中扩散，因此会有微弱的电流产生。继续增加电压，电流 I 有少许增加，如图 8－4－2 中 1～2 段。当外压继续增加，氢气和氧气的压力继续增大，而反电动势也在增大，当生成的气体压力等于外界大气压力，按照能斯特方程，此时反电动势达极大值 $E_{b,\max}$。再增加电压，生成的氢气和氧气会逸出，反电动势不再继续变化，而电路中的电阻恒定不变，所以电流 I 将增大而呈线性上升，如图 8－4－2 中 2～3 段。将直线 2～3 外延至与横坐标相交的 $I=0$ 处，得到使电解池不断工作所必需外加的最小电压，称为理论分解电压。理论分解电压在数值上等于电极产物形成的可逆原电池的最大反电动势，$E_{\text{theo}}=E_{b,\max}$。

由图 8－4－2 可知，要使电解池电极上顺利地进行连续反应，实际分解电压要高于理论分解电压，其差值就在于阴阳极上由于电流通过偏离了平衡状态而产生的极化作用。因此，实际分解电压除了克服作为原电池时的可逆电动势外，还要克服由于极化在阴阳极上产生的超电势 η_c 和 η_a，以及克服电池电阻所产生的电位降 IR，加和就称为实际分解电压 E_{pra}。即

$$E_{\text{pra}}=E_{\text{theo}}+\eta_c+\eta_a+IR \qquad (8-4-1)$$

当外加电压等于实际分解电压时，阴阳两极的电极电势分别称为两极析出产物的析出电势。

二、极化作用（polarization）和超电势

（一）极化作用

当电极上无电流通过时，电极处于平衡状态，这时的电极电势分别称为阳极平衡电势 $E_{a,e}$ 和阴极平衡电势 $E_{c,e}$。在有电流通过时，随着电极上电流密度的增加，电极实际析出电势值对平衡值的偏离也越来越大，这种对平衡电势的偏离称为电极的极化。

极化作用产生的原因有很多，但主要是在电极反应过程中，某些步骤迟滞使电极反应变慢而引起的。如图 8-4-3 所示，电极反应过程通常由五步组成：①反应物向电极表面的扩散；②反应物在电极表面的吸附；③反应物在电极表面接受或释放电子发生电化学反应；④产物在电极表面发生相态转变和脱附；⑤产物从电极表面向溶液中扩散。

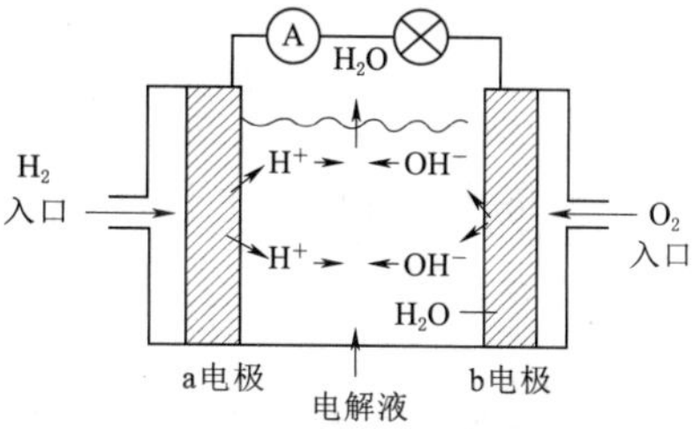

图 8-4-3　电极反应过程示意图

在这五个步骤中，其中任何一个步骤的迟滞都会引起极化现象。根据极化产生的不同原因，通常把极化大致分为以下几类：

1. 浓差极化

在电解过程中，电极附近某离子浓度由于电极反应而发生变化，而本体溶液中离子扩散的速度又赶不上弥补这个变化，就导致电极表面离子的浓度与本体溶液间有一个浓度梯度。电极的实际电势是由电极表面离子浓度所决定的，而平衡电极电势往往是通过 Nernst 方程利用溶液本体中离子浓度计算得到，所以电极表面离子的浓度与本体溶液间的浓度差会引起实际电极电势偏离平衡电极电势，这种极化现象称为浓差极化。用搅拌和升温的方法可以减少浓差极化。

以氢离子的反应为例：

在阴极：　　$2H^+ + 2e = H_2$

$$E_{c,e} = -\frac{RT}{F}\ln\frac{1}{c_{溶液}} \qquad E_{c,pra} = -\frac{RT}{F}\ln\frac{1}{c_{电极表面}}$$

式中：$E_{c,pra}$ 为阴极实际电极电势。若 $c_{电极表面} < c_{溶液}$，则 $E_{c,pra} < E_{c,e}$。

在阳极：　　$H_2 = 2H^+ + 2e$

$$E_{a,e} = -\frac{RT}{F}\ln\frac{1}{c_{溶液}} \qquad E_{a,pra} = -\frac{RT}{F}\ln\frac{1}{c_{电极表面}}$$

式中：$E_{a,pra}$ 为阳极实际电极电势。若 $c_{溶液} < c_{电极表面}$，则 $E_{a,pra} > E_{a,e}$。

由上述分析可知，阴阳极上极化结果是不相同的：阳极上由于极化作用使实际电极电势大于平衡电极电势；阴极上由于极化作用使实际电极电势小于平衡电极电势。

2. 电化学极化

在电极表面上的电化学反应总是分若干步进行，若其中一步反应速率较慢，活化能较高，则需要额外的电能来弥补反应变慢所造成的偏离，这种极化现象称为电化学极化。

引起电极极化的因素还有很多，其他如化学反应速率缓慢引起的极化现象、由于新相的形成或相转移步骤缓慢引起的极化现象等。但总的来说，极化结果都是阳极上电极电势比平衡电极电势大，阴极上电极电势比平衡电极电势小。

（二）超电势

电极的极化通常用超电势来衡量。极化作用越强，超电势越大。

超电势是指在某一电流密度下，实际发生电解的电极电势与平衡电极电势之间的差值。阳极上由于超电势使电极电势变大，阴极上由于超电势使电极电势变小，阴极超电势和阳极超电势分别定义为

$$\eta_c = E_{c,e} - E_{c,\mathrm{pra}}$$
$$\eta_a = E_{a,\mathrm{pra}} - E_{a,e} \qquad (8-4-2)$$

则阴阳两极的实际电极电势分别为

$$E_{c,\mathrm{pra}} = E_{c,e} - \eta_c$$
$$E_{a,\mathrm{pra}} = E_{a,e} - \eta_a \qquad (8-4-3)$$

一般情况下，金属在金属电极上析出时，极化作用比较弱，因此，金属在金属电极上的超电势往往可以忽略不计。但是，气体在金属电极上的超电势往往比较大。下面主要介绍氢气在金属电极上的超电势。

电解质溶液通常用水作溶剂，在电解过程中，氢离子在阴极会与金属离子竞争还原。利用氢在电极上的超电势，可以使比氢活泼的金属先在阴极析出，这在电镀工业上是很重要的。例如，控制溶液的 pH 值，降低氢气的析出电势，使得镀 Zn、Sn、Ni、Cr 等工艺成为现实。H_2 在几种电极上的超电势如图 8-4-4 所示。

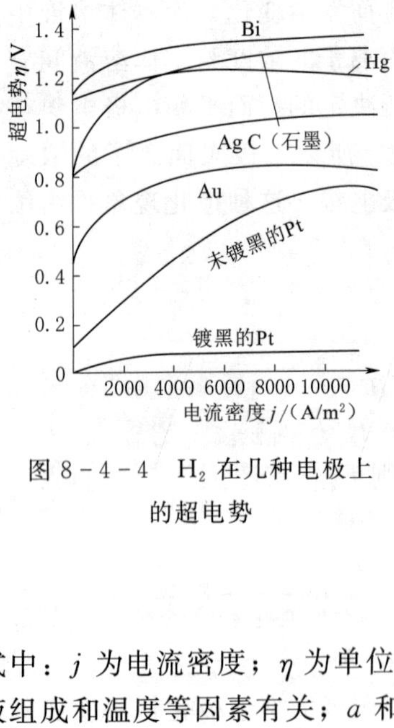

图 8-4-4　H_2 在几种电极上的超电势

由图 8-4-4 可见，氢在石墨和汞等材料上超电势很大，而在金属 Pt 特别是镀黑了的铂电极上超电势很小，所以标准氢电极中的铂电极要镀上铂黑。影响超电势的因素很多，如电极材料、电极表面状态、电流密度、温度、电解质的性质、浓度及溶液中的杂质等。早在 1905 年，Tafel 发现，对于一些常见的电极反应，超电势与电流密度之间在一定范围内存在如下的定量关系：

$$\eta = a + b\ln j \qquad (8-4-4)$$

式中：j 为电流密度；η 为单位电流密度时的超电势值，与电极材料、表面状态、溶液组成和温度等因素有关；a 和 b 为经验常数。这就是 Tafel 公式。

三、极化曲线

超电势或电极电势与电流密度之间的关系曲线称为极化曲线，极化曲线的形状和变化规律反映了电化学过程的动力学特征。

（一）原电池中两电极的极化曲线

原电池中，负极是阳极，正极是阴极。随着电流密度的增加，阳极析出电势变

大，阴极析出电势变小，如图 8-4-5（a）所示。由于极化，使原电池的输出电动势减小，做功能力下降。但可以利用这种极化降低金属的电化学腐蚀速度，当两个电极的极化曲线相交，腐蚀电池的电动势为零，电池腐蚀作用就不再继续进行，有利于金属防腐。

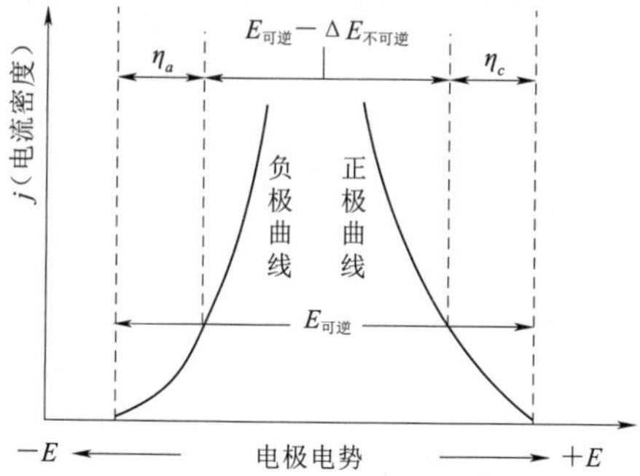

（a）原电池极化曲线

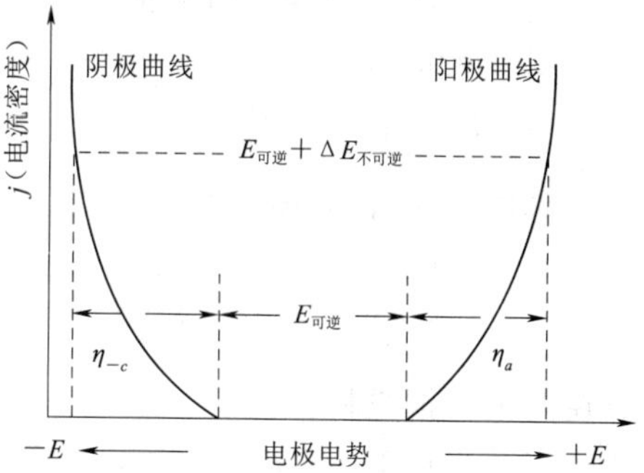

（b）电解池极化曲线

图 8-4-5 极化曲线

（二）电解池中两电极的极化曲线

由图 8-4-5（b）可以看出，随着电流密度的增大，两电极上的超电势也增大，阳极析出电势变大，阴极析出电势变小，使电解过程中需要外加的电压增加，额外消耗了电能，因此，极化作用也不利于电解过程。

四、电解时的电极反应

电解一个含有多种离子的水溶液时，溶液中阳离子向阴极迁移，阳离子在阴极上发生还原反应；溶液中阴离子向阳极移动，阴离子在阳极发生氧化反应。同时，阳极金属自身还有可能氧化溶解。当对电解质的水溶液进行电解时，究竟在电极上要加多大电压，离子才能够在电极上进行反应？当多种电解质共存时，电极上究竟哪些离子会发生反应？进行电镀时，如何控制条件，使得镀层金属均匀而致密？这些，都是在电解时需要解决的问题。

由于电解一般都是在水溶液中进行的，所以研究电解问题，必须要考虑到水中 H^+ 和 OH^- 对电解的影响。

（一）阴极上的反应

电解时阴极上发生还原反应。在阴极发生还原反应的物质通常有金属离子和氢离子。通常把某种离了能顺利发生反应时的电极电势称作该离子的析出电势。在阴极，通常析出电势最大的离子首先进行反应。由于阴极极化的结果是电极电势要比理论电势低，所以欲判断在阴极上首先析出何种物质，应把可能发生还原物质的电极电势计算出来，同时减去它的超电势，即

$$\varphi(M^{z+}/M)=\varphi^{\ominus}(M^{z+}/M)-\frac{0.0592}{z}\lg\frac{1}{c_{M^{z+}}}-\eta$$

$$\varphi(H^+/H_2)=-\frac{0.0592}{1}\lg\frac{1}{c_{H^+}}-\eta_{H_2}$$

然后对比各离子的析出电势，则析出电势大者先反应。

例 8－4－1：在 298K，101325Pa 时，以 Pt 为阴极，石墨为阳极，电解含有 $FeCl_2$(0.01mol/dm^3) 和 $CuCl_2$(0.02mol/dm^3) 的水溶液，若电解过程中不断搅拌，并设超电势均可忽略不计。问在阴极（1）何种金属先析出？（2）第二种金属析出时，第一种金属离子在溶液中的浓度为若干？已知 $\varphi^\ominus(Fe^{2+}/Fe) = -0.44021V$；$\varphi^\ominus(Cu^{2+}/Cu)=0.337V$。

解：不考虑超电势，则

（1）根据 Nernst 方程，$\varphi(Fe^{2+}/Fe)=\varphi^\ominus(Fe^{2+}/Fe)+\dfrac{0.0592}{2}\lg 0.01\approx -0.4994V$

$$\varphi(Cu^{2+}/Cu)=\varphi^\ominus(Cu^{2+}/Cu)+\frac{0.0592}{2}\lg 0.02\approx 0.287V$$

故在阴极，铜先析出。

（2）当第二种 Fe 析出时，电极电势为 Fe 的析出电势，即

$$\varphi(Fe^{2+}/Fe)=\varphi(Cu^{2+}/Cu)=\varphi^\ominus(Cu^{2+}/Cu)+\frac{0.0592}{2}\lg c(Cu^{2+})$$

则

$$-0.4994=0.337+\frac{0.0592}{2}\lg c(Cu^{2+})$$

解之得

$$c(Cu^{2+})=5.4\times 10^{-29}\,mol/dm^3$$

可以看出，当第二种金属 Fe 析出时，Cu^{2+} 已经析出完全，故可以认为此水溶液可以采用电解的方式使 Fe^{2+} 和 Cu^{2+} 分离开来。

利用电解的方法分离提纯几种不同的金属。如果溶液中含有多个析出电势不同的金属离子，可以控制外加电压的大小，使金属离子分步析出而达到分离的目的。为了使分离效果较好，后一种离子反应时，前一种离子的浓度应减少到 10^{-7} 以下，这样要求两种离子的析出电势相差一定的数值。一般需满足如下条件：

$$\Delta\varphi=\frac{RT}{zF}\ln 10^{-10}$$

则

当 $z=1$，$\Delta\varphi>0.41V$

当 $z=2$，$\Delta\varphi>0.21V$

当 $z=3$，$\Delta\varphi>0.14V$

例 8－4－2：已知某工厂排出废水中含 Zn^{2+} 0.01mol/L，现欲从中回收金属锌，用锌电极作为阴极进行电解。问在 298.15K 时，该如何控制 pH 值才不致使锌析出时氢气产生干扰？已知 $\varphi^\ominus(Zn^{2+}/Zn)=-0.76V$；$H_2$ 在金属锌上的超电势为 0.7V。

解：该反应是阴极反应，所以欲使锌析出而氢不析出，必须控制 Zn 的析出电势大于 H_2 的析出电势，即 $\varphi(Zn^{2+}/Zn)>\varphi(H^+/H_2)$，则由于：

$$\varphi(Zn^{2+}/Zn)=\varphi^\ominus(Zn^{2+}/Zn)+\frac{0.0592}{2}\lg c(Zn^{2+})=-0.8192V$$

$$\varphi(H^+/H_2)=0.0592\lg c_{H^+}-0.7<-0.8192V$$

解之得

$$c_{H^+}<9.7\times 10^{-3}\,mol/L$$

所以 $pH>2.01$

即，在该条件下需控制 pH 值大于 2.01 才不致使 H_2 干扰 Zn 的析出。

从上面例题的结果可知，虽然超电势的存在本来是不利的（因为电解时需要多消耗能量），但从另一个角度来看，正因为有超电势存在，才使得某些本来在 H^+ 之后在阴极上还原的反应，也能顺利地先在阴极上进行。所以，工业中可以在阴极上镀 Zn、Cd、Ni 等而不会有氢气析出。

（二）阳极上的反应

电解时阳极上发生氧化反应。在阳极发生氧化反应的物质通常有阴离子，常见的有 Cl^- 和 OH^-；阳极金属本身发生氧化。一般不考虑含氧酸根如 PO_4^{3-}、SO_4^{2-} 等的氧化反应。在阳极上，析出电势最小的首先在阳极进行氧化反应。判断在阳极上哪些物质首先发生反应，应把可能发生氧化反应的物质的电极电势计算出来，由于阳极极化结果是析出电势要大于理论电势，所以同时要加上它的超电势。

还要注意的是，电解水溶液时，由于 H_2 或 O_2 的析出，会改变 H^+ 或 OH^- 的浓度，计算电极电势时应把这个因素考虑进去。

第五节 电化学技术在环境保护中的应用*

电化学技术是指在外加电场的作用下，在特定的化学反应器内，通过控制电极电势实现物质的氧化或还原的一门生产技术。该技术是一种基本上对环境无污染的绿色生产技术，可以用于工业产品的生产，也可应用于环境污染治理。电化学技术在环境保护中具有环境兼容性高、能量利用率高、可控制性、多功能性、经济性等优点，在国内外都得到了重视。特别是对于那些用常规物理法、化学法以及生物法难以完全彻底处理的环境污染物，对难生物降解且对人类危害极大的“三致”（致癌、致畸、致突变）有机污染物，其电化学处理技术的研究受到广泛关注。

一、电化学技术的基本方法原理

（一）电化学氧化

电化学氧化分为直接氧化和间接氧化两种，属于阳极过程。直接氧化是通过阳极电化学作用使污染物直接氧化转化为无害物质；间接氧化则通过阳极反应产生具有强氧化作用的中间物质或发生阳极反应之外的中间反应，该中间产物使被处理污染物氧化，最终转化为无害的物质。在直接或间接氧化过程中，一般都伴有析出 H_2 或 O_2 的副反应，但通过电极材料的选择和电势控制可使副反应得到抑制。在工业生产中，比较成熟的有电解氧化处理含氰废水和含酚废水等。

（二）电化学还原

通过阴极还原反应去除环境污染物，也分为阴极直接还原和间接还原，主要用于氯代烃的脱氢和重金属的回收处理等。

（三）电凝聚法

电凝聚法通常选用铝质或铁质的可溶性阳极，在电场的作用下，阳极金属氧化溶

解生成 Fe^{2+}、Fe^{3+} 或 Al^{3+}，这些离子在水中会发生水解生成 $Fe(OH)_2$、$Fe(OH)_3$、$Al(OH)_3$ 等胶体絮状物，这些絮状物在凝聚过程中对水中的污染物起到吸附作用，以实现污染物的分离。在电凝聚方面的最新技术是采用活性碳纤维铁复合电极对印染与染料废水进行处理的电凝聚技术。电凝聚法在实际应用中，由于消耗铝材的同时还消耗大量的能源，因而它的应用受到了一定的限制。该技术当前的发展方向是，通过改进电源技术、研究新型电极材料及结构，使电能消耗和材料消耗进一步降低。

(四) 电浮选法

当向水溶液中通电时，阴极一般会伴生有还原产物氢气，阳极会生成氧气。在这些气泡上浮过程中，有些悬浮物或油分会附着在气泡表面随之上浮，从而实现分离。这种方法称作电浮选法。在电凝聚法中，生成的小颗粒的胶体状物质吸附污染物后，也会上浮到水面而实现分离，所以有些也称之为浮选。

(五) 电渗析法

电渗析是一个以电位差为推动力的膜分离过程。在电渗器内设置多组交替排列的阴、阳离子交换膜，在直流电场作用下，阳离子穿过阳膜向负极方向移动；阴离子穿过阴膜向正极方向运动。这样就形成了去除水中离子的淡水室和浓缩的浓水室，将浓水排放，得到的淡水即为去盐水。电渗析法处理金属离子时并不能直接回收到固体金属，但能得到浓缩的盐溶液，并使出水水质得到明显改善。电渗析技术可用于高纯水的制备，也可用于海水淡化利用。目前研究最多的是单阳膜电渗析法。

其他电化学技术如内电解法，是一种新兴的技术，利用活性金属填料在废水中形成原电池的原理，通过填料表面电化学反应和后絮凝作用达到净化废水的目的。近年来电化学技术和其他方法的结合如电助光催化氧化技术、膜助电化学技术（如电渗析）、离子交换辅助电化学技术等，都已成为环保开发应用的热点技术。

二、电化学技术在废水处理中的应用

电化学技术处理废水是近年发展起来的颇具竞争力的废水处理工艺。长期以来由于电化学法存在能耗大、电流效率低、成本高及易发生析氧、析氢等副反应的特点，一直没有得到很好的发展。近年来，随着电极材料的开发、反应器的研制及对传统电化学工艺的改进，电化学水处理技术得到了广泛应用。

(一) 含无机污染物废水的处理

电化学技术适于处理多种含无机污染物的废水，如有毒重金属离子、氰化物、硫氰酸盐、硫酸盐、硫化物、氨等。在电镀、冶金、印刷电路、显影等许多行业都排放出大量含金属离子的稀废液，主要都采用电解的方法进行处理。

例如，采用电解直接氧化法处理含氰废水，利用石墨作为阳极，在电解过程中，阳极反应为

$$CN^- + 2OH^- - 2e = CNO^- + H_2O$$

$$2CNO^- + 4OH^- - 6e = 2CO_2 + N_2 + 2H_2O$$

有毒害的氰被彻底氧化为稳定而无毒的无机物，可直接排放。

再如，采用电解还原法以及电渗析法可以去除或回收含 Fe、Cu、Ag、Cr、Ni 等

金属离子的废水。电镀含铬废水常常采用电解间接还原法，电镀废水中铬一般以 $Cr_2O_7^{2-}$ 的形式存在，$Cr_2O_7^{2-}$ 有很强的氧化性，所以在电解处理废水时通常以废旧铁板做阳极，电解过程中阳极铁氧化溶解生成 Fe^{2+}，然后发生如下反应：

$$Cr_2O_7^{2-}+Fe^{2+}+14H^+=6Fe^{3+}+2Cr^{3+}+7H_2O$$

（二）含有机污染物废水的处理

有机污染物目前已经成为水质污染最重要的一部分。电化学方法可以将有机污染物完全降解为 CO_2 和 H_2O，因此此过程也被称为“电化学燃烧”。例如对酚类、含氮有机染料、氰化物等的处理，采用常规方法一般很难完全降解，也很难进行阳极直接阳化，所以常常采用电化学间接氧化的方法。阳极间接氧化是利用阳极反应产生强氧化作用的中间物质，如 HO·、HO_2·、O_2^-·等自由基对污染物进行氧化，使其最终降解；还有一些具有高氧化电势的金属离子电对，如 Ag(Ⅱ)/Ag(Ⅰ)、Co(Ⅱ)/Co、Ce(Ⅳ)/Ce(Ⅲ)、Fe(Ⅲ)/Fe(Ⅱ) 等，它们也可促进产生自由基，降解有机污染物，并可再生循环使用，不存在排放问题。

其他如含 Ni^{2+}、CrO_4^{2-}、Sn^{2+}、亚磷酸盐和次磷酸盐、胶体状物、悬浮物等工业废水，也可采用电絮凝、电浮选、电渗析等不同方法进行处理。

三、电化学技术在废气处理中的应用

化工厂、热电厂等在生产中会排放出许多含有毒害物质（如 Cl_2、H_2S、SO_2、NO_x、CO_2 等）的气体，也可采用电化学方法净化处理。电化学方法去除气态污染物包含两个步骤：首先，利用电解液吸附或吸收气态污染物；然后，将污染物直接在电极上发生电化学转换，或者利用均相、异相氧化还原媒介对污染物进行转换，使其转化为无害物质。所以，电化学方法处理净化废气的工艺可分为槽内工艺和槽外工艺，槽外工艺是气体先被吸附到独立的容器中，再转移至电化学反应器中进行处理；槽内工艺是气体直接经吸附转移到电化学反应器内并被处理。

最近研究较多的是对同时含有 SO_2 和 NO_x 的废气进行处理。Ce(Ⅳ) 辅助工艺是以 Ce^{4+} 为均相氧化还原媒介，同时将 SO_2 和 NO_x 分别转化为硫酸和硝酸；PbO_2、连二亚硫酸盐工艺也可有效处理 SO_2 和 NO_x 废气。

四、电化学技术在土壤修复中的应用

利用电化学技术可以除去土壤或泥浆中的放射性物质、重金属、某些有机化合物或无机化合物。其做法是将电极插入土壤，加上直流电，以地下水或外加电解质作电解液。主要反应是阳极放氧和阴极放氢，离子则通过电迁移、对流和扩散在土壤中运动。若是重金属离子，则在阴极沉积而除去，若是有机污染物则在多孔土壤中作电渗流动，然后通过辅助设备（如离子交换膜）或化学沉淀去除。电化学修复土壤的方法成本低、操作简单，目前已有人采用电化学方法来去除土壤中的多种重金属、甲苯、二甲苯、酚类化合物和含氯有机溶剂等，但对不溶性有机污染物去除效果不好。

五、电化学技术在其他方面的应用

（一）在环境监测中的应用

以电化学分析方法为原理的电化学传感器，具有快速、灵敏、准确、结构简单、便于自动化等优点，被广泛应用于环境监测中如 H^+、O_2、CO_2、SO_2、NO_2、NH_3、乙醇、麻醉剂、神经性气体、金属离子、生物分析检测等方面。

（二）在清洁生产方面的应用

1. 化学电源

化学电源是按电化学方式直接将化学能转化为电能的一种装置。化学电源按活性物质的保存方式可分为一次电池、二次电池（蓄电池）和燃料电池。由于一次电池不易回收，不利于环保和节约地球有限资源，近年来，人们将研究的重点转向二次电池和燃料电池的研究。燃料电池具有高效、环境友好、安全、可靠性高的优点。20 世纪汽车工业的发展，使得全球的车辆数目激增至约 6 亿辆，因此，研制新型车载电源，提供无污染低噪音的动力，构建零排放绿色汽车，消除因使用汽油而造成的空气污染成为环保领域研发的前沿。

2. 有机电合成

有机电合成法就是借助电极传递电子，直接氧化或还原有机物。它是电化学、有机化学和化学反应工程的交叉学科。有机电合成具有反应条件温和（可在常温常压下进行）、工艺流程简单、易于实现自动控制、产物选择性高、副产物少、污染少甚至无污染等优点，是绿色合成的必要途径之一，被称为绿色工业。如目前采用有机电合成法可合成重要的化工原料己二腈、氟代苯甲醛；采用间接电氧化法合成氟代苯甲醛；采用阴极间接电氧化法，以各种氧化媒质对烯酸进行间接环氧化；采用成对电解合成法合成重要的生化试剂 L-磺基丙氨酸以及环氧化合物、1,2-二醇化合物、邻卤代醇等有机化合物。

3. 水的电化学消毒

目前，广泛用 Cl_2 对水进行消毒，近来发现和鉴定出加氯的水中有上千个有机物，其中十个有致癌性，如六氯苯、多氯联苯、三氯甲烷、1,2-氯乙烯、四氯化碳等。电化学方法制备消毒剂技术节能、廉价、无残留、安全，可弥补氯消毒技术的不足。电化学水消毒技术可采用石墨或石墨纤维电极、金属钛电极、多孔碳、SnO_2 电极。电化学消毒灭菌机理仍未彻底研究清楚。目前主要的机理有电场的直接作用、自由氯组分的作用、活性基团的作用，归纳起来有如下 3 种观点：

（1）电解过程中，水中氯离子电解产氯的杀菌作用。

（2）电场作用，包括电击穿细胞膜，通过明显改变细菌生长环境造成细菌最终水解死亡，或是通过细菌细胞与电极之间的电子传递，造成细菌细胞呼吸系统失调导致细菌死亡等。

（3）电解过程中产生的一些高活性、低寿命的自由基，如氧负离子自由基、羟基自由基、次氯酸负离子自由基与二氧化氯负离子自由基等，这些自由基具有很强的杀菌作用。

4. 煤的电化学脱硫

在我国一次能源消费中，煤占 75%左右，而 85%的煤是作为动力煤直接燃烧，因而导致了严重的大气污染。而且煤炭的大量使用所产生的 SO_2、NO_2 等有害气体已成为不可忽视的大气污染来源，如酸雨、酸雾等灾害，已经引起了全球范围的重视。煤的电化学脱硫是借助煤在电解槽阳极发生的电化学氧化反应将煤中黄铁矿或有机硫化物氧化成水可溶的硫化物，而达到净煤目的。煤的电化学脱硫是在水、煤粉和添加剂的水煤浆环境下进行的，原煤经破碎、磨粉制成水煤浆，水煤浆在电解槽的阳极室进行电化学氧化反应，将煤中黄铁矿及部分有机硫转变成可溶性硫化合物，经过滤、洗涤除尘并回收硫化物。产品输出煤浆或精煤，在阴极室联产高纯氢气。

综上所述，电化学技术在环境保护等方面有着广泛的发展和应用前景。

拓 展 资 料

化学电源

化学电源的分类如下。

（1）一次电池中的反应物质进行一次电化学反应放电之后，就不能再次利用，会造成严重的材料浪费和环境污染。常用一次电池有锌锰干电池、锌汞电池、锌银扣式电池及锂电池等。

锌锰干电池电池符号：$(-)Zn|NH_4Cl \cdot ZnCl_2|MnO_2(+)$

锌汞电池　$(-)Zn(Hg)|KOH$(糊状，含饱和 ZnO)$|HgO|Hg(+)$

（2）二次电池又称为蓄电池。这种电池放电后可以充电，使活性物质基本复原，可以重复、多次利用，如常见的铅蓄电池和其他可充电电池等。

铅酸蓄电池：　$Pb+PbO_2+2H_2SO_4=2PbSO_4+2H_2O$

（3）燃料电池又称为连续电池，一般以天然燃料或其他可燃物质如氢气、甲醇、天然气、煤气等作为负极的反应物质，以氧气作为正极反应物质组成燃料电池。

燃料电池是一类连续地将燃料氧化过程的化学能直接转换为电能的电化学电池。燃料即化石燃料以及由此得到的衍生物，如氢、肼、烃、煤气等液体和气体燃料，氧化剂仅限于氧和空气。燃料电池的总反应与燃料燃烧反应完全一样，但燃烧反应总效率仅为30%左右。而在燃料电池中，燃料氧化所释放的能量 $\Delta_r H_m$ 直接转换为电能。

锂离子电池：摇椅电池（rocking chair batteries，RCB），锂离子在外部条件（充电或放电）的作用下，使锂离子往返于正负极之间。正极：$LiCoO_2$，负极：嵌入锂离子的石墨层。

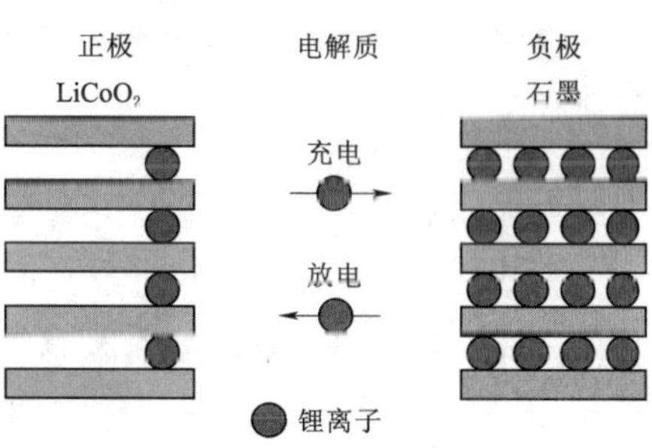

锂离子电池充电放电示意图

化学电源与环境污染：铅酸蓄电池是世界上产量最大、使用范围最广的一种化学电源。每年各行各业正常报废的蓄电池数以十亿计，如果没有及时、完善地回收复用其制造材质的体系，则会造成大量的资源浪费和环境污染，尤其是铅、硫酸等有毒害的物质将会对人类造成更大危害。我国废电池回收率不足2%。

近年来，随着人们环保意识的提高，废电池的危害逐步引起了社会各界的重视，越来越多的人开始自觉收集废电池。全国各地的环保组织也开展了废电池回收活动，号召人们把用过的废电池收集起来，减少环境污染。但是，在回收废电池的热潮中，人们却发现，回收的废电池并不能得到妥善的安置。有关资料显示，一节一号电池烂在地里，能使 $1m^2$ 的土壤永久失去利用价值；一粒纽扣电池可使 600t 水受到污染，相当于一个人一生的饮水量。在对自然环境威胁最大的几种物质中，电池里就包含了汞、铅、镉等多种，若将废旧电池混入生活垃圾一起填埋，或者随手丢弃，渗出的汞及重金属物质就会渗透于土壤、污染地下水，进而进入鱼类、农作物中，破坏人类的生存环境，间接威胁到人类的健康。

瑞士一家工厂采取的方法是将旧电池磨碎，然后送往炉内加热，这时可提取挥发出的汞，温度更高时锌也蒸发，锰和铁熔合后成为炼钢所需的锰铁合金。另一家工厂则是直接从电池中提取铁元素，并将氧化锰、氧化锌、氧化铜和氧化镍等金属混合物作为金属废料直接出售。德国的马格德堡近郊区兴建了一个“湿处理”装置，在这里除铅酸蓄电池外，各类电池均溶解于硫酸，然后借助离子树脂从溶液中提取各种金属物，用这种方法获得的原料比热处理方法纯净，因此在市场上售价更高，而且电池中包含的各种物质有 95% 都能提取出来，还可省去分拣环节。这套装置年加工能力可达 7500t。

建于日本北海道山区的野村兴产株式会社主要业务是废弃电池处理和废荧光灯处理。他们每年从全国收购的废电池达 13000t，收集的方式 93% 是通过民间环保组织收集，7% 是通过各厂家收集。这项业务开展于 1985 年，目前净化量一直在增加。以往，主要是回收其中的汞，但目前日本国内电池已经不含汞了，主要回收电池的铁壳和其他金属原料，并进行二次产品的开发制造，如其中一个产品可用于电视机的显像管。

金属的电化学腐蚀与防腐

金属腐蚀分两类：

(1) 化学腐蚀。金属表面与介质如气体或非电解质液体等因发生化学作用而引起的腐蚀，称为化学腐蚀。化学腐蚀作用进行时无电流产生。

(2) 电化学腐蚀。金属表面与介质如潮湿空气或电解质溶液等，因形成微电池，金属作为阳极发生氧化而使金属发生腐蚀。这种由于电化学作用引起的腐蚀称为电化学腐蚀。

1. 腐蚀的电池作用

带有铁铆钉的铜板若暴露在空气中，表面被潮湿空气或雨水浸润，空气中的 O_2、CO_2 以及海边空气中的 NaCl 溶解其中，形成电解质溶液，这样组成了原电池，铜作阴极，铁作阳极，所以铁很快腐蚀形成铁锈。

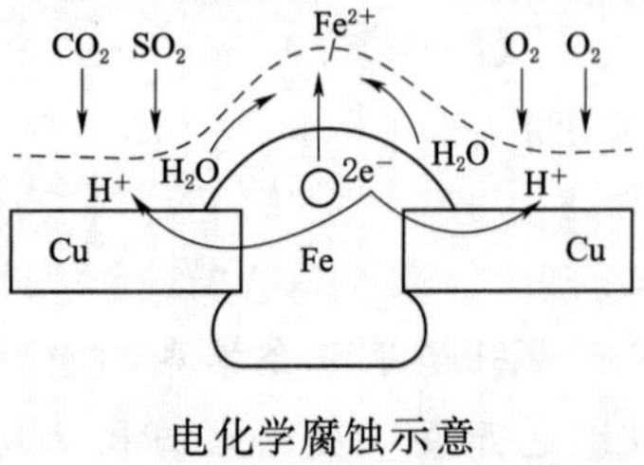

电化学腐蚀示意

2. 腐蚀的电解作用

电解时阳极溶解，实际就是阳极被腐蚀。电解生产中因漏电造成的设备腐蚀即属此类。如：电解食盐水生产氯气和氢氧化钠，或湿法冶金电解，提取金属时，都有因漏电而使附近设备发生腐蚀的例子。当腐蚀现象发生，有电流生成，两电极必将产生极化。电极的极化是电极反应的某一步骤受阻引起的。所以极化能减小金属的腐蚀速率。电极去极化减弱了电极反应的阻力，使腐蚀反应加快。

3. 金属的防腐

非金属防腐是指在金属表面涂上油漆、搪瓷、塑料、沥青等，将金属与腐蚀介质隔开。金属保护层是指在需保护的金属表面用电镀或化学镀的方法镀上 Au、Ag、Ni、Cr、Zn、Sn 等金属，保护内层不被腐蚀。

电化学保护

(1) 保护器保护将被保护的金属如铁作阴极，较活泼的金属如 Zn 作牺牲性阳极。阳极腐蚀后定期更换。

(2) 阴极保护外加电源组成一个电解池，将被保护金属作阴极，废金属作阳极。

(3) 阳极保护法金属由易腐蚀的活性状态变为耐腐蚀的钝性状态称钝化。钝化可由化学和电化学两种方法产生。如将碳钢放入硫酸中，使之接外电源阳极，有电流通过时发生阳极极化。阳极电势达到一定程度后，电流密度突然降低，阳极发生钝化。钝化后金属电势升高，表面稳定，不易腐蚀。

电解的应用

阴极产品：电镀、金属提纯、保护、产品的美化（包括金属、塑料）和制备及有机物的还原产物等。

阳极产品：铝合金的氧化和着色、制备氧气、双氧水、氯气以及有机物的氧化产物等。

电镀时，金属制件先经过除锈、去油等处理，然后将其作为阴极放入电镀槽中。阳极一般是镀层金属的板或棒。电解液是镀层金属的盐溶液。

思　考　题

1. 什么是正极、负极、阴极、阳极？在原电池和电解池中，有何不同？

2. 电解质溶液的电导率随着电解质浓度的增加有何变化？摩尔电导率如何变化？

3. 已知 Cu 的原子量为 63.54，用 0.5F 电量可以从 $CuSO_4$ 溶液中沉淀出多少克 Cu？

4. 为什么标准电极电势的值有正有负？

5. 如果规定标准氢电极的电极电势为 1V，那么各可逆电极的氢标还原电极电势的值有何变化？电池的电动势又有何变化？

6. Zn 和 Ag 插在 HCl 溶液中所构成的原电池是否是可逆电池？为什么？

7. 当电流通过下列电解池时，判断有哪些物质生成或消失，并写出反应式。

(1) 银为阳极，镀有氯化银的银为阴极，溶液为氯化钠。

(2) 两铂电极之间盛有硫酸钾溶液。

8. 某电池的电池反应可写成：

(1) $H_2(g)+O_2(g)=H_2O(l)$ 或 (2) $2H_2(g)+O_2(g)=2H_2O(l)$

相应的电动势和化学反应平衡常数分别用 $E_1^{\ominus}$、$E_2^{\ominus}$ 和 $K_1^{\ominus}$、$K_2^{\ominus}$ 表示，则 $E_1^{\ominus}$、$E_2^{\ominus}$

和 $K_1^\ominus$、$K_2^\ominus$ 分别是什么关系？

9. 氢-氧燃料电池在酸、碱性不同的介质中，它们的电池反应是否不同？在气体压力相同时，电池的电动势是否相同？

10. 以金属铂为电极，电解硫酸铜水溶液时，若在两个电极附近各加数滴石蕊试液，在电解过程中，两极区溶液颜色将如何变化？

11. 为什么实际分解电压要比理论分解电压高？

12. 将一根均匀的铁棒，部分插入水中，部分暴露在空气中。经过一段时间后，哪一部分腐蚀最严重？为什么？

13. 在电解池和原电池中，极化曲线有何异同点？

习　题

1. 以下四种电解质溶液，其中摩尔电导率 Λ_m 最大的是（　　），Λ_m 最小的是（　　）。

A. 0.001mol/L HCl 溶液　　B. 0.001mol/L KOH 溶液

C. 0.001mol/L KCl 溶液　　D. 1mol/L KCl 溶液

2. 用同一个电导池分别测定 0.01mol/L 和 0.1mol/L 的两种 1－1 价电解质溶液，其电阻分别为 1000Ω 及 500Ω，则它们的摩尔电导率之比为（　　）。

A. 2∶1　　B. 1∶2

C. 5∶1　　D. 1∶5

3. 柯尔劳施提出的 $\Lambda_m=\Lambda_m^\infty(1-\beta\sqrt{c})$ 适用于（　　）。

A. 强电解质稀溶液　　B. 弱电解质稀溶液

C. 无限稀释溶液　　D. 所有稀溶液

4. 在某温度 T 时，某电池的电池反应是 $\frac{1}{2}Cu(s)+\frac{1}{2}Cl_2(g)\rightarrow\frac{1}{2}Cu^{2+}+Cl^-$，标准摩尔反应吉布斯能变 $\Delta_rG_{m,1}^\ominus$，标准电动势 $E_1^\ominus$；若将它写作电池反应 $Cu(s)+Cl_2(g)\rightarrow Cu^{2+}+2Cl^-$，标准摩尔反应吉布斯能变 $\Delta_rG_{m,2}^\ominus$，标准电动势 $E_2^\ominus$；则（　　）。

A. $2\Delta_rG_{m,1}^\ominus=\Delta_rG_{m,2}^\ominus$　　B. $\Delta_rG_{m,1}^\ominus=\Delta_rG_{m,2}^\ominus$

C. $2E_1^\ominus=E_2^\ominus$　　D. $E_1^\ominus=E_2^\ominus$

5. 在 298K 时，电极反应 $Fe^{3+}+e\rightarrow Fe^{2+}$ 的电极电势 $\varphi_1^\ominus=0.771V$，电极反应 $Fe^{2+}+2e\rightarrow Fe$ 的电极电势 $\varphi_2^\ominus=-0.447V$，则电极反应 $Fe^{3+}+3e\rightarrow Fe$ 的电极电势 $\varphi_3^\ominus=$（　　）。

A. 0.324V　　B. 1.218V

C. －0.041V　　D. 不确定

6. 电池（1）$Pt|Cu^{2+},Cu^+\|Cu^{2+}|Cu$ 与电池（2）$Pt|Cu^{2+},Cu^+\|Cu^+|Cu$，在温度 T 时，两电池的 $\Delta_rG_m^\ominus$ 和 $E^\ominus$ 之间的关系为（　　）。

A. $\Delta_rG_m^\ominus(1)=\Delta_rG_m^\ominus(2)$；$2E^\ominus(1)=E^\ominus(2)$

B. $\Delta_r G_m^\ominus(1)=2\Delta_r G_m^\ominus(2)$；$E^\ominus(1)=E^\ominus(2)$

C. $\Delta_r G_m^\ominus(1)=\Delta_r G_m^\ominus(2)$；$E^\ominus(1)=2E^\ominus(2)$

D. 无法确定

7. 电极极化的结果使（　　）。

A. 正极电极电势增大，负极电极电势减小；

B. 阳极电极电势增大，阴极电极电势减小；

C. 阳极电极电势减小，阴极电极电势增大；

D. 正极电极电势减小，负极电极电势增大；

8. 298K 时，若要使电池 $Pt|H_2(g,p_1)|HCl(aq)|H_2(g,p_2)|Pt$ 的电动势 E 为正值，则必须使 p_1（　　）p_2。

A. ＞　　B. ＜　　C. ＝　　D. ≤

9. 电解碱性的 KCl 溶液，可制备 $KClO_3$，其电极反应为

$$6OH^- + Cl^- \rightarrow ClO_3^- + 3H_2O + 6e$$

若电流效率为 60%，试问用 2A 的电流需通电多少时间才能获得 10g 的 $KClO_3$？[$M(KClO_3)=122.55g/mol$]　　(656min)

10. 设某电镀锌车间，每安培小时析出锌量为 1.114g，试计算其电流效率。　　(91%)

11. 根据表 8-3-1 中各电对的标准电极电势，判断下列反应在 298.15K、标准状态下时是否能够自发进行，并说明理由。

(1) $Zn+Ni^{2+}=Zn^{2+}+Ni$

(2) $2I^-+Br_2=2Br^-+I_2$

(3) $2Br^-+2Fe^{3+}=2Fe^{2+}+Br_2$

(4) $Cl_2+Sn^{2+}=Sn^{4+}+2Cl^-$

12. 已知 298.15K 时，下列电池

$$(-)Cd|Cd^{2+}(c^\ominus)||I^-(c^\ominus)|I_2(s),Pt(+)$$

(1) 写出电极反应和电池反应方程式。　　(0.939V)

(2) 计算该电池反应的标准电动势。　　(−181.2kJ/mol)

(3) 计算电池反应的 $\Delta_r G_m^\ominus$、$K^\ominus$。　　(5.64×10^{31})

13. 计算 298.15K 时：$1/2H_2(g)+AgCl(s)\rightarrow Ag(s)+HCl(aq)$ 反应的标准平衡常数。已知：$\varphi^\ominus(Ag^+/Ag)=0.799V$；$K_{sp}(AgCl)=1.7\times10^{-10}$。　　(5793)

14. 根据自行设计的电池，求 298.15K 时 AgBr 的标准生成吉布斯函数。已知：298.15K 时 $\varphi^\ominus(Ag^+/Ag)=0.799V$；$\varphi^\ominus(Br_2/Br^-)=1.065V$，AgBr 的溶度积为 $K_{sp}^\ominus=2\times10^{-13}$。　　(−98.218kJ/mol)

15. 今有原电池如下：

$$Ag(s)|AgCl(s)|Cl^-(0.1mol/L)\parallel Br^-(0.2mol/L)|AgBr(s)|Ag(s)$$

(1) 请写出该电池的电池反应。

(2) 已知 25℃时，$K_{sp}[AgCl]=1.7\times10^{-10}$，$K_{sp}[AgBr]=2.0\times10^{-13}$，试计算 25℃时，上述原电池的标准电动势 $E^\ominus$。　　(−0.1733V)

16. 电池 $Ag(s)|AgCl(s)|HCl(0.1mol/L)|Cl_2(g,p_2)|Pt$，已知 298.15K 时，$\varphi^{\ominus}[Cl^- \mid Cl_2]=1.3580V$，$\varphi^{\ominus}[AgCl \mid Ag]=0.2222V$，AgCl(s) 的溶度积 $K_{sp}[AgCl]=1.7\times10^{-10}$，写出电极反应和电池反应，并计算电池在 298.15K 时的电动势及电池放电 1F 所做的电功。 (1.195V，−115.3kJ)

17. 氢氧燃料电池的电池反应为 $H_2(g)+1/2O_2(g)=H_2O(l)$ 已知 298.15K 时 $\varphi^{\ominus}(O_2/H^+,H_2O)=1.229V$。

(1) 写出电极反应和电池符号。

(2) 计算电池的标准电动势值。 (1.229V)

(3) 计算在 298.15K、标准状态下，每消耗 1mol $H_2(g)$，该电池所能做的最大电功。 (−237.2kJ/mol)

(4) 计算电池反应的标准平衡常数 $K^{\ominus}$。 (3.79×10^{41})

18. 在 298.15K 和标准压力时，用电解沉积法分离 Cd^{2+} 和 Zn^{2+} 的混合溶液，阴阳极均为镀黑了的铂电极。已知 Cd^{2+} 和 Zn^{2+} 的浓度均为 1.0mol/kg，H_2 在 Cd 和 Zn 上的超电势分别为 0.48V 和 0.70V，设电解液的 pH 值保持 7.0。已知 $\varphi^{\ominus}(Cd^{2+}/Cd)=-0.40V$，$\varphi^{\ominus}(Zn^{2+}/Zn)=-0.76V$，试问：

(1) 阴极上首先析出何种物质？

(2) 第二种离子析出时，第一种离子残留浓度？

(3) H_2 是否有可能析出影响分离效果？

19. 某溶液在 298.15K 下，经分析知 $c(Zn^{2+})=1$，如以锌做阴极进行电解，要使 Zn^{2+} 全部析出（只允许 Zn^{2+} 在溶液中的浓度约为 10^{-7} mol/L)，需如何控制溶液的 pH 值？已知 H^+ 在 Zn 电极上的 $\eta(H^+)=0.7V$，不考虑锌的超电势。 (pH>4.58)

20. 298.15K 时，用光滑铂电极电解 $CdSO_4$（1mol/L）的酸性溶液（H^+ 浓度为 1mol/L）时，问 $CdSO_4$ 的分解电压为多少？若不考虑 Cd 在阴极上的超电势，氧在铂阴极超电势为 0.46V。已知 $\varphi^{\ominus}(Cd^{2+}/Cd)=-0.40V$，$\varphi^{\ominus}(O_2/H_2O)=+1.23V$，设氧气的压力为标准压力。 (2.09V)

第九章

界面化学

界面是指两相接触的约几个分子厚度的过渡区，若其中一相为气体，这种界面通常称为表面。严格讲表面应是液体或固体与其饱和蒸气之间的界面，但习惯上把液体或固体与空气的界面称为液体或固体的表面。常见的界面有气-液界面、气-固界面、液-液界面、液-固界面、固-固界面。

界面化学概论

在相界面上，分子的受力状况不同于各相内部分子，因此，常常表现出一些不同于相邻两相的性质和现象。自然界中很多现象都与此有关，比如水的表面张力、荷叶上球形的水滴、毛细现象、固体表面的吸附作用等。

对一定量的物质来说，被高度分散时，分散度越大，表面积越大，界面现象就越明显。这里的物质，可以是固体，也可以是液体或者气体。

通常用比表面来表示物质分散的程度，有两种常用的表示方法：一种是单位质量的物质所具有的表面积 A_m；另一种是单位体积物质所具有的表面积 A_V。即

$$A_m=\frac{A}{m} \quad 或 \quad A_V=\frac{A}{V}$$

式中：m 和 V 分别为固体的质量和体积；A 为其表面积，m^2/kg 或 m^2/m^3。目前常用的测定比表面积的方法有 BET 法和色谱法。

把一定大小的物质分割得越小，则分散度越高，比表面也越大。例如，把边长为 1cm 的立方体 $1cm^3$ 逐渐分割成小立方体时，比表面急剧增大。从表 9-0-1 可以看出，当将边长为 10^{-2}m 的立方体分割成 10^{-9}m 的小立方体时，比表面增长到原来的 10^7 倍。可见达到纳米级的超细微粒具有巨大的比表面积，因而具有许多独特的表面效应，成为新材料和多相催化方面的研究热点。

表9-0-1　　立方体分割后的比表面变化

边长/m	立方体数	比表面 A_V/(m^2/m^3)
1×10^{-2}	1	6×10^{2}
1×10^{-3}	10^{3}	6×10^{3}
1×10^{-5}	10^{9}	6×10^{5}
1×10^{-7}	10^{15}	6×10^{7}
1×10^{-9}	10^{21}	6×10^{9}

还有许多多孔性的固体，因为其高比表面在工业生产和生活中得到广泛应用。例如，多孔硅胶、分子筛、活性炭等，表面吸附能力非常强，可以用作吸湿、除臭、脱色、水处理剂等。

界面现象在自然界中普遍存在，并且已经被广泛应用于人们生产生活的方方面面。例如，催化剂的制备，农药，水果保鲜，药物制备、医疗保健、化妆品，等等。界面化学的内容非常丰富，本章主要讨论各种界面的特殊性及有关现象的物理化学原理，简单介绍有关理论在生产和生活实践中的运用。

第一节　界面张力及界面热力学

一、界面现象的本质

表面张力

界面分子与体相内部分子相比，它们所处的环境不同，受力状态也不同。最简单的例子是液体及其蒸气组成的表面，如图 9-1-1 所示。

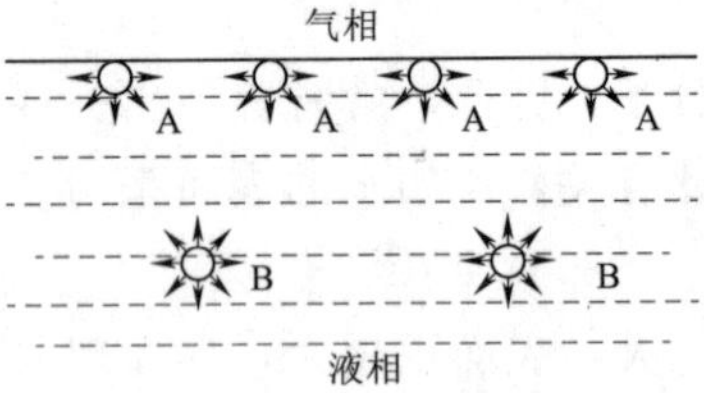

图 9-1-1　液体表面分子受力示意图

液体内部分子所受的力可以彼此抵消，其合力为零，因此，分子在液体内部做匀速运动不需要环境做功。但表面分子受到液相分子的拉力大，受到气相分子的拉力小（因为气相密度低），所以表面分子受到被拉入液相内部的作用力，表现为垂直液面而指向液体内部。这种作用力使表面有自动收缩到最小的趋势，并使表面层显示出一些独特性质，如表面张力、表面吸附、毛细现象、过饱和状态等，落在荷叶上的雨滴、凝结在草叶的露珠、电焊溅出的火花凝固后均为球状也由此产生。

对于单组分系统，这些独特的表面性质主要来自于同一物质在不同相中的密度不同；对于多组分体系，则来自于界面层的组成与任一相的组成均不相同。所以对界面现象的研究也要分别进行。

二、表面张力和表面功

由于界面层分子受力不均匀，造成在两相（特别是气-液）界面上，处处存在着一种张力，它垂直于表面的边界，并与表面相切，有使液面收缩的趋势。通常把垂直作用于单位长度边界线上的这种力称为表面张力，用 γ 表示，单位 N/m。这里的边界往往是为研究方便而人为界定的，它可以是客观存在的边界，也可以是两相界面上的任一条线，只是在该界线的两侧都存在界面张力，大小相等，方向相反，所以往往看不出来。如图 9-1-2（a）所示，将一棉线做成线圈固定在一圆形金属丝上，然后浸在肥皂水中，取出后棉线圈是松弛的，因为以棉线圈为边界的两侧界面张力大小相等，方向相反，相互抵消。假如将线圈内的肥皂膜刺破，则线圈内表面张力消失，线圈就会紧绷成一个圆，可以看到表现出的表面张力和方向，如图 9-1-2（b）所示。

由于界面层分子的受力情况与本体中不同，因此如果要把分子从内部移到界面，或可逆地增加表面积，就必须克服系统内部分子之间的作用力，对系统做功。在一定温度、压力下对组成恒定的系统，可逆地增加其表面积所需要对系统做的功，称为表面功 W'_R。

例如，有一个金属框，其中一条边可以无摩擦地在框上滑动，如图 9－1－3 所示。

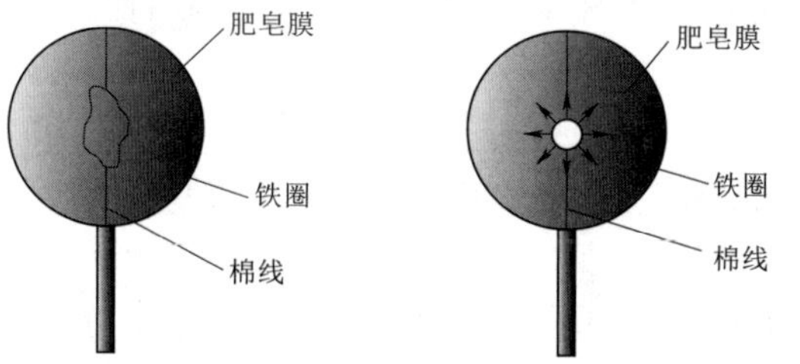

（a）附有肥皂膜的线圈　　（b）肥皂膜被刺破后的线圈

图 9－1－2　表面张力的作用

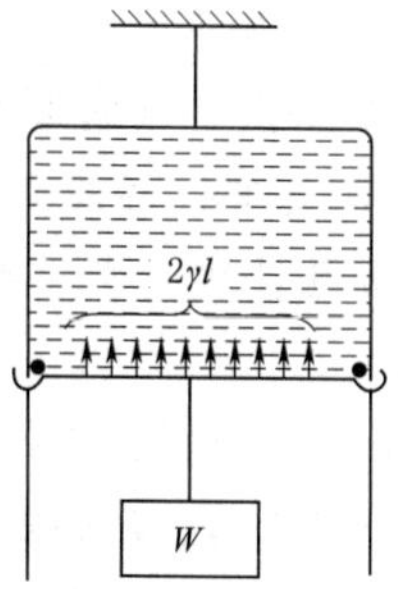

图 9－1－3　表面张力示意图

将该金属框放在肥皂液中，然后取出悬挂，活动边在下面。由于金属框上的肥皂膜的表面张力作用，可滑动的边会被向上拉，直至顶部，要想使滑动边能够保持受力平衡，则需要在其下方悬挂一定重量的砝码 W。设 l 是滑动边的长度，因膜有两个面，这时 $F=2\gamma l$，当 W 小于 F 一个无限小的值时，金属丝可逆地向上移动。设滑动边在恒温恒压下可逆移动了 $\mathrm{d}x$，那么肥皂膜的表面积改变了 $\mathrm{d}A=2l\mathrm{d}x$，则表面张力一共做功：

$$\delta W'=F\mathrm{d}x=2\gamma l\mathrm{d}x=\gamma\mathrm{d}A \tag{9-1-1}$$

因为表面功属于非体积功，所以在该过程中 $\mathrm{d}G=\delta W'$，可得

$$\gamma=\left(\frac{\partial G}{\partial A}\right)_{T,p} \tag{9-1-2}$$

上式表明，表面张力 γ 又相当于恒温恒压下系统可逆地改变单位面积时吉布斯函数的改变量。所以以前表面张力 γ 称作比表面吉布斯函数，单位 $\mathrm{J/m^2}$。

三、表面热力学

根据式（9－1－2）可以知道，当一个系统在恒温恒压下且各组分的量不变时：

$$G=\gamma A \tag{9-1-3}$$

式（9－1－3）表明，组成恒定的系统在恒温恒压条件下吉布斯函数与系统自身表面性质和表面积有关。由于吉布斯函数是状态函数，则

$$\mathrm{d}G=\gamma\mathrm{d}A+A\mathrm{d}\gamma \tag{9-1-4}$$

可知，系统在上述条件下吉布斯函数的改变量取决于表面张力的改变和表面积改变量。当一个系统表面能较高时，一般不能够稳定存在，所以要想使系统稳定存在，需降低表面能，即系统总是能够自动地调节表面状况，即 $\mathrm{d}G<0$。

据式（9－1－4）可以看出：对纯液体，由于 γ 确定不变，所以可以通过表面收缩减小表面积来减低表面能，如：荷叶面上的水滴、水面上的油滴或水中的苯胺，总是能够自动调整变成大液滴，减小分散度，从而减小表面积。对固体，一般其表面积 A 恒定不变，所以固体表面能够自动吸附一些其他物质，这样，当被吸附物质分子停留在表面上时，改变了固体表面分子的受力状况，减小了表面张力，从而减小表

面能。

四、影响界面张力的因素

界面张力与形成界面的两相物质的性质密切相关，凡是能够影响两相性质的因素，对界面张力均有影响。

1. 物质本性的影响

界面张力的产生主要来自于相邻两相分子间作用力之差，差值越大，界面张力也越大。

对同一种物质来说，不同的聚集状态表面张力不同。一般固态物质分子间作用力要强，所以固态表面张力要大于液态表面张力，并且大于气态表面张力。

对纯液体或纯固体，物质分子间作用力与化学键能的大小有关，一般化学键越强，分子间作用力越大，表面张力越大。当同为液态时，熔融态的金属以金属键相互作用，熔融的盐类以离子键相互作用，含金属键的物质表面张力要比含离子键的物质表面张力大。极性液体有较大的表面张力，而非极性液体表面张力较小，即：γ（金属键）$>\gamma$（离子键）$>\gamma$（极性共价键）$>\gamma$（非极性共价键）。表 9-1-1 给出了一些物质在实验温度下呈液态时的表面张力。

表 9-1-1　　一些液态物质的表面张力

物质	t/℃	γ/(mN/m)	物质	t/℃	γ/(mN/m)
正己烷	20	18.60	Na_2SiO_3（水玻璃）	1000	250
正辛烷	20	21.82	FeO	1427	582
乙醚	20	17.0	Al_2O_3	2080	700
乙醇	20	22.3	Hg	25	485.48
水	20	72.75	Ag	1100	878.5
NaCl	803	113.8	Cu	1084.6	1300
LiCl	614	137.8	Pt	1773.5	1800

2. 温度的影响

同一种物质的界面张力因温度不同而异。当温度升高时，物质膨胀，分子间距增加，相互作用减弱，所以界面张力减小。一般，液体的表面张力受温度影响较大，特别是当温度接近于临界温度时，液体与蒸气性质相近，相界面趋于消失，表面张力趋于零。

3. 压力的影响

压力对表面张力的影响比较复杂。一方面，压力主要影响气相中分子间力，使得气相分子对液相表面层分子作用增强，减小液体表面张力；另一方面，压力的增大会使气体在液相中溶解度增大，改变液相成分。综合考虑可以知道，表面张力一般随压力的增加而下降。

4. 接触相的影响

当两种互不相溶的液体相接触时，其界面层分子的作用力取决于两种液体，所以不同液-液界面的界面张力也各不相同。但是，总的界面张力介于两种液体表面张力之间。20℃时某些液-液界面张力见表 9-1-2。

表 9-1-2　　20℃时某些液-液界面张力

界面	γ/(mN/m)	界面	γ/(mN/m)
水-正己烷	51.1	水-正辛醇	8.5
水-正辛烷	50.8	水-苯	35.0
水-四氯化碳	45.1	水-汞	375.0

也可以推出，当表面张力小于水的物质加入水中时会使水的表面张力下降；相反，表面张力大于水的物质加入水中时会使水的表面张力增大。一般情况下，有机溶质降低水的表面张力，无机溶质增大水的表面张力。

第二节　弯曲液面的附加压力和蒸气压

一、弯曲液面的附加压力

弯曲表面的附加压力

1. 附加压力的产生

一般情况下，液体表面是水平的，如比较大的面盆中的水、井中水面、湖面等，没有特别明显的典型特征。但是，对于小液滴、气泡等，其表面是弯曲的，有些是凸面，有些是凹面，表现出了很多不同于水平面的特征。

在水平液面上，液面下的液体所承受的压力等于外界大气压力。而对于液滴、漂浮在空气中的气泡的外表面等凸面，除了承受外界大气压，还要受到因液面弯曲而产生的附加压力。如图 9-2-1 (a) 所示，以 AB 为弦长的一个球面上的环作为边界。环上每点两边的表面张力都与液面相切，大小相等，但不在同一平面上，所以会对液体产生一个指向曲率半径中心的合力。所有的点产生的总压力称为附加压力 p_s，该附加压力指向液体内部，有将液面压向内部使其趋于平整的作用。设有一处于大气压 p_0、曲率半径为 R 的液滴，其液面为凸面，设液面下对液体表面的压力 p_i，当其处于平衡态时，$p_i=p_0+p_s$，则附加压力 $p_s=p_i-p_0$。

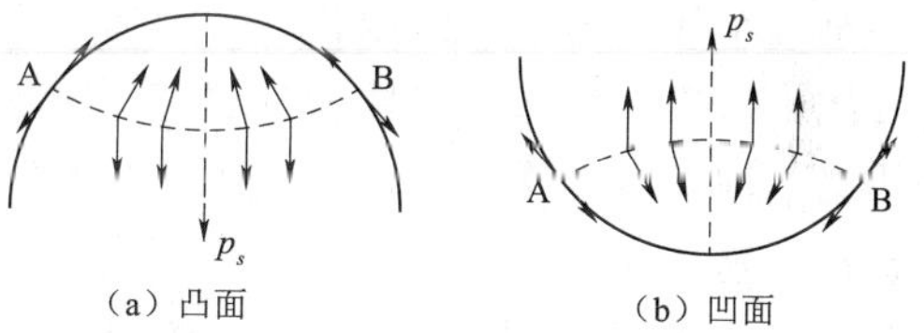

(a) 凸面　　(b) 凹面

图 9-2-1　弯曲液面的附加压力示意

在凹面上，如气泡的内表面，如图 9-2-1 (b) 所示，同样以 AB 为弦长的一个环作为边界。由于环上每点两边的表面张力都与凹形的液面相切，大小相等，但不在同一平面上，所以会产生一个指向曲率半径中心的合力。所有的点产生的总压力也称附加压力，气泡内表面为凹面，当处于平衡态时，有 $p_i=p_0-p_s$，则 $p_s=p_0-p_i$。由图 9-2-1 (b) 中可以看出，凹面的附加压力远离液体，将凹面提拉向上，使其趋于平整。

附加压力也可以用来解释为什么液滴或气泡一般都是圆球形的，而没有凹凸不平

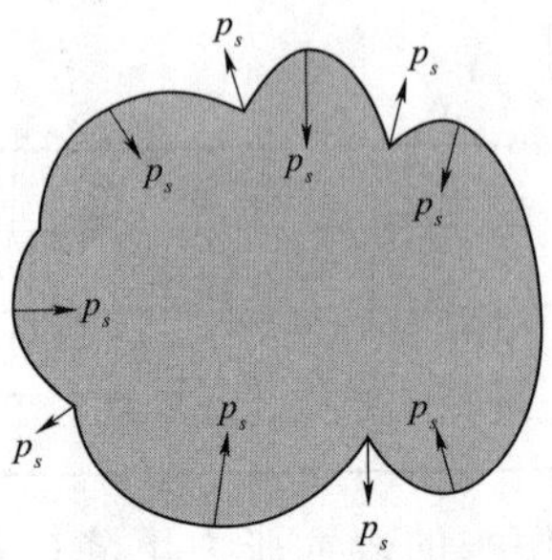

图 9-2-2　不规则液滴在附加压力作用下趋于球形

的不规则形状。如任一不规则的液滴，如图 9-2-2 所示，表面凹凸不平，但是，凸起部分受到指向液体内部的附加压力，而凹陷部分所受附加压力有将液面提拉向上的趋势，最终使得不规则的液滴趋于圆球形。

2. 杨·拉普拉斯公式

附加压力的大小不仅与液体自身的性质、表面张力有关，还与弯曲液面的曲率半径有关。1805 年，法国物理学家杨·拉普拉斯（Young-Laplace）导出了附加压力的计算公式：

$$p_s=\frac{2\gamma}{R} \tag{9-2-1}$$

此即杨·拉普拉斯公式。式（9-2-1）表明，附加压力 p_s 与液体表面张力 γ 成正比，与曲率半径 R 成反比，曲率半径越小，附加压力越大。

需要注意的是，杨·拉普拉斯公式可以用于小液滴和液体内的小气泡。对于空气中的气泡，其液膜存在两个气液表面，外表面为凸面，内表面为凹液面，并且两个表面的附加压力都指向气泡的球心。因为气泡的液膜很薄，可以近似认为内外表面的曲率半径相同，所以空气中的气泡液膜受到的附加压力为

$$p_s=\frac{4\gamma}{R} \tag{9-2-2}$$

即气泡内气体要承受来自液膜的附加压力，并且气泡越小，附加压力越大。如果将一大一小两个气泡内部气体用管子连通后，由于小气泡内气体所受附加压力大于大气泡内气体，所以小气泡内气体会通过管子进入到大气泡内，最终变得越来越小。所以，若使肥皂泡保留在吹管口，并且不堵住吹管口，此泡会逐渐减小，直至缩至管口的平面，也是这个原因。

3. 毛细现象

附加压力也是产生毛细现象的根本原因。将一根半径为 r 的毛细管垂直插入某一液体中，如图 9-2-3 所示。若该液体能够润湿管壁，如水，则管内的液面呈凹面，附加压力指向空气有把液体提拉向上的趋势，所以管内液面会上升。若液体不能够和管壁润湿，如汞，则管内液面呈凸面，凸面所受附加压力指向液体内部，所以有把液体压向内部的趋势，则管内液面下降。

这种液体在毛细管内液面不同于管外液面的现象称为毛细现象。以水的毛细现象为例，假设毛细管内水面上升到高度 h 时达到平衡，则由图 9-2-3 可知，此时水柱所产生的静压力与附加压力相等，即

$$p_s=\rho g h$$

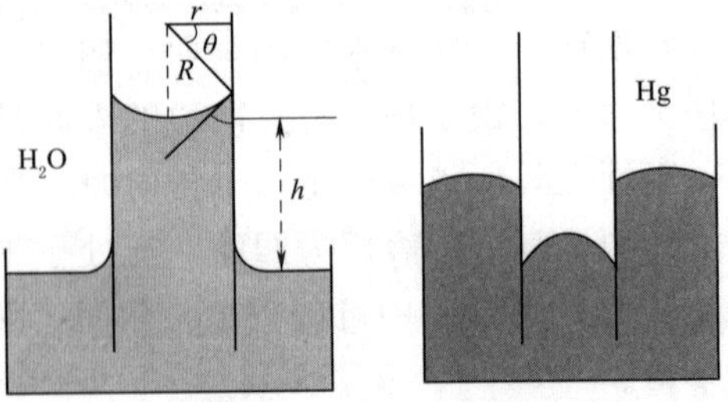

图 9-2-3　毛细现象

结合式（9-2-2）可知：

$$p_s=\rho gh=\frac{2\gamma}{R}$$

可得液面上升高度：

$$h=\frac{2\gamma}{\rho gR}=\frac{2\gamma\cos\theta}{\rho gr} \tag{9-2-3}$$

式中：γ 为液体的表面张力；ρ 为液体的密度；g 为重力加速度；r 为毛细管半径；θ 为液体表面与管壁之间的夹角，称作接触角，反映了液体和毛细管之间的润湿程度。当$\theta<90°$时，表明液体和毛细管壁能够润湿，这时液体在管内呈凹面；当 $\theta>90°$，液体和毛细管不能润湿，液体在管内呈凸面。

由式（9-2-3）可以看出，在一定温度下，毛细管内径越细，液体密度越小，液体和毛细管润湿程度越好，液体在毛细管内上升得越高。当液体和毛细管不能润湿时，液体在管内呈凸面，在附加压力作用下，液面会下降，下降的高度同样可以用式（9-2-3）计算。

由上可知，毛细现象归根结底是由于液体具有表面张力，在液面弯曲的情况下产生附加压力，从而产生毛细现象。毛细现象在自然界中广泛存在，并被人们利用。如植物体内有大量毛细管，在渗透压的作用下，根部从土壤中吸收的水分通过毛细管输送到树冠。刚刚移植的大树也可以通过树皮加压的方式给树木打点滴，将营养液或药液输入树木内部。在旱季，农民会“锄地保墒”，锄地时不仅可以除去杂草，还可以切断土壤中过多的须根，破坏毛细管，防止土壤中水分沿毛细管上升而蒸发；而处于地表上的毛细管又可以使大气中的水分在毛细管内凝聚，增加土壤中的水分。更多的毛细现象已经被科研工作者注意，并应用于科研实践中。

二、弯曲液面的饱和蒸气压

在一定温度和外压下，纯液体有一定的饱和蒸气压，当液面是水平状态时，此蒸气压在一定温度下是一定值，通常所说的蒸气压就是指液体在水平液面时的蒸气压。但是，对于微小液滴，液面为凸面，其蒸气压要高于水平液面的蒸气压；气泡的内表面是凹面，其蒸气压要低于水平液面蒸气压。这种性质不仅与物质的本性、温度和压力有关，还与液滴或气泡的大小即曲率半径有关。

弯曲表面的蒸气压

1871 年，英国科学家开尔文（Kelvin）经过一系列推导得到小液滴的蒸气压 p_r 和水平液面蒸气压 p_0 之间的关系如下：

$$RT\ln\left(\frac{p_r}{p_0}\right)_g=\frac{2\gamma V_m(\mathrm{l})}{R}=\frac{2\gamma M}{\rho R} \tag{9-2-4}$$

对于凹面，蒸气压应为

$$RT\ln\left(\frac{p_r}{p_0}\right)_g=-\frac{2\gamma V_m(\mathrm{l})}{R}=-\frac{2\gamma M}{\rho R} \tag{9-2-5}$$

式中：$V_m(\mathrm{l})$ 为液体的摩尔体积；M 为液体的摩尔质量；ρ 为液体密度；R 为弯曲液面的曲率半径。这两式均称作开尔文公式。

根据开尔文公式，对于同一种液滴，在不同曲率半径 R_1 和 R_2 时，其蒸气压 p_1、p_2 有如下关系：

$$RT\ln\frac{p_2}{p_1}=\frac{2\gamma M}{\rho}\left(\frac{1}{R_2}-\frac{1}{R_1}\right) \tag{9-2-6}$$

同样道理，当过饱和溶液中有结晶固体颗粒析出时，形成细小颗粒所需的浓度 c_r 和饱和溶液浓度 c_0 之比为

$$RT\ln\left(\frac{c_r}{c_0}\right)_l=\frac{2\gamma M}{\rho R} \tag{9-2-7}$$

式中：γ 为固-液界面张力；ρ 为固体密度；R 为析出小晶粒的曲率半径。两种大小不同颗粒的饱和溶液浓度之比为

$$RT\ln\frac{c_2}{c_1}=\frac{2\gamma M}{\rho}\left(\frac{1}{R_2}-\frac{1}{R_1}\right) \tag{9-2-8}$$

运用开尔文公式可以解释很多表面效应。例如，在毛细管内，液体和毛细管能够润湿时，液面呈凹面，它的饱和蒸气压 p_r 小于同温度下水平液面的蒸气压 p_0。那么，在一定温度下，液面上的蒸气压即使低于水平面的蒸气压 p_0，但相对于凹液面已达饱和，蒸气就会凝结为液体，这种现象称作毛细凝聚。在硅胶或活性炭中，有很多细小的孔，具有很大的比表面，所以很容易自发地吸附水蒸气，并在孔内发生毛细凝聚，从而也可以达到除湿的目的。另外，土壤中的毛细管结构具有保持水分的作用，在炎热夏天，农民锄地保墒，还有一种作用，便是锄去地表层后，使植物毛细管口敞开，促进地表的水蒸气在其中凝结。

三、亚稳状态和新相形成

由于弯曲液面（或界面）不同于平面，产生的附加压力和不同的蒸气压，在自然界中，引起一些特殊的现象。

1. 液滴的形成和过饱和蒸气

通常要在蒸气中形成新液相，必须先生成十分小的液珠，其曲率半径 R 很小，按照开尔文公式，相应需要较高的饱和蒸气压。例如，有时空气湿度很大云层厚密却不下雨，就与此有关。这时水蒸气压力虽然过饱和，但仍未达到形成小液滴所需气压。若在天空中提供适当的微粒（如碘化银或干冰），则提供了较大的曲率半径，当液相在微粒表面上形成时，与它对应的平衡蒸气压也较低，因而过饱和的水蒸气迅速在其表面凝结形成大液滴，这就是人工降雨的原理。另外，雷雨前临时感觉闷热也是此理。

2. 过热液体

通常所说的沸点指液体的蒸气压等于外压时的温度。液体沸腾是指形成的气泡内蒸气压大于外压及静压之和，气泡从小到大，最终冒出液面的现象。当液体的温度已达其沸点，因最初形成的是半径极小的气泡，泡内压力小于大气压，再加上附加压力、液柱静压作用，微小气泡难以胀大冒出而不沸腾，此即过热现象。对此过热液体施以微小扰动，便能克服微小气泡形成阶段而迅速沸腾，即过热溶液易暴沸。为防止暴沸，可在液体中加入沸石（多孔性物质），加热时孔中储气逸出成为较大气泡而绕过微小气泡产生的困难阶段，使过热程度大大降低。在冶金和浇铸中，炉壁粗糙多孔，产生的一氧化碳易于一开始形成较大的气泡，有利于把溶解在炉中的气体排除及

除去杂质。

3. 过冷液体

在凝固点时，液体和固体的蒸气压相等，当温度低于凝固点时固体会结晶析出，固液两相平衡。但是，最初形成的新相晶体颗粒极小，其蒸气压较大，液体在正常凝固点不能析出固体而成为过冷液体。向过冷液体中投入晶种，就能迅速凝固。由于黏度随温度降低而增加，过冷液体在快速凝固中分子运动阻力较大，难以形成晶体。故液体过冷程度较大时，有利于形成非结晶的玻璃体状态。

4. 过饱和溶液

开尔文公式对于溶质的溶解度同样适用，根据式（9-2-7），当溶液在恒温下浓缩时，溶质的浓度逐渐增大，达到较大晶粒溶解度时，由于刚开始形成的是微小晶粒，此时的浓度对微小晶粒仍未到饱和，故不能析出晶体，此液即为过饱和溶液。若要自动生成微小晶体析出，尚需进一步蒸发掉溶剂，达到一定过饱和度时才可能析出。在结晶过程中，如溶液的过饱和度太大，会生成大量过于细小的晶粒，给过滤洗涤带来困难，因溶解度大损失严重。在实际操作中，常向饱和液中投入晶种或用玻棒摩擦器壁，防止溶液的过饱和度过高，以获得较大颗粒的晶体。

上述“四过”所处的状态称为亚稳状态，它与热力学平衡态不同，虽然能稳定存在一段时间，但不能长久稳定。

第三节　界面上的润湿现象

在日常生活及工农业生产中经常遇到这样一些事实，如，普通棉布遇水一浸就湿，但水在草叶上则成液滴；喷散的农药，要求药液在植物叶上铺展不滑落，以期发挥最大药效等。这些都取决于两种物质的表面张力以及两种物质间的界面张力。

液固界面

一、润湿现象

润湿是指一种流体（气体或液体）在另一种不相溶液体或固体表面上铺展情况，即液体或固体表面被该流体所取代的现象，如图 9-3-1 所示。因此，润湿通常涉及三相：液（l）、气（g）、液（l）或液（l）、气（g）、固（s）。润湿现象是一种自动发生的趋于平衡的过程，因此系统总的界面自由能是减小的。

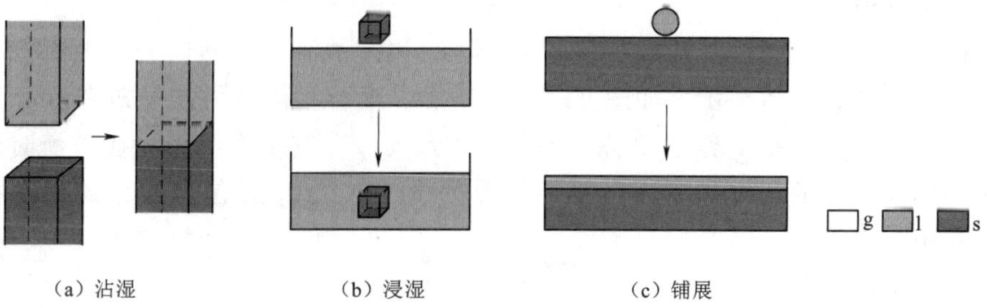

（a）沾湿　　（b）浸湿　　（c）铺展

图 9-3-1　润湿现象示意

液体在固体表面上按润湿程度可分为三种：

1. 沾湿（adhesion）

如图 9－3－1（a），当液体和固体相接触时，相当于一部分 g－l 和 g－s 界面消失，而生成了 l－s 界面。在恒温恒压及可逆条件下，单位面积沾湿过程的 Gibbs 自由能的变化值为

$$\Delta G=\gamma_{l\text{-}s}-\gamma_{g\text{-}s}-\gamma_{g\text{-}l} \qquad (9-3-1)$$

式中：$\gamma_{l\text{-}s}$、$\gamma_{g\text{-}l}$、$\gamma_{g\text{-}s}$ 为相应界面的 Gibbs 自由能，当体系 G 降低时，它对环境所做的功（W_a）为

$$W_a=-\Delta G=\gamma_{g\text{-}s}+\gamma_{g\text{-}l}-\gamma_{l\text{-}s} \qquad (9-3-2)$$

式中：W_a 为黏附功，它是液固界面黏附时，系统对外所做的最大功，或者说，是将单位面积的 l－s 界面分开所需环境做的功。显然，W_a 值越大，液体越易润湿固体，l－s 界面结合越牢固（难于分开），系统越稳定。

2. 浸湿（dipping）

将固体放入液体内而形成 l－s 界面的过程，如图 9－3－1（b）所示，其特点是不改变 g－l 界面，所以在恒温恒压且可逆情况下：

$$\Delta G=\gamma_{l\text{-}s}-\gamma_{g\text{-}s} \qquad (9-3-3)$$

相应的浸湿功 W_d 为

$$W_d=-\Delta G=\gamma_{g\text{-}s}-\gamma_{l\text{-}s} \qquad (9-3-4)$$

它是液体在固体表面上取代气体能力的量度。$W_d \geqslant 0$ 是液体浸湿固体的条件。如浸湿衣物，清洗金属表面等。

3. 铺展（spreading）

如图 9－3－1 所示，当液体和固体相接触时，s－g 界面消失，为 l－s 界面所取代，同时，形成同样面积的 l－g 界面，可认为是液体在固体表面赶走气体而自行展开成为均匀薄膜的过程。在恒温恒压且可逆条件下：

$$\Delta G=\gamma_{l\text{-}s}+\gamma_{l\text{-}g}-\gamma'_{g\text{-}l}-\gamma_{s\text{-}g} \qquad (9-3-5)$$

式中：$\gamma'_{g\text{-}l}$为原液滴的比表面自由能，因液滴表面很小可忽略。因此，对外做铺展功，则

$$S=-\Delta G^{\sigma}=-(\gamma_{l\text{-}s}+\gamma_{l\text{-}g}-\gamma_{s\text{-}g}) \qquad (9-3-6)$$

式中：S 为铺展系数。当 $S \geqslant 0$ 时，液体可在固体表面上自动铺展。

二、接触角

两种物质相接触时，其润湿程度各不相同。当把液滴置于固体表面上时，它会铺展或取一定的形状而达平衡，如图 9－3－2 所示。润湿程度常用接触角来衡量。

在气、液、固三相交界处 O 点上有 $\gamma_{s\text{-}g}$、$\gamma_{l\text{-}g}$、$\gamma_{s\text{-}l}$ 三个作用力，在平衡时，这三个力在固体表面上的合力为零。在三相交界处由 $\gamma_{s\text{-}l}$、$\gamma_{s\text{-}g}$ 且包含液相的夹角称接触角，通常用 θ 表示。

据力的平衡：

$$\gamma_{g\text{-}s}=\gamma_{l\text{-}s}+\gamma_{g\text{-}l}\cos\theta$$

得

$$\cos\theta=\frac{\gamma_{g\text{-}s}-\gamma_{l\text{-}s}}{\gamma_{g\text{-}l}} \qquad (9-3-7)$$

此式称 Young 氏方程或润湿方程。

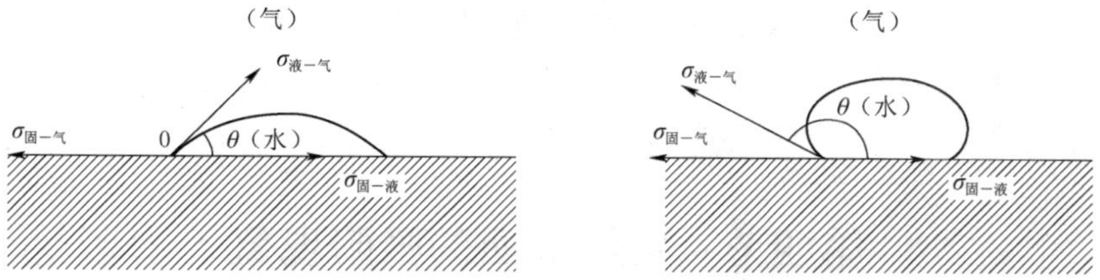

（a）玻璃　　（b）石蜡

图 9-3-2　液体在固体表面的润湿和接触角

从式（9-3-7）可以看出，接触角 θ 值与各界（表）面张力的相对大小有关，但 θ 是大于或小于 90°，则随 $\gamma_{g\text{-}s}$ 和 $\gamma_{l\text{-}s}$ 的相对大小而定：

（1）如果 $\gamma_{s\text{-}g}-\gamma_{s\text{-}l}=\gamma_{l\text{-}g}$，则 $\cos\theta=1$，$\theta=0$，称为完全润湿。

（2）如果 $\gamma_{g\text{-}s}>\gamma_{l\text{-}s}$ 且 $(\gamma_{s\text{-}g}-\gamma_{s\text{-}l})<\gamma_{l\text{-}g}$，则，$0<\cos\theta<1$，$\theta<90°$，表示能够润湿。

（3）如果 $\gamma_{g\text{-}s}<\gamma_{l\text{-}s}$，则 $\cos\theta<0$，$\theta>90°$，不能润湿。

能被液体所润湿的固体，称为亲液性固体；不被液体所润湿的称为憎液性固体。固体的被润湿性能与其结构有关。常见的液体是水，极性固体（石英、玻璃）为亲水性，非极性固体（石蜡、大多数植物的叶子、石墨）等为憎水性。

液体和气体同时对一种物质的润湿性能相反，即若液体和固体不能润湿，则固体和气体就能够润湿，并且两者的接触角是互补的。利用这种性质，生产中常采用浮选的方法除去水中乳化油。当油污在水中泄露，除了水面上漂浮一部分外，水中还会有很多油污，因为油和水不能够润湿，所以以小油滴的形式存在，称为乳化油。乳化油严重污染着水，并且毒害水中的各种生物。可以从水底通入小气泡，不能和水润湿的小油滴可以和气泡润湿，这样就会附着在气泡上，上升到水面，然后采用一些机械装置刮掉水面上的气泡，再进行灭泡，就可以回收废油，而水也得到了净化处理。同样的原理，在矿物开采中也可以采用这种方法进行浮游选矿。

三、润湿作用

自然界中，到处都有润湿现象，而各种生物也会充分利用其保护自己为自己服务。如水在荷叶上是球形的，露珠在小草上以及植物叶面上也是球形的；鸭子可以浮在水面上而鸡则不能；棉花本身不易吸水，但是做成脱脂棉后却极易吸水；水在洁净的玻璃管内呈凹面而水银呈凸面；洗干净的玻璃器皿内只有薄薄的水膜，而有污渍的玻璃器皿上挂着水珠。

人们已经渐渐学会利用润湿作用进行各种生产生活活动。植物叶面上有蜡质层，水不能润湿，所以水在叶面上呈球形，便于滚落而不至于使叶和茎受力过重而断裂。农民利用润湿作用，在喷洒农药时，加入表面活性剂改变植物叶面和水的润湿性，使药液可以在叶面上均匀铺展，不至于从植物叶面滚落，从而可以杀死吃叶子的害虫。棉花纤维表面也有一层喝水不润湿的“脂”，保护自己不被水打湿而变质发霉；医药上或者纺织、印染过程中，则需要先进行脱“脂”再利用。而脱“脂”后的布料很容易被水打湿，可以在布的表面涂上一层薄薄的表面张力很小的蜡质品，制成防水布。

在建筑工业中，可以改变漆或涂料和水的润湿性，制得水溶性涂料，避免使用有机溶剂而污染室内环境。在写字时，可以选用水溶性的笔墨，在亲水物品上写字；而选用油溶性的笔墨，在亲油物品上写字，等等。

第四节 溶液表面的吸附现象

溶液表面吸附

在恒温恒压下，液体总是自动地降低表面自由能以达到能量最低的稳定状态。降低自由能通常有两条途径：一是缩小表面积，二是降低比表面的自由能。对于纯液体，在恒温恒压下的表面张力 γ 是定值，故只能尽量缩小表面积。但对于溶液，表面张力 γ 与溶质的浓度有关，可以通过调节溶质在溶液中的分布来降低 γ，进而降低系统的表面自由能，使其稳定存在。

一、溶质对表面张力的影响

当向水中加入溶质形成溶液后，水的表面张力会发生改变，有些溶质加入后能使溶液的表面张力降低，另一些溶质加入后则会使溶液的表面张力升高。如图 9-4-1 所示三种情况：

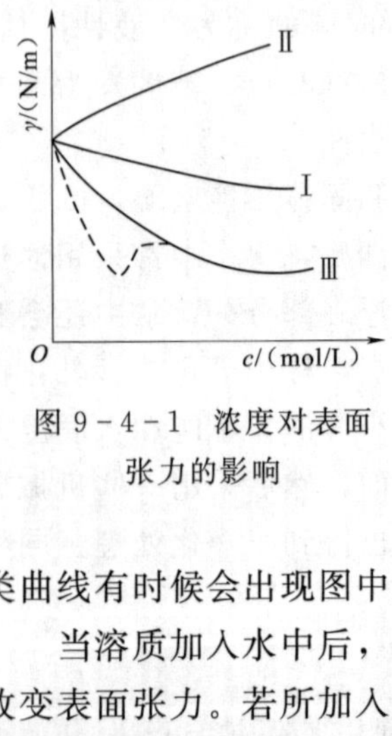

图 9-4-1 浓度对表面张力的影响

曲线Ⅰ，当溶质浓度增加时，溶液的表面张力随之下降，大多数非离子型的有机化合物如短链脂肪酸、醇、醛类的水溶液都具此行为。

曲线Ⅱ，当溶质浓度增加时，溶液的表面张力上升，大多数无机盐溶液具此特征；这种现象称作表面惰性。

曲线Ⅲ，当溶液很稀时，表面张力随浓度增加急剧下降，随后表面张力大致不随时间而变化，长链脂肪酸、醇、醛类的水溶液都具此行为。这种现象称表面活性。这类曲线有时候会出现图中虚线部分，可能与含有某些杂质有关。

当溶质加入水中后，因为各自性质的不同，在表面层和溶液内部分布不同，从而改变表面张力。若所加入的溶质能降低表面张力，则溶质分子富集在表面层上以降低系统的表面能；反之，当溶质使表面张力升高时，则表面层中的浓度比内部的浓度低。这种溶液表面层的组成与本体溶液的组成不同的现象称为表面层发生了吸附作用。在溶液表面层上溶质的浓度可以大于、等于或小于溶液内部的浓度，分别对应着正吸附、不吸附和负吸附。

由于溶液的表面层与体相之间无明显的界限，不可分离，所以此吸附现象既难于观察也难于测量。

二、溶液表面的吸附作用

1876 年，吉布斯（Gibbs）用热力学方法求得定温下溶液的浓度、表面张力和吸附量之间的关系，称为 Gibbs 吸附等温式：

$$\Gamma = -\frac{c}{RT}\left(\frac{\partial \gamma}{\partial c}\right)_T \tag{9-4-1}$$

式中：Γ 为表面吸附量或表面过剩量，是指溶液单位表面上与溶液内部相比时溶质的过剩量。对表面活性物质，溶液的 c 较小，Γ 与 c 相比大得多，这时 Γ 可近似看作其表面浓度。

由式（9－4－1）可以看出：

当 $\left(\frac{\partial \gamma}{\partial c}\right)_T<0$，$\Gamma>0$，发生正吸附，表面活性，这时溶质分子富集在液面上，表面层浓度大于溶液本体的浓度。

当 $\left(\frac{\partial \gamma}{\partial c}\right)_T>0$，$\Gamma<0$，发生负吸附，表面惰性，溶质分子富集在溶液内部，表面层浓度低于溶液本体的浓度。

当 $\left(\frac{\partial \gamma}{\partial c}\right)_T=0$，不发生吸附作用。

有研究表明，一些短链的表面活性物质表面张力几乎相等，但是，当将它们溶于水中后，使水表面张力降低的能力却不相同，相应地，其吸附量也有所不同。一般，碳链越长，对水表面张力的降低能力越强，吸附量也越大，越易被吸附。如，有机醇类吸附量大小顺序为：甲醇＜乙醇＜丙醇＜丁醇＜……

脂肪酸吸附量大小顺序为：甲酸＜乙酸＜丙酸＜丁酸＜……

三、表面活性物质

能使水的表面张力明显升高的物质称为非表面活性物质或表面惰性物质，如无机盐和不挥发的酸、碱等。这些物质的离子有水合作用，趋向于把水分子拖入水中，非表面活性物质在表面的浓度低于在本体的浓度。如果要增加单位表面积，所做的功中还必须包括克服静电引力所消耗的功，所以表面张力升高。

能使水的表面张力明显降低的溶质称为表面活性物质。这种物质通常含有亲水的极性基团和憎水的非极性碳链或碳环有机化合物，称做两亲分子。

1. 表面活性物质的分类

表面活性剂按照结构特点分为如下几类，如图 9－4－2 所示。

需要注意的是，在使用时，阴离子型和阳离子型表面活性剂不能混用，否则会发生沉淀而得不到应有效果。

2. 表面活性物质在水面的分布

表面活性物质是两亲分子，溶解在水中后，富集在水面上，亲水基团进入水中，憎水基团企图离开水而指向空气，在界面定向排列。表面活性物质的表面浓度大于本体浓度，增加单位面积所需的功较纯水小。憎水基团越大，非极性成分越大，表面活性也越大。图 9－4－3 为低浓度时表面活性物质在水面的排列。

当表面活性物质的浓度达到一定数值后，表面上聚集的表面活性物质分子形成定向排列的紧密单分子层，它在表面层中的表面吸附量为一定值，与本体浓度无关，并且和它的碳氢链的长度也无关。这时，表面吸附达到饱和。当浓度高于一定值后，多余的分子在溶液本体中三三两两地以憎水基互相靠拢，聚集在一起形成胶束，使憎水基向里、亲水基向外。开始形成胶束的最低浓度称为临界胶束浓度 CMC。随着亲水

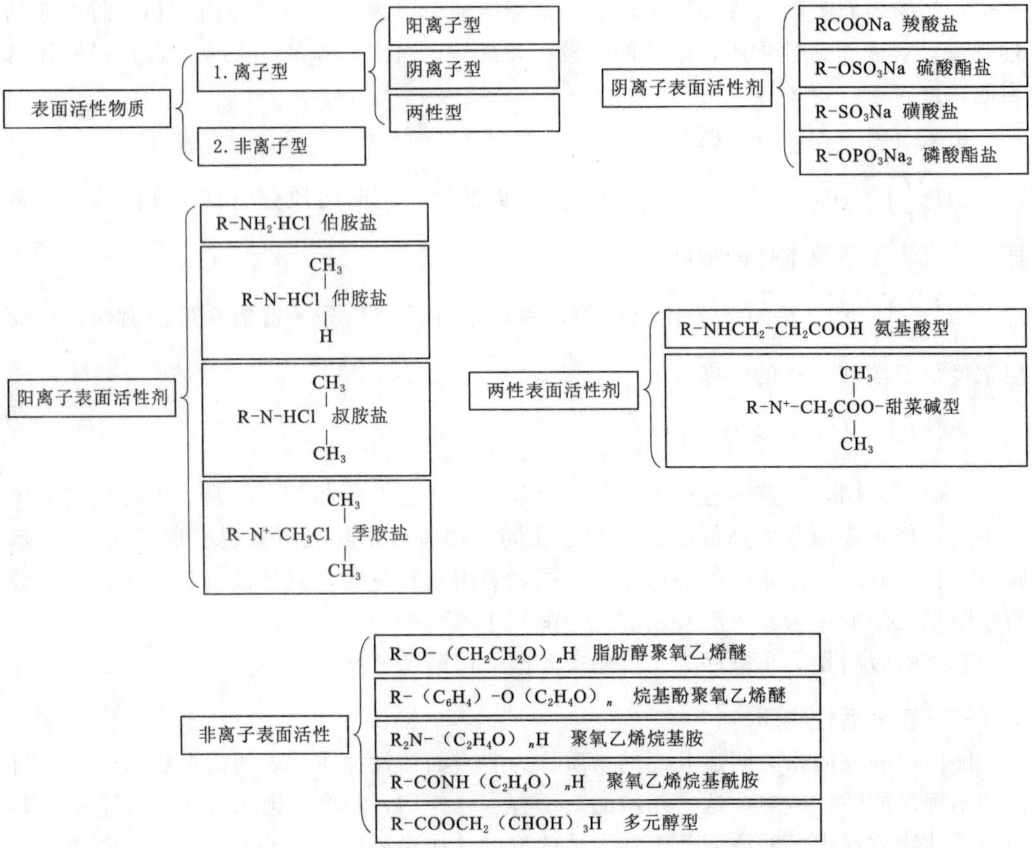

图 9-4-2　表面活性剂的分类

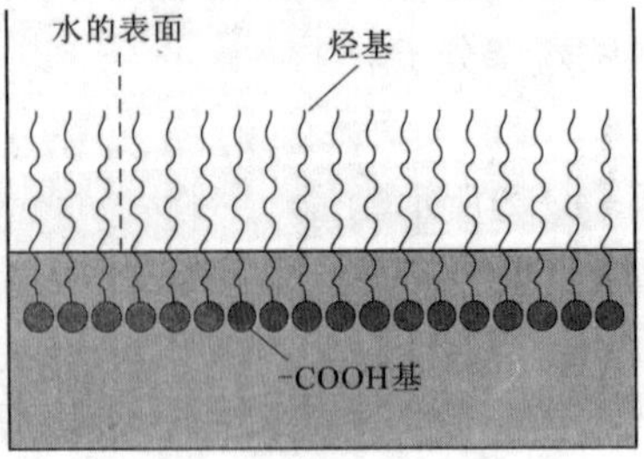

图 9-4-3　低浓度时表面活性物质在水面的排列

基不同和浓度不同，形成的胶束可呈现棒状、层状或球状等多种形状，如图 9-4-4 所示。

继续增加活性剂浓度，表面张力不再降低，而体相中的胶束不断增多、增大。出现胶束后，溶液性质与理想性质发生偏离，在表面张力对浓度绘制的曲线上会出现转折。

3. 表面活性剂亲水亲油平衡

表面活性剂都是两亲分子，由于亲水和亲油基团的不同，很难用相同的单位来衡量，所以格里芬（Griffin）提出了用一个相对的值即亲水亲油平衡（hydrophile-lipophile balanc，HLB）值来表示表面活性物质的亲水性。对非离子型的表面活性剂，HLB 的计算公式为

$$\text{HLB 值}=\frac{\text{新水基质量}}{\text{亲水基质量}+\text{憎水基质量}}\times 100/5$$

例如：石蜡无亲水基，所以 HLB=0；聚乙二醇，全部是亲水基，HLB=20。其余非离子型表面活性剂的 HLB 值介于 0～20 之间。

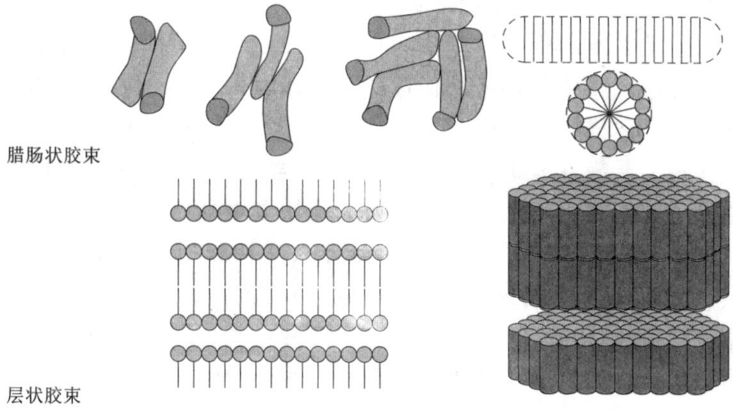

图 9－4－4　胶束的形状

根据需要，可根据 HLB 值选择合适的表面活性剂，如图 9－4－5 所示。例如，HLB 值在 2～6 之间，可作为油包水型的乳化剂；8～10 之间作为润湿剂；12～18 之间作为水包油型乳化剂。

HLB 值	0	2　4　6	8　10	12　14	16　18	20
	石蜡	W/O 乳化剂	润湿剂	洗涤剂	增溶剂	聚乙二醇
				O/W 乳化剂		

图 9－4－5　不同 HLB 值的表面活性剂

4. *表面活性剂的作用*

（1）润湿作用。表面活性剂可以降低液体表面张力，改变接触角的大小，使物质变得亲水或疏水，从而达到所需的目的。例如，要农药润湿带蜡的植物表面，要在农药中加亲水型表面活性剂；如果要制造防水材料，就要在表面涂憎水的表面活性剂，使接触角大于 90°。润湿作用还广泛应用于医药、原油运输、电焊、电镀等方面，如将输油管道的内壁亲水化，则原油和管道之间变得不润湿，可以降低输运过程中的阻力，节约动力能源。蚊子和水黾腿上有很多不被水润湿的绒毛，所以能够借着水的表面张力站在水面上并在水中产卵，如果向水面喷洒一定浓度的肥皂水，则会减小水的表面张力，也会改变绒毛和水的润湿性能，蚊子就不能够在水面站立产卵，从而起到杀虫的作用。

（2）起泡作用。“泡”就是由液体薄膜包围着气体，如图 9－4－6 所示。当表面活性剂加入水中以后，亲水基团深入气泡水膜中，而憎水基团在气体中，这样可以使气泡的水膜厚度增加，薄膜达到一定强度不易破裂，从而包围着空气形成稳定的泡沫，用于浮游选矿、泡沫灭火和洗涤去污等，这种表面活性剂称为起泡剂。也

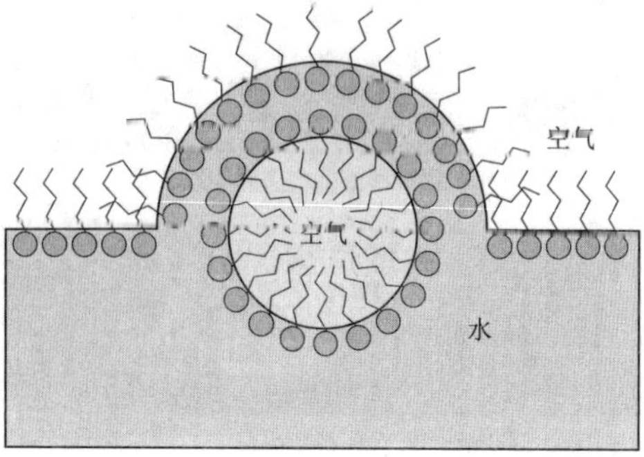

图 9－4－6　表面活性剂的起泡作用

有时要使用消泡剂，它的作用和起泡剂正好相反。在制糖、制中药过程中泡沫太多，要加入适当的表面活性剂降低薄膜强度，消除气泡，防止事故。在废水处理中，采用浮选法进行油水分离，水中加起泡剂使产生大量稳定的气泡，水中的乳化油附着在气泡表面升上水面，刮除灭泡，回收。

（3）增溶作用。非极性有机物如苯在水中溶解度很小，加入油酸钠等表面活性剂后，苯在水中的溶解度大大增加，这称为增溶作用。增溶作用与普通的溶解概念是不同的，增溶的苯不是均匀分散在水中，而是分散在油酸根分子形成的胶束中。经X射线衍射证实，增溶后各种胶束都有不同程度的增大，而整个溶液的依数性变化不大。增溶作用在洗涤、分离蛋白质、染色、医药和生理过程中都有着广泛的应用。例如，人食用脂肪后，往往需要胆汁来帮助消化，胆汁中的胆固醇合成胆盐，进入胆管后形成卵磷脂和胆固醇的混合胶束，脂肪在胃液中经乳化消化经酶水解成脂肪酸溶于胃液，并增溶于混合胶束中，然后才能被小肠吸收。

（4）乳化作用。一种或几种液体以大于 10^{-7} m 直径的液珠分散在另一不相混溶的液体之中形成的粗分散体系称为乳状液。要使它稳定存在必须加乳化剂，乳化剂的类型决定着乳状液的类型。根据乳化剂结构的不同可以形成以水为连续相的水包油乳状液（O/W），或以油为连续相的油包水乳状液（W/O）。习惯上将不溶于水的有机物称油，将不连续以液珠形式存在的相称为内相，将连续存在的液相称为外相。简单的乳状液通常分为两大类。水包油乳状液，内相为油，外相为水，这种乳状液能用水稀释，如牛奶等。油包水乳状液，内相为水，外相为油，如油井中喷出的原油。有时为了破坏乳状液需加入另一种表面活性剂，称为破乳剂，将乳状液中的分散相和分散介质分开。例如原油中需要加入破乳剂将油与水分开。乳化作用的应用也非常广泛，除了上述牛奶等食品工业和原油外，在农业、高分子材料、感光材料、纺织印染、化妆品、切削等方面都广泛应用。如农药就是一种典型的水包油型乳状液，这样才能够在稀释时使油相的药物均匀分散在水中。再如水果保鲜，水果浸在O/W型乳状液中，取出后干燥，即在其表面涂了一层蜡质层，防止水分散失。

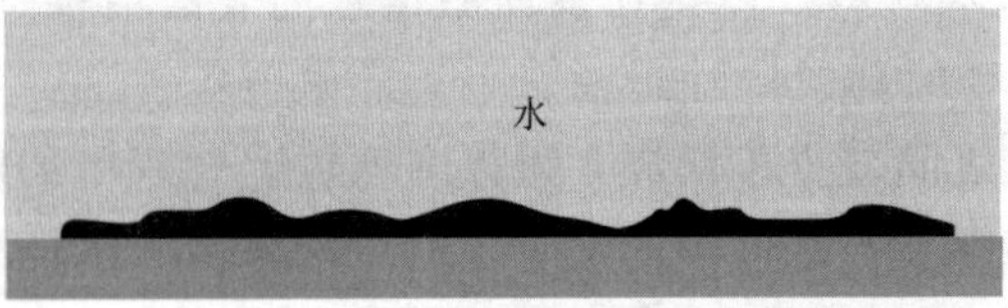

（a）衣服上的污垢

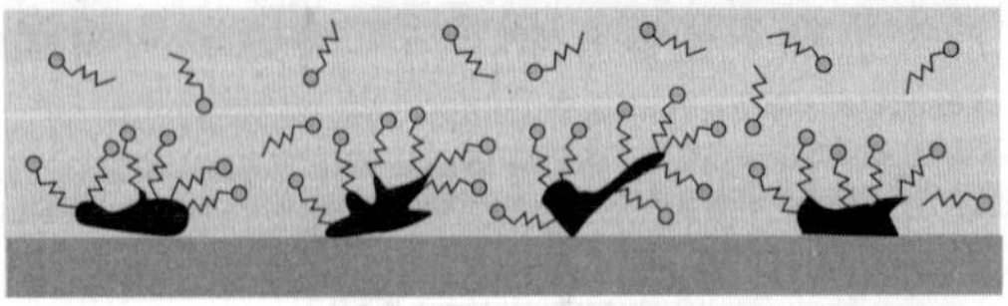

（b）表面活性剂与污垢相互作用

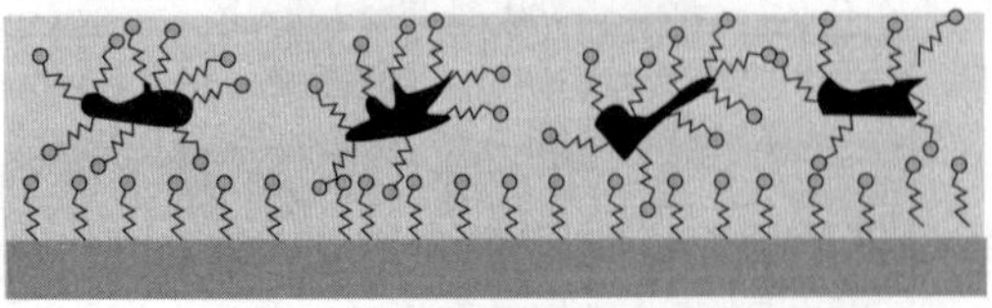

（c）洗涤除污

图9-4-7　表面活性物质的洗涤作用

（5）洗涤作用。肥皂是植物油脂与NaOH或KOH皂化制得，污垢一般由油脂和灰尘组成，洗涤剂分子在污物周围形成膜而悬浮于溶液中，搅拌而脱落同时在洁净表面防止重新污染。洗涤剂中通常要加入多种辅助成分，增加对被清洗物体的润湿作用，又要有起泡、增白、覆盖清洁表面不被再次污染等功能。其中占主要成分的表面活性剂的去污过程可用示意图说明，如图9-4-7（a）中水的表面张力大，对油污润湿性能差，不容易把油污洗掉。图 9－4－7（b）中加入表面活性剂后，憎水基团朝向织物表面和吸附在污垢上，使污垢逐步脱离表面。图 9－4－7（c）中污垢悬在水中或随泡沫浮到水面后被去除，洁净表面被活性剂分子占领，以避免再次被污染。

实际应用中，是上述各作用的复合过程。如：浮游选矿，将低品位粗矿磨碎，倒入水池，加表面活性剂（称捕集剂和起泡剂），捕集剂（润湿剂）选择吸附在有用矿石上，最后饱和，使憎水，在固体表面形成憎水薄膜。当矿砂表面有 5％被捕集剂覆盖时，就使表面产生憎水性，它会附在气泡上一起升到液面，便于收集。再从池底通入气泡，起泡剂使气泡稳定，则矿石附着在气泡表面上升到液面，收集，灭泡，浓缩。杂物如泥沙、岩石等留在水底而被除去。生活中，家庭煮米汤或面汤时易于产生大量泡沫溢锅，可能是由于米面内淀粉等不易溶解及产生气泡作用，可以滴加植物油以灭泡增溶防止溢锅。

此外，近年深受科研工作者关注的“莲花效应”也反映了自然界对润湿作用的有效利用。莲花效应主要是指莲叶表面具有超疏水（superhydrophobicity）和自洁（self－cleaning）的特性。在显微镜下可以发现，莲叶的表面有一层茸毛和一些微小的蜡质颗粒，表面变得粗糙，使水和叶面的接触角变大。由于莲叶的表面为腊的疏水性结构，接触角原本大于 90°，再加上粗糙面使水在叶面上的接触角变为大于 150°，水滴很难留在其上。同样，当灰尘附着于莲叶表面上时，因为莲叶表面的纤毛结构，使灰尘和莲叶的接触面积减少，因此减少了灰尘和莲叶间的吸附力量。而当水滴由叶面上滚过时，由于灰尘和水滴间的接触面积大，灰尘粒子和水滴间有较强的吸附力，所以很容易就被水滴带走，这就是莲花为何能出淤泥而不染了。由于莲叶表面同时拥有这种纳米尺寸的物理结构与疏水性的化学组成，因此才具有自洁的功能。莲花效应描绘了一个很有效的生物模型系统，用它可以来制作人工的防污表面，因为它基于一个纯物理化学的原理。莲花效应的效率极高，科学家们模拟莲叶的表面，发明了纳米自清洁的衣料和建筑涂料，只需一点水形成水滴，就可以自动清洁衣物和建筑表面。还有许多其他的领域和方面需要这种应用，如房顶、自动喷漆器等。如果使得这些领域的自清洁功能得以实现，显然会带来很多好处。在工业研究中，目前正在努力将莲花效应转化成实际的技术应用。虽然肯定还需要耗费一些时间，但是肯定迟早会有这种实用的产品走向市场。

第五节　固体表面的吸附现象

固体表面上的原子或分子与液体一样，受力也是不均匀的，而且不像液体表面分子可以移动，通常它们是固定的，且系统分散度越高，颗粒越小，表面能越大，则系统越不稳定。固体表面不均匀，即使从宏观上看似乎很光滑，但从原子水平上看仍是凹凸不平的。同种晶体由于制备、加工不同，会具有不同的表面性质，而且实际晶体的晶面是不完整的，会有晶格缺陷、空位和位错等。正由于固体表面原子受力不对称和表面结构不均匀，而且不同的部位吸附和催化的活性不同，它可以吸附气体或液体分子，使表面自由能下降。

吸附是指固体表面由于表面能比较高而吸引气体或液体分子在其表面富集的现象。当气体或液体在固体表面被吸附时，固体称为吸附剂，被吸附的气体或液体称为吸附质。常见吸附剂主要指比表面积比较大、吸附能力强的多孔性物质，如硅胶、分子筛、活性炭等。在我国古代人们已经知道利用木炭进行吸湿除臭。

随着现代工业发展，吸附作用已经成为工业应用中必不可少的单元操作，如催化、脱色、脱臭、防毒等。目前，吸附在工业上的主要用途有：气体和液体的深度干燥；食品、药品、有机石油产品的脱色、脱臭；有机异构物（如混合二甲苯）的分离；空气分离以制取富氧空气；从废水或废气中除去有害的物质等。随着新型高效吸附剂的研究和工艺过程的开发，吸附操作必将越来越广泛地应用于各工业生产部门。

一、吸附类型

固体表面的吸附

按照吸附剂和吸附质分子间的作用力及其不同特点，吸附可以分为物理吸附和化学吸附。

1. 物理吸附

（1）吸附是由固体和气体分子之间的范德华力产生的。范德华力存在于所有分子之间，一般比较弱。

（2）气体分子在吸附剂表面凝聚，相当于气体的液化，所以吸附热较小，接近于气体的液化热，一般在几个 kJ/mol 以下。

（3）吸附无选择性，任何固体可以吸附任何气体，并且被吸附的分子又可以继续吸附其他气体分子。因此，吸附既可以是单分子层，也可以是多分子层的。

（4）吸附稳定性不高，吸附与解吸速率都很快，因此，能够快速达到平衡。

（5）物理吸附仅仅是一种物理作用，没有电子转移，没有化学键的生成与破坏，也没有原子重排等。因此，吸附不需要活化能，一般温度升高，吸附量下降。

2. 化学吸附

（1）化学吸附是由吸附剂与吸附质分子之间产生的化学键力产生的，相当于发生了化学反应，吸附作用比较强。

（2）吸附热较高，接近于化学反应热，一般在 40kJ/mol 以上。

（3）吸附有选择性，固体表面的活性位一旦被吸附质分子占据，便不再吸附其他分子，并且只吸附与之可发生反应的气体分子。因此，吸附只能是单分子层的。

（4）吸附很稳定，一旦吸附，就不易解吸。

（5）化学吸附相当于吸附剂表面分子与吸附质分子发生了化学反应，吸附需要活化能，吸附量随温度升高而增大。在红外、紫外-可见光谱中会出现新的特征吸收带。

物理吸附和化学吸附之间没有明确的分界线，在同一固体表面上两种吸附会同时发生，在适当条件下可以相互转化，强的物理吸附和弱的化学吸附之间没有明确的界限。例如，镍是良好的加氢催化剂，氢分子很容易在镍的表面发生物理吸附，稍微加热提供少量活化能，氢分子就会从物理吸附转变成化学吸附，氢分子解离为原子，继而引发加氢反应。

吸附过程中的热效应称为吸附热。物理吸附过程的热效应相当于气体凝聚热，很小；化学吸附过程的热效应相当于化学键能，比较大。固体在等温、等压下吸附气体是一个自发过程，$\Delta G<0$，气体从三维运动变成吸附态的二维运动，熵减少，$\Delta S<0$，根据 $\Delta G=\Delta H-T\Delta S$，$\Delta H<0$，可知吸附是放热过程。

吸附热的大小反映了吸附强弱的程度。一种好的催化剂必须要吸附反应物，使它活化，这样吸附就不能太弱，否则达不到活化的效果。但也不能太强，否则反应物不易解吸，占领了活性位就变成毒物，使催化剂很快失去活性。好的催化剂吸附的强度应恰到好处，太强太弱都不好，并且吸附和解吸的速率都应该比较快。例如，合成氨反应，为什么选用铁作催化剂？因为合成氨是通过吸附的氮与氢起反应而生成氨的。这就需要催化剂对氨的吸附既不太强，又不太弱，恰好使 N_2 吸附后变成原子状态。而铁系元素作催化剂符合这种要求，所以常选用铁作为催化剂。

二、吸附等温线

气体或液体分子会在固体表面发生吸附，同时，被吸附的分子在剧烈热运动时也可能挣脱固体分子的吸引而脱附。在一定温度和压力（或浓度）下，当吸附速率和脱附速率相等时，达到吸附平衡。吸附平衡时，气体或液体分子在单位质量固体表面吸附的数量称做饱和吸附量，或简称吸附量。吸附量通常有两种表示方法：

1）单位质量的吸附剂所吸附气体的体积。

$$q=V/m(\mathrm{m^3/g})$$

2）单位质量的吸附剂所吸附气体的物质的量。

$$q=n/m(\mathrm{mol/g})$$

吸附量是衡量吸附剂的优劣和计算吸附剂比表面积的重要参数。对于指定的吸附剂与吸附质，吸附量与温度和吸附质压力有关，为便于研究吸附量与温度和压力的关系，通常固定一个变量，求出另外两个变量之间的关系。

保持温度不变，显示吸附量与压力之间关系的方程式称做吸附等温式。以吸附量 q 为纵坐标，以压力 p 或比压 p/p_s 为横坐标，所做曲线称为吸附等温线。其中，p 是吸附质蒸汽的平衡压力，p_s 是吸附温度时吸附质的饱和蒸气压。在测定吸附等温线时，一般将比压控制在 0.3 以下。吸附等温线可以反映出吸附剂的表面性质、孔分布以及吸附剂与吸附质之间的相互作用等有关信息。

常见的吸附等温线有如下 5 种类型，如图 9－5－1 所示。

（1）Ⅰ，在 2.5nm 以下微孔吸附剂上的吸附等温线属于这种类型。例如，78K 时 N_2 在活性炭上的吸附及水和苯蒸汽在分子筛上的吸附。这类吸附等温线属于单分子层吸附，实验室中常通过拟合单分子层吸附来测吸附剂的比表面积。

（2）Ⅱ，常称为 S 型等温线。表示吸附剂孔径大小不一，发生多分子层吸附。在比压接近 1 时，发生毛细凝聚现象。

（3）Ⅲ，这种类型较少见。反映了吸附剂和吸附质相互作用很弱，如 352K 时，Br_2 在硅胶上的吸附。

（4）Ⅳ，多孔吸附剂发生多分子层吸附时会有这种等温线。在比压较高时，有毛细凝聚现象。例如在 323K 时，苯在氧化铁凝胶上的吸附属于这种类型。

（5）Ⅴ，发生多分子层吸附，有毛细凝聚现象。例如 373K 时，水气在活性炭上

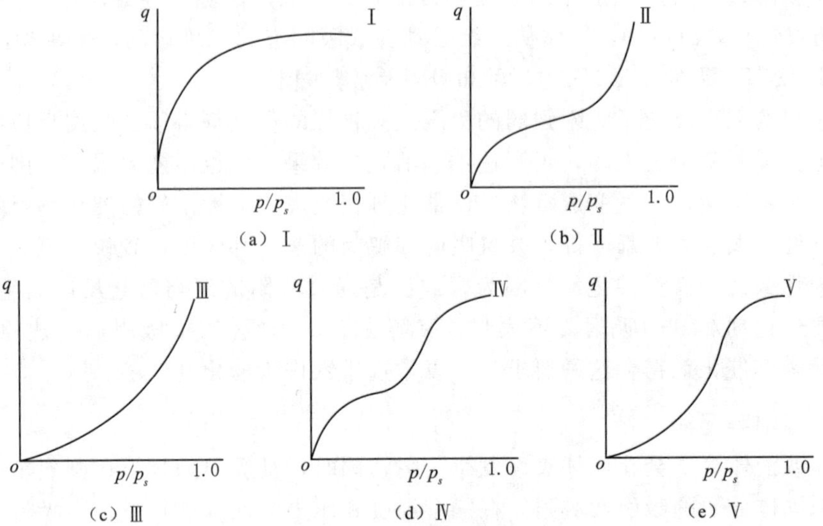

图 9-5-1　吸附等温线的常见类型

的吸附属于这种类型。

三、吸附等温式

吸附等温式

吸附虽然在工业生产中占据相当重要的地位，但是目前没有很完善的吸附理论可以指导生产实践，只能够通过大量实验验证或者拟合吸附曲线，相对地定性描述吸附情况，探索最佳吸附体系。目前，根据大量的实验结果，主要形成三种描述吸附的物理模型和吸附等温式。

1. 弗罗因德利希吸附经验式

弗罗因德利希（Freundlich）提出了含有二常数项的指数方程，即

$$q=kp^{n} \qquad (9-5-1)$$

式中：q 为吸附平衡时的饱和吸附量；p 为吸附平衡时气体的压力；k 和 n 为经验常数，与温度、吸附剂和吸附质的性质以及吸附热有关，对于给定的吸附系统，它们是温度的函数。k 值可看作单位压力时的吸附量，一般 k 随温度的升高而降低。n 值反映了压力对吸附量影响的强弱，决定着吸附剂和吸附质之间的吸附能力。一般，$n=0\sim1$，当 $n=0.2\sim0.5$ 时认为易于吸附。

对式（9-5-1）两边取对数，可得

$$\lg q=\lg k+n\lg p \qquad (9-5-2)$$

在一定条件下，设置不同的压力进行吸附实验，达到吸附平衡时，分别测出平衡压力 p 并计算出吸附量 q，然后以 $\lg q$ 对 $\lg p$ 作图，得到一条直线，根据直线的斜率和截距可以求出 k 和 n 值，从而判断吸附情况。

弗罗因德利希吸附经验式形式简单，计算方便，应用相当广泛。但是，式中的常数没有明确的物理意义，所以只能在此式的使用范围内概括地表达一部分实验事实，而不能作为吸附作用的机理。

2. 朗格缪尔单分子层吸附理论

朗格缪尔（Langmuir）根据大量实验事实，从动力学的观点提出了固体对气体吸附的吸附理论，称为单分子层理论。

该理论建立在四个基本假设之上：

（1）单分子层吸附。吸附只发生在气体分子和固体表面分子之间，已被吸附的分子不会再吸附其他分子，即气体分子只有碰撞到固体空白表面上时，才有可能发生吸附作用。因此，吸附只能是单分子层的。

（2）固体表面是均匀的。固体表面能量分布均匀，各个吸附点位能量相同，对于气体分子的吸附能力相同，每个位置上只能吸附一个分子。气体分子在固体表面上的吸附是随机的，无需选择的。

（3）被吸附分子之间无相互作用。这样，在各个吸附位置上，气体分子的吸附与解吸难易程度相同，并不受相邻分子的影响。

（4）吸附平衡是一动态平衡。气体分子碰撞到固体表面会发生吸附作用，但是若被吸附的分子有足够的能量就会发生解吸。当吸附速率和解吸速率相等时，就达到吸附平衡。从外观上看，整个系统静止不动，不再有吸附发生，而实际上，吸附和解吸过程仍在不断进行，只是在相同时间内吸附和解吸的分子数相等。

假设在某一个瞬间，固体表面的表面覆盖度 θ 为

$$\theta=\frac{\text{固体已被覆盖的表面积}}{\text{固体总表面积}}$$

则空白表面为（$1-\theta$）。研究表明，吸附速率 v_a 的大小与空白表面的大小成正比，并且与气体的压力成正比，即

$$v_a=k_a\cdot p(1-\theta)$$

解吸速率 v_d 应与固体表面被覆盖的表面成正比，即

$$v_d=k_d\theta$$

达到平衡时，吸附速率与解吸速率相等，即

$$k_a\cdot p(1-\theta)=k_d\theta$$

设 $b=\dfrac{k_a}{k_d}$ 并整理可得朗格缪尔吸附等温式：

$$\theta=\frac{bp}{1+bp} \tag{9-5-3}$$

式中：b 为吸附系数，与吸附剂、吸附质的本性和吸附温度有关。b 值的大小代表了固体表面吸附气体能力的强弱程度，b 越大，表明吸附能力越强。

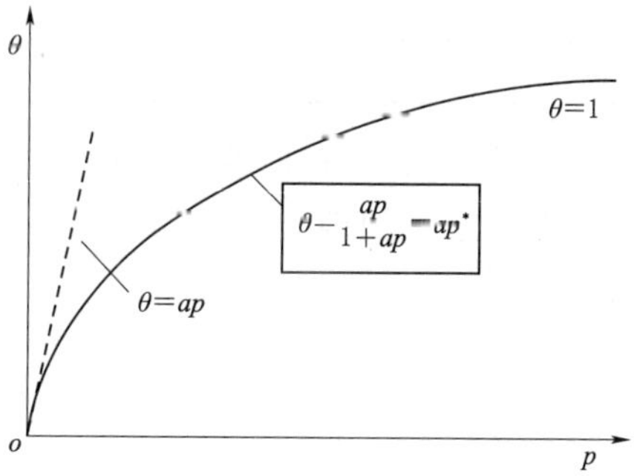

图 9－5－2　朗格缪尔吸附等温线

以 θ 对 p 作图，可得朗格缪尔吸附等温线，如图 9－5－2 所示。由图可知，当 p 很小或吸附很弱时，$bp\ll1$，$\theta=bp$，θ 与 p 呈线性关系；当 p 很大或吸附很强时，$bp\gg1$，$\theta=1$，θ 与 p 无关，吸附已铺满单分子层；

当压力适中，$\theta \propto p^m$，m 介于 0 与 1 之间。

设在一定条件下，V 为吸附平衡时被吸附的气体体积，V_m 为固体表面铺满单分子层时所需气体的体积，则 $\theta=\frac{V}{V_m}$，代入朗格缪尔吸附等温式可得

$$\frac{V}{V_m}=\frac{bp}{1+bp}$$

即

$$V=\frac{V_m bp}{1+bp} \tag{9-5-4}$$

将式（9-5-4）两边同时求倒数，整理可得

$$\frac{1}{V}=\frac{1}{V_m}+\frac{1}{V_m b}\frac{1}{p} \tag{9-5-5}$$

式（9-5-4）和式（9-5-5）是朗格缪尔吸附公式的又一表示形式。分别在不同压力下使吸附达到平衡，测出吸附平衡时被吸附气体的体积，根据实验数据，以 $\frac{1}{V}$ 对 $\frac{1}{p}$ 作图，得一直线，从斜率和截距可分别求出吸附系数 b 和铺满单分子层的气体体积 V_m。

V_m 是一个重要参数，表示单位质量的固体表面被吸附质分子铺满时吸附质分子的体积，单位 m^3/g。从吸附质分子截面积 A，可计算吸附剂的比表面积 A_m：

$$A_m=\frac{ALV_m}{22.4\text{dm}^3/\text{mol}} \tag{9-5-6}$$

式中：L 为阿伏伽德罗常数，当理想气体在 0℃、常压下的摩尔体积为 $22.4\text{dm}^3/\text{mol}$。

例 9-5-1： 已知在 90K 时云母吸附 CO，不同平衡分压 p 下，测得吸附量，见表 9-5-1。用图解法求 V_m 和吸附系数 b。

表 9-5-1　　云母吸附 CO 实验数据

p/kPa	10.0	20.0	30.0	40.0	50.0	60.0
$V/(\text{cm}^3/\text{g})$	0.130	0.150	0.162	0.166	0.175	0.180

解： 由表中数据可计算 $1/p$ 和 $1/V$，见表 9-5-2。

表 9-5-2　　云母吸附 CO 数据处理

$1/p/\text{kPa}^{-1}$	0.100	0.050	0.033	0.025	0.020	0.017
$1/V/(\text{g/cm}^3)$	7.692	6.667	6.173	6.024	5.714	5.556

以 $1/V$ 对 $1/p$ 作图可得图 9-5-3。

线性拟合后直线方程为　　$y=24.706x+5.2955$

则由　　$\frac{1}{V_m}=5.2955$

可得　　$V_m=0.1888$

又由　　$\frac{1}{V_m b}=24.706$

可得　　　　$b=0.2144$

Langmuir 吸附等温式是建立在单分子层吸附基础之上的，适用于化学吸附及低压高温下的物理吸附（因物理吸附可以是多分子层吸附，低压高温方可单分子层吸附为主），其在吸附理论中的地位恰似理想气体状态方程在气体运动论中一样，是理想化的结果。但其局限也是明显的，因为固体表面是不可能均匀的，已被吸附的分子间存在相互作用力，多层吸附也是客观存在的。因此，人们以此模型为基础，予以修正，又建立一些较为复杂的等温吸附公式。

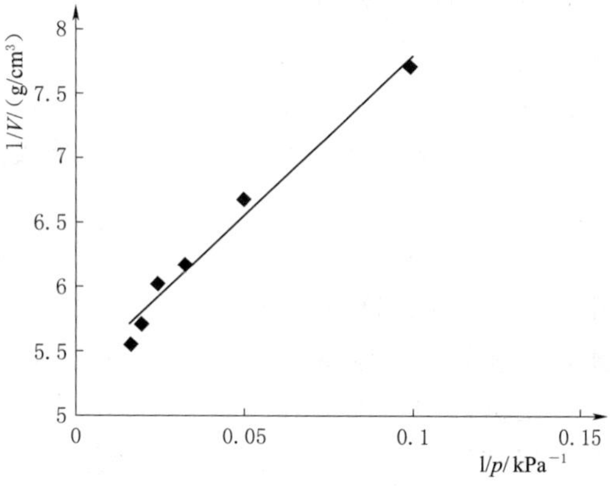

图 9－5－3　云母吸附 CO 拟合朗格缪尔吸附等温式

3. BET 吸附*

由 Brunauer－Emmett－Teller 三人提出的多分子层吸附公式简称 BET 公式。他们接受了 Langmuir 理论中关于固体表面是均匀的观点，但他们认为吸附是多分子层的。当然第一层吸附与第二层吸附不同，因为相互作用的对象不同，因而吸附热也不同，第二层及以后各层的吸附热接近于凝聚热。在这个基础上他们导出了 BET 吸附二常数公式。

$$V=V_m\frac{cp}{(p_s-p)[1+(c-1)p/p_s]} \tag{9-5-7}$$

式中：c 为与吸附热有关的常数；V_m 为铺满单分子层所需气体的体积；p 和 V 分别为吸附时的压力和体积；p_s 为实验温度下吸附质的饱和蒸气压。为了使用方便，将二常数公式改写为

$$\frac{p}{V(p_s-p)}=\frac{1}{V_mc}+\frac{c-1}{V_mc}\frac{p}{p_s} \tag{9-5-8}$$

用实验数据 $\frac{p}{V(p_s-p)}$ 对 $\frac{p}{p_s}$ 作图，得一条直线。从直线的斜率和截距可计算两个常数值 c 和 V_m。

为了计算方便起见，二常数公式较常用，比压一般控制在 0.05～0.35 之间。比压太低，建立不起多分子层物理吸附；比压过高，容易发生毛细凝聚，使结果偏高。BET 吸附仍保留固体表面均匀及吸附分子之间无相互作用之局限。

四、固体自溶液中的吸附

在很多工业领域及科研过程中，经常会用到固体在溶液中的吸附现象，如纺织工业中染色，使织物吸附染料分子；制糖工业中，糖的脱色；离子交换法软化水及进行水处理；吸附法净化水，等等。因此，研究固体在溶液中的吸附具有更重要的意义。但是，在溶液中，由于溶剂的存在，吸附作用要比在气体中的吸附复杂得多，吸附时

不仅改变了固体的表面状况，溶液中的组成也不断发生变化，所以从理论上研究吸附作用比较困难。但是，人们在长期的工作过程中，总结出了一些有用的规律，对于处理固体在溶液中的吸附有一定的指导意义。

固体在溶液中吸附的吸附量可以根据吸附平衡前后溶液浓度的变化来进行计算：

$$q=\frac{(c_0-c_e)V}{m} \tag{9-5-9}$$

式中：c_0 为溶液的初始浓度；c_e 为吸附平衡后的浓度；V 为溶液的体积；m 为固体吸附剂的质量。吸附量 q 的单位为 mol/kg 或 mol/g。

在稀溶液中，由于溶剂大量存在，摩尔分数近似为 1，所以在吸附过程中溶剂的量基本保持不变，则吸附量可以认为是由溶质引起的，其吸附行为和在气体中的吸附相似，一般可以认为是单分子层吸附，即可用朗格缪尔吸附等温式来进行描述。实验室中，配制不同浓度的溶液，或者称取不同质量的固体吸附剂，在恒温恒压下达到吸附平衡，按照式（9－5－9）分别计算吸附量，测得吸附量随浓度的变化关系，可以得到固体在溶液中的吸附等温线。设 q_m 为固体表面铺满单分子层时的饱和吸附量，则朗格缪尔吸附等温式为

$$\frac{1}{q}=\frac{1}{q_m}+\frac{1}{q_m b}\frac{1}{c_e} \tag{9-5-10}$$

根据拟合出的$\frac{1}{q}$-$\frac{1}{c_e}$的线性关系，可以求得 q_m 和 b，从而判断吸附状况。在已知被吸附溶质分子的横截面积时，还可以根据式（9－5－6）计算固体的比表面。

固体在稀溶液中的吸附受很多因素的影响，如吸附剂孔径大小、孔径分布、被吸附分子的大小、温度、吸附剂吸附质及溶剂的相对极性等。其中，极性是最重要的影响因素。一般来说，吸附遵守“相似相吸”的规律，极性吸附剂易于吸附极性吸附质，非极性吸附剂易于吸附非极性吸附质。如硅胶为极性吸附剂，可用于吸附有机溶剂中的微量水，使之干燥；活性炭为非极性吸附剂，在染料及蔗糖脱色中可以用活性炭。

此外，溶质的溶解度对吸附量也有一定的影响。一般，溶质的溶解度越小，越容易被吸附；盐效应会使有些溶质溶解度变小，所以吸附量增大。

温度也会影响吸附过程。吸附是放热过程，所以温度升高，一般吸附量会减小，而对于有些吸附过程会吸热，则吸附量随温度升高而增大。

实际上，固体在浓溶液中的吸附，溶质和溶剂的量可在全部组成范围内进行变化，所以吸附等温线比较复杂。吸附量表现为吸附质在固体吸附剂表面的浓度和溶液本体浓度之差。若吸附质在吸附剂表面浓度高于溶液本体中浓度城发生了正吸附；若低于溶液本体浓度称发生了负吸附；两者浓度相等为零吸附。

活性炭吸附在废水处理中占据着非常重要的地位，特别是在废水深度处理中广泛应用，因为其具有吸附能力强、处理程度高、适应性强、可重复再生、设备紧凑管理方便、吸附后的物质可解吸回收利用等优点。据研究表明，活性炭对有机物的去除，除了吸附作用外，还存在着生物化学的降解作用。活性炭对废水中的有机物有着很强

的吸附能力，绝大部分的有机物如酚、苯、石油产品、杀虫剂、洗涤剂、合成染料、胺类化合物及很多人工合成有机物等都有良好的去除效果，特别是有些物质采用生物法或其他氧化法难以去除，但可以用活性炭吸附法除去。活性炭去除有机物时，吸附质的分子量控制在1000以下为宜。活性炭对无机物的吸附虽然研究得比较少，但是实践已经证实，它对某些金属及其化合物有很强的吸附作用，如锑、铋、锡、汞、钴、铅、铬等。

第六节　吸附在水处理中的应用*

近年来，随着工业的快速发展以及城市化进程的加快，我国每年排出的工业废水量越来越多。排放的废水中含有越来越多的剧毒和难以生物降解的污染物，水质的严重污染将会破坏生态环境的平衡，并对人们的健康产生严重的危害。吸附法是一种简单方便、高效的水处理方法，在科研及实际水处理中得到广泛的应用。常用的吸附剂有活性炭、活性碳纤维、活性氧化铝、分子筛、硅胶、泥炭、黏土、壳聚糖以及生物吸附剂等。活性炭是最常用的吸附剂，本节主要介绍活性炭及其在水处理中的应用。

活性炭是一种经特殊处理的无定形炭，将有机原料（果壳、煤、木材及秸秆等）在隔绝空气的条件下加热，以减少非碳成分（此过程称为炭化），然后与气体反应，表面被侵蚀，产生微孔发达的结构（此过程称为活化）。活性炭在处理过程中形成了很多孔，拥有高孔隙率和巨大的比表面积，每克活性炭的表面积为500～1500m^2。

活性炭在颗粒度比较小时，拥有更为发达的孔隙结构和高比表面积，因此吸附能力强。活性炭的一切应用，几乎都基于活性炭的这些特点。另外，活性炭还具有化学性质稳定、吸附容量大、抗腐蚀、耐高温、易解吸、可循环利用等优点，故活性炭在水处理方面的应用越来越受到人们的重视。

一、活性炭对水中重金属的处理

随着工业的快速发展，采矿、冶炼、电镀、金属加工等多种工业每年会排放出含有多种重金属离子的工业废水，这些废水会严重影响人们的健康，活性炭以其良好的吸附性能、处理效率高等优点成为去除水中重金属离子的常用吸附剂之一。重金属污染物中以汞的毒性最大，当汞进入人体内，就会破坏酶和其他蛋白质的功能并影响其重新合成。活性炭有吸附汞和含汞化合物的性能，但吸附能力有限，只适宜于处理含汞量低的废水。如果含汞的浓度较高，可以先用化学沉淀法处理，然后再用活性炭做进一步的处理。另外，随着电镀业的迅猛发展，会产生大量含铬废水。实验证明，Cr(Ⅵ）的毒性比Cr(Ⅲ）价铬高100倍，会在人、鱼和植物体内蓄积。活性炭表面存在大量的含氧基团如羟基（—OH)、羧基（—COOH）等，它们都有静电吸附功能，对Cr(Ⅵ）产生化学吸附作用，吸附后的废水可达到国家排放标准。活性炭处理含铬废水，吸附性能稳定，处理效率高，操作费用低，有一定的社会效益。

二、活性炭对水中有机物的处理

活性炭吸附有机物的过程是静电力和非静电力相互作用的复杂过程，主要决定于吸附剂、吸附质以及水溶液的化学性质。活性炭对去除水中的有机物如酚类化合物、苯类化合物、甲醇、油污类物质有很明显的效果，而针对一些难以被生物降解和难以用其他方法去除的有机污染物，如除草剂、杀虫剂、合成洗涤剂及日用化妆品中的有机污染物质等，活性炭对它们的吸附更有突出的效果。因此，活性炭吸附法常用于去除制革废水、造纸废水、印染废水等废水中的有机污染物。以处理印染废水为例，据统计，全世界染料产量每年可超过 70 万 t，其中 2%的染料直接排入水体中，造成水体的严重污染。染料废水中染料种类多、结构复杂且废水的浓度较大，故难以处理，而活性炭对吸附染料水中的色度和 COD 有很好的效果。在溶液为中性或碱性条件下，活性炭对废水中碱性染料和活性染料具有较好的脱色效果，但由于活性炭再生困难，成本较高，因此应用于印染废水的脱色处理具有较大的局限性。

三、活性炭对其他废水的处理

活性炭在经一些方法改性后，可使活性炭消除水中的异味，并对水中的细菌也有很好的杀菌作用，另外对一些医药废水也有很好的净化作用。有人研究发现，经过活性炭处理后，水中的大肠杆菌和金黄色葡萄球菌全部被杀死。因此，在自来水厂水处理中，常常要用到活性炭吸附这一工序。还有人利用活性炭纤维对生产氯霉素排放的废水中硝基化合物进行处理，发现浓度较高的硝基废水进行一次动态过柱处理，即可达到国家一级排放标准，展现了良好的应用前景。

四、其他吸附技术及应用

活性炭与膜联用法是利用活性炭对有机物的富集作用和对水中溶解氧的选择性吸附，在温度及营养物适宜的条件下，使活性炭表面上生长好氧微生物，将活性炭的吸附作用和微生物的分解氧化作用协同起来。采用此法，不仅可以提高废水的处理效果，而且能够较大幅度地延长活性炭的使用寿命，同时还可以降低处理成本，简化运转操作管理。这是一种新近发展起来的污水处理技术。

吸附法是一种低能耗、高效率的固相萃取技术，对难降解染料大分子具有良好的去除效果，已经成为一种比较成熟的技术。但由于工业废水本身的复杂性以及水体环境因素的多样性，以及吸附剂间的差异性，在一定程度上限制了吸附法的应用。因此，就吸附法处理废水技术来说，还需要继续改进，如：

（1）加强高效型、复合型吸附剂的开发。现有吸附剂吸附很大部分为选择性吸附，对某种或某类污染物具有良好的吸附效果，而对复合型污染物的处理具有一定的局限性，这迫切需要复合型吸附剂的出现，以实现对复合污染的吸附。如复合功能树脂，可利用吸附作用和离子交换作用等作用实现较广泛的吸附。

（2）提高吸附剂的循环使用能力。吸附剂的循环使用周期直接关系到吸附剂的使用量以及处理费用，提高吸附剂的循环使用能力，有助于吸附法的广泛应用。

（3）加强生物质吸附剂的开发。利用生物质本身的化学结构及成分特征来实现对水中污染物的吸附去除。这方面的研究还处在起步阶段，但其所具有的高效、廉价、环保等潜在优势，在未废水技术中，具有很好的研究前景。

思　考　题

1. 表面张力和表面自由能有何异同之处？

2. 自然界中的液滴和气泡为什么常常呈球形？可能有不规则的液滴吗？为什么？

3. 为什么在玻璃毛细管内水呈凹面，而水银却呈凸面？

4. 请解释荷叶上水珠为什么为球形，并且为什么荷叶叶面都很干净清洁？

5. 家庭中煮开水时为什么不见暴沸现象，而在有机蒸馏时却会发生暴沸？如何防止暴沸的发生？

6. 在一个密闭容器中放入同种纯液体的大块液体和许多小液滴，保持 T、p 不变，经过一段时间后，会出现什么现象？为什么？

7. 在进行蒸馏实验时要在蒸馏瓶中加些碎磁片或沸石以防止暴沸，其道理何在？

8. 如果在一杯含有极微小蔗糖晶粒的蔗糖饱和溶液中，投入一块较大的蔗糖晶体，在恒温密闭的条件下，放置一段时间，这杯溶液有什么变化？

9. 已知水在两块玻璃间形成凹液面，而在两块石蜡间形成凸液面。试解释为什么两块玻璃间放一点水后很难拉开，而两块石蜡板间放一点水却很容易拉开。

10. 如图所示，试问当在毛细管左侧加热时，管内液体会如何移动？

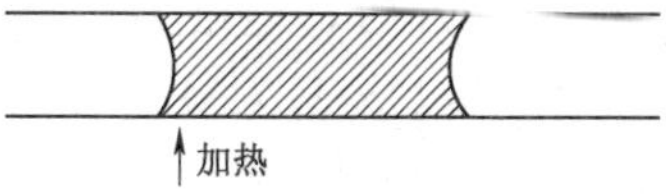

思考题 10 附图

11. 在纯水中放一艘纸船，船不会自动航行，但若在尾部涂些肥皂，船就会走了，为什么？

12. 在水面上放两根火柴棒，水面静止后，在中间小心滴一滴肥皂水，两火柴棒间距离会增大还是减小？为什么？

13. 在一个干燥洁净的茶杯中放入优质山泉水，当水快注满时，小心地一颗一颗加入洁净的沙子，会看到杯面产生什么现象？若这时在液面上加一滴表面活性剂，情况又会如何？

14. 用同一支滴管滴出相同体积的不同液体，如水、NaCl 稀溶液和乙醇溶液，所得到的液滴数是否相同？

15. 在水平放置的玻璃毛细管中分别加入少量的纯水和汞。毛细管中液体两端的液面分别呈何种形状？如果分别在管外的右端液面处微微加热，管中的液体将向哪一方移动？

16. 锄地保墒是什么意思？

17. 亲水性固体表面，经过表面活性剂（如防水剂）处理后，为什么可以改变其表面性质，使其具有憎水性？

18. 什么是表面活性物质？有哪些特性？

19. 喷洒农药时，为什么要在其中加表面活性物质？

20. 为什么在室温常压下，固体表面吸附过程是自发过程？

21. 活性炭吸附苯蒸气后，欲使活性炭解吸再生，并回收被吸附的苯，可将活性炭加热并通入过热水蒸气。试简述解吸回收过程的原理。

22. 在干燥器中，为什么常常选用硅胶作为干燥剂？

习　　题

1. 若水在 293K 时的表面张力为 72.75×10^{-3}N/m，则当把水分散成半径为 10^{-5}m 的小液滴时，曲面下的附加压力为多少？（14.5kPa）

2. 已知毛细管半径 $R=1\times10^{-4}$m，水的表面张力 $\gamma=0.072$N/m，水的密度 $\rho=10^3$kg/m^3，接触角 $\theta=60°$，求毛细管中水面上升的高度 h。（0.0735m）

3. 汞对玻璃表面完全不润湿，若将直径 0.100mm 的玻璃毛细管插入大量汞中，试求管内汞面的相对位置。已知汞的密度为 1.35×10^4kg/m^3，表面张力为 0.520N/m。（−15.7cm）

4. 在 298K 时，将直径为 1μm 的毛细管插入水中，需要加多大压力才能防止水面上升？已知 298K 时，水的表面张力 $\gamma=0.07214$N/m。（288kPa）

5. 在 291.15K 条件下，用骨炭自醋酸水溶液中吸附醋酸。已知醋酸浓度为 0.1mol/L 时平衡吸附量为 3.38mol/kg，浓度 0.5mol/L 时平衡吸附量为 4.57mol/kg。试写出该吸附过程的朗缪尔吸附等温式。

6. 273K 时，通过实验测得气体 A 在不同分压时在固体 B 上的吸附量 V（单位 m^3），然后以 p/V 对 p 作图，得一直线。测得直线的斜率 $k=6.0\times10^3$m^3/kg，截距 $M=1.2\times10^9$m^3/(kg·Pa)。试计算气体 A 在固体 B 上的吸附系数。（5.0×10^{-6}Pa^{-1}）

7. 已知在室温下活性炭对 $CHCl_3$ 的吸附符合朗格缪尔吸附理论。设当活性炭表面饱和吸附时吸附量为 93.8L/kg，当 $CHCl_3$ 分压为 13.375kPa 时平衡吸附量为 82.5L/kg。试求当 $CHCl_3$ 分压为 6.6672kPa 时的平衡吸附量。（73.58L/kg）

第十章

胶体化学

胶体化学是物理化学的一个重要分支。胶体化学已逐渐发展到涉及几乎所有学科领域的纳米科学，成为物理学、生物化学、材料科学、食品科学、药物学和环境科学等的重要研究对象。如，人体各部分组织都是含水的胶体，因此要研究人的生理、病理、药理等都需要利用胶体的研究成果；人类的衣（丝、毛皮、棉和合成纤维等）、食（牛奶、啤酒、淀粉、蛋白质等）、住（水泥、陶瓷、砖瓦等）、行（石油开发、合金、橡胶等）等也都与胶体紧密关联；其他如化学工业、石油工业、纺织工业、冶金工业、电子工业、食品工业等，都离不开胶体化学的基本原理。特别是近些年发展迅猛的纳米材料的制备和应用技术，更是与胶体化学息息相关。

胶体化学概论

胶体化学发展简史

第一节　分散系概述

一、分散系及其分类

一种（或多种）物质分散于另一种物质之中形成的系统称为分散系。例如，黏土微粒分散在水中形成泥浆；水滴分散在空气中形成雾；乙醇分子分散在水中形成乙醇水溶液；奶油、乳糖和蛋白质等分散在水中形成牛奶，等等。在分散系中，被分散的物质称为分散质或分散相，而容纳分散质的物质称为分散剂或分散介质。分散质处于分割成粒子的不连续状态，而分散介质则处于连续状态。

按分散质粒子的大小，常把分散系分为三类，见表 10－1－1。一般，分散系中分散质的直径不同，分散度就不同，分散系的性质也迥异。

表 10－1－1　　按分散质粒子大小分类的各种分散系

<table>
<tr><td>分散系</td><td>真溶液
（粒径小于 1nm）</td><td colspan="2">胶体分散系
（粒径在 1～1000nm 之间）</td><td>粗分散系
（粒径大于 1000nm）</td></tr>
<tr><td rowspan="5">性质</td><td>低分子物质溶液
（分散质是分子或离子）</td><td>高分子溶液
（分散质是大分子）</td><td>胶体溶液
（分散质是分子的小集合体、缔合分子）</td><td>悬浊液，乳浊液
（分散质是分子的大集合体）</td></tr>
<tr><td>最稳定</td><td>很稳定</td><td>相对稳定</td><td>不稳定</td></tr>
<tr><td>电子显微镜也不可见</td><td colspan="2">超显微镜可观察其存在</td><td>一般显微镜可见</td></tr>
<tr><td>能透过半透膜</td><td colspan="2">能透过滤纸，不能透过半透膜</td><td>不能透过紧密滤纸</td></tr>
<tr><td colspan="2">单相体系</td><td colspan="2">多相体系</td></tr>
</table>

本章主要研究胶体分散系。胶体分散系是由颗粒直径在 1～1000nm 的分散质组成的多相高度分散体系。由表 10－1－1 可以看到，胶体分散系按照性质可以分为两类，即高分子溶液和胶体溶液。高分子溶液又称亲液溶胶，是指半径落在胶体粒子范围内的大分子溶解在合适的溶剂中，一旦将溶剂蒸发，大分子化合物凝聚，再加入溶剂，又可形成溶胶，高分子溶液是热力学上稳定、可逆的体系。通常所研究的胶体溶液主要是指憎液溶胶，是指半径在 1～1000nm 之间的难溶物固体粒子。一旦将胶体溶液中的分散剂蒸发掉，再加入介质就无法再形成溶胶，是一个不可逆体系，如氢氧化铁溶胶、碘化银溶胶等。我们主要研究胶体溶液，即憎液溶胶。

按分散系的聚集状态，可以把胶体分为气溶胶、液溶胶和固溶胶，见表 10－1－2。

表 10－1－2　按分散系聚集状态分类

分散质	分散剂	溶胶名称	实　例
固	气	气溶胶	烟，尘，霾
液			云，雾
气			煤气，空气，混合气
固	液	液溶胶	溶胶，油漆，泥浆
液			豆浆，牛奶，石油原油
气			汽水，肥皂泡沫
固	固	固溶胶	矿石，合金，有色玻璃
液			珍珠，硅胶
气			泡沫塑料，海绵，活性炭

胶体在生活中广泛存在。各分散系间没有绝对的界限，实际分散系往往表现出两种或三种分散系的性质。如牛奶的基本成分是：水为分散剂；脂肪以乳浊液形式存在，静置时浮于水面；干酪质以胶体溶液形式存在，牛奶变酸后，以奶渣形式沉淀出来；乳糖以分子真溶液形式存在。

二、胶体溶液的制备

形成溶胶的必要条件是：分散质的溶解度要小；必须有稳定剂存在，否则胶粒易聚结而沉降。因此，制备溶胶必须使分散质粒子的大小落在胶体分散体系的范围之内，并加入适当的稳定剂。

制备方法大致可分为两类：

1. 分散法

用机械、化学等方法使固体的粒子变小，如研磨法、超声波分散法、电弧法、胶溶法等。

研磨法是用机械粉碎的方法将固体磨细，适用于脆而易碎的物质，对于柔韧性的物质必须先硬化后再粉碎。例如，将废轮胎粉碎，先用液氮处理，硬化后再研磨。胶体磨的形式很多，其分散能力因构造和转速的不同而不同。盘式胶体磨的转速约 1 万 r/min，空心转轴与一个托盘相连向一个方向旋转，另一托盘向另一方向旋转。分散质、分散剂和稳定剂从空心轴处加入，然后从两个托盘的狭缝中飞出，用两盘之间的应切力将固体粉碎，可得粒径1000nm左右的粒子。

超声波分散法目前只用来制备乳状液。将分散质和分散剂两种不混溶的液体放在样品管中，然后将样品管固定在变压器油浴中。在两个电极上通入高频电流，使电极中间的石英片发生机械振荡，使管中的两个液相均匀地混合成乳状液。

电弧法主要用于制备金、银、铂等金属溶胶。制备过程包括先分散后凝聚两个过程。将金属做成两个电极，浸在水中，盛水的盘子放在冷浴中。在水中加入少量NaOH作为稳定剂。制备时在两电极上施加100V左右的直流电，调节电极之间的距离，使之发生电火花，这时表面金属蒸发，是分散过程，接着金属蒸气立即被水冷却而凝聚为胶粒。

胶溶法又称解胶法，仅仅是将新鲜的凝聚胶粒重新分散在介质中形成溶胶，并加入适当的稳定剂。这种稳定剂又称胶溶剂。根据胶核所能吸附的离子而选用合适的电解质作胶溶剂。这种方法一般用在化学凝聚法制溶胶时，为了将多余的电解质离子去掉，先将胶粒过滤、洗涤，然后尽快分散在含有胶溶剂的介质中，形成溶胶。如：

$$Fe(OH)_3(\text{新鲜沉淀}) \xrightarrow{\text{加 }FeCl_3} Fe(OH)_3(\text{溶胶})$$

2. 凝聚法

凝聚法与分散法相反，是由分子、原子或离子聚结形成胶体分散系的方法，主要有物理凝聚法、化学凝聚法。

物理凝聚法包括更换溶剂法和蒸气骤冷法。更换溶剂法是利用物质在不同溶剂中溶解度的差别来制备溶胶，而且两种溶剂要能完全互溶。例如，松香易溶于乙醇而难溶于水，将松香的乙醇溶液滴入水中可制备松香的水溶胶。再如，将硫的丙酮溶液滴入90℃左右的热水中，丙酮蒸发后，可得硫的水溶胶。蒸气骤冷法，如将汞的蒸气通入冷水中就可以得到汞的水溶胶。

化学凝聚法是通过各种化学反应使生成物呈过饱和状态，使初生成的难溶物微粒结合成胶粒，在少量稳定剂存在下形成溶胶，这种稳定剂一般是某一过量的反应物。如：复分解反应制硫化砷溶胶

$$2H_3AsO_3(\text{稀})+3H_2S \rightarrow As_2S_3(\text{溶胶})+6H_2O$$

再如，水解反应制氢氧化铁溶胶

$$FeCl_3(\text{稀})+3H_2O(\text{热}) \rightarrow Fe(OH)_3(\text{溶胶})+3HCl$$

还有一种新的制备方法——气相沉积法。气相沉积法是在惰性气氛中将要制备成纳米级粒子的原材料汽化，处于气态的原子或分子发生化学反应或共聚，生成纳米级粒子，再用稳定剂保护，这种方法是先分散后凝聚。

三、溶胶的净化

在制备溶胶的过程中，常生成一些多余的电解质，如制备$Fe(OH)_3$溶胶时生成的HCl。少量电解质可以作为溶胶的稳定剂，但是过多的电解质存在会使溶胶不稳定，容易聚沉，所以必须除去。净化的方法主要有渗析法和超过滤法。

如图10-1-1所示，简单渗析是将需要净化的溶胶放在羊皮纸或动物膀胱等半透膜制成的容器内，膜外放纯溶剂。利用浓差因素，多余的电解质离子不断向膜外渗

透，经常更换溶剂，就可以净化半透膜容器内的溶胶，可以不停搅拌溶胶以均匀渗析。电渗析是为了加快渗析速度，在装有溶胶的半透膜两侧外加一个电场，使多余的电解质离子向相应的电极做定向移动，溶剂水不断自动更换，可以提高净化速度。

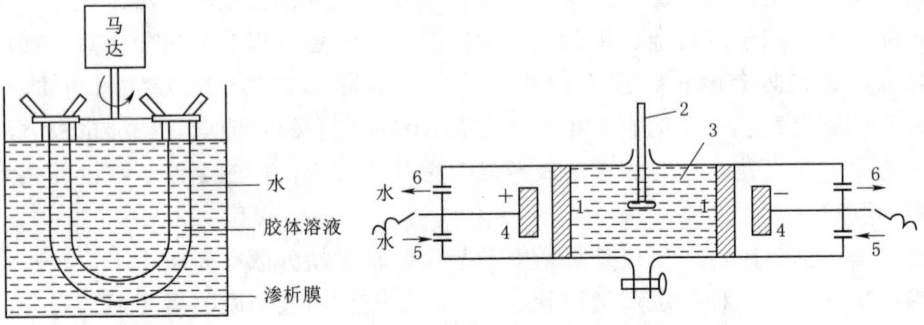

（a）简单渗析　　（b）电渗析

图 10-1-1 简单渗析和电渗析示意

1—半透膜；2—搅拌器；3—溶胶；4—电极；5—进水；6—出水

超过滤法用半透膜作过滤膜，利用吸滤或加压的方法使胶粒与含有杂质的介质在压差作用下迅速分离，然后将半透膜上的胶粒迅速用含有稳定剂的介质再次分散。

第二节 溶胶的结构和特性

溶胶粒子是由许多离子或分子聚结而形成具有纳米级的粒子，结构复杂，有的保持了该难溶盐的原有晶体结构，而且粒子大小不一，与介质之间有明显的相界面，比表面很大。因为粒子的大小在 1～1000nm 之间，扩散较慢，不能透过半透膜，渗透压低但有较强的动力稳定性和乳光现象，并且胶粒比表面大，表面能高，是热力学不稳定体系，因此有自发降低表面能的趋势，即小粒子会自动聚结成大粒子。溶胶的结构特点及其多相、高度分散，吸附能力强等性能，决定了它独特的性质。

一、溶胶的结构

溶胶的结构

胶粒的结构比较复杂，先有一定量的难溶物分子聚结形成胶粒的中心，称为胶核。胶核会选择性地吸附稳定剂中的一种离子，形成紧密吸附层，胶核吸附离子是有选择性的，首先吸附与胶核中相同的某种离子，用同离子效应使胶核不易溶解，这样，胶核表面与该离子具有相同电性。若无相同离子，则首先吸附水化能力较弱的负离子，所以自然界中的胶粒大多带负电，如泥浆水、豆浆等都是负溶胶。胶核表面带电后，由于正、负电荷相吸，在紧密层外形成反号离子的包围圈，从而形成了带与紧密层相同电荷的胶粒。在胶粒之外，还会吸引一些与胶粒带电性相反的反号离子，形成一个电中性的胶团。

溶胶的性质与其结构有关，根据大量实验人们提出了溶胶的扩散双电层结构。下面以碘化银溶胶为例，讨论胶团的结构。制备碘化银溶胶时，将一定浓度的 KI 溶液逐滴加入 $AgNO_3$ 溶液中，首先 Ag^+ 与 I^- 反应后生成 AgI 分子，由大量的 AgI 分子聚集成大小在 1～1000nm 的颗粒，形成胶体的核心，称为胶核。由于胶核颗粒很小，分散度很高，因此具有较高的表面能。如果此时体系中存在过剩的离子时，胶核就会有选择地吸附这些离子。体系中若 $AgNO_3$ 过量，根据“相似相吸”的原则，胶核优先吸附 Ag^+ 而带正电。被胶核吸附的离子 Ag^+ 称为电势离子。此时因胶核表面带有较为集中的正电荷，故它会通过静电引力而吸引部分带负电荷的 NO_3^-。通常将这些带相反电荷的离子称为反离子。电势离子与反离子组成吸附层，胶核与吸附层组成胶粒，而胶粒与另一部分反离子（分布在胶粒周围，称为扩散层）形成胶团。

AgI 胶团的结构式及结构剖面如图 10－2－1 所示。胶团中，m、n、x 是不确定的数字，相对大小与溶胶具体的制备条件有关。由于 n 往往大于 x，因此胶粒是带电的，其带电性和带电量与（$n-x$）有关。在溶胶体系中，胶粒是独立移动的单位，扩散层像一个尾巴一样拖在后面。胶团内电势离子和反离子的电荷总数相等，因此整个胶团不带电。

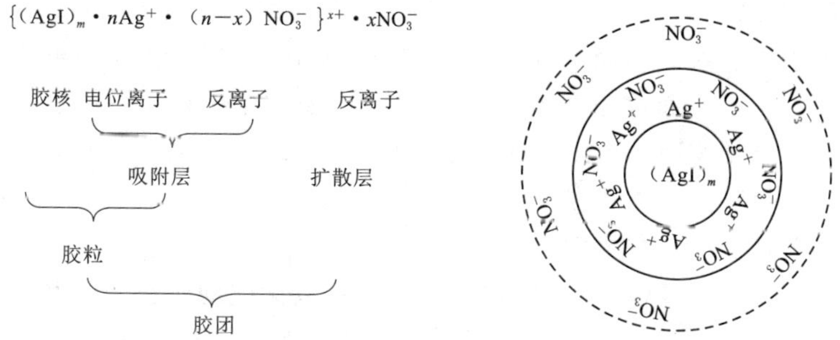

图 10－2－1　正电性 AgI 胶团的结构示意

碘化银胶体的带电性与其制备方法有关，如果制备碘化银溶胶时，将 $AgNO_3$ 溶液逐滴加入到 KI 中，KI 过量，那么其胶团结构式为

$$\{(AgI)_m \cdot nI^- \cdot (n-x)K^+\}^{x-} \cdot xK^+$$

可见，在书写胶团结构时，关键是根据条件确定电势离子和反离子，则胶粒的带电性可以确定。

同理，氢氧化铁、三硫化二砷和硅胶的胶团结构式可表示为

$$\{[Fe(OH)_3]_m \cdot nFeO^+ \cdot (n-x)Cl^-\}^{x+} \cdot xCl^-$$

$$\{(As_2S_3)_m \cdot nHS^- \cdot (n-x)H^+\}^{x-} \cdot xH^+$$

$$\{(H_2SiO_3)_m \cdot nHSiO_3^- \cdot (n-x)H^+\}^{x-} \cdot xH^+$$

由于正、负离子静电吸引和热运动两种效应的结果，溶液中的反离子只有一部分紧密地排在固体表面附近，相距约一两个离子厚度称为吸附层；另一部分离子按一定的浓度梯度扩散到本体溶液中，称为扩散层。吸附层和扩散层称为扩散双电层，如图 10－2－2 所示。

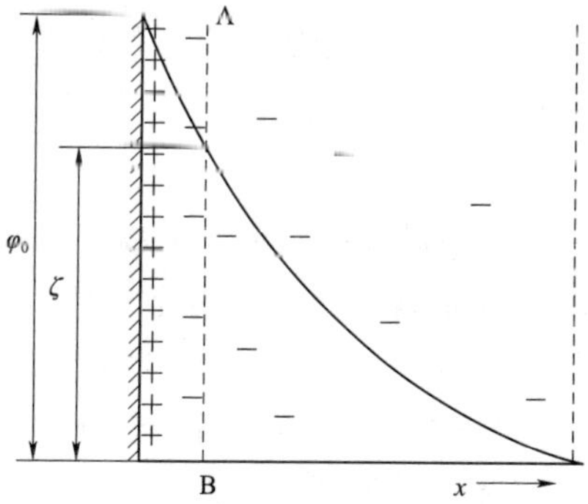

图 10－2－2　扩散双电层示意

在图 10－2－2 中，胶粒表面带电（移动时动面为 AB），所以若以溶液本体中某一点为零

电势点，则胶粒表面和溶液本体中的电势差，即吸附层和扩散层间的电势差，称为动电势，又称 ζ 电势。若溶液浓度（电势离子和反离子）增加或反离子电荷数多，吸附力强，反离子会更多吸附，使双电层变厚，ζ 电势减小，甚至改变 ζ 电势的符号。胶核表面与溶液本体的电位差称做热力学电势，即 φ 电势，主要取决于吸附层内电势离子的浓度。双电层和 ζ 电势的存在使溶胶能够稳定存在，不易发生聚沉。

二、溶胶的特性

溶胶颗粒粒径在 1～1000nm，具有高度分散性和多相不稳定性，因此其表面性质非常显著，使得溶胶具有一些不同于其他分散系的特点，具有特殊的光学、动力学和电学性质。

（一）光学性质

溶胶的光学性质

通常在太阳光柱中（或电影院、晚上的车灯下、大雾中），发现灰尘飞舞等现象，都属于气溶胶的独特的光学现象。当光束通过分散体系时，一部分自由地通过，一部分被吸收、反射或散射。当光束通过粗分散体系，$d \gg \lambda$，主要发生反射，可观察到体系呈现混浊。当光束通过胶体溶液，$d < \lambda$，主要发生散射，可以看见乳白色的光柱。当光束通过分子溶液，由于溶液十分均匀，散射光因相互干涉而完全抵消，看不见散射光。由于可见光的波长在 400～760nm 之间，胶体颗粒粒径在 1～1000nm，所以当光照射到胶体上时，主要发生散射现象。

1869 年，丁达尔（Tyndall）发现，若令一束会聚光通过溶胶，从侧面（即与光束垂直的方向）可以看到一个发光的圆锥体，这就是 Tyndall 效应，如图 10－2－3 所示。其他分散体系也会产生一点散射光，但远不如溶胶显著。Tyndall 效应实际上已成为判别溶胶与分子溶液的最简便的方法。

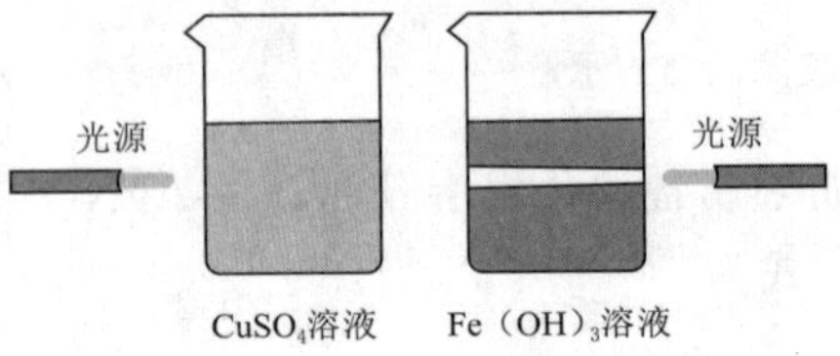

图 10－2－3　丁达尔效应

1871 年，Rayleigh 研究了大量的光散射现象，对于粒子半径在 47nm 以下的溶胶，导出了散射光总能量的计算公式，称为 Rayleigh 公式，即

$$I=\frac{24\pi^2 A^2 vV^2}{\lambda^4}\left(\frac{n_1^2-n_2^2}{n_1^2+2n_2^2}\right)^2$$

当分散质和分散介质等条件都相同时，Rayleigh 公式可改写成：

$$I=K\frac{vV^2}{\lambda^4} \qquad (10-2-1)$$

式中：v 为单位体积中粒子数；λ 为入射光波长；V 为每个粒子的体积；n_1 为分散质即胶粒的折射率；n_2 为分散介质的折射率。

从 Rayleigh 公式可得出如下结论：

(1) 散射光强度与每个粒子体积的平方成正比，即在胶粒粒径范围内，颗粒越大，对光的散射作用越强，丁达尔效应越明显。

(2) 散射光强度与入射光波长的四次方成反比。换句话说，入射光波长越短，散射越显著，越易被散射。所以，在可见光中，蓝、紫色光最易被散射。我们通常看到晴朗的天空呈蔚蓝色，是由于短波长的蓝色光被大气溶胶散射所造成的。相应地，当短波长光被散射掉后，剩余波长较长的红色和橙色光以透过光的形式出现，这就是夕阳以及大雾天气中的太阳看上去为橙红色的原因。

（3）胶粒（分散质）与分散介质的折射率相差越显著，则散射作用亦越显著。

（4）散射光强度与单位体积中的粒子数成正比。在水分析中，当水中胶体含量比较高的时候，水呈现浑浊，常用浊度这个指标反映水中胶体对光的散射程度。散射光又称乳光，根据胶体浓度和散射光强度成正比的特点，可以制备乳光计（即浊度计），用于测水的浊度，从而初步判断水体的被污染程度。

（二）动力学性质

由于胶体颗粒的结构特点，胶体溶液在动力学上主要表现为布朗运动、扩散慢以及沉降平衡时浓度分布不均。

1. 布朗运动

1827 年，植物学家布朗用显微镜观察到悬浮在液面上的花粉粉末不断做不规则运动。又发现许多其他物质（如煤、化石、金属等）的粉末也有类似现象，称为布朗运动（Brownian motion）。1903 年，齐格蒙第发明超显微镜，为研究布朗运动提供物质条件。在超显微镜下发现溶胶粒子不断地做不规则“之”字形的连续运动；并且粒子越小，布朗运动越激烈，激烈程度随温度而改变。研究还发现，当胶粒半径大于 5μm 时，布朗运动消失。

布朗运动本质上是分散介质分子以不同大小和不同方向的力对胶体粒子不断撞击而产生的。在不同时刻，由于胶粒受到的力不平衡，所以连续以不同方向、不同速度做不规则运动，如图 10－2－4 所示。随着粒子增大，撞击的次数增多，作用力抵消的可能性亦大。

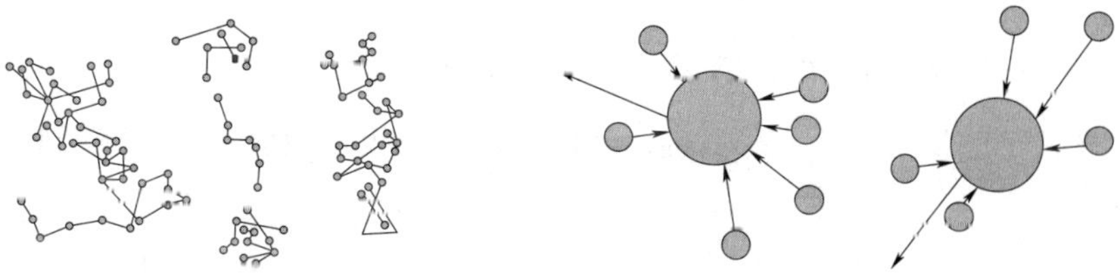

（a）胶粒的不规则运动　　（b）液体分子对胶体粒子的冲击

图 10－2－4　布朗运动示意

布朗运动的存在导致胶粒能够从高浓度部位向低浓度部位进行扩散，使溶胶趋向于均匀，但是这种扩散比较缓慢；同时，布朗运动也使胶粒不至于因重力作用而沉降，有利于保持溶胶的稳定性。

1905 年和 1906 年，爱因斯坦（Einstein）和斯莫鲁霍夫斯基分别提出了布朗运动的理论，解释以上现象：假定布朗运动和分子运动相似，胶粒的运动与粒子大小、介质黏度、温度及观察时间有关。Einstein 认为，溶胶粒子的布朗运动与分子运动类似。假设粒子是球形的，运用分子运动论的一些基本概念和公式，得到布朗运动的公式为

$$\bar{x}=\left(\frac{RT}{L}\frac{t}{3\pi\eta r}\right)^{1/2} \tag{10-2-2}$$

式中：$\bar{x}$ 为在观察时间 t 内粒子沿 x 轴方向的平均位移；r 为胶粒的半径；L 为阿伏加德罗常数。这个公式把粒子的位移与粒子的大小、介质黏度、温度以及观察时间等联系起来。

2. 扩散和渗透压

胶粒也有热运动，因此也具有扩散和渗透压。只是溶胶的浓度较稀，这种现象很不显著。如图 10-2-5 所示，在 CDFE 的桶内盛溶胶，在某一截面 AB 的两侧溶胶的浓度不同，$C_1>C_2$。由于分子的热运动和胶粒的布朗运动，可以观察到胶粒从 C_1 区向 C_2 区迁移的现象，这就是胶粒的扩散作用。

由于胶粒不能透过半透膜，而分散剂分子或外加的电解质离子可以透过半透膜，所以有从化学势高的一方向化学势低的一方自发渗透的趋势。溶胶的渗透压可以借用稀溶液渗透压公式计算：

$$\Pi=cRT \tag{10-2-3}$$

式中：c 为胶粒的浓度。由于憎液溶液不稳定，浓度不能太大，所以测出的渗透压及其他依数性质都很小。但是亲液溶胶或胶体的电解质溶液，可以配制高浓度溶液，用渗透压法可以求它们的摩尔质量。

3. 沉降与沉降平衡

溶胶是高度分散体系，胶粒一方面受到重力吸引而下降，另一方面由于布朗运动促使浓度趋于均一。当这两种效应相反的力相等时，粒子的分布达到平衡，粒子的浓度随高度不同有一定的梯度，这种平衡称为沉降平衡。如图 10-2-6 所示，设容器截面积为 A，粒子为球形，半径为 r，粒子与介质的密度分别为 ρ 和 ρ_0，在 x_1 和 x_2 处单位体积的粒子数分别为 N_1、N_2，π 为渗透压，g 为重力加速度。达到沉降平衡时，粒子随高度分布的情况与气体类似，可以用高度分布定律表示：

$$RT\ln\frac{N_2}{N_1}=-\frac{4}{3}\pi r^3(\rho-\rho_0)gL(x_2-x_1) \tag{10-2-4}$$

可见，胶体粒子质量越大，与分散剂之间的密度差越大，随着高度的降低胶体的平衡浓度也越大。

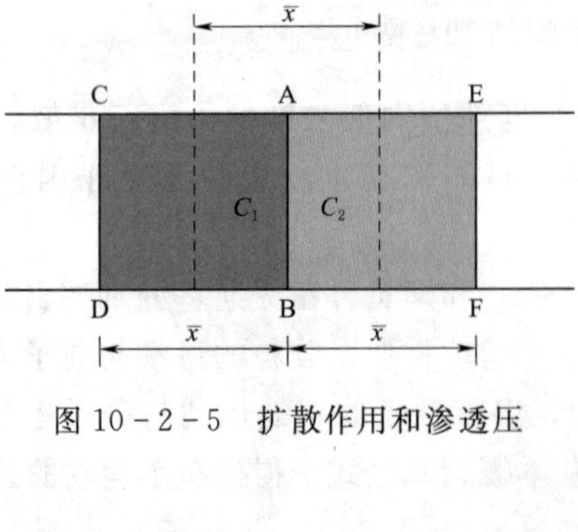

图 10-2-5　扩散作用和渗透压

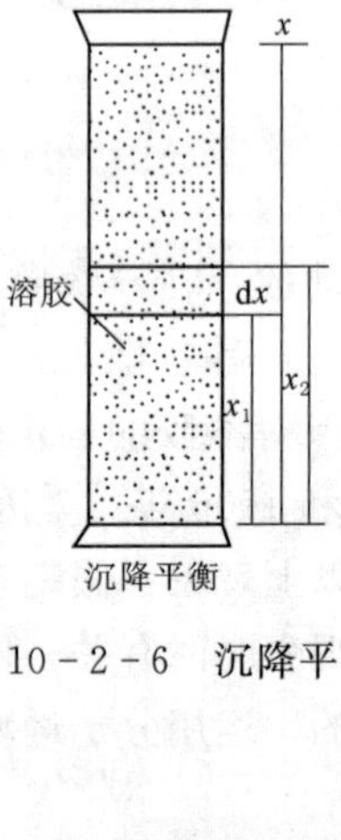

图 10-2-6　沉降平衡

（三）电学性质

胶体表现出电学性质的主要原因一方面是胶粒带电，从而在电场中会发生定向移动，如胶粒的电泳和分散剂的电渗；另一方面，胶粒和分散剂的相对运动也会引起一些电学现象，如流动电势和沉降电势等。

胶体的电学性质

胶粒带电的原因主要有两种：

（1）吸附带电：实验表明，胶体粒子总是选择吸附与其组成有关的离子而带上不同的电荷。例如由 $FeCl_3$ 水解而形成的 $Fe(OH)_3$ 胶体，其反应式为

$$FeCl_3+3H_2O=Fe(OH)_3+3HCl$$

溶液中一部分 $Fe(OH)_3$ 与 HCl 反应：

$$Fe(OH)_3+HCl=FeOCl+2H_2O$$

FeOCl 再解离为

$$FeOCl=FeO^++Cl^-$$

由于 FeO^+ 和 $Fe(OH)_3$ 有类似的组成，因而易被吸附在胶体表面，使 $Fe(OH)_3$ 胶粒带正电荷。

（2）解离带电：例如硅胶的胶粒是由很多硅酸分子缩合而成的。表面上的硅酸分子可以解离出 H^+ 离子，在胶体粒子表面留下 SiO_3^{2-} 和 $HSiO_3^-$ 离子，而使胶体粒子带负电荷。

由于胶粒带电，而溶胶是电中性的，则分散介质带与胶粒相反的电荷。在外电场作用下，胶粒和分散介质分别向带相反电荷的电极移动，就产生了电泳和电渗的电动现象，这是因电而动。胶粒在重力场作用下发生沉降，而产生沉降电势；带电的介质发生流动，则产生流动电势，这是因动而产生电。以上四种现象都称为电动现象。

1. **电泳**（electrophoresis）

在外加电场下，胶粒在分散介质中定向移动的现象称为电泳。例如，将 $Fe(OH)_3$ 溶胶放入装有两个电极的 U 形管中，通电后，可以看到红褐色的 $Fe(OH)_3$ 胶体粒子向阴极移动，如图 10－2－7（a）所示。如果换上 As_2S_3 胶体溶液，因为 As_2S_3 胶粒带负电，则 As_2S_3 胶粒向阳极移动。

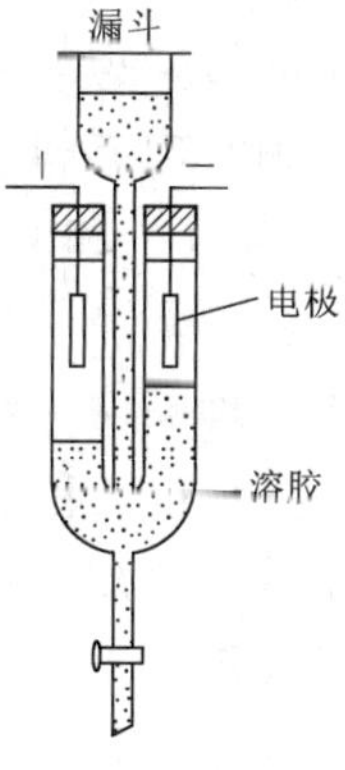

（a）电泳示意

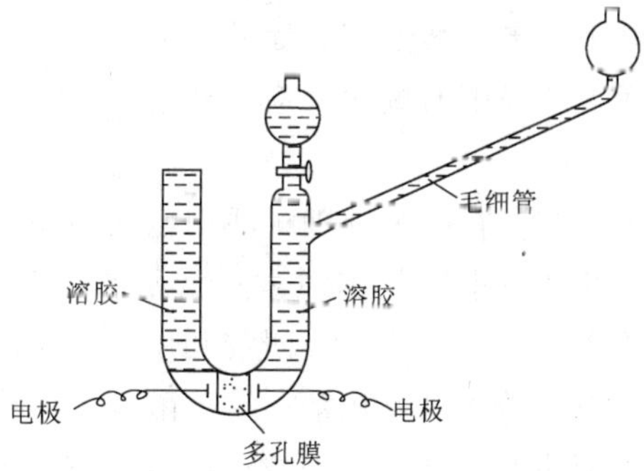

（b）电渗示意

图 10－2－7　电泳和电渗示意

电泳现象说明胶体粒子是带有电荷的，同时也是检验胶粒带电性的主要方法。通常氢氧化铁、氢氧化铝、氢氧化铬这些溶胶粒子带正电，而金、银、铂、硫、硫化砷、硫化锑、硅酸等溶胶粒子则带负电。利用电泳现象还可以使橡胶乳状液浓缩凝结在布匹上，得到易硫化拉力强的产品；还可以进行含水的天然石油中油水分离等。

影响电泳的因素有：带电粒子的大小、形状，粒子表面电荷的数目，介质中电解质的种类、离子强度，pH 值和黏度，电泳的温度和外加电压等。从电泳现象可以获得胶粒或大分子的结构、大小和形状等有关信息。

2. 电渗（electro－osmosis）

由于溶胶体系是电中性的，既然胶体颗粒带电，那么分散剂相应带上相反电性。在电场中，分散介质也会做定向移动，这种现象称作电渗，如图 10－2－7（b）所示，图中多孔膜可以用滤纸、玻璃或棉花等构成，也可以用氧化铝、碳酸钡、碘化银等物质构成。如果多孔膜吸附阴离子，则介质带正电，通电时向阴极移动；反之，多孔膜吸附阳离子，带负电的介质向阳极移动。在 U 形管中盛胶体溶液，将电极 5、6 接通直流电后，可从有刻度的毛细管 4 中，准确地读出液面的变化。

电渗析法最先用于海水淡化制取饮用水和工业用水，海水浓缩制取食盐，以及与其他单元技术组合制取高纯水，后来在废水处理方面也得到较广泛应用。电渗析法目前主要应用于以下几个方面：

（1）水质软化，供低压锅炉或其他工艺用水，磺化煤钠离子交换剂等工艺，可大大降低制水成本，节约能源，同时不需再生。较其他化学药剂软化效果好，劳动强度轻，操作简单，运行稳定。

（2）用于海水、苦咸水的淡化降氟，除氟，为海岛、海轮提供生活饮用水。

（3）与离子交换法组合，制取纯水和高纯水，供科研、电子工业、化工制药、电厂等用水，供高压锅炉给水，较单独使用离子交换器的制水成本可下降 50％以上，节约 80％的酸碱，同时离子交换树脂再生周期可大大延长。

图 10－2－8 是采用电渗析法进行脱盐或处理废水的装置。在废水处理中，根据工艺特点电渗析操作有两种类型：一种是由阳膜和阴膜交替排列而成的普通电渗析工艺，主要用来从废水中单纯分离污染物离子，或者把废水中的污染物离子和非电解质污染物分离开来，再用其他方法处理；另一种是由复合膜与阳膜构成的特殊电渗析分离工艺，利用复合膜中的极化反应和极室中的电极反应以产生 H^+ 和 OH^-，从废水中制取酸和碱。

目前，电渗析法在废水处理实践中应用最普遍的有：①处理碱法造纸废液，从浓液中回收碱，从淡液中回收木质素；②从含金属离子的废水中分离和浓缩重金属离子，然后对浓缩液进一步处理或回收利用；③从放射性废水中分离放射性元素；④从芒硝废液中制取硫酸和氢氧化钠；⑤从酸洗废液中制取硫酸及沉积重金属离子；⑥处理电镀废水和废液等，含 Cu^{2+}、Zn^{2+}、Cr(Ⅳ)、Ni^{2+} 等金属离子的废水都适宜用电渗析法处理，应用较广泛的是从镀镍废液中回收镍，许多工厂实践表明，用这种方法可以实现闭路循环。

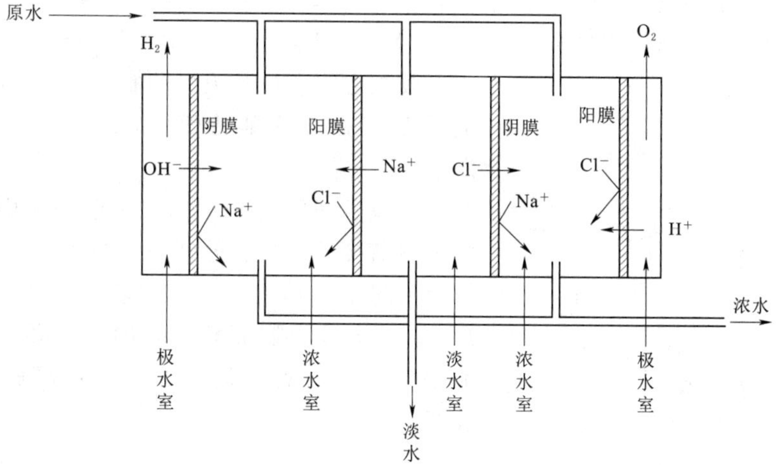

图 10-2-8　电渗析法海水淡化或废水处理

3. 流动电势

流动电势可以看作是电渗析的逆过程。当溶胶中带电荷的分散介质在加压或重力等外力的作用下，流经多孔膜时会在多孔膜两侧产生电势差。这种因流动而产生的电势称为流动电势。

溶胶在毛细管内流动时也会产生流动电势，如图 10-2-9 所示。因为管壁会吸附某种离子，使固体表面带电，电荷从固体到液体有个分布梯度。当外力迫使扩散层移动时，流动层与固体表面之间会产生电势差，当流速很快时，有时会产生电火花。在用泵输送原油或易燃化工原料时，要使管道接地或加入油溶性电解质，增加介质电导，防止流动电势可能引发的事故。

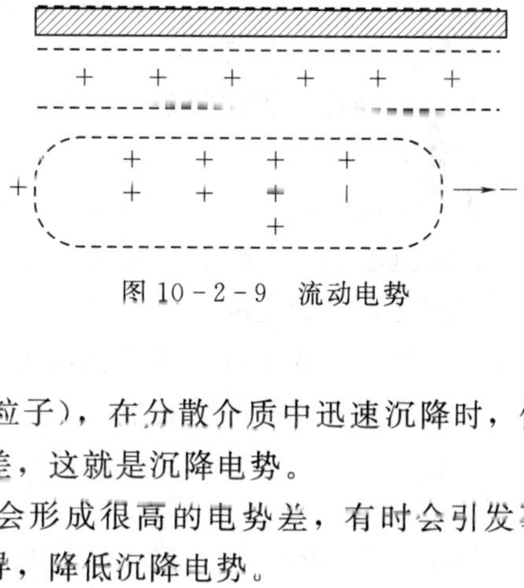

图 10-2-9　流动电势

4. 沉降电势

在重力场的作用下，带电的胶粒（分散质粒子），在分散介质中迅速沉降时，使底层与表面层的粒子浓度悬殊，从而产生电势差，这就是沉降电势。

储油罐中的油内常会有水滴，水滴的沉降会形成很高的电势差，有时会引发事故。通常在油中加入有机电解质，增加介质电导，降低沉降电势。

第三节　溶胶的稳定性和聚沉

一、溶胶的稳定性

溶胶能保持一定的稳定，主要是由于胶粒带有相同符号的电荷，胶粒之间有静电斥力，阻止了它们互相接触而聚合成较大的颗粒；另一方面，胶粒较小，布朗运动激烈，吸附在胶粒表面的离子都能水化，在胶粒表面形成一层水化膜，也能阻止胶粒的聚集。同时，布朗运动也降低了胶体沉降的趋势，从而使胶体能够保持均匀稳定。由于溶胶同时具备聚结稳定性和动力学稳定性，所以，溶胶一般比较稳定。

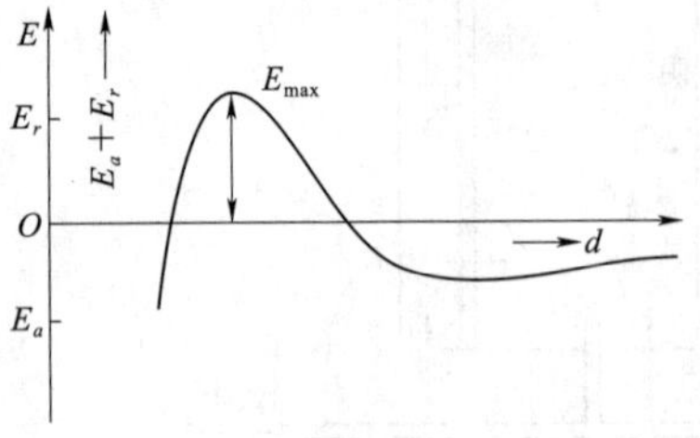

图 10-3-1　粒子间作用能与其距离的关系曲线

胶粒之间有相互吸引的能量 E_a 和相互排斥的能量 E_r，总作用能为 E_a+E_r，如图 10-3-1 所示。

当粒子间距离较大时，主要为吸引力，两个粒子逐渐接近；当靠近到一定距离，双电层重叠，排斥力起主要作用，总作用能增大，达到最大值 E_{max}。两个胶粒迎面相撞时的动能必须克服这一能垒 E_{max}，才有可能发生聚结，溶胶才会受到破坏。

二、溶胶的聚沉

溶胶的聚沉

如果破坏了胶体的稳定因素，就能使胶粒凝聚成较大颗粒而沉降，这个过程叫作聚沉。在水质净化处理中，聚沉是非常重要的一个步骤。使胶体聚沉的方法有下列几种。

1. 电解质的聚沉作用

当向溶胶中加入电解质后，溶胶中的反离子及电解质中与溶胶带相反电性的离子会进入吸附层，中和了电势离子，减少或者中和胶粒的带电量，从而使胶粒在碰撞后易于聚结而沉降。因此，电解质的聚沉作用主要是减少胶粒带电，使 ξ 电势下降，促使胶粒聚结。例如，在 Sb_2S_3 溶胶中，加入一些 NaCl 溶液，因为 Sb_2S_3 溶胶带负电性，则 Na^+ 会进入胶粒吸附层，若 Na^+ 浓度适当，会中和 Sb_2S_3 胶粒所带的负电荷，而使它聚沉。

使一定量溶胶在一定时间内开始聚沉的电解质的最低浓度（mmol/L）称为聚沉值。聚沉值越小，电解质的聚沉能力越强。

聚沉能力主要决定于电解质中与胶粒带相反电荷的离子的电荷数，电荷数越高，聚沉能力越强。聚沉值与异电性离子电荷数的六次方成反比，这就是价数规则。例如，对于给定的溶胶，异电性离子带电荷数分别为一、二、三，则聚沉值的比例为

$$\left(\frac{1}{1}\right)^6 : \left(\frac{1}{2}\right)^6 : \left(\frac{1}{3}\right)^6$$

当起聚沉作用的离子电荷数相同时，其聚沉能力也会因离子的活泼性不同而有所差别，但这个差别远小于因电荷数不同而引起的差异。一般情况下，若起聚沉作用的是阳离子，则聚沉能力随着金属活泼型的增强而增强，称作感胶离子序。

例如，对带负电性的溶胶，带一个单位电荷的阳离子硝酸盐的聚沉能力次序为

$$H^+ > Cs^+ > Rb^+ > NH_4{}^+ > K^+ > Na^+ > Li^+$$

而碱土金属离子的聚沉能力大小为

$$Ba^{2+} > Sr^{2+} > Ca^{2+} > Mg^{2+}$$

对带正电性的胶粒，起聚沉作用的阴离子随着该元素的非金属活泼性增加而增加。如，带一个单位电荷阴离子的钾盐的聚沉能力次序为

$$F^- > Cl^- > Br^- > NO_3^- > I^-$$

溶胶对电解质是很敏感的，加入少量电解质，溶胶就会聚沉，所以利用电解质对胶体进行聚沉是常用的主要方法。电解质对胶体的聚沉作用的根本原因是降低了胶粒的 ξ 电势，从而在两个胶粒接近时降低了排斥势能，因而容易发生聚沉。这种聚沉作用在自然界中和生活中得到广泛应用。比如，在河流入海口处，河水流经地表所携带的黏土胶体及生活污水排放的胶体状物，遇到海水中大量的电解质，会发生聚沉作用，裹挟泥沙沉降淤积，久之，就形成了土壤肥沃的三角洲。制豆腐时往往用石膏对大豆蛋白进行聚沉，称作“点膏”，就是利用了钙离子的聚沉作用，因为还要考虑食品安全因素和经济性，所以不用铝离子。

2. 高分子化合物的作用

高分子化合物对胶体的作用是两方面的，如图 10-3-2 所示。

当向胶体中加入的高分子化合物浓度较高时，能大大提高溶胶的稳定性，这就是高分子化合物对溶胶的保护作用。在溶胶中加入高分子化合物，数个高分子化合物附着在胶粒表面，一来可以使原来憎液的胶粒变成亲液，从而提高胶粒的溶解度；二来可以在胶粒表面形成一个高分子保护膜，以增强溶胶的抗电解质能力。保护作用在生理过程中具有重要意义。例如，在健康人的血液中所含的碳酸镁、磷酸钙等难溶盐，都是以溶胶状态存在，并被血清蛋白等保护着。当生病时，保护物质在血液中的含量减少了，这样就有可能使溶胶发生聚沉而堆积在身体的各个部位，使新陈代谢发生故障，形成肾脏、肝脏等结石。

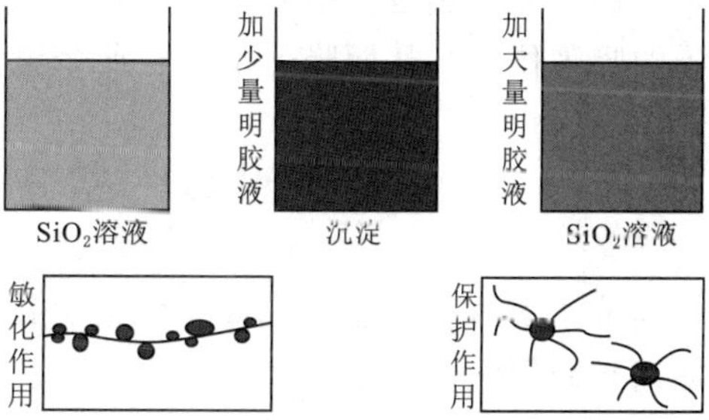

图 10-3-2　高分子化合物对胶体的敏化作用和保护作用

但是，高分子化合物加入的量较少时，大量胶粒会吸附在同一个高分子线型分子上，整个系统质量增大，发生聚沉，这种现象称为敏化作用。在敏化作用中，高分子化合物起到了一个桥梁的作用，通过吸附架桥，从而破坏胶体，使其发生聚沉。还有些高分子化合物对水有更强的亲和力，由于它的溶解与水化作用，使胶粒脱水失去水化外壳而聚沉。

例如，对 SiO_2 进行重量分析时，在 SiO_2 的溶胶中加入少量明胶，使 SiO_2 的胶粒黏附在明胶上，便于聚沉后过滤，减少损失，使分析更准确。

高分子化合物在水处理中常用来对水中胶体状物质进行聚沉，称作高分子混凝剂。目前常用的高分子混凝剂包括有机高分子絮凝剂和无机高分子絮凝剂。其中有机高分子絮凝剂以聚丙烯酰胺为代表，聚丙烯酰胺及其共聚物占有机高分子絮凝剂市场的大部分份额，其他如明胶、淀粉、聚乙烯醇、聚丙烯酸钠、聚（磺化苯乙烯-顺丁烯二酸）等。无机高分子絮凝剂以聚合氯化铝、硫酸亚铁为主。

3. 带相反电性的溶胶的聚沉作用

带相反电性的溶胶主要是通过电性的中和而使胶体聚沉的。与加入电解质情况不同的是，当两种溶胶的用量恰能使其所带电荷的量相等时，才会完全聚沉，否则会不完全聚沉，甚至不聚沉，称作等电量原则。

在水质净化和废水处理中，聚沉过程常称作絮凝或混凝，可以起到聚沉作用的物质称作絮凝剂或混凝剂。因为水中常含有带负电性的黏土胶粒，常向水中加明矾或聚合氯化铝。铝离子在水中电离析出后，一方面可以直接进入黏土的 SiO_2 胶粒中，降低胶粒的 ξ 电势，从而发生聚沉；另一方面，铝离子在水中会发生水解，生成带正电性的 $Al(OH)_3$ 胶体，和黏土胶体发生电性中和，从而聚沉。由于铝离子的双重作用，其聚沉能力很强，水处理效果非常好，因此，铝絮凝剂在水处理中占据着非常重要的地位。铁絮凝剂具有同样的作用，所以硫酸亚铁也常用作水处理絮凝剂。同时，在电解池中，用废旧铝（或铁）做阳极，则通电后产生的铁离子和铝离子也可起到絮凝的作用，这就是电絮凝的基本原理。

其他，如加热也会引起胶体聚沉。加热增加了胶粒的碰撞机会，同时降低了它对离子的吸附作用，从而降低了胶粒所带电量和水合程度，使粒子在碰撞时聚沉。

第四节 高分子溶液和乳浊液

高分子溶液和乳浊液都属于液态分散系，前者为胶体分散系，后者为粗分散系，下面简单介绍它们的特性。

一、高分子溶液

1. 高分子

高分子化合物是指相对分子质量在10000以上的有机大分子化合物，主要有：天然大分子，如淀粉、蛋白质、纤维素、核酸和各种生物大分子等；人工合成大分子，如合成橡胶、聚烯烃、树脂和合成纤维等；合成的功能高分子材料，如光敏高分子、导电性高分子、医用高分子和高分子膜等。

许多天然有机物如蛋白质、纤维素、淀粉、橡胶以及人工合成的各种塑料等都是高分子化合物。例如，淀粉或纤维素是由许多葡萄糖分子缩合而成，蛋白质分子中最小的单位是各种氨基酸。高分子化合物分子中的结构单位称为链节。大多数高分子化合物的分子结构呈线状或线状带支链，每个分子中所含的链节数是不等的。通常说的高分子化合物的摩尔质量只是一种平均摩尔质量。

2. 高分子溶液的特性

当高分子化合物溶解在适当的溶剂中，就形成高分子化合物溶液，简称高分子溶液。高分子溶液由于其溶质的颗粒大小与溶胶粒子相近，属于胶体分散系，它表现出某些溶胶的性质，如不能透过半透膜、扩散速度慢等。然而，它的分散质粒子为单个大分子，属于单相体系，故它又表现出溶液的某些性质。

高分子化合物像一般溶质一样，在适当溶剂中分子能强烈自发溶剂化而逐步溶胀，形成很厚的溶剂化膜，使它能稳定地分散于溶液中而不凝结，最后溶解成溶液，具有一定的溶解度，如蛋白质和淀粉溶于水、天然橡胶溶于苯都能形成高分子溶液。除去溶剂后，重新加入溶剂时仍可溶解，因此高分子溶液是一种热力学稳定体系。与此相反，溶胶的胶核是不溶于溶剂的，溶胶是用特殊的方法制备而成的，溶胶凝结后不能用再加入溶剂的方法使它复原，因此是一种热力学不稳定体系。高分子溶液溶质与溶剂之间没有明显的界面，因而对光的散射作用很弱，丁达尔效应不像溶胶那样明显。另外高分子化合物还具有很大的黏度，这与它的链状结构和高度溶剂化的性质有关。

3. 高分子溶液的盐析作用

高分子溶液具有一定的抗电解质聚沉的能力，加入少量的电解质，它的稳定性并不受影响。这是因为在高分子溶液中，本身带有较多的可解离或已解离的亲水基团，例如—OH、—COOH、$—NH_2$ 等。这些基团具有很强的水化能力，它们能使高分子化合物表面形成一层较厚的水化膜，能稳定地存在于溶液之中，不易聚沉。要使高分子化合物从溶液中聚沉出来，除中和高分子化合物所带的电荷外，更重要的是破坏其水化膜，因此，必须加入大量的电解质。电解质的离子要实现其自身的水化，就大量夺取高分子化合物水化膜上的溶剂化水，从而破坏水化膜，使高分子溶液失去稳定性，使其聚沉。像这种通过加入大量电解质使高分子化合物聚沉的作用称为盐析。加入乙醇、丙酮等溶剂，也能将高分子溶质沉淀出来。这是因为这些溶剂也像电解质离子一样有强的亲水性，会破坏高分子化合物的水化膜。在研究天然产物时，常常用盐析和加入乙醇等溶剂的方法来分离蛋白质和其他的物质。

二、乳浊液

所谓乳浊液就是分散质和分散剂均为液体的粗分散系。牛奶、豆浆以及人和动物机体中的血液、淋巴液都是乳浊液。在乳浊液中被分散的液滴直径在 100～500nm 之间。乳浊液可分为两大类，一类是“油”（通常指有机物）分散在水中所形成的体系，称为水包油型乳浊液，以油/水或 O/W 表示，如牛奶、豆浆等；另一类是水分散在“油”中形成的体系，称为油包水型乳浊液，以水/油或 W/O 表示，如石油。

将油和水放在容器内猛烈震荡，可以得到乳浊液，但是这样得到的乳浊液并不稳定，停止震荡后，分散的液滴相碰后会自动合并，油水会自动分离成两个互不相溶的液层，可见乳浊液也像溶胶那样需要有第三种物质作为稳定剂，才能形成一种稳定的体系。在油水混合时加入少量肥皂，则形成的乳浊液在停止震荡后分层很慢，肥皂就起了一种稳定剂的作用。乳浊液的稳定剂称为乳化剂，许多乳化剂都是表面活性物质。因此，表面活性剂有时也称为乳化剂。乳化剂的类型决定了乳浊液的类型。乳化剂可根据其亲和能力的差别分为亲水性乳化剂和亲油性乳化剂。常用的亲水性乳化剂有钾肥皂、钠肥皂、蛋白质、动物胶等，生成 O/W 型乳浊液。常用的亲油性乳化剂有钙肥皂、高级醇类、高级酸类、石墨等，生成 W/O 型乳浊液。

乳浊液及乳化剂的应用非常广泛，绝大多数有机农药、植物生长调节剂的使用都离不开乳化剂。如调乳胶漆时以前以甲苯为溶剂有毒，现以水为溶剂，向水中加乳化剂使乳胶漆在其中形成水包油型乳浊液。再如在农业生产中经常利用到的有机农药，其水溶性较差，不能与水均匀混合。为了能使农药与水较好地混合，加入适量的乳化剂，以减小它们的表面张力，从而达到均匀喷洒、降低成本、提高杀虫治病的目的。在人体的生理活动中，乳浊液也有重要的作用。例如，食物中的脂肪在消化液（水溶液）中是不溶解的，但经过胆汁中胆酸的乳化作用和小肠的蠕动，使脂肪形成微小的液滴，其表面积大大增加，有利于肠壁的吸收。此外，乳浊液在制药、食品、制革、涂料、石油钻探等工业生产中都有许多应用。

乳浊液的破坏与转化：①如含油污水，乳化油表面带负电，加电解质降低 ζ 电势，使聚结为大油滴，再用浮选法除去，从而达到净水的目的；②高电压法，石油除水，水极化，变成大液滴，在重力作用下即能分出；③化学破坏法，与乳化剂反应，破坏其作用；④破坏吸附膜、加热、搅拌等。

思　考　题

1. 憎液溶胶的特征有哪些？
2. 丁达尔效应产生的实质是什么？
3. 布朗运动是如何产生的？
4. 胶体的电动现象有哪些？胶体为什么会有电动现象？
5. 对于 AgI 的水溶液，当以 $AgNO_3$ 为稳定剂时，如果 ζ 电势为 0，请写出在等电点时胶团的结构式。
6. 憎液溶胶是热力学上的不稳定系统，为什么它能在相当长的时间内存在？
7. 为什么表示危险的信号灯用红色？为什么车辆在雾天行驶时，装在车尾的雾灯一般采用黄色？
8. 为什么晴天的天空成蓝色？为什么日出、日落时的彩霞特别鲜艳？
9. 为什么输油管和运送有机液体的管道都要接地？
10. 什么是 ζ 电势？ζ 电势的正、负号是如何确定的？ζ 电势的大小与热力学电势有什么区别？ζ 电势与憎液溶胶的稳定性有什么关系？
11. 试解释：某学生在做碳酸钙胶体沉降分析实验时，没有加 $Na_2P_2O_7$ 溶液，沉降速度较慢；加了 $Na_2P_2O_7$ 溶液后，沉降速度加快。
12. 写出由 $FeCl_3$ 水解得到 $Fe(OH)_3$ 胶团的结构。物质的量浓度相同的 NaCl、$MgCl_2$、$MgSO_4$、Na_2SO_4 各溶液对 $Fe(OH)_3$ 溶胶聚沉能力强弱的次序如何？
13. 为什么在新生成的 $Fe(OH)_3$ 沉淀中加入少量的稀 $FeCl_3$ 溶液，沉淀会溶解？如再加入一定量的硫酸盐溶液，又会析出沉淀？
14. 电解质使胶体发生聚沉的原理是什么？
15. 为什么做豆腐时，加入石膏而不用食盐或者硫酸铝？
16. 河流入海口的三角洲是如何形成的？
17. 墨汁是一种胶体分散系统，在制作时往往要加入一定量的阿拉伯胶（一种大分子物质）做稳定剂，主要原因是什么？
18. 简述明矾净水的原理。

附录Ⅰ

常见气体的范德华常数

附表Ⅰ-1　常见气体的范德华常数

气体	a/(m^6·Pa/mol^2)	b/(m^3/mol)	气体	a/(m^6·Pa/mol^2)	b/(m^3/mol)
He	3.46×10^{-3}	2.37×10^{-5}	H_2O	5.54×10^{-1}	3.05×10^{-5}
H_2	2.48×10^{-2}	2.66×10^{-5}	SO_2	6.80×10^{-1}	5.64×10^{-5}
Ar	1.36×10^{-1}	3.22×10^{-5}	CH_4	2.28×10^{-1}	4.28×10^{-5}
N_2	1.41×10^{-1}	3.91×10^{-5}	C_2H_6	5.56×10^{-1}	6.38×10^{-5}
O_2	1.38×10^{-1}	3.18×10^{-5}	C_2H_4	4.53×10^{-1}	5.71×10^{-5}
Cl_2	6.57×10^{-1}	5.62×10^{-5}	C_2H_2	4.45×10^{-1}	5.14×10^{-5}
CO	1.51×10^{-1}	3.99×10^{-5}	C_6H_6	1.82	1.15×10^{-4}
CO_2	3.64×10^{-1}	4.27×10^{-5}	NH_3	4.22×10^{-1}	3.71×10^{-5}
NO	1.35×10^{-1}	2.79×10^{-5}	HCl	3.72×10^{-1}	4.08×10^{-5}
NO_2	5.35×10^{-1}	4.42×10^{-5}	C_2H_5OH	1.22	8.41×10^{-5}

附录Ⅱ 一些常见气体的临界常数和沸点

附表Ⅱ-1　　一些常见气体的临界常数和沸点

气体	T_c/K	p_c/Pa	V_c/(m^3/mol)	b.p/K
He	5.19	2.27×10^5	5.70×10^{-5}	4.22
H_2	32.97	1.29×10^6	6.50×10^{-5}	20.28
N_2	126.21	3.39×10^6	9.00×10^{-5}	77.36
O_2	54.59	5.04×10^6	7.30×10^{-5}	90.20
Cl_2	16.9	7.71×10^6	1.24×10^{-4}	239.0
CH_4	190.56	4.64×10^6	9.88×10^{-5}	156.0
NH_3	405.5	1.14×10^7	7.23×10^{-5}	239.8
CO_2	304.13	7.38×10^6	9.56×10^{-5}	194.7
H_2O	647.14	2.21×10^7	5.6×10^{-6}	373.2

附录Ⅲ

相对原子质量四位数表

（以^{12}C=12 相对原子质量为标准）

附表Ⅲ-1　　相对原子质量四位数表

序号	名称	符号	相对分子质量	序号	名称	符号	相对分子质量
1	氢	H	1.008	28	镍	Ni	58.69
2	氦	He	4.003	29	铜	Cu	63.55
3	锂	Li	6.941±2	30	锌	Zn	65.39±2
4	铍	Be	9.012	31	镓	Ga	69.72
5	硼	B	10.81	32	锗	Ge	72.61±3
6	碳	C	12.01	33	砷	As	74.92
7	氮	N	14.01	34	硒	Se	78.96±3
8	氧	O	16.00	35	溴	Br	79.90
9	氟	F	19.00	36	氪	Kr	83.80
10	氖	Ne	20.18	37	铷	Rb	85.47
11	钠	Na	22.99	38	锶	Sr	87.62
12	镁	Mg	24.31	39	钇	Y	88.91
13	铝	Al	26.98	40	锆	Zr	91.22
14	硅	Si	28.09	41	铌	Nb	92.91
15	磷	P	30.97	42	钼	Mo	95.94
16	硫	S	32.07	43	锝	^{99}Tc	98.91
17	氯	Cl	35.45	44	钌	Ru	101.1
18	氩	Ar	39.95	45	铑	Rh	102.9
19	钾	K	39.10	46	钯	Pd	106.4
20	钙	Ca	40.08	47	银	Ag	107.9
21	钪	Sc	44.96	48	镉	Cd	112.4
22	钛	Ti	47.88±3	49	铟	In	114.8
23	钒	V	50.94	50	锡	Sn	118.7
24	铬	Cr	52.00	51	锑	Sb	121.8
25	锰	Mn	54.94	52	碲	Te	127.6
26	铁	Fe	55.85	53	碘	I	126.9
27	钴	Co	58.93	54	氙	Xe	131.3

续表

序号	名称	符号	相对分子质量	序号	名称	符号	相对分子质量
55	铯	Cs	132.9	83	铋	Bi	209.0
56	钡	Ba	137.3	84	钋	^{210}Po	210.0
57	镧	La	138.9	85	砹	^{210}At	210.0
58	铈	Ce	140.1	86	氡	^{222}Rn	222.0
59	镨	Pr	140.9	87	钫	^{223}Fr	223.0
60	钕	Nd	144.2	88	镭	^{226}Ra	226.0
61	钷	^{145}Pm	144.9	89	锕	^{227}Ac	227.0
62	钐	Sm	150.4	90	钍	Th	232.0
63	铕	Eu	152.0	91	镤	^{231}Pa	231.0
64	钆	Gd	157.3	92	铀	U	238.0
65	铽	Tb	158.9	93	镎	^{237}Np	237.0
66	镝	Dy	162.5	94	钚	^{239}Pu	239.1
67	钬	Ho	164.9	95	镅	^{243}Am	243.1
68	铒	Fr	167.3	96	锔	^{247}Cm	247.1
69	铥	Tm	168.9	97	锫	^{247}Bk	247.1
70	镱	Yb	173.0	98	锎	^{252}Cf	252.1
71	镥	Lu	175.0	99	锿	^{252}Es	252.1
72	铪	Hf	178.5	100	镄	^{257}Fm	257.1
73	钽	Ta	180.9	101	钔	^{256}Md	256.1
74	钨	W	183.9	102	锘	^{259}No	259.1
75	铼	Re	186.2	103	铹	^{260}Lr	260.1
76	锇	Os	190.2	104	𬬻	^{261}Rf	261.1
77	铱	Ir	192.2	105	𨧀	^{262}Db	262.1
78	铂	Pt	195.1	106	𨭎	^{263}Sg	263.1
79	金	Au	197.0	107	𨨏	^{264}Bh	264.1
80	汞	Hg	200.6	108	𨭆	^{265}Hs	265.1
81	铊	Tl	204.4	109	鿏	^{268}Mt	268.1
82	铅	Pb	207.2				

注　表中除5种元素有较大的误差外，所列数值均准确到第4位有效数字，其末位数的误差不超过±1。对于既无稳定同位素又无特征天然同位素的各种元素，均以该元素的一种熟知的放射性同位素来表示，表中用质量数（写在化学符号的左上角）以及相对原子质量标出。

附录Ⅳ

国际单位制（SI）

附表Ⅳ-1　　**SI 基 本 单 位**

量		单　位	
名 称	符 号	名 称	符 号
长度	l	米	m
质量	m	千克（公斤）*	kg
时间	t	秒	s
电流	I	安［培］*	A
热力学温度	T	开［尔文］	K
物质的量	n	摩［尔］	mol
发光强度	I_v	坎［德拉］	cd

注　* 按《中华人民共和国法定计量单位》规定：［ ］内的字是在不致引起混淆的情况下可以省略的字；（）内是前者的同义词。下同。

附表Ⅳ-2　　**常 用 的 SI 导 出 单 位**

量		单　位		
名称	符号	名称	符号	SI 基本单位或 SI 导出单位表示
频率	ν	赫［兹］	Hz	1/s
能量	E	焦［耳］	J	$kg \cdot m^2/s^2$
力	F	牛［顿］	N	$kg \cdot m/s^2 = J/m$
压力	p	帕［斯卡］	Pa	$kg/(m \cdot s^2) = N/m^2$
功率	P	瓦［特］	W	$kg \cdot m^2/s^3 = J/m$
电荷量	Q	库［伦］	C	$A \cdot s$
电位，电压，电动势	U	伏［特］	V	$kg \cdot m^2/(s^3 \cdot A) = J/(A \cdot s)$
电阻	R	欧［姆］	Ω	$kg \cdot m^2/(s^3 \cdot A^2) = V/A$
电导	G	西［门子］	S	$s^2 \cdot A^2/(kg \cdot m^2) = 1/\Omega$
电容	C	法［拉］	F	$A^2 \cdot s^4/(kg \cdot m^2) = A \cdot s/V$
磁通量	Φ	韦［伯］	Wb	$kg \cdot m^2/(s^2 \cdot A) = V \cdot s$

附录V

一些物理和化学中的基本常数

附表V-1　一些物理和化学中的基本常数

量	符号	数值	单位	相对不确定度（$1/10^7$）
光速	C	299792458	m/s	定义值
Planck 常数	h	6.6260755（40）	10^{-34}J·s	0.60
h/(2π)	$\hbar$	1.05457266（63）	10^{-34}J·s	0.60
基本电荷	e	1.60217733（49）	10^{-19}C	0.30
电子质量	m_e	0.91093897（54）	10^{-30}kg	0.59
质子质量	m_p	1.6726231（10）	10^{-27}kg	0.59
Avogadro 常数	L，N_A	6.0221367（36）	10^{23}	0.59
Faraday 常数	F	96485.309（29）	C/mol	0.30
摩尔气体常数	R	8.314510（70）	J/(mol·K)	8.4
Boltzmann 常数，R/L	k	1.380658（12）	10^{-23}J/K	8.5
电子伏，(e/C)J={e}J	eV	1.60217733（49）	10^{-10}J	0.30
质子质量$\frac{1}{12}$m（^{12}C）	u	1.6605402（10）	10^{-27}kg	0.59

附录Ⅵ

热力学数据表

附录Ⅵ-1　　部分单质和无机化合物的热力学数据

(100kPa，298.15K)

单质或化合物	$\Delta_f H_m^\ominus$/(kJ/mol)	$\Delta_f G_m^\ominus$/(kJ/mol)	$S_m^\ominus$/[J/(K·mol)]	$C_{p,m}^\ominus$/[J/(K·mol)]	M/(g/mol)
Ag(s)	0	0	42.55	25.351	107.87
AgBr(s)	100.37	−96.9	107.1	52.38	187.78
AgCl(s)	−127.068	−109.789	96.2	50.79	143.32
AgI(s)	−61.81	−66.19	115.5	56.82	234.77
$AgNO_3$(s)	−124.39	−33.41	140.92	93.05	169.88
Ag_2CO_3(s)	−505.8	−436.8	167.4	112.26	275.74
Ag_2O(s)	−31.05	−11.2	121.3	65.86	231.74
Al(s)	0	0	28.33	24.35	26.98
$AlCl_3$(s)	−704.2	−628.8	110.67	91.84	133.24
Al_2O_3(s，α)	−1675.7	−1582.3	50.92	79.4	101.96
$BaCl_2$(s)	−858.6	−810.4	123.68	75.14	208.25
C(s，金刚石)	1.895	2.900	2.377	6.113	12.011
Br_2(l)	0	0	15.231	75.69	159.82
Br_2(g)	30.907	3.11	245.46	36.02	159.82
HBr(g)	−36.4	−53.45	198.7	29.142	90.92
C(s，石墨)	0	0	5.74	8.527	12.011
CO(g)	−110.525	137.168	197.674	29.14	28.011
CO_2(g)	−393.509	−394.359	213.74	37.11	44.011
$CaCO_3$(方解石)	−1206.92	−1128.79	92.9	81.88	100.09
$CaCl_2$(s)	−795.08	−748	104.6	72.59	110.99
CaO(s)	−635.09	−604.03	39.75	42.8	56.08
Cl_2(g)	0	0	223.07	33.91	70.91
HCl(g)	−92.31	−95.3	186.91	29.12	36.46
HCl(aq)	−167.16	−131.23	56.5	−136.4	36.46
Cu(s)	0	0	33.15	24.44	63.54
CuO(s)	−157.3	−129.7	42.63	42.3	79.54
$CuSO_4$(s)	−771.36	−661.8	109	100	159.6

续表

单质或化合物	$\Delta_f H_m^\ominus$/(kJ/mol)	$\Delta_f G_m^\ominus$/(kJ/mol)	$S_m^\ominus$/[J/(K·mol)]	$C_{p,m}^\ominus$/[J/(K·mol)]	M/(g/mol)
$CuSO_4 \cdot 5H_2O$(s)	−2279.7	−1879.7	300.4	280	249.68
F_2(g)	0	0	202.78	31.3	38
HF(g)	−271.1	−273.2	173.78	29.13	20.01
Fe(s)	0	0	27.28	25.1	55.85
FeS_2(s)	−178.2	−166.9	52.93	62.17	
Fe_2O_3(s)	−824.2	−742.2	87.4	103.85	159.69
Fe_3O_4(s)	−1118.4	−1015.4	146.4	143.43	231.54
H_2(g)	0	0	130.684	28.824	2.016
H_2O(l)	−285.83	−237.129	69.91	75.291	18.015
H_2O(g)	−241.818	−228.572	188.825	33.577	18.015
H_2O_2(l)	−187.78	−120.35	109.6	89.1	34.015
Hg(l)	0	0	76.02	27.983	200.59
HgO(s)	−90.83	−58.54	70.29	44.06	216.59
Hg_2Cl_2(s)	−265.22	−210.75	192.5	102	472.09
Hg_2SO_4(s)	−743.12	−625.815	200.66	131.96	497.24
I_2(s)	0	0	116.135	54.44	253.81
HI(g)	26.48	1.7	206.59	29.158	127.91
K(s)	0	0	64.18	29.59	39.1
MgO(s)	−601.7	−569.43	26.94	37.15	40.31
$MgCl_2$(s)	−641.32	−591.79	89.62	71.38	95.22
N_2(g)	0	0	191.61	29.125	28.013
NO(g)	90.25	86.55	210.761	29.844	
N_2O(g)	82.05	104.2	219.85	38.45	44.01
NO_2(g)	33.18	51.31	240.06	37.20	46.01
N_2O_4(g)	9.16	97.89	304.29	77.28	92.01
N_2O_5(g)	11.3	115.1	355.7	84.5	108.01
HNO_3(g)	−135.06	−74.72	266.38	53.35	63.01
HNO_3(l)	−174.1	−80.71	155.6	109.87	63.01
NH_3(g)	−46.11	−16.45	192.45	35.06	17.03
NH_3(l)	264	327.3	140.6	43.68	17.03
NH_4NO_3(s)	−365.56	−183.87	151.08	139.3	80.04
NH_4Cl(s)	−341.43	−202.87	94.6	84.1	53.49
$(NH_4)_2SO_4$(s)	−1180.85	−901.67	220.1	187.49	132.12
Na(s)	0	0	51.21	28.24	22.99

续表

单质或化合物	$\Delta_f H_m^\ominus$/(kJ/mol)	$\Delta_f G_m^\ominus$/(kJ/mol)	$S_m^\ominus$/[J/(K·mol)]	$C_{p,m}^\ominus$/[J/(K·mol)]	M/(g/mol)
NaOH(s)	−425.61	−379.49	64.46	59.54	40
NaCl(s)	−411.15	−384.14	72.13	50.5	58.44
NaBr(s)	−361.06	−348.98	86.82	51.38	102.9
Na_2CO_3(s)	−1130.68	−1044.44	134.98	112.3	82.99
$NaNO_3$(s)	−467.85	−367	116.52	92.88	84.99
Na_2SO_4(s，正交)	−1387.08	−1270.16	149.58	128.2	142.04
O_2(g)	0	0	205.138	29.355	31.999
O_3(g)	142.7	163.2	238.93	39.2	47.998
P(s，白磷)	0	0	41.09	23.84	30.97
PCl_3(s)	−287	−267.8	311.78	71.84	137.33
PCl_5(s)	−374.9	−305	364.6	112.8	208.24
H_3PO_4(s)	−1279	−1119.1	110.5	106.06	94.97
SiO_2(s，α)	−910.94	−856.64	41.84	44.43	60.09
S(s，α，正交)	0	0	31.8	22.64	32.06
SO_2(g)	−296.83	−300.19	248.22	39.87	64.06
SO_3(g)	−395.72	−371.06	256.76	50.67	80.06
H_2SO_4(l)	−813.99	−690	156.9	138.9	98.08
SnO(s)	−285.8	−256.9	56.5	44.31	134.69
H_2S(g)	−20.63	−33.56	205.78	34.23	34.06
Sn(s，β)	0	0	51.55	26.99	118.69
SnO_2(s)	−580.7	−519.6	52.3	52.59	150.69
Zn(s)	0	0	41.63	25.4	65.37
ZnO(s)	−348.28	318.3	43.64	40.25	81.37

附录Ⅵ-2　　部分有机化合物热力学数据（100kPa，298.15K）

有机化合物	$\Delta_f H_m^\ominus$/(kJ/mol)	$\Delta_f G_m^\ominus$/(kJ/mol)	$S_m^\ominus$/[J/(K·mol)]	$C_{p,m}^\ominus$/[J/(K·mol)]	$\Delta_c H_m^\ominus$/(kJ/mol)	M/(g/mol)
CH_4(g)	−74.81	−50.72	186.26	35.31	−890	16.04
C_2H_2(g)	226.73	209.2	200.94	43.93	−1299.6	26.04
C_2H_4(g)	52.26	68.15	219.56	43.56	−1411	28.05
C_2H_6(g)	−84.68	−32.82	229.60	52.63	1559.8	30.07
C_3H_8(g)	−103.85	−23.37	270.02	73.5	−2220	44.10
C_4H_{10}(g)	−126.15	−17.02	310.23	97.45	−2878	58.13
C_6H_6(l)	49.04	124.45	173.3	136.1	−3268	78.12
C_6H_6(g)	82.93	129.72	269.31	81.67	−3302	78.12

续表

有机化合物	$\Delta_f H_m^\ominus$/(kJ/mol)	$\Delta_f G_m^\ominus$/(kJ/mol)	$S_m^\ominus$/[J/(K·mol)]	$C_{p,m}^\ominus$/[J/(K·mol)]	$\Delta_c H_m^\ominus$/(kJ/mol)	M/(g/mol)
$CH_3OH(l)$	−238.66	−166.27	126.8	81.6	−726.51	32.04
$CH_3OH(g)$	−200.66	−161.96	239.81	43.89	−764	32.04
$C_2H_5OH(l)$	−277.69	−174.78	160.7	111.46	−1368	46.07
$C_2H_5OH(g)$	−235.1	−168.49	282.70	65.44	−1409	46.07
HCOOH	−424.72	−361.35	128.95	99.04	−254.6	46.03
CH_3COOH	−484.5	−389.9	159.8	124.3	−874.54	60.05
$C_6H_5COOH(s)$	−385.1	−245.14	167.6	146.8	−3226.9	122.13
$CH_3COOC_2H_5(s)$	−479	−332.55	259.4	170.1	−2231	88.11
HCHO(g)	−108.57	−102.53	218.77	35.4	−570.78	30.03
$CH_3CHO(g)$	−166.19	−128.86	250.3	57.3	−1166.4	44.05
$CH_3COCH_3(l)$	−248.1	−155.4	200.4	124.7	−1790	58.08
$CO(NH_2)_2(s)$	−333.51	−197.33	104.6	93.14	−632	60.06
$CH_3NH_2(g)$	−22.97	32.16	243.41	53.1	−1085	31.06
$CH_2(NH_2)COOH(s)$	−532.9	−374.4	103.5	99.2	−969	75.07

附录Ⅵ-3　　部分离子的热力学数据

(100kPa，298.15K)

水溶液中的物质	$\Delta_f H_m^\ominus$/(kJ/mol)	$\Delta_f G_m^\ominus$/(kJ/mol)	$S_m^\ominus$/[J/(K·mol)]	$C_{p,m}^\ominus$/[J/(K·mol)]
$H^+(aq)$，$H_3O^+(aq)$	0	0	0	
$OH^-(aq)$	−229.99	−157.24	−10.75	−148.5
第　一　族				
$Li^+(aq)$	−278.49	−293.31	13.4	68.6
$Na^+(aq)$	−240.12	−261.91	59	46.4
$K^+(aq)$	−252.38	−283.27	102.5	21.8
第　二　族				
$Ba^{2+}(aq)$				
$Mg^{2+}(aq)$	−466.85	−454.8	−138.1	
$Ca^{2+}(aq)$	−542.86	−553.58	−53.1	
第　三　族				
H_3BO_3	−1067.8	−963.32	159.8	
第　四　族				
$CO_2(aq)$	−413.8	−385.98	117.6	
$H_2CO_3(aq)$	−699.65	−623.08	187.4	
$HCO_3^-(aq)$	−691.99	−586.77	91.2	
$CO_3^{2-}(aq)$	−677.14	−527.81	−56.9	

续表

水溶液中的物质	$\Delta_f H_m^\ominus$ /(kJ/mol)	$\Delta_f G_m^\ominus$ /(kJ/mol)	$S_m^\ominus$ /[J/(K·mol)]	$C_{p,m}^\ominus$ /[J/(K·mol)]
$CH_3COOH(aq)$	−485.76	−396.46	178.7	
$CH_3COO^-(aq)$	−486.01	−369.31	86.6	−6.3
第　五　族				
$Ag^+(aq)$	105.58	77.11	72.68	21.8
$[Ag(NH_3)_2]^+(aq)$	−111.8	−17.4	241.8	
$Cu^+(aq)$	71.67	49.98	40.6	
$Cu^{2+}(aq)$	64.77	65.49	−99.6	
$CrO_4^{2-}(aq)$	−881.15	−727.75	50.21	
$Cr_2O_7^{2-}(aq)$	−1490.3	−1301.1	261.9	
$Pb^{2+}(aq)$	−1.7	−24.43	10.5	
$Zn^{2+}(aq)$	−153.89	−147.06	−112.1	46
$[Cu(NH_3)_4]^{2+}$	−348.5	−111.07	273.6	
其　他　离　子				
F^-	−332.63	−278.79	−13.8	−106.7
Cl^-	−167.16	−131.23	56.5	−136.4
Br^-	−121.55	−103.96	82.4	−141.8
I^-	−55.19	51.57	111.3	−142.3
S^{2-}	33.1	85.8	−14.6	
ClO^-	−107.1	−36.8	42	
ClO_2^-	−66.5	17.2	101.3	
ClO_3^-	−103.97	−7.95	162.3	
ClO_4^-	−129.33	−8.52	182.0	
SO_3^{2-}	635.5	−486.5	−29	
SO_4^{2-}	−909.27	−744.53	20.1	−293
$S_2O_3^{2-}$	−648.5	−522.5	67	
HS^-	−17.6	12.08	67	
HSO_3^-	−626.22	−527.73	139.7	
NO_2^-	−104.6	−32.2	123.0	−97.5
NO_3^-	−205.0	−108.74	146.4	86.6
PO_4^{3-}	−1277.4	−1018.7	−222	
CN^-	150.6	172.4	94.1	
SCN^-	76.44	92.71	144.3	−40.2
$HC_2O_4^-$	−818.4	−698.34	149.4	
$C_2O_4^{2-}$	−825.1	−673.9	45.6	
HCO_2^-	−425.55	−351.0	92	−87.9

附录Ⅶ

实验指导

实验一　液相反应实验平衡常数的测定

一、实验目的

(1) 利用分光光度计测定低浓度下铁离子与硫氰酸根离子生成硫氰合铁离子液相反应的实验平衡常数。

(2) 通过实验了解实验平衡常数的数值不因反应物初始浓度的不同而变化。

二、实验原理

铁离子与硫氰酸根离子在溶液中可生成一系列的络离子，并共存于同一平衡体系中，但当铁离子与硫酸根离子的浓度很低时，只有如下的反应：

$$Fe^{3+} + SCN^{-} \rightarrow FeSCN^{2+}$$

即反应被控制在仅仅生成最简单的 $FeSCN^{2+}$ 络离子。其平衡常数表示为

$$K_c = \frac{C_{FeSCN^{2+}}}{C_{Fe^{3+}} C_{SCN^{-}}}$$

通过实验和计算可以看出，在同一温度下，改变铁离子（或硫氰酸根离子）浓度时，溶液的颜色改变，平衡发生移动，但平衡常数 K_c 保持不变。

根据朗伯—比尔定律可知，吸光度与溶液浓度成正比。因此，可借助于分光光度计测定其吸光度，从而计算出平衡时硫氰合铁离子的浓度以及铁离子和硫氰酸根离子的浓度，进而求出该反应的平衡常数 K_c。

三、仪器和试剂

1. 仪器

722 型分光光度计，50mL 烧杯 4 个，50mL 锥形瓶 2 个，10mL 移液管 6 支。

2. 试剂

4×10^{-4} mol/L 的 NH_4SCN 溶液，1×10^{-1} mol/L 和 1×10^{-2} mol/L 的 $FeCl_3$ 溶液。

四、实验内容

1. 不同浓度试样的配制

(1) 取 4 个 50mL 的烧杯，编成 1、2、3、4 号，用移液管向编号的烧杯中各注入 5mL 4×10^{-4} mol/L 的 NH_4SCN 溶液。

(2) 在 1 号烧杯中直接注入 5mL 1×10^{-1} mol/L 的 Fe^{3+} 离子溶液。

(3) 在 2 号烧杯中直接注入 5mL 1×10^{-2} mol/L 的 Fe^{3+} 离子溶液。

（4）取 50mL 锥形瓶 1 个，注入 5mL 1×10^{-2}mol/L 的 Fe^{3+} 离子溶液，然后加纯水 10mL 稀释，即得 Fe^{3+} 离子浓度 5×10^{-3}mol/L 的稀释液。取出稀释液 5mL 加到 3 号烧杯中。

（5）另取（4）中稀释液（即 Fe^{3+} 离子浓度为 5×10^{-3}mol/L）10mL 注入干燥锥形瓶中，再加纯水 10mL，配制成浓度为 2.5×10^{-3}mol/L 的 Fe^{3+} 离子溶液。取此溶液 5mL 加到 4 号烧杯中。各烧杯中离子初始浓度，见附表Ⅶ-1。

附表Ⅶ-1　　各烧杯中离子初始浓度

烧　杯　号	1	2	3	4
C_{SCN^-}/(mol/L)	2×10^{-4}	2×10^{-4}	2×10^{-4}	2×10^{-4}
$C_{Fe^{3+}}$/(mol/L)	5×10^{-2}	5×10^{-3}	2.5×10^{-3}	1.25×10^{-3}

2. 分光光度计的调节与溶液吸光度的测定

将 722 型分光光度计调整好，并把波长调到 475nm 处。然后分别测定上述 4 个编号烧杯中各溶液的吸光度。

五、数据处理

数据处理见附表Ⅶ-2。

附表Ⅶ-2　　数　据　处　理

温度：　　　　压力：

编号	$C_{Fe^{3+}}$ (ini)	C_{SCN^-} (ini)	吸光度	吸光度比	$C_{FeSCN^{2+}}$ (equ)	$C_{Fe^{3+}}$ (equ)	C_{SCN^-} (equ)	K_c
1								
2								
3								
4								

附表Ⅶ-2 中数据按下列方法计算：

（1）对 1 号烧杯 Fe^{3+} 离子与 SCN^- 离子反应达平衡时，可以认为 SCN^- 全部消耗。此平衡时硫氰合铁离子的浓度即为反应开始时硫氰酸根离子浓度。即有

$$C_{FeSCN^{2+}(equ)_1}=C_{SCN^-(ini)}$$

（2）以 1 号溶液的吸光度为基准，求出对应 2、3、4 号溶液的吸光度比。

（3）2、3、4 号各溶液中 $C_{FeSCN^{2+}(equ)}$，$C_{Fe^{3+}(equ)}$ 可分别按下式求得：

$$C_{FeSCN^{2+}(equ)}=吸光度比\times C_{FeSCN^{2+}(equ)_1}=吸光度比\times C_{SCN^-(ini)}$$

$$C_{Fe^{3+}(equ)}=C_{Fe^{3+}(ini)}-C_{FeSCN^{2+}(equ)}$$

$$C_{SCN^-(equ)}=C_{SCN^-(ini)}-C_{FeSCN^{2+}(equ)}$$

六、思考题

（1）标准平衡常数主要受到什么因素的影响？

（2）在一定温度条件下，如何利用平衡常数判断化学反应自发性？

实验二 溶胶的制备及其性质的测定

一、实验目的

（1）熟悉溶胶的制备和性质。

（2）学习溶胶的保护和聚沉的方法。

（3）用直观法测定聚沉值，比较 3 种电解质的聚沉能力，了解价数规则。

二、实验原理

胶体是分散相粒子直径为 1～100nm 的一种高度分散体系。控制适当的条件可以制得稳定的胶体溶液。要制备比较稳定的胶体溶液，通常可以用两种方法制得，分子凝聚法和粒子分散法。分子凝聚法是将真溶液通过化学反应或改换介质等方法来制取溶胶。粒子分散法是将大颗粒在一定条件下分散为胶粒，形成溶胶。例如，加热使 $FeCl_3$ 溶液水解，往稀 H_3AsO_3 溶液中通入 H_2S 气体（或加入 H_2S 水溶液），生成难溶的 $Fe(OH)_3$、As_2S_3，它们聚结过程中分别吸附了 FeO^+、HS^- 离子（作为电位离子）便成为具有胶粒大小的带电粒子，形成了比较稳定的溶胶。

溶胶具有三大特性：丁达尔效应、布朗运动和电泳，其中常用丁达尔效应来区别于真溶液，用电泳来验证胶粒所带的电性。

结构决定性质，附图Ⅶ-1 是以 KI 来稳定的 AgI 溶胶的结构式和胶团构造示意图。

由附图Ⅶ-1 可以看出，胶粒是带电的，而胶团是电中性的。在电场中，胶粒会产生定向运动，因而会看到电泳现象。

当胶粒运动时，胶核表面因吸附电荷带电，和均匀溶液相内部之间具有一电势差，称为热力学电势或 φ_0 电势。φ_0 电势的大小决定于溶液中电势离子的浓度。同时，由于胶粒表面带电，胶粒表面和均匀溶液相内部之间也会产生电势差，称动电势，又称 ζ 电势。ζ 电势随固定层内离子浓度的改变而变化。

胶团的扩散双电层结构（附图Ⅶ-2）是胶体暂时稳定存在的原因。有时候需要破坏溶胶，使胶团形成大的颗粒而沉降下来，这一过程称为溶胶的聚沉。使溶胶聚沉

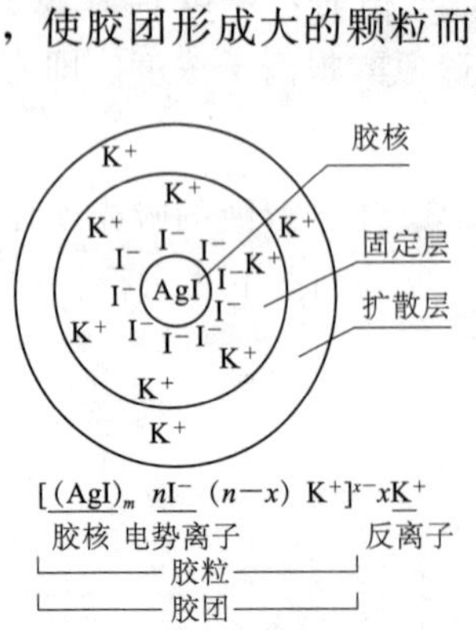

附图Ⅶ-1 AgI 胶体结构示意

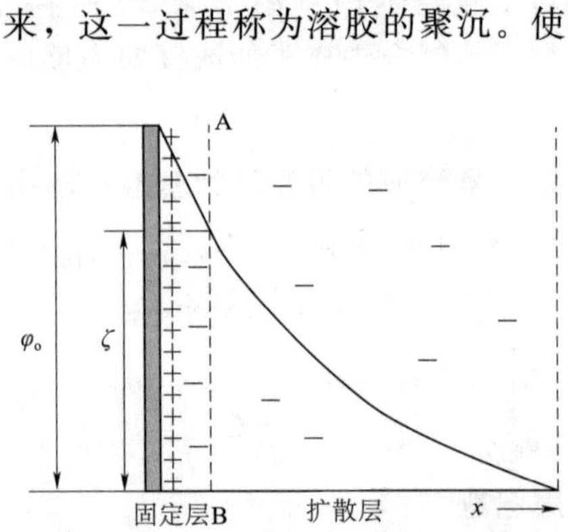

附图Ⅶ-2 双电层结构示意

的方法有多种，可以在溶胶中加入电解质。在溶胶中加入电解质后，由于电解质中与反离子带相同电荷的离子进入固定层，使胶核表面异电性的离子增加了，ζ 电势因而降低。当胶粒的布朗运动具有的能量足以克服该 ζ 电势的势能时，胶粒相互碰撞而聚沉。还可以对溶胶加热或加入带异电荷的溶胶，会破坏胶团的双电层结构，导致溶胶聚沉。

常用的破坏溶胶的方法是向溶胶中加电解质。电解质对某一溶胶的聚沉能力用聚沉值表示。使 1L 溶胶聚沉的电解质的最小浓度叫聚沉值。从电解质的聚沉作用的实验研究，得出一个经验规则（Hardy - Schulze 价数规则）。根据这个规则，电解质使溶胶聚沉的能力主要取决于与胶粒所带电荷相反的离子电荷数，聚沉值随起聚沉作用的离子的价数的增加而降低，即电荷数越大，聚沉能力越强。对于二价离子，发生聚沉作用的突变浓度比一价离子要低数十倍，而三价离子要低数百倍。

在溶胶中加入高分子溶液（如白明胶），可以保护溶胶，增加胶体的稳定性。

三、仪器和试剂

1. 仪器

1mL 移液管 1 支，2mL 移液管 3 支，5mL 移液管 1 支，20mL 试管 12 支，滴管 1 支，250mL 烧杯 1 个，100mL 量筒 1 只，玻璃棒 1 根，酒精灯，暗箱及光源，电泳仪。

2. 试剂

硫的酒精饱和溶液、10% $FeCl_3$ 溶液，饱和 H_3AsO_3 溶液，0.001mol/L $AgNO_3$ 溶液，0.001mol/L KI 溶液，饱和 H_2S 水溶液，4mol/L KCl 溶液，0.005mol/L K_2SO_4，0.1mol/L KNO_3 溶液，0.005mol/L $K_3[Fe(CN)_6]$ 溶液，白明胶，0.5mol/L 的 KCl 溶液，0.05mol/L 的 $MgCl_2$ 溶液，0.0004mol/L 的 $Al(NO_3)_3$ 溶液。

四、实验步骤

1. 溶胶的制备

（1）改变溶剂法制备硫溶胶。往 3mL 蒸馏水中滴加硫的酒精饱和溶液（约 3～4 滴），边加边摇动试管，观察所得硫溶胶的颜色，试加以解释。

（2）利用水解反应制备 $Fe(OH)_3$ 溶胶　用量筒取 95mL 蒸馏水于 250mL 烧杯中，加热至沸。然后逐滴加入 10% $FeCl_3$ 溶液 5mL，并不断搅拌。加完后，继续煮沸 1～2min 观察颜色的变化。写出 $Fe(OH)_3$ 溶胶的胶团结构。

（3）制备 AgI 溶胶。在 250mL 的烧杯中加入 1mL（20 滴）0.1mol/L 的 KI 溶液，加入 100mL 蒸馏水稀释，然后边搅拌边滴加 0.5mL（10 滴）0.1mol/L $AgNO_3$ 溶液，得到 AgI 溶胶。写出两种溶胶的胶团结构。

2. 溶胶的性质

（1）溶胶的光学性质——丁达尔效应。取前面自制的 $Fe(OH)_3$ 溶胶和 As_2S_3 溶胶，分别装入试管中，放入丁达尔效应的暗箱中，用灯光照射，在与光线垂直的方向观察丁达尔效应，如附图Ⅶ - 3 所示。将观察到什么现象？解释所观察到的现象。

（2）溶胶的电学性质——电泳（演示）。取一个 U 形电泳仪，将 6～7mL 蒸馏水由中间漏斗注入 U 形管内，滴加 4 滴（0.1mol/L）KNO_3 溶液，然后缓缓地注入

$Fe(OH)_3$ 溶胶，保持溶胶的液面相齐，在U形管的两端分别插入电极，接通电源，电压调至30～40V，如附图Ⅶ-4所示。20min后，观察实验现象并解释。

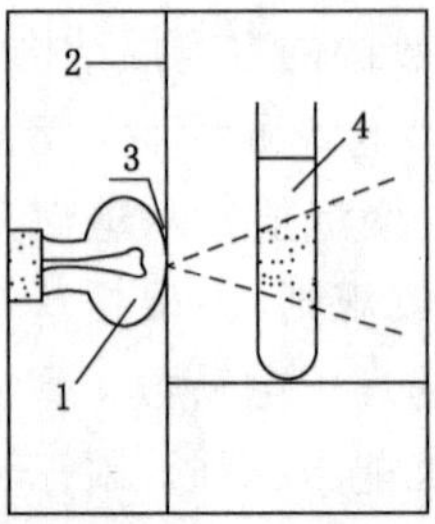

附图Ⅶ-3　丁达尔效应

1—灯泡；2—隔板；3—洞口；4—溶胶

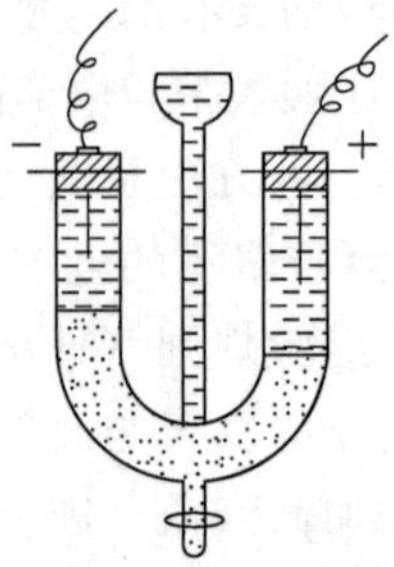

附图Ⅶ-4　简单的电泳装置

以同样的方法将新配制的 As_2S_3 溶胶，注入到U形管中，插入电极，电压调至110V，20min后，观察实验现象并解释原因。

3. 溶胶的聚沉及其保护

(1) 异电荷溶胶的相互聚沉。取1mL $Fe(OH)_3$ 溶胶于试管中，加入等量的 As_2S_3 溶胶，振荡试管，观察有何现象，并加以解释。

(2) 电解质对溶胶的聚沉作用。在3支试管中各加入 $Fe(OH)_3$ 溶胶2mL，然后分别滴入KCl(4mol/L)、K_2SO_4(0.005mol/L) 和 $K_3[Fe(CN)_6]$(0.005mol/L)，直到溶胶变为混浊，记下所需3种电解质的滴数，比较它们的聚沉能力。

(3) 加热对溶胶的聚沉作用。在两支试管中分别取2mL $Fe(OH)_3$ 溶胶和2mL As_2S_3 溶胶，加热至沸，观察颜色有何变化，静置冷却，观察有何现象，并加以解释。

(4) 高分子溶液对溶胶的保护作用（白明胶的保护作用）。在两支试管中，各加入5mL $Fe(OH)_3$，然后在第一支试管中加入白明胶3滴，第二支试管中加入蒸馏水3滴，并小心摇动试管，2min后，分别加入 K_2SO_4 (0.005mol/L) 溶液，边滴边摇，记录聚沉时各试管中所需 K_2SO_4 溶液的滴数，并说明原因。

4. 聚沉值的测定

(1) 测定氯化钾溶液的聚沉值。按蒸馏水、氯化钾溶液和溶胶的先后顺序，按附表Ⅶ-3所列的体积加入编号试管中。混合均匀后静置15min，观察现象。确定产生沉淀的试管中何者氯化钾用量最少，并计算其聚沉值。

附表Ⅶ-3　　试管中现象记录1

试管编号	1	2	3	4
V(0.5mol/L KCl) /mL	0	0.5	1.5	2.0
$V_{蒸馏水}$/mL	2.5	2.0	1.0	0.5
碘化银溶胶/mL	5	5	5	5
聚沉情况（有无混浊或沉淀）				
聚沉值				

（2）测定氯化镁溶液的聚沉值。按蒸馏水、氯化镁溶液和溶胶的先后顺序，按附表Ⅶ-4所列的体积数加入编号试管中，混合均匀后静置15min，观察现象，同上法确定氯化镁的聚沉值。

附表Ⅶ-4　　试管中现象记录2

试管编号	1	2	3	4
$V(0.05mol/L\ MgCl_2)/mL$	0	0.1	0.2	0.4
$V_{蒸馏水}/mL$	2.5	2.4	2.3	2.1
碘化银溶胶/mL	5	5	5	5
聚沉情况（有无混浊或沉淀）				
聚沉值				

5. 测定硝酸铝溶液的聚沉值

按蒸馏水、硝酸铝溶液和溶胶的先后顺序，按附表Ⅶ-5所列的体积数加入编号试管中，以相同的方法测定硝酸铝的聚沉值。

附表Ⅶ-5　　试管中现象记录3

试管编号	1	2	3	4
$V\ [0.0004mol/L\ Al(NO_3)_3]\ /mL$	0	0.2	0.4	0.6
蒸馏水/mL	2.5	2.3	2.1	1.9
碘化银溶胶/mL	5	5	5	5
聚沉情况（有无混浊）				
聚沉值				

五、数据记录与处理

（1）写出碘化银溶胶的胶团结构式。

（2）分别计算氯化钾、氯化镁、硝酸铝对碘化银溶胶的聚沉值，即

$$聚沉值=\frac{C_{ini}\times V_{min}}{V}\times 1000mmol/L$$

式中：C_{ini} 为电解质溶液的初始浓度，mol/L；V_{min} 为产生混浊时用量最少的电解质溶液的体积，mL；V 为溶胶的体积，mL。

（3）比较3种电解质的聚沉值，确定胶体粒子带电符号。

六、思考题

（1）写出电解质对胶体产生聚沉作用的机理，并将上述实验结果与 Hand-Schalze 价数规则相比较。

（2）电场中，能独立运动的是胶团中的哪一部分？决定胶粒电性的因素是什么？

（3）把三氯化铁溶液加到冷水中，能否得到 $Fe(OH)_3$ 溶胶？为什么？加热时间能否过长？为什么？

（4）溶胶为什么能稳定存在？怎样使溶胶聚沉？不同电解质对溶胶的聚沉作用有何不同？

实验三 原电池电动势和电极电势的测定

一、目的要求

(1) 测定 Cu - Zn 原电池的电动势及 Cu、Zn 电极的电极电势，学会一些电极的制备方法。

(2) 掌握电位差计的测量原理及电位差计的使用。

二、基本原理

凡把化学能转变为电能的装置称为化学电源（或电池、原电池）。电池是由两个电极和连通两个电极的电解质溶液组成的，如附图Ⅶ-5所示。

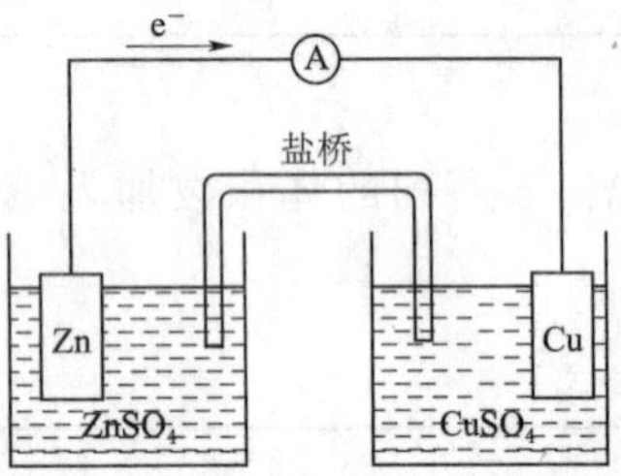

附图Ⅶ-5 铜锌原电池

把 Zn 片插入 $ZnSO_4$ 溶液中构成 Zn 电极，把 Cu 片插在 $CuSO_4$ 溶液中构成 Cu 电极。用盐桥（其中充满电解质）把这两个电极连接起来就成为 Cu - Zn 电池。

在电池中，每个电极都具有一定的电极电势。当电池处于平衡态时，两个电极的电极电势之差就等于该电池的电动势，按照我们常采用的习惯，规定电池的电动势等于正、负电极的电极电势之差，即

$$E=\varphi_{+}-\varphi_{-} \qquad (附Ⅶ-1)$$

式中：E 为原电池的电动势；φ_{+}、φ_{-} 分别为正、负极的电极电势。

其中

$$\varphi_{+}=\varphi_{+}^{\ominus}-\frac{RT}{zF}\ln\frac{a_{还原}}{a_{氧化}} \qquad (附Ⅶ-2)$$

$$\varphi_{-}=\varphi_{-}^{\ominus}-\frac{RT}{zF}\ln\frac{a_{还原}}{a_{氧化}} \qquad (附Ⅶ-3)$$

式中：$\varphi_{+}^{\ominus}$、$\varphi_{-}^{\ominus}$ 分别为正、负电极的标准电极电势；$R=8.314\text{J/(mol·K)}$；T 为绝对温度；z 为反应中得失电子的数量；F 为法拉第常数，$F=96500\text{C/mol}$；$a_{还原}$ 为参与电极反应的物质的还原态的活度；$a_{氧化}$ 为参与电极反应的物质的氧化态的活度。

对于 Cu - Zn 电池，其电池表示式为

$$Zn|ZnSO_4(b_1)|CuSO_4|(b_2)|Cu$$

其电极反应为

$$\begin{cases}负极反应:Zn\rightarrow Zn^{2+}(a_{Zn^{2+}})+2e\\ 正极反应:Cu^{2+}(a_{Cu^{2+}})+2e\rightarrow Cu\end{cases}$$

其电池反应为

$$Zn+Cu^{2+}(a_{Cu^{2+}})\rightarrow Cu+Zn^{2+}(a_{Zn^{2+}})$$

其电动势为

$$E=\varphi_{Cu^{2+}/Cu}-\varphi_{Zn^{2+}/Zn} \qquad (附Ⅶ-4)$$

$$\varphi_{Cu^{2+}/Cu}=\varphi^{\ominus}_{Cu^{2+}/Cu}-\frac{RT}{2F}\ln\frac{1}{a_{Cu^{2+}}} \quad (附Ⅶ-5)$$

$$\varphi_{Zn^{2+}/Zn}=\varphi^{\ominus}_{Zn^{2+}/Zn}-\frac{RT}{2F}\ln\frac{1}{a_{Zn^{2+}}} \quad (附Ⅶ-6)$$

在式（附Ⅶ-5）和式（附Ⅶ-6）中，Cu^{2+}、Zn^{2+}的活度可由其浓度m_i和相应电解质溶液的平均活度系数$\gamma_\pm$计算出来，即

$$a_{Cu^{2+}}=b_2\gamma_\pm \quad (附Ⅶ-7)$$

$$a_{Zn^{2+}}=b_1\gamma_\pm \quad (附Ⅶ-8)$$

如果能由实验确定出$\varphi_{Cu^{2+}/Cu}$和$\varphi_{Zn^{2+}/Zn}$，则其相应的标准电极电势$\varphi^{\ominus}_{Cu^{2+}/Cu}$和$\varphi^{\ominus}_{Zn^{2+}/Zn}$即可被确定。

测定Cu电极和Zn电极的电极电势时，选择一个电极电势已经确知的电极，如Ag-AgCl电极，让它与Cu电极组成电池，即

$$Ag-AgCl(s)|KCl(1mol/kg)||CuSO_4(m_2)|Cu$$

该电池的电动势为

$$E=\varphi_{Cu^{2+}/Cu}-\varphi_{AgCl,Ag} \quad (附Ⅶ-9)$$

因为电动势E可以测量，$\varphi_{AgCl,Ag}$已知，所以$\varphi_{Cu^{2+}/Cu}$可以被确定，进而可由式（附Ⅶ-5）求出$\varphi^{\ominus}_{Cu^{2+}/Cu}$。

用同样方法可以确定Zn电极的电极电极电势$\varphi_{Zn^{2+}/Zn}$和标准电极电势$\varphi^{\ominus}_{Zn^{2+}/Zn}$，让Zn电极与Ag-AgCl电极组成电池：

$$Zn|ZnSO_4(m_1)||KCl(1mol/kg)|AgCl-Ag$$

该电池的电动势为

$$E=\varphi_{AgCl,Ag}-\varphi_{Zn^{2+}/Zn} \quad (附Ⅶ-10)$$

E可以测定，$\varphi_{AgCl,Ag}$已知，所以可以确定$\varphi_{Zn^{2+}/Zn}$，进而可由式（附Ⅶ-6）求出$\varphi^{\ominus}_{Zn^{2+}/Zn}$。

本实验测得的是实验温度下的电极电势φ_r和标准电极电势$\varphi^{\ominus}_r$，为了比较方便起见，可采用下式求出298K时的标准电极电势$\varphi^{\ominus}_{298}$，即

$$\varphi^{\ominus}_r=\varphi^{\ominus}_{298}+\alpha(T-298)+\frac{1}{2}\beta(T-298)^2 \quad (附Ⅶ-11)$$

式中：α、β为电池中电极的温度系数，对Cu-Zn电池来说：

Cu电极　$\alpha=0.016\times10^{-3}$V/K，$\beta=0$

Zn电极　$\alpha=0.0100\times10^{-3}$V/K，$\beta=0.62\times10^{-6}$V/K^2

三、仪器和试剂

1. 仪器

电位差计，Cu、Zn电极，Ag-AgCl电极。

2. 试剂

0.1mol/kg $ZnSO_4$溶液，0.1mol/kg $CuSO_4$溶液，1mol/kg KCl溶液。

四、实验内容

1. 电极处理

(1) 锌电极的处理：用细砂纸轻轻地把锌电极擦亮，再用蒸馏水冲洗后，用滤纸擦干插入装有硫酸锌的半电池中。

(2) 铜电极的处理：用细砂纸轻轻地把铜电极擦亮，再用蒸馏水冲洗后，用滤纸擦干插入装有硫酸铜的半电池中。

(3) Ag－AgCl 电极：用蒸馏水洗净后，用滤纸擦干插入装有 1mol/L 的 KCl 溶液的半电池中。

2. 制备饱和 KCl 盐桥（已制备好）

在锥形瓶中，加入 3g 琼脂和 100mL 蒸馏水，在水浴上加热直到完全溶解，再加入 30g KCl，充分搅拌 KCl 后，趁热用滴管将此溶液装入 U 型管内，静置，待琼脂凝结后即可使用。不用时放在饱和 KCl 溶液中。

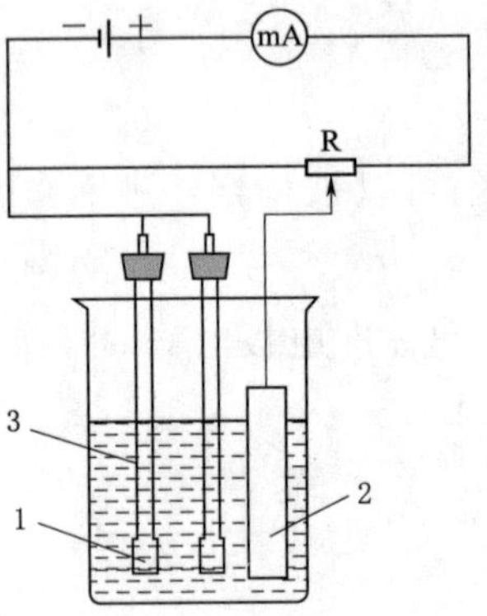

附图Ⅶ－6　电镀铜装置

1—阴极；2—铜阳极；3—镀铜电极

3. 测量 Cu－Zn 电池的电动势

如附图Ⅶ－6 那样，用盐桥把 Cu 电极和 Zn 电极连接起来，把该电池的 Zn 极（负极）与电位差计的负极接线柱相接，Cu 极（正极）与电位差计的正极接线柱相连，测量该电池的电动势。

4. 测量 Zn 电极与 Ag－AgCl 电极所组成的电池的电动势

用盐桥连接这两个电极，Ag－AgCl 电极是正极，Zn 电极为负极，测量其电动势。

5. 测量 Cu 电极与 Ag－AgCl 电极所组成的电池的电动势

用盐桥连接这两个电极，Ag－AgCl 电极为负极，Cu 电极为正极，测量其电动势。

五、数据处理

室温：__________　气压：__________

1. 数据记录

数据记录见附表Ⅶ－6 和附表Ⅶ－7。

附表Ⅶ－6　　电池电动势记录

电池	电池反应	电动势	
		计算值	测得值
Cu－Zn 电池			
Cu－AgCl/Ag			
Zn－AgCl/Ag			

附表Ⅶ-7　　电极电势和标准电极电势

电极名称	电极电势 φ		标准电极电势 $\varphi^{\ominus}$	
	理论值	实验值	理论值	实验值
Zn 电极				
Cu 电极				

注　在 1.0mol/L 的 KCl 中，已知标准 Ag-AgCl 电极，$\varphi^{\ominus}=0.2222V$。

2. 计算 Zn 电极的电极电势 $\varphi_{Zn^{2+}/Zn}$ 和标准电极电势 $\varphi^{\ominus}_{Zn^{2+}/Zn}$

测得 Zn-Ag/AgCl 电池电动势 E，并利用 Ag-AgCl 的 $\varphi=0.2221$，可由式（附Ⅶ-10）计算 Zn 电极的电极电势 $\varphi_{Zn^{2+}/Zn}$，再利用式（附Ⅶ-6）计算 Zn 电极的标准电极电势 $\varphi^{\ominus}_{Zn^{2+}/Zn}$。

3. 计算 Cu 电极的电极电势 $\varphi_{Cu^{2+}/Cu}$ 和标准电极电势 $\varphi^{\ominus}_{Cu^{2+}/Cu}$

测得 Cu-Ag/AgCl 电池电动势 E，以及 Ag-AgCl 的 $\varphi=0.2222$，可由式（附Ⅶ-9）计算 Cu 电极的电极电势 $\varphi_{Cu^{2+}/Cu}$，再利用式（附Ⅶ-5）计算 Cu 电极的标准电极电势 $\varphi^{\ominus}_{Cu^{2+}/Cu}$。

4. 计算 Cu-Zn 电池的电动势 E

该电池的电动势 E 为 $E=\varphi_{Cu^{2+}/Cu}-\varphi_{Zn^{2+}/Zn}$

由上面 2 和 3 已经确定的 φ 值可以计算 E，并将其与实验步骤 4 和步骤 5 的测量值做比较，计算它们之间的相对误差。

5. 文献值

有关电解质的平均活度系数见附表Ⅷ-8。

$$\varphi^{\ominus}_{Cu^{2+}/Cu}=0.3400V \qquad \varphi^{\ominus}_{Zn^{2+}/Zn}=-0.7630V$$

附表Ⅷ-8　　有关电解质的平均活度系数

电解质溶液	0.1mol/kg $CuSO_4$	0.1mol/kg $ZnSO_4$
$\gamma_{\pm}$	0.160	0.150

六、实验说明

（1）连接仪器时，防止将正极、负极接错。

（2）倒入烧杯的溶液没过电极即可。

（3）仪器的“采零”按键只在“内标”或“外标”情况下起作用，在“测量”状态时不起作用。

（4）本仪器采用对消原理，内部电路已调试完毕，不应随意拆开仪器，更不能随意调试电路。

（5）本仪器采用微处理器对信号进行处理和状态控制，使用过程中若电源波动过大，有可能会出现仪器显示紊乱或调节旋钮数值无变化，此时仪器出现死机，将电源重新开启，即可恢复正常工作。

七、思考题

（1）什么是原电池？它有什么作用？

（2）在铜锌原电池中，盐桥有什么作用？

（3）查阅有关资料，如何利用电池电动势的测定结果求算电池反应的 $\Delta_r H_m$ 和 $\Delta_r S_m$？

实验四　溶液吸附法测定固体比表面积

一、目的要求

（1）用次甲基蓝水溶液吸附法测定颗粒活性炭的比表面积。

（2）了解朗格缪尔单分子层吸附理论及溶液法测定比表面的基本原理。

二、基本原理

水溶性染料的吸附已应用于测定固体比表面，在所有染料中次甲基蓝具有最大的吸附倾向。研究表明，在一定的浓度范围内，大多数固体对次甲基蓝的吸附是单分子层吸附，符合朗格缪尔吸附理论。

朗格缪尔吸附理论的基本假定是：固体表面是均匀的；吸附是单分子层吸附，吸附剂一旦被吸附质覆盖就不能再吸附；吸附平衡是动态平衡，吸附速率与空白表面成正比，解吸速率与覆盖度成正比；被吸附在固体表面的分子之间无作用力。

设固体表面的吸附位总数为 N，覆盖度为 θ，溶液中吸附质的浓度为 c，根据上述假定，有

吸附质分子(在溶液)→吸附质分子(在固体表面)

吸附速率　　$v_{吸}=k_1 N(1-\theta)c$

解吸速率　　$v_{解}=k_{-1}N\theta$

当达到动态平衡时　　$k_1 N(1-\theta)c=k_{-1}N\theta$

由此可得

$$\theta=\frac{k_1 c}{k_{-1}+k_1 c}=\frac{K_{吸}c}{1+K_{吸}c} \tag{附Ⅶ-12}$$

式中：$K_{吸}$ 为吸附平衡常数，$K_{吸}=\frac{k_1}{k_{-1}}$，其值决定于吸附剂和吸附质的本性及温度，$K_{吸}$ 值越大，固体对吸附质吸附能力越强。若以 Γ 表示浓度 c 时的平衡吸附量，Γ_∞ 表示全部吸附位被占据的单分子层吸附量，即饱和吸附量，则 $\theta=\frac{\Gamma}{\Gamma_\infty}$ 代入式（附Ⅶ-12），得

$$\Gamma=\Gamma_\infty\frac{K_{吸}c}{1+K_{吸}c} \tag{附Ⅶ-13}$$

将式（附Ⅶ-13）重新整理，可得如下形式：

$$\frac{c}{\Gamma}=\frac{1}{\Gamma_\infty K_{吸}}+\frac{1}{\Gamma_\infty}c \tag{附Ⅶ-14}$$

作 c/Γ 对 c 图，从其直线斜率可求得 Γ_∞，再结合截距便得到 $K_{吸}$。Γ_∞ 指每克吸附剂饱和吸附质的物质的量，若每个吸附质分子在吸附剂上所占据的面积为 A，则吸附剂的比表面积可按下式计算：

$$A_m = \frac{ALV_m}{22.4} \tag{附Ⅶ-15}$$

式中：A_m 为吸附剂比表面积；L 为阿伏加德罗常数；A 为次甲基蓝分子的横截面积，$A = 3.9 \times 10^{-21} m^2$。

根据光吸收定律，当入射光为一定波长的单色光时，某溶液的吸光度与溶液中有色物质的浓度及溶液层的厚度成正比，即

$$A = \lg \frac{I_0}{I} = abc \tag{附Ⅶ-16}$$

式中：A 为吸光度；I_0 为入射光强度；I 为透过光强度；a 为吸光系数；b 为光径长度或液层厚度；c 为溶液浓度。

次甲基蓝溶液在可见区有二个吸收峰：445nm 和 665nm，但在 445nm 处活性炭吸附对吸收峰有很大的干扰，故本实验选用的工作波长为 665nm，并用 722 型光电分光光度计测定吸附前后溶液吸光度的变化。

三、仪器与试剂

1. 仪器

722 型光电分光光度计及其附件（1 套），容量瓶（500mL）（6 只），康氏振荡器（1 台），具塞锥形瓶（100mL）5 个，容量瓶（100mL）（5 只），滴定管（2 支）。

2. 试剂

次甲基蓝溶液（2%左右原始溶液），0.01%标准溶液（3.126×10^{-4}mol/L），颗粒状非石墨型活性炭。

四、实验步骤

1. 样品活化

将颗粒活性炭置于瓷坩埚中，放入 500℃马福炉活化 1h，然后置于干燥器中备用。

2. 溶液吸附

分别取 0mL、1mL、3mL、5mL、7mL 质量分数为 0.01%标准次甲基蓝溶液于 100mL 容量瓶中，用蒸馏水稀释至刻度，待用（附表Ⅶ-9）。

3. 原始溶液处理

为了准确测量质量分数为 0.2%次甲基蓝原始溶液的物质的量浓度，取 1mL 溶液放入 500mL 容量瓶中，并用蒸馏水稀释至刻度，待用。

4. 溶液吸附

取 5 只洗净干燥的带塞锥形瓶，编号，分别准确称取活化过的活性炭约 0.1g 置于瓶中，按附表Ⅶ-9 配制不同浓度的次甲基蓝溶液（分别用滴定管取质量分数 0.2%的原始溶液和蒸馏水）50mL，然后塞上磨口塞，放置在康氏振荡器上振荡 1.5h。样

品振荡达到平衡后，将锥形瓶取下，静置，用砂芯漏斗或普通漏斗过滤，滤去活性炭，不必水洗，得到吸附平衡后溶液。分别准确取上层清液 1mL 放入 500mL 容量瓶中，并用蒸馏水稀释至刻度，待用。

附表Ⅶ-9 标准溶液吸光度

编号	1	2	3	4	5
标准溶液体积/mL	0	1	3	5	7
标准溶液物质的量浓度/(mol/L)					
吸光度					

5. 测量吸光度

以蒸馏水为空白溶液，工作波长为 665nm，分别测量 5 个标准溶液、5 个稀释后的平衡溶液以及稀释后的原始溶液的吸光度，将结果分别填入各表中。

五、数据记录与处理

1. 作次甲基蓝溶液浓度对吸光度的工作曲线

(1) 算出各个标准溶液的物质的量浓度。

(2) 以次甲基蓝标准溶液吸光度对摩尔浓度作图，所得直线即工作曲线。

2. 求次甲基蓝原始溶液物质的量浓度和各个平衡溶液物质的量浓度

(1) 计算吸附溶液的初始浓度，原始溶液浓度见附表Ⅶ-10。按实验步骤 4 的溶液配制方法，计算各吸附溶液的初始物质的量浓度 c_0。

附表Ⅶ-10 原始溶液浓度

吸光度	浓度/(mol/L)

(2) 由实验测定的稀释后的质量分数 0.2%原始溶液的吸光度，从工作曲线上查得对应的浓度，乘上稀释倍数 500，即为原始溶液的物质的量浓度。

(3) 由实验测定的各个稀释后的平衡溶液吸光度，从工作曲线上查得对应浓度，乘上稀释倍数 500，即为平衡溶液物质的量浓度。

3. 计算吸附量（填入附表Ⅶ-11）

由平衡浓度 c 及初始物质的量浓度 c_0 数据，按下式计算吸附量 Γ，即

$$\Gamma=\frac{(c_0-c)V}{1000m}$$

式中：V 为吸附溶液的体积，即 50mL；m 为加入溶液的活性炭质量，g。

4. 作朗格缪尔吸附等温线

以 Γ 为纵坐标，c 为横坐标，作 Γ 对 c 的吸附等温线。

5. 求饱和吸附量

由 Γ 和 c 数据计算 $\frac{c}{\Gamma}$ 值，然后作 $\frac{c}{\Gamma}-c$ 图，由图和式（附Ⅶ-14）求得饱和吸附量 Γ_∞，并用虚线在 $\Gamma-c$ 图上表示出来。这一虚线即是吸附量 Γ 的渐近线。

附表Ⅶ-11　　有 关 数 据 记 录

编号	1	2	3	4	5
活性炭质量 m/g					
原始溶液体积/mL	40	30	20	10	5
蒸馏水体积/mL	10	20	30	40	45
初始浓度 c_0/(mol/L)					
吸光度					
平衡物质的量浓度 c/(mol/L)					
Γ/(mol/L)					
c/Γ					

6. 写出本实验的朗格缪尔吸附等温式
7. 计算活性炭样品的比表面积

将 Γ_∞ 值代入式（附Ⅶ-15），可算得活性炭样品的比表面积。

六、思考题

简述朗格缪尔单分子层吸附理论包含哪些方面。

实验五　乙酸乙酯皂化反应速率常数的测定

一、实验目的

电导率法测定乙酸乙酯皂化反应过程中电导率的变化，计算二级反应速率常数。

二、实验原理

乙酸乙酯与氢氧化钠的反应称为皂化反应，在水溶液中是二级反应，其反应式为

$$CH_3COOC_2H_5 + OH^- \rightarrow CH_3COO^- + C_2H_5OH$$

在反应过程中，各物质的浓度将随着时间的变化而改变，不同反应时间的 OH^- 浓度，可以用标准的酸溶液滴定求得，也可以通过间接测量溶液的电导值得到。为处理方便，设 $CH_3COOC_2H_5$ 和 NaOH 起始浓度相同，都为 a。当反应进行到时刻 t 时，参与反应的 $CH_3COOC_2H_5$ 和 NaOH 的浓度为 x，则此时 CH_3COO^- 和 C_2H_5OH 的浓度为 $a-x$，即

$$CH_3COOC_2H_5 + NaOH = CH_3COONa + C_2H_5OH$$

$t=0$ 时，	a	a	0	0
$t=t$ 时，	$a-x$	$a-x$	x	x
$t\rightarrow\infty$时，	0	0	a	a

二级反应的反应速率的表达式为

$$\frac{dx}{dt}=k(a-x)^2$$

式中：k 为反应速率常数。

将上式不定积分，可得

$$\frac{1}{a-x}=kt+\mathrm{B}(\mathrm{B}\text{为积分常数})$$

定积分可得

$$kt=\frac{x}{a(a-x)}$$

由于初始浓度 a 是已知的，所以要想测得 k 值，只要测得反应至 t 时刻时生成物的浓度 x，然后以 $\frac{1}{a-x}$ 对 t 作图，得一直线，则直线的斜率就是反应的速率常数 k。

生成物的浓度 x 的测定方法有许多种，采用电导值来求 x。

在反应之初，系统的电导主要决定于 NaOH，而反应过程中，电导主要由 NaOH 和 CH_3COONa 共同贡献。由于 Na^+ 在反应过程中浓度保持不变，因此其电导值不发生改变，可以不考虑。因为 OH^- 的导电能力要比 CH_3COO^- 强，所以随着反应的进行，系统的电导值是减少的。由于反应中消耗的 OH^- 的量和 CH_3COO^- 的生成量相等，所以电导值减少的量与 CH_3COO^- 的浓度成正比，即

$$t=t\text{ 时}，\quad x=K(G_0-G_t)$$

$$t\to\infty\text{时}，\quad a=K(G_0-G_\infty)$$

式中：G_0 为反应开始时体系的电导值；G_∞ 为反应完全进行时体系的电导值；K 为比例系数。

将上式代入速度式中可得

$$kt=\frac{G_0-G_t}{a(G_t-G_\infty)}$$

整理后可得

$$G_t=\frac{1}{ka}\cdot\frac{G_0-G}{t}+G_\infty$$

测定不同时刻 t 时体系的电导值 G_t，以 G_t 为纵坐标、以 $\frac{G_0-G_t}{t}$ 为横坐标作图，可得一直线，直线的斜率为 $\frac{1}{ka}$，从而可求得反应速率常数 k 值。

三、仪器和试剂

1. 仪器

恒温水浴锅，电导率仪，秒表，混合反应器，移液管，试管。

2. 试剂

0.1mol/L NaOH，0.1mol/L 乙酸乙酯。

四、实验步骤

(1) 调节恒温水浴锅，使其温度为 25℃左右，波动范围不超过 0.5℃。

(2) 装置反应液。用移液管取 10mL 新配制的乙酸乙酯，装入反应器的支管内，再取 10mL 的 NaOH 装入反应器的主管内（反应之前两者不得接触），然后将反应器

放入恒温水浴锅内，恒温 30min。

（3）反应开始和电导测量。首先将电极放入反应器的主管内，再将支管的液体小心地倒入主管内，并反复折返几次，使其混合均匀，注意当两种液体一经接触，反应就已经开始，进行电导值的测量，5min 后读出电导率的值，开始时可每隔 5min 测量一次，当数值变化不大时，可改为 10min 测一次，直到没有变化为止。实验记录见附表Ⅶ-12。

（4）实验结束后，倒掉反应液，将反应器与电极一同用蒸馏水清洗，备用。

五、数据记录与处理

（1）以 G_t 为纵轴、t 为横轴作图，外推至 $t=0$，求 G_∞。

（2）以 G_t 为纵轴、$(G_0-G_t)/t$ 为横轴作图，由所得直线的斜率可求得反应速率常数 k 值。

附表Ⅶ-12　　实　验　记　录

时间/min	5	10	15	20	25	30	35	40	45	50	60
G_t											
$(G_0-G_t)/t$											

六、思考题

（1）随着反应的进行，体系的电导值是增加还是减少？为什么？

（2）本实验中，是否需要校准仪器，进行电导率值的准确测量？为什么？

实验六　燃 烧 热 的 测 定

一、实验目的

1. 掌握燃烧热的定义，了解恒压燃烧热与恒容燃烧热的区别。

2. 了解量热计中主要部件的原理和作用，掌握氧弹式量热计测定燃烧热的实验技术。

3. 用氧弹式量热计测定萘和蔗糖的燃烧热。

4. 学会雷诺图解法校正温度的变化值。

二、实验原理

1. 燃烧热

在指定温度和一定压力下，1mol 物质完全燃烧时的反应热称为物质在该温度下的燃烧热。通常对燃烧产物有明确的规定，各种元素的燃烧产物如下：$H\rightarrow H_2O(l)$，$S\rightarrow SO_2(g)$，$N\rightarrow N_2(g)$，$C\rightarrow CO_2(g)$，Ag 等元素变为游离状态，碳氧化为 CO 不能认为是完全燃烧。

燃烧热的测定，除了有其实际应用价值外，还可用来求算化合物的生成热、化学反应的反应热和键能等。

量热方法是热力学的一个基本实验方法。燃烧热有恒压燃烧热 Q_p 和恒容燃烧热 Q_V 之分。用氧弹式量热计测得的是恒容燃烧热 Q_V；从热力学数据表中查到的燃烧热数值都是标准摩尔燃烧焓，属于恒压燃烧热 Q_p。由热力学第一定律可知，在不做其他功的条件下，$Q_V=\Delta U$，$Q_p=\Delta H$。若把参加反应的气体和反应生成的气体都作为理想气体处理，则它们之间存在以下关系：

$$\Delta H=\Delta U+\Delta(pV) \qquad \text{(附Ⅶ-17)}$$

$$Q_p=Q_V+\Delta n_g RT \qquad \text{(附Ⅶ-18)}$$

式中：Δn 为反应前后生成物和反应物中气体的物质的量之差；R 为气体摩尔常数；T 为反应的热力学温度（量热计的外桶温度，环境温度）。

2. 氧弹式量热计法测定燃烧热

量热计的种类很多，本实验采用的氧弹式量热计是一种环境恒温式的量热计。氧弹式量热计及其结构示意如附图Ⅶ-7 所示。

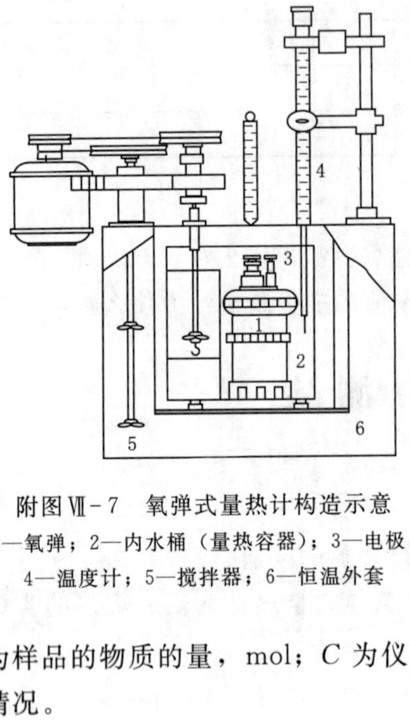

附图Ⅶ-7　氧弹式量热计构造示意

1—氧弹；2—内水桶（量热容器）；3—电极；4—温度计；5—搅拌器；6—恒温外套

氧弹式量热计的基本原理是能量守恒定律。样品完全燃烧后所释放的热量使氧弹本身及其周围的介质和量热计有关附件的温度升高，根据测量介质在燃烧前后体系温度的变化值，就可求算该样品的恒容燃烧热。设系统（包括内水桶、氧弹本身、测温器件、搅拌器和水）的总热容为 C（通常称为仪器的水当量，即量热计及水每升高 1K 所需吸收的热量），假设系统与环境之间没有热交换，燃烧前后的温度分别为 T_1、T_2，则此样品的恒容摩尔燃烧热为

$$Q_V=-\frac{C(T_2-T_1)}{n} \qquad \text{(附Ⅶ-19)}$$

式中：Q_V 为样品的恒容摩尔燃烧热，J/mol；n 为样品的物质的量，mol；C 为仪器的总热容，J/K。上述公式是最理想、最简单的情况。

由于多数物质不能自燃，如本实验所用萘和蔗糖，必须借助电流引燃点火丝，再引起萘和蔗糖的燃烧，因此，式（附Ⅶ-19）左边必须把点火丝燃烧所放热量考虑进去。

$$-nQ_V-m_{点火丝}Q_{点火丝}=C\Delta T \qquad \text{(附Ⅶ-20)}$$

式中：$m_{点火丝}$ 为点火丝的质量；$Q_{点火丝}$ 为点火丝的燃烧热；ΔT 为温度升高值。点火丝恒容燃烧热：镍铬丝为－3242J/g，铁丝为－6694J/g，镍丝为－3158J/g。

系统热容的求法是用已知燃烧焓的物质（如本实验用苯甲酸）放在量热计中燃烧，测其始末温度，按式（附Ⅶ-20）即可求出总热容 C。再用相同方法对其他物质进行测定，测出温升 $\Delta T=T_2-T_1$，代入式（附Ⅶ-20），即可求得其燃烧热。

3. 雷诺温度校正

实际上，量热计与周围环境的热交换无法完全避免，它对温度测量值的影响可用雷诺法校正。具体方法为：将燃烧前后观察所得的一系列水温和时间关系作图，得一曲线，如附图Ⅶ-8所示。

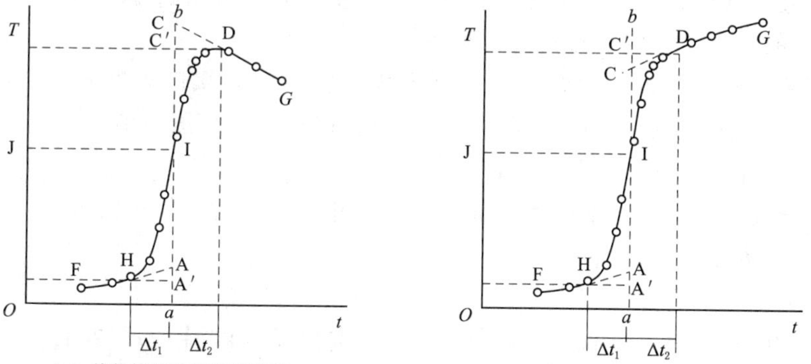

（a）绝热较差时的雷诺校正　　（b）绝热较好时的雷诺校正

附图Ⅶ-8　雷诺法校正温差

在附图Ⅶ-8中，H点意味着燃烧开始，热传入介质；D点为观察到的最高温度值；从相当于室温的J点作水平线交曲线于I点，过I点作垂线 ab，再将FH线和GD线延长并交 ab 线于A、C两点，其间的温度差值即为经过校正的 ΔT。图中AA′为开始燃烧到温度上升至室温这一段时间 Δt_1 内，由环境辐射和搅拌引进的能量所造成的升温，故应予扣除。CC′为由室温升到最高点D这一段时间 Δt_2 内，热量向环境的热漏造成的温度降低，计算时必须考虑在内，故可认为，AC两点的差值较客观地表示了样品燃烧引起的升温数值。

在某些情况下，量热计的绝热性能良好，热漏很小，而搅拌器功率较大，不断引进的能量使得曲线不出现极高温度点，如附图Ⅶ-8（b）所示，校正方法相似。

三、仪器与试剂

仪器：燃烧热测定装置（氧弹式量热计），氧气钢瓶，压片机，分析天平，充氧装置。

试剂：苯甲酸（AR），萘（AR），蔗糖（AR）。

四、实验步骤

1. 测定系统的总热容

（1）压片。用分析天平预称取0.7～0.8g的苯甲酸，在压片机上压成圆片。样片压得太紧，点火时不易全部燃烧；压得太松，样品容易脱落。将压片制成的样品放在干净的滤纸上，小心除掉有污染和易脱落部分，然后用镊子放入已称重的干净不锈钢坩埚中央，在电子天平上精确称量。

（2）装氧弹。

1）截取约16cm的镍铬燃烧丝，在直径约3mm的玻璃棒上，将其中段绕成螺旋形5～6圈，电子天平称量精确质量。

2）将氧弹盖取下放在专用的弹头座上，用滤纸擦净电极，放好坩埚，将准备好的燃烧丝两端固定在电极上，并将螺旋部分紧贴在样品的上表面，然后小心旋紧氧弹盖。

（3）充氧气（在教师指导下进行）。

1）检查氧气钢瓶上的减压阀，逆时针旋转使其处于关闭状态，再打开（逆时针）氧气钢瓶上的总开关，然后打开减压阀。

2）将装好样品的氧弹放置在充氧器下面，氧弹头充氧口对准充氧器的充氧口，按压手柄，氧气充入氧弹，压力表指示值上升，过程中只要压力值上升即可，不要过度用力。氧弹充入1.0～1.5MPa氧气。

3）充气完毕先关闭（顺时针）氧气钢瓶总开关，然后关闭减压阀。

（4）仪器安装测量。

1）打开仪器，预热。

2）取3000mL以上自来水，调节水温，使其低于外筒温度1℃左右。用容量瓶或量筒取3000mL已调温的水注入内筒，将充好氧气的氧弹放入量热器中，氧弹下部放置在支架的中间位置。如有气泡逸出，说明氧弹漏气，寻找原因，排除，盖上上盖，使上盖中间电极和氧弹头顶部接触良好。观察燃烧热上面点火状态显示，如果是点火短路或者是点火断路，则检查氧弹挂丝充氧、上盖电极接触、燃烧丝长度等，直到显示允许点火才可以继续下一步。

3）按面板搅拌按钮，开启搅拌，听到仪器内筒搅拌开始。设定记录数据的时间间隔（可设为30s）；待电动机运转2～3min后，每30s记录一次右下角锁定好的温度数据，记录5min以上的点火前数据。按点火键，可以听到点火继电器吸合，内筒温度迅速上升，点火成功，继续实验。如果温度几乎没有变化，点火失败，需要重新进行前面步骤。点火后每15s记录一次温度，当温度升至最高点后，每30s记录一次温度，再记录至少10次，然后停止实验。

4）放水口连接水管到放水容器按放水按钮放水，在显示确认放水时再次按下放水按钮，将内筒水放干净。

5）打开上盖，取出氧弹，用放气帽打开氧弹出气口放出余气，最后旋下氧弹盖，检查样品燃烧结果。若坩埚中没有燃烧残渣，表示燃烧完全，称量剩余燃烧丝的质量；若留有许多黑色残渣，表示燃烧不完全，实验失败，应重做。

6）清洁氧弹和内筒。

2. 测量萘的燃烧热

称取0.4～0.5g萘，代替苯甲酸，重复上述实验。

3. 测量蔗糖的燃烧热

称取1.2～1.3g蔗糖，重复上述实验。

4. 全部实验结束后，关闭仪器电源。

五、注意事项

（1）待测样品需干燥，受潮样品不易燃烧且称量有误。

（2）注意压片的紧实程度，太紧不易燃烧。

（3）在燃烧第二个样品时，应重新调节筒内水温。

（4）氧弹、量热容器、搅拌器在使用完毕后，应用干布擦去水迹，保持表面清洁干燥。

（5）氧气遇油脂会爆炸。因此氧气减压器、氧弹和氧气通过的各个部件，各连接部分不允许有油污，更不允许使用润滑油。如发现油垢，应用乙醚或其他有机溶剂清洗干净。

（6）坩埚在每次使用后，必须清洗和除去碳化物，并用纱布清除粘着的污点。

六、数据处理

1. 系统总热容的测定

实验数据记录见附表Ⅶ－13。

附表Ⅶ－13　　**实验数据记录1**

室温：__________　大气压力：__________　$m_{\text{苯甲酸}}$：__________

$m_{\text{燃烧丝}}$（初始）：________　$m_{\text{燃烧丝}}$（剩余）：________　$m_{\text{燃烧丝}}$（消耗）：________

时间 t/s										
温度 T/℃										
时间 t/s										
温度 T/℃										
时间 t/s										
温度 T/℃										
时间 t/s										
温度 T/℃										

2. 萘燃烧热的测定

实验数据记录见附表Ⅶ－14。

附表Ⅶ－14　　**实验数据记录2**

室温：__________　大气压力：__________　$m_{\text{萘}}$：__________

$m_{\text{燃烧丝}}$（初始）：________　$m_{\text{燃烧丝}}$（剩余）：________　$m_{\text{燃烧丝}}$（消耗）：________

时间 t/s										
温度 T/℃										
时间 t/s										
温度 T/℃										
时间 t/s										
温度 T/℃										
时间 t/s										
温度 T/℃										

3. 蔗糖燃烧热的测定

实验数据记录见附表Ⅶ－15。

附表Ⅶ-15 **实验数据记录3**

室温：__________ 大气压力：__________ $m_{蔗糖}$：__________

$m_{燃烧丝}$（初始）：________ $m_{燃烧丝}$（剩余）：________ $m_{燃烧丝}$（消耗）：________

时间 t/s										
温度 T/℃										
时间 t/s										
温度 T/℃										
时间 t/s										
温度 T/℃										
时间 t/s										
温度 T/℃										

4. 用雷诺图解法求出苯甲酸、萘和蔗糖燃烧前后的温度差 ΔT。

5. 根据苯甲酸恒压燃烧热 Q_p 计算出恒容燃烧热 Q_V，进而计算系统总热容 C。

6. 计算萘的恒容燃烧热 Q_V，并计算其恒压燃烧热 Q_p，并比较测定结果的相对百分误差。

7. 计算蔗糖的恒容燃烧热 Q_V，并计算其恒压燃烧热 Q_p，并比较测定结果的相对百分误差。

8. 文献值

文献值见附表Ⅶ-16。

附表Ⅶ-16 **文　献　值**

物质	恒压燃烧焓/(kJ/mol)	测定条件
苯甲酸	−3226.9	$p^{\ominus}$，25℃
萘	−5153.9	$p^{\ominus}$，25℃
蔗糖	5640.9	$p^{\ominus}$，25℃

七、思考题

（1）这次实验中，哪些是体系，哪些是环境？实验过程中有无热交换？热交换对实验结果有何影响？

（2）加入内筒中的水温为什么要选择比外筒水温低？低多少合适？为什么？

（3）实验中，哪些因素容易造成误差？如果要提高实验的准确度应从哪几方面考虑？

实验七　电导率的测定及其应用

一、实验目的

（1）掌握电导率仪的使用方法。

（2）学会测定水的纯度、难溶盐的溶度积及醋酸的电离常数。

(3) 了解电解质溶液的电导、电导率、摩尔电导率等基本概念及它们之间的关系。

二、实验原理

1. 电导、电导率及摩尔电导率

导体可分为两类：一类是金属导体，它的导电性是自由电子定向运动的结果；另一类则是电解质导体，如酸、碱、盐等电解质溶液，其导电性则是离子定向运动的结果。对于金属导体，其导电能力的大小通常以电阻 R（resistance）表示，而对于电解质溶液的导电能力则常以电导 G（electric conductance）表示。溶液本身的电阻 R 和电导 G 的关系为

$$G=\frac{1}{R} \qquad \text{(附Ⅶ-21)}$$

式中：G 为电导，S。导体的电阻 R 与其长度 l 成正比，而与其截面积 A 成反比。

$$R=\rho\frac{l}{A} \qquad \text{(附Ⅶ-22)}$$

式中：ρ 为比例常数，Ω/m。由式（附Ⅶ-24）取倒数，并令 $\kappa=1/\rho$，可得

$$G=\kappa\frac{A}{l} \qquad \text{(附Ⅶ-23)}$$

κ 称为电导率（eletrolytic conductivity），表示长 1m，截面积为 $1m^2$ 导体的电导。对溶液来说，它表示电极面积为 $1m^2$，两极距离为 1m 时溶液的电导，单位为 S/m，电导率仪可直接测出 κ。

对于电解质溶液，若浓度不同，则其电导也不同。研究电解质溶液电导时常用到摩尔电导率，以 Λ_m 表示，它与电导率和浓度的关系为

$$\Lambda_m=\frac{\kappa}{1000c} \qquad \text{(附Ⅶ-24)}$$

式中：Λ_m 为摩尔电导率，$S \cdot m^2/mol$；κ 为电导率，S/m；c 为物质的量浓度，mol/L。

2. 电导率测定应用

(1) 水纯度的测定。水的纯度取决于水中可溶性电解质的含量。一般水中含有微量的 Na^+、K^+、Ca^{2+}、Mg^{2+}、CO_3^{2-}、Cl^-、SO_4^{2-} 等多种离子，所以，具有一定的导电能力。离子浓度越大，导电能力越强，电导率越大；反之，水的纯度越高，离子浓度越小，电导率越小。因此通过测定电导率可以鉴定水的纯度。

纯水的理论电导率为 0.055μS/cm，去离子水的电导率为 0.1～1.0μS/cm，普通蒸馏水的电导率为 3～5μS/cm，自来水的电导率为 500μS/cm。通常，电导率在 1μS/cm 以下的蒸馏水即可满足一般分析的需要。对于要求更高的分析，水的电导率应更低。应注意，对于水中的细菌、悬浮物等非导电性物质和非离子状态的杂质对水纯度的影响，不能通过电导率测定进行检测。

测定水质纯度的方法常用的主要有两种：一种是化学分析法，这种方法能够比较准确地测定水中各种不同杂质的成分和含量，但分析过程复杂费时，操作繁琐。另一

种是电导法，电导法测定快速，在锅炉用水、工业废水、实验室用的蒸馏水、去离子水、二次蒸馏水和环境监测中，都可用电导法进行水质纯度检验。

（2）硫酸钡溶度积的测定。难溶盐在水中的溶解度很小，用一般的分析方法很难测定其溶解度。可根据其在水中溶解的部分是完全电离的，测其饱和溶液的电导率来计算溶解度，进而求出溶度积。

求 $BaSO_4$ 的溶度积，可测定 $BaSO_4$ 饱和溶液的电导率 κ_{sol}，由于溶液电导率很小，κ_{BaSO_4} 应是 κ_{sol} 减去溶剂水的电导率 κ_{H_2O}。

$$\kappa_{BaSO_4}=\kappa_{sol}-\kappa_{H_2O} \tag{附Ⅶ-25}$$

从摩尔电导率的定义式（附Ⅶ-24），得

$$c=\frac{\kappa_{BaSO_4}}{1000\Lambda_{m,BaSO_4}} \tag{附Ⅶ-26}$$

式中：c 为饱和溶液浓度，mol/L；$\Lambda_{m,BaSO_4}$ 为 $BaSO_4$ 饱和溶液的摩尔电导率，由于溶液极稀，可用 $\Lambda^{\infty}_{m,BaSO_4}$ 代替，25℃时，$\Lambda^{\infty}_{m,BaSO_4}$ 为 $2.87\times10^{-2}S\cdot m^2/mol$。

$BaSO_4$ 的溶解平衡可表示为

$$BaSO_4 \rightleftharpoons Ba^{2+}+SO_4^{2-}$$

$$K_{sp}=c_{Ba^{2+}}c_{SO_4^{2-}}=c^2 \tag{附Ⅶ-27}$$

这样，根据实验测得的 $BaSO_4$ 饱和溶液的电导率 κ_{sol} 与溶剂水的电导率 κ_{H_2O}，利用式（附Ⅶ-27）可求出 κ_{BaSO_4}，再利用式（附Ⅶ-28）求出 $BaSO_4$ 在水中的溶解度 c，最后由式（附Ⅶ-29）求出 $BaSO_4$ 饱和溶液的溶度积 K_{sp}。

（3）弱电解质电离常数的测定。

1）作图法求 HAc 的电离常数。根据阿伦尼乌斯（Arrhenius）的电离理论，弱电解质和强电解质不同，弱电解质在溶液中部分电离，离子和未电离的分子之间存在着动态平衡。

设原始浓度为 c、电离度为 a 的醋酸溶液，在水中存在如下平衡

$$HAc \rightleftharpoons H^+ + Ac^-$$

起始浓度　　c　　0　　0

平衡浓度　　$c(1-a)$　　ca　　ca

$$K_c=\frac{c(H^+)c(Ac^-)}{c(HAc)}=\frac{c\alpha^2}{1-\alpha} \tag{附Ⅶ-28}$$

弱电解质的电离度 a 随着溶液的稀释而增大，当溶液无限稀释时，弱电解质全部电离，$\alpha\rightarrow1$。在一定温度下，可以认定电离度 a 等于溶液在浓度为 c 时的摩尔电导率 Λ_m 和该溶液在无限稀释时的摩尔电导率 Λ^{∞}_m 之比，即

$$\alpha=\frac{\Lambda_m}{\Lambda^{\infty}_m} \tag{附Ⅶ-29}$$

将式（附Ⅶ-29）代入式（附Ⅶ-28），可得

$$K_c=\frac{c\Lambda^2_m}{\Lambda^{\infty}_m(\Lambda^{\infty}_m-\Lambda_m)} \tag{附Ⅶ-30}$$

或
$$\frac{1}{\Lambda_m}=\frac{1}{\Lambda_m^\infty}+\frac{c\Lambda_m}{K_c(\Lambda_m^2)^2} \quad （附Ⅶ-31）$$

由上式可知，测得一定浓度下的摩尔电导率后，以$\frac{1}{\Lambda_m}$对$c\Lambda_m$作图应为一直线，直线斜率为$\frac{1}{K_c(\Lambda_m^\infty)^2}$，截距为$\frac{1}{\Lambda_m^\infty}$。根据直线的斜率和截距可求出HAc溶液无限稀释时的摩尔电导率Λ_m^∞和电离常数K_c。

2）计算法求HAc的电离常数。1870年，科尔劳乌施（Kohlrausch）根据实验数据总结出：对于浓度极稀的强电解质溶液（如KCl、NaAc等），摩尔电导率Λ_m和浓度c之间存在关系式：

$$\Lambda_m=\Lambda_m^\infty(1-\beta\sqrt{c}) \quad （附Ⅶ-32）$$

Λ_m对$\sqrt{c}$作图外推至$c=0$处，可以得到无限稀释时的摩尔电导率Λ_m^∞。

而对于弱电解质（如HAc等），摩尔电导率Λ_m和浓度c之间则无线性关系，故不能用外推法求无限稀释时的摩尔电导率Λ_m^∞。但根据离子独立移动定量，弱电解质HAc的无限稀释时的摩尔电导率Λ_m^∞可通过HCl、NaCl、NaAc的无限稀释时的摩尔电导率Λ_m^∞求得。

$$\begin{aligned}\Lambda_{m,HAc}^\infty &=\Lambda_{m,H^+}^\infty+\Lambda_{m,Ac^-}^\infty\\ &=(\Lambda_{m,H^+}^\infty+\Lambda_{m,Cl^-}^\infty)+(\Lambda_{m,Na^+}^\infty+\Lambda_{m,Ac^-}^\infty)-(\Lambda_{m,Na^+}^\infty+\Lambda_{m,Cl^-}^\infty)\\ &=\Lambda_{m,HCl}^\infty+\Lambda_{m,NaAc}^\infty-\Lambda_{m,NaCl}^\infty\end{aligned} \quad （附Ⅶ-33）$$

可配制不同浓度的HCl、NaAc、NaCl和HAc分别测定其电导率，然后根据式（附Ⅶ-32）分别用HCl、NaAc和NaCl的Λ_m对$\sqrt{c}$作图，求出$\Lambda_{m,HCl}^\infty$、$\Lambda_{m,NaAc}^\infty$和$\Lambda_{m,NaCl}^\infty$，根据式（附Ⅶ-33）求出$\Lambda_{m,HAc}^\infty$，进而求出HAc溶液的α和K_c，并与作图法得出的结果进行比较。

三、仪器和试剂

1. 仪器

恒温槽1套，电导率仪1台，电导电极1支，小烧杯（100mL）3个，锥形瓶（200mL）1个，移液管（25mL）3支，移液管（50mL）1支。

2. 试剂

HAc溶液（0.200mol/L），$BaSO_4$（AR）。

四、实验步骤

1. 接通恒温槽电源，恒温至25℃

2. 测定水的纯度

将自来水、蒸馏水、重蒸馏水分别置于3个小烧杯中（取样前应用待测液将烧杯清洗2～3次），然后放入恒温槽中恒温5min。分别测定电导率，重复三次取平均值。

3. 测定$BaSO_4$饱和溶液的电导率

（1）饱和$BaSO_4$溶液的配制。将约1g固体$BaSO_4$放入200mL锥形瓶中，加入约100mL重蒸馏水，摇动并加热至沸腾。倒掉清液，以除去可溶性杂质，按同样方法重复两次，再加入约100mL重蒸馏水，加热至沸腾使之充分溶解。然后放在恒温槽中，恒温20min使固体沉淀，将上次溶液倒入一个干燥的小烧杯中，恒温。

（2）测定$BaSO_4$饱和溶液的电导率。将小烧杯中的$BaSO_4$饱和溶液放入恒温槽中，恒温5min后测其电导率，重复三次取平均值，计算$BaSO_4$的电导率。

4. 测定醋酸溶液的电导率

（1）取25.00mL 0.2000mol/L的HAc溶液配制50mL 0.1000mol/L的HAc溶液于100mL小烧杯中，然后再依次配制0.05mol/L、0.025mol/L和0.0125mol/L的HAc溶液。

（2）将干净的电极插入到25.00mL 0.2000mol/L的HAc溶液中恒温5min，测其电导率，然后同样方法分别测定0.1000mol/L、0.05mol/L、0.025mol/L和0.0125mol/L的HAc溶液的电导率

（3）用0.2000mol/L的HCl溶液配制出0.1000mol/L、0.05mol/L、0.025mol/L和0.0125mol/L的HCl溶液，再按上述方法分别测定0.2000mol/L、0.1000mol/L、0.05mol/L、0.025mol/L和0.0125mol/L的HCl溶液的电导率。每个试样重复测定三次，取平均值。

（4）同上述方法，分别配制并测定0.2000mol/L、0.1000mol/L、0.05mol/L、0.025mol/L和0.0125mol/L的NaAc和NaCl溶液的电导率。

五、数据记录与处理

1. 水的电导率测定

测定数据记录在附表Ⅶ-17，对照文献值（附表Ⅶ-18），根据测定结果写出结论。

附表Ⅶ-17　不同水质的电导率测定

恒温______℃

水样	自来水	蒸馏水	重蒸馏水
κ_1/(S/m)			
κ_2/(S/m)			
κ_3/(S/m)			
$\kappa_{平均}$/(S/m)			

附表Ⅶ-18　不同纯度水的电导率（文献值）

水质类型	特纯水	优质蒸馏水	普通蒸馏水	最优天然水	优质灌溉水	劣质灌溉水	海水
电导率/(μS/cm)	10^{-2}～10^{-1}	10^{-1}～1	1～10	10～10^2	10^2～10^3	10^3～10^4	10^4～10^5

2. 饱和$BaSO_4$溶液的电导率测定

测定结果记录在附表Ⅶ-19中，计算饱和$BaSO_4$溶液的溶解度c和溶度积K_{sp}。与文献值比较，计算相对误差，并分析误差产生的原因。

25℃时，文献值：$K_{sp,BaSO_4}=1.1\times10^{-10}mol^2/L^2$，$\Lambda_{m,BaSO_4}^{\infty}=2.87\times10^{-2}S\cdot m^2/mol$。

附表Ⅶ-19　　饱和 $BaSO_4$ 溶液电导率的测定

恒温______℃

测定次数	$\kappa_{sol}/(S/m)$	$\kappa_{BaSO_4}/(S/m)$	$c/(mol/L)$	$K_{sp}/(mol^2/L^2)$
1				
2				
3				
平均值				

3. HAc 溶液的电导率测定

（1）在附表Ⅶ-20 中记录不同浓度 HAc、HCL、NaAc 和 NaCl 电导率的测定结果，并计算各自的摩尔电导率。

附表Ⅶ-20　　不同浓度 HAc、HCL、NaAc 和 NaCl 电导率的测定

恒温______℃

项目	1	2	3	4	5
$c/(mol/L)$	0.2	0.1	0.05	0.025	0.0125
$\kappa_{1,HAc}/(S/m)$					
$\kappa_{2,HAc}/(S/m)$					
$\kappa_{3,HAc}/(S/m)$					
$\kappa_{平均,HAc}/(S/m)$					
$\Lambda_{m,HAc}/(S\cdot m^2/mol)$					
$\kappa_{1,HCl}/(S/m)$					
$\kappa_{2,HCl}/(S/m)$					
$\kappa_{3,HCl}/(S/m)$					
$\kappa_{平均,HCl}/(S/m)$					
$\Lambda_{m,HCl}/(S\cdot m^2/mol)$					
$\kappa_{1,NaAc}/(S/m)$					
$\kappa_{2,NaAc}/(S/m)$					
$\kappa_{3,NaAc}/(S/m)$					
$\kappa_{平均,NaAc}/(S/m)$					
$\Lambda_{m,NaAc}/(S\cdot m^2/mol)$					
$\kappa_{1,NaCl}/(S/m)$					
$\kappa_{2,NaCl}/(S/m)$					
$\kappa_{3,NaCl}/(S/m)$					
$\kappa_{平均,NaCl}/(S/m)$					
$\Lambda_{m,NaCl}/(S\cdot m^2/mol)$					

(2) 分别作 Λ_m -$\sqrt{c}$ 图，外推法求 HCl、NaAc 和 NaCl 的 $\Lambda_{m,HCl}^{\infty}$、$\Lambda_{m,NaAc}^{\infty}$ 和 $\Lambda_{m,NaCl}^{\infty}$，并计算 HAc 溶液的无限稀释摩尔电导率 $\Lambda_{m,HAc}^{\infty}$，见附表Ⅶ-21。

附表Ⅶ-21 HCl、NaAc、NaCl 和 HAc 溶液的无限稀释摩尔电导率

电解质	HCl	NaAc	NaCl	HAc
$\Lambda_m^{\infty}/(S\cdot m^2/mol)$				

(3) 计算 HAc 电离度和电离常数，见附表Ⅶ-22。

附表Ⅶ-22 HAc 溶液的电离常数计算

项目	1	2	3	4	5
c/(mol/L)	0.2	0.1	0.05	0.025	0.0125
a					
K_c					
$K_{c平均值}$					

(4) 以醋酸的$\frac{1}{\Lambda_m}-c\Lambda_m$ 作图，根据直线的斜率和截距求电离常数和无限稀释的摩尔电导率 $\Lambda_{m,HAc}^{\infty}$，与以上得到的结果进行比较。

(5) 根据文献值：25℃时，$K_{c,HAc}=1.76\times10^{-5}$，$\Lambda_{m,HCl}^{\infty}=4.26\times10^{-2}S\cdot m^2/mol$，$\Lambda_{m,NaAc}^{\infty}=0.91\times10^{-2}S\cdot m^2/mol$，$\Lambda_{m,NaCl}^{\infty}=1.26\times10^{-2}S\cdot m^2/mol$，计算实验数据的相对误差，并分析误差产生的原因。

六、问题与讨论

(1) 电解质溶液与金属的导电原理有什么不同?

(2) 电解质的电导、电导率、摩尔电导率各与哪些因素有关?

(3) 弱电解质的 a 与哪些因素有关?

(4) 为什么体系在测定时要恒温?

(5) 影响本实验结果的主要因素有哪些?

参　考　文　献

[1]　侯峰岩，王为．电化学技术与环境保护［J］．化工进展，2003，22（4）：471－478．

[2]　陈武，李凡修，梅平．废水处理的电化学方法研究进展［J］．湖北化工，2001（1）：10－12．

[3]　崔晓丽，赵汝琪．电化学技术在环境保护中的应用［J］．河北化工，1999（5）：32－34．

[4]　刘丽萍．浅谈环境保护中的电化学技术［J］．职业技术，2008（90）：79－80．